雷达嵌入式通信理论与技术

Theory and Technology of Radar Embedded Communications

李保国　刘毅远　鹿　旭　著

国防工业出版社

·北京·

内容简介

雷达嵌入式通信（REC）是一种借助雷达回波隐藏通信信息的隐蔽通信新方法，对于保障军事通信安全、掌握战场制信息权具有重要意义。全书分6章对REC理论与技术进行了系统阐述。第1章对REC的基本内涵和研究现状进行了论述。第2章介绍了REC的基本波形设计方法及波形性能评价指标体系。第3章以正交性、复杂度等为着眼点给出了REC波形的设计算法。第4章阐述了几种REC信号的接收方法。第5章介绍了一种REC验证系统，并说明了其他应用方向。第6章总结全书内容，并就下一步可研究方向给出见解。

本书可为从事无线通信系统设计、雷达通信一体化设计以及隐蔽通信技术领域的学者和工程技术人员提供参考，也可作为高等院校通信与信息系统和电子工程专业师生的参考书。

图书在版编目（CIP）数据

雷达嵌入式通信理论与技术 / 李保国，刘毅远，鹿旭著. -- 北京 : 国防工业出版社，2025. 5. -- ISBN 978-7-118-13529-9

Ⅰ. TN95

中国国家版本馆 CIP 数据核字第 2025S8T044 号

※

国防工業出版社出版发行

（北京市海淀区紫竹院南路 23 号　邮政编码 100048）

天津嘉恒印务有限公司印刷

新华书店经售

*

开本 710×1000　1/16　**印张** 16　**字数** 276 千字

2025 年 5 月第 1 版第 1 次印刷　**印数** 1—2000 册　**定价** 98.00 元

国防书店：（010）88540777　　书店传真：（010）88540776

发行业务：（010）88540717　　发行传真：（010）88540762

前　　言

雷达嵌入式通信（Radar Embedded Communication，REC）是一种隐蔽通信技术，与雷达通信一体化技术注重雷达通信系统共用波形或孔径不同，REC技术利用射频标签发射低功率通信信号，信号隐藏在高功率雷达散射回波背景中，利用时间同步技术控制通信信号发射与雷达回波时间重叠，通过合理的波形设计使得通信信号频谱位于雷达信号频谱的过渡带之中，可有效避开截获接收机的检测和截获。该技术可应用于战场无线隐蔽通信、频谱共用的隐蔽敌我识别应答系统，也可扩展至民用安全无线通信领域。

本书聚焦 REC 的理论和技术，详细阐述国内外以及作者研究团队在该领域的研究成果。本书主要内容包括 REC 的基本原理、研究历史与现状、性能评估指标建立、波形设计和接收解调技术，力求做到全面且系统。其中，波形设计和接收解调技术是全书重点，包含了团队在基于特征值分解框架和拓展分解方式应用于波形设计的方法、低信噪比下基于信号分离的接收技术、基于软件无线电的原型系统等重要研究成果。

本书是国内外雷达嵌入式通信领域的首部著作，可为从事无线通信系统设计、雷达通信一体化设计以及隐蔽通信技术领域的学者和工程技术人员提供参考，也可作为高等院校通信与信息系统和电子工程专业师生的参考书。

本书是李保国与其学生在多年研究的基础上撰写的。李保国负责全书的总体安排以及第 1 章、第 2 章、第 4 章和第 6 章的撰写，刘毅远负责第 3 章的撰写，鹿旭负责第 5 章的撰写。在本书撰写过程中，还得到了张澄安、徐建秋、姚永康和牟禹衡的大力协助，在此一并表示感谢。

作　者

2024 年 10 月

目　　录

第1章 绪 论

1.1 隐蔽通信概述

习主席指出，现代战争中，制信息权成为赢得战争胜利的关键。一旦掌握了制信息权，就掌握了整个战争，而保证通信的安全则是夺取制信息权的重要内涵。对于传统的无线通信系统而言，其天然的开放性和广播性特点使其极易被侦测和截获，成为敌人进行无源定位和重点打击的目标[1]，难以适应未来战场中高强度信息对抗的需求。因此，亟须构建安全性强、可靠性高、抗截获的隐蔽通信系统，在战场上将重要的情报和指令信息隐蔽传输，为打赢现代信息化战争提供有效保障。

从理论上来说，信号被截获是由于：

（1）信号在时间、频率、空间上被截获接收机覆盖（Cover）。

（2）信号被检测（Detect）到，截获接收机积累的能量超过门限值，进行了有信号的判决。

（3）信号被截获（Intercept），特征被提取而识别为有用信号。

（4）信号被解调，还原内容，信息泄露而被利用（Exploit）。

信号被利用的概率应该满足

$$\Pr(E)=\Pr(E\mid I)\times\Pr(I\mid D)\times\Pr(D\mid C)\times\Pr(C) \tag{1.1}$$

式中：$\Pr(C)$为信号在时间、空间和频率上被截获接收机所覆盖的概率；$\Pr(D\mid C)$为信号被覆盖时截获接收机对信号的检测概率；$\Pr(I\mid D)$为信号被检测到后被进一步截获的概率；$\Pr(E\mid I)$为信号被截获到后被进一步利用的概率。

对于安全通信技术，按照性能从高到低可以划分为4个层级[2]，如图1.1所示。

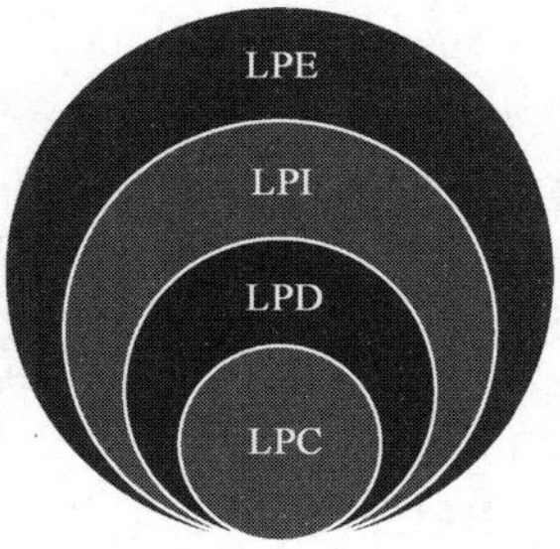

图1.1 安全通信性能层级划分

其中，低覆盖概率（Low Probability of Cover，LPC）特性是指通信信号在时域、频域和空域上难以被截获接收机覆盖，如跳时技术[3]、跳频技术[4]和窄波束技术[5]等；低检测概率（Low Probability of Detection，LPD）特性是指截获接收机难以从环境中检测和发现通信信号，如扩频通信技术[6]；低截获概率（Low Probability of Intercept，LPI）特性是指截获接收机在缺乏先验知识的情况下难以对通信信号进行解调识别，如噪声通信技术[7]；低利用概率（Low Probability of Exploitation，LPE）特性是指截获者无法对通信信号中的信息进行有效恢复，如各种加密算法[8]。

低截获通信和隐蔽通信类似，但其内涵不同，隐蔽通信强调不被发现，而低截获通信则注重即使在被发现的情况下，也可使截获方无法对信号进行分类识别和定位，隐蔽通信相对于低截获通信而言层级更高，安全性更好。

1.2 雷达嵌入式通信基本内涵

随着5G、物联网、卫星等通信业务的快速发展，无线用频设备急剧增多，随之带来的一个问题就是频谱资源的拥挤，不同通信业务之间的频谱交叠日益严重，不同通信用户之间的干扰现象日渐凸显，给无线通信的发展带来了极大的挑战[9]。同样，对于占据大量频谱资源的雷达业务而言，为了实现对高分辨率性能的追求，其也需要较高的频带宽度，这进一步加剧了频谱资源的紧张。因此，使雷达系统和通信系统可以共享频谱资源的频谱共享技术[10-12]，近年来越来越成为雷达和通信领域的研究热点。美国国防高级研究计划局（Defense Advanced Research Projects Agency，DARPA）就曾启动过一项名为“雷达与通信的频谱接入共享”（Shared Spectrum Access for Radar and Communications，SSPARC）的项目研究[13]，旨在开发军用雷达和军事通信系统之间的频谱共享技术。

一个好的思路是利用其他信号作为隐蔽载体，将通信信号隐藏在隐蔽载体之中而完成隐蔽通信[14]，如扩频通信[15-16]，其通过频谱扩展的方式降低信噪比（Signal-Noise Ratio，SNR），将通信信号淹没在环境的噪声之中，难以被发现，具有很好的抗截获特性[6]，但扩频通信的带宽远远大于被传输的原始信息的带宽，具有很高的用频宽度，不利于提高频谱资源的利用效率；且其提出较早，已经有很多针对性的检测方法[17-20]，使其技术优势逐渐丧失。一种更好的解决方案是将通信信号隐藏在高功率的雷达信号之中，即雷达嵌入式通信（REC）[21]。

REC作为一种使雷达信号和通信信号共用频段的新型频谱共享技术，可以同时满足上述提高频谱资源利用效率和保证信息传输隐蔽性的需求。对于使雷达系统和通信系统共用频谱资源的雷达-通信频谱共享技术，最常见的方案是将通信视为信道资源中的主体用户，而雷达作为其中的辅助用户，必须在通信用户优先的频谱资源中工作[22-23]，可以提高频谱利用效率，但其不具有通信隐蔽性。而 REC 与这种方案相反，其是将雷达视为频谱资源中的主用户，而通信系统则必须在以雷达用户为主体的频段中工作，其主要优点是可以将雷达信号视为隐藏载体，使通信系统具有很好的抗截获特性，同时使频谱利用效率大大提升。

REC 的工作原理如图 1.2 所示[21]，其可以概括为以下 4 个方面：

（1） REC 工作区域被雷达照射，友方目标所携带的射频（Radio Frequency，RF）标签和通信接收方都可以接收到雷达信号。

（2） RF 标签可以对雷达信号进行感知、提取和处理，按照波形生成算法生成具有隐蔽特性的通信波形，并在特定时刻发送合适功率的通信信号，使通信信号在和雷达回波信号共享频谱的同时保持隐蔽特性。

（3） 合作接收机利用与友方目标约定好的先验信息，对雷达回波中的通信信号进行检测和提取，完成隐蔽通信。

（4） 可能存在一个截获接收机，对通信信号进行侦测和截获。

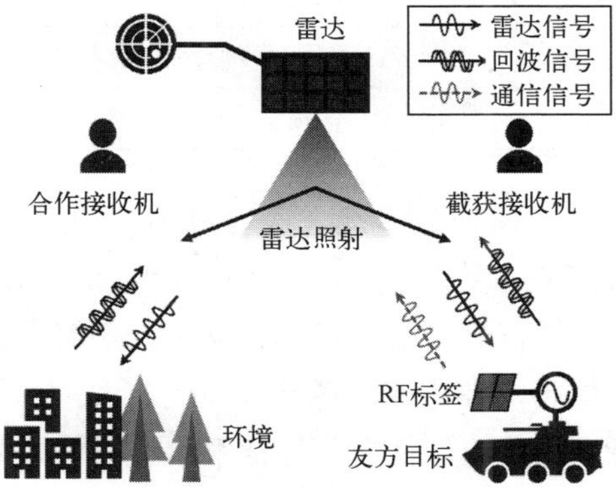

图 1.2　REC 工作原理

对于 REC 技术而言，其可以同时保证 LPD 特性和 LPI 特性。一方面，REC 类似于扩频通信技术，以雷达信号作为隐蔽载体，将通信信号隐藏在雷达回波之中，敌方探测到的雷达信号从表面上看与正常雷达信号并没有区别，其主观上也会将其视为正常的雷达信号，而不会过多关注于雷达信号中是否隐藏有通信信号，因而难以被发现和检测，具有很好的 LPD 特性；另一方面，REC 非透明的通信波形生成技术可以保证其不被截获接收机进行信号解调，具有很好的 LPI 特性。因此，REC 不仅可以保证信息的隐蔽传输，而且可以避免由于信号泄漏而被无源定位，具有高度的通信安全性。

总体而言，REC 是一种较新的隐蔽通信技术，相比于传统的隐蔽通信手段具有一定的技术代差，也更加具有优势。图 1.1 隐蔽层级中，LPD 的概念相对直观简单，而 LPI 性能则需要从截获方的截获方式角度去进行衡量，且学术界一般将隐蔽通信技术称为 LPI 通信。因此，本书着重从 REC 通信波形的 LPI 性能上来考虑 REC 的隐蔽性能。

REC 这一概念易与雷达通信一体化（Integrated Radar Communication，RadCom）产生混淆，为进一步理解 REC 技术，表 1.1 将二者进行了对比。其中的关键区别在于 RadCom 技术强调雷达通信共用孔径或波形，以节省频谱或设备资源，并不强调隐蔽性。

表 1.1　REC 技术与 RadCom 技术比较

基本信息	REC 技术	RadCom 技术
实现功能	隐蔽通信	雷达和通信
侧重性能	隐蔽性	雷达通信共孔径或共波形
考虑雷达	友方或敌方	友方
考虑频段	雷达信号过渡带	雷达信号通带
使用设备	RF 标签	一体化的电子设备

REC 技术的典型应用场景为星载合成孔径雷达或机载雷达实现对地面战场区域中目标的敌我识别，友方目标可以将己方位置等信息以低截获的方式传输给雷达，从而完成战场目标的敌我识别，减小误伤概率；此外，还可以传输战场情报等一些关键信息。在未来，随着认知电子战[24]技术的发展，REC 技术将有可能会应用于更加普遍的情况，通信系统被允许长时间在雷达信号时段和频段上工作，来使通信系统保持持续的隐蔽性能。REC 的思想和技术还可扩展至民用中其他有安全需求的无线通信领域。

1.3　国内外研究现状

早期关于 REC 通信的研究主要集中于脉间实现，标签对接收到的雷达脉冲进行相位再调制以携带信息，并将调制后的脉冲信号发射回雷达，同时信号隐藏在雷达回波中，所以兼备了隐蔽性能。由于传输一个通信符号要利用一个甚至是多个脉冲，导致传输的数据量很少，仅仅只能实现数据量较小的定位功能。

文献［25］中，一个被动发射的标签用来将信号注入雷达接收机数据中，通过对散射的雷达回波脉冲进行相位调制来产生。相位调制器在脉冲与脉冲之间赋予了一种相位调制，使其看起来类似于一种多普勒特性。虽然这个过程是隐蔽的，这种方法同样只能提供一种较低的数据率，约为每个相干处理间隔（Coherent Processing Interval，CPI，一般为几十到几千个脉冲持续时间）传输 1bit 的量级。

文献［26］中，雷达系统与相干应答器一起组成一个通信系统。相干应答器（射频标签）接收一系列的雷达脉冲，这些脉冲被改变并发送回雷达。相干应答器可以通过多种方法改变雷达脉冲序列。一种改变雷达脉冲的方法是通过有限脉冲响应滤波器将编码信息转移到脉冲上。要传输的信息被编码到脉冲序列上，数据速率是每个 CPI 内发送若干比特的量级。

文献［27］提到了一种雷达系统，雷达脉冲使标签（或应答器）对雷达信号做出反应。雷达向标签发送一个参考信号，标签将其恢复，并利用它将接收到的雷达脉冲中心频率作为本振将信号搬移到不同的频率。这种搬移使得标签响应脉冲的频率与雷达发射脉冲的频率不冲突。这样，雷达杂波就可以从标签响应中消除。雷达在一个小的多普勒偏移量范围内预测标签响应脉冲的中心频率。雷达可以产生像合成孔径雷达一样的图像和动目标指示雷达一样的地图，其包含标签在热噪声背景下的特征和大幅衰减的雷达杂波。通过这种处理，雷达可以精确地定位标签（误差在 1m 以内）。标签还可以将状态和环境数据编码到其响应脉冲上，雷达可以接收和解码这些信息。

文献［28-31］也属于类似的方法，大都属于在 SAR 雷达应用中所遇到的情况，通过雷达信号的一系列脉冲进行相位调制来实现后向散射通信，内在的数据速率均为每个 CPI 发送若干个比特的量级。

文献［25］将脉间 REC 技术应用进 SAR 雷达，可以实现友方目标跟踪与定位，从而减小误伤概率。由于脉间 REC 需要在多个雷达后向散射脉冲中传递信息，因此通信速率较低，应用范围非常有限。

可见，基于脉内嵌入的 REC，一般都工作在非常低的 bits/CPI 的数据速率，为 1~100b/s 量级。

从 2007 年开始，为解决脉间嵌入的数据率较低的问题，美国堪萨斯大学的 Shannon 教授团队创造性地开始进行脉内 REC 通信研究，建立了完整的基于特征值分解的理论框架，并突破了多项关键技术，相关研究一直持续至今，实现了 bit/pulse 量级的通信速率（按典型雷达的脉冲重复频率计算，通信速率为 1~10kb/s 量级），同时具备隐蔽性。在文献［32］中，该团队介绍了脉内 REC 通信的基本原理，利用特征值分解原理对单个雷达脉冲进行特征提取，并进行再调制，产生与雷达信号共享频谱的通信波形，再利用雷达后向散射作为隐藏载体进行隐蔽传输，完成隐蔽通信。脉内 REC 的优势在于其可以在每个雷达脉冲回波中嵌入一个通信波形，因而大大提高了 REC 的通信速率，文中提出了三种基于特征值分解的波形设计方式，并加在高斯白噪声信道条件下，分析了波形的通信传输性能，该工作具有开创意义，后续的大部分研究工作都是基于该文提出的框架而展开的。

该团队还提出利用高维调制的方法进一步提高通信速率和隐蔽性能[33]。在文献［34］中研究了脉内 REC 通信实际应用方面的问题，特别考虑了在标签端产生通信波形时存在多径散射的情况，从而导致标签和合作接收机在雷达波形提取过程中产生一种失配，并提出增加通信波形时间长度的方法来解决这种失配。同年，该团队还提出了利用时间反转的方法实现空间聚焦效应，该方法能进一步阻止窃听者的截获，提高隐蔽性能，还提出利用空间选择性来对多径分量进行估计，能在不损失传输速率和误码率性能的情况下提高抗截获概率[35]。文献［36］进一步对时间反转技术进行研究，在 RF 标签已知雷达波形参数的情况下，通过相干处理来估计信道信息，显著提升了接收性能和 LPI 性能。2010 年，Shannon 团队在 IEEE AES 汇刊上再次发表文章[37]，综述了前面所有的波形设计研究成果，并针对波形的抗截获性能展开分析，提出采用归一化相关系数来对抗截获性能进行定量描述，通过理论分析和仿真验证，得出了主空间投影 DP 波形具有最好的隐蔽性，该工作具有里程碑意义，从可靠性和隐蔽性方面都对 REC 通信性能给出了定量的评价标准。同年，该团队对脉内 REC 通信的工程实现进行讨论，通过推导与仿真，得出以下结论：由于多径信道的影响改变了特征空间的特征结构，所有多径效应的存在都将恶化通信性能，但也证明了 DP 波形对多径信道有更好的鲁棒性。同时，如果考虑时间扩展，将会提高通信的性能，并且时间扩展能够用于替代带宽扩展。2010 年，文献［38］对 REC 接收滤波器进行了研究，提出了一种基于最小二乘估计（Least Square Estimation，LSE）的失配滤波器，可以最大限度减少由于距离旁瓣调制（Range Sidelobe Modulation，RSM）导致的多普勒相干退化。2011 年，该团队针对合作接收机的信号检测问题，提出了基于二级奈曼-皮尔逊准则的检测方法，并提出了两种截获指标用于评价通信系统的隐蔽性能，通过对截获指标与检测指标的相互比较可以评价所提系统的有效性[39]。此外，该团队还推导了目的接收机和截获接收机的处理增益，用来最优化通信符号设计的参数[40]。2015 年，该团队针对在高功率雷达发射的情况下提出了几种基于子空间的符号设计策略，分析表明注水理论和频谱成型的有机结合能够在避免干扰和保持与干扰的相似性之间提供一个好的折中[40]，该团队还给出了一种加载去相关滤波器（Loaded Decorrelating Filter，LDF），可以方便对合作接收机处理增益进行分析。基于处理增益的性能分析方法在文献［40］中提出，可以间接对合作接收机和截获接收机的通信可靠性和 LPI 性能进行分析，这进一步完善了 REC 的性能指标评价体系。2015 年，针对背景雷达信号为敌方非合作的情况，文献［41］对 REC 体制中的雷达波形提取关键技术进行研究，拓展了 REC 的应用领域，该文提出了一种基于最小均方误差估计（Minimum Mean-square Error Estimation，MMSE）的空间波达方向（Direction of Arrival，DOA）估计方法——迭代超分辨率（Re-Iterative Super Resolution，RISR）算法，相比传统 MUSIC 算法[42]，RISR 算法对相干信源具有更强的鲁棒性。REC 技术还引起了其他科研人员的注意，2015 年，意大利学者 Domenico Ciuonzo 和 Antonio De Maio 提出了基于 Pareto 凸优化思想的评估指标，并提出基于多目标优化方法的波形设计方法，该方法在通信可靠性和隐蔽性之间的折中有良好的效果[43-44]，该方法对于波形设计准则具有相当的指导意义。

国内大约在 2015 年开始进行 REC 技术研究，相关研究主要集中在脉内 REC 的波形设计和接收方法上。李保国和牟禹衡根据基于特征值分解的脉内 REC 通信波形构造过程中，随机向量欧几里得距离（简称欧氏距离）不定的问题，提出了一种基于直接扩频序列的软判决且最大化随机向量欧氏距离的波形设计方式，提升了传输可靠性[45-46]。牟禹衡提出了雷达嵌入式的实际应用场景——基于无人机机载雷达的脉内 REC 通信方法，并针对步进频率雷达进行了分析[47]。麦超云等改变传统思路[48]，针对线性调频信号可利用频谱范围小的问题，提出了一种 REC 通信的稀疏波形设计方法，该方法可以提高通信信号的频带利用率，实现低误符号率和低截获概率的同时雷达检测性能不会降低。姚永康等针对 REC 通信系统在多径衰落信道下的可靠接收问题，提出了基于均衡技术的接收方法和基于 RAKE 方式的去相关接收技术；针对标签如何有效触发和非合作情况下如何实现 REC 通信等问题，提出了基于阵列处理的雷达波形提取技术[49-50]。何山等提出了成型法改进了 REC 通信波形的隐蔽性，设计了成型 WC 和成型 DP 波形；并研究了基于注水原理而设计的成型注水波形，对注水成型矩阵的参数进行了讨论和分析[51-53]。Xu 等[54]最先发现了传统 REC 通信波形非正交的问题，并且提出了改进加权（Improved Weighted-Combining，IWC）策略，使得通信可靠性和低截获概率特性明显提高。但是改进加权策略存在构造上限，并不适用于所有情况。为了解决这一问题，文献［55］又补充提出了约束加权（Constrained Weighted-Combining，CWC）策略，形成了完整的正交化加权（Orthogonal Weighted Combining，OWC）策略。同时，该文还在主空间投影（DP）策略的基础上提出了正交化主空间投影（Orthogonal Dominant Projection，ODP）策略。经过通信可靠性、低截获概率特性两个方面的理论分析与仿真，该文归纳了三种正交化波形设计策略的适用场景。为了突破传统特征值分解框架的局限，文献［56］提出了基于奇异值分解（Singular Value Decomposition，SVD）的 REC 通信波形设计方法，所设计的波形在过渡带内与雷达回波更为相似，提高了低检测概率特性。此外，在文献［56］中，作者还提供了一种准确计算 REC 通信波形与雷达波形相似度的方法，使低检测概率特性得以量化，解决了 REC 通信系统中的低检测概率特性分析问题。文献［57］对上述三篇文献进行了总结，并对 REC 通信系统的评价指标和接收策略进行了优化。2017 年，Sahin 等针对 REC 接收机的距离旁瓣调制（Range Sidelobe Modulation，RSM）带来的性能损失问题，将连续相位调制（Continuous Phase Modulation，CPM）引入 REC 的波形设计[58-60]，并且提出了一种有效的降低算法复杂度的方法[61]。2019 年，Nusenu 等提出了一种基于频率分集多输入多输出（Frequency Diverse Multiple-Input Multiple-Output，FD-MIMO）的 REC 方案[62]，进一步拓展了 REC 的应用范围。同年，Al-Salehi 等提出了一种具有双功能的雷达通信系统，大大提升了 REC 的数据吞吐量[63]。2021 年，文献［64］又对 RISR 算法进行了改进，提出了一种基于最小二乘估计的 DOA 估计算法，提高了雷达波形的估计精度。李保国等给出了 SVD 波形设计的算法原理，并对 SVD 波形的通信可靠性、抗检测性能、抗截获性能和算法复杂度进行了仿真和分析。结果表明，相较于传统的 REC 波形，SVD 波形可以实现完全正交，并且与雷达回波信号在局部分离、整体相似方面具有更好的通信可靠性、低检测概率特性和低截获概率特性，同时没有显著增加算法复杂度[65]。张澄安等[66-68]基于经典的 SWF 波形生成方法，提出一种抽取注水成型（Extraction Shaped Water-Filling，ESWF）雷达嵌入式通信波形设计方法，可以使算法复杂度降低数倍，同时又保持通信波形的可靠性能和 LPI 性能没有降低。

张澄安等在国内首次基于 SDR 设备及开发软件搭建了一套 REC 试验系统，验证了 REC 的可行性，为进一步对 REC 的研究提供了可靠依据和实验平台[69]，该验证系统还获得了湖南省研究生电子设计竞赛一等奖。

综上所述，REC 通信作为一种隐蔽通信手段有着其先天的优势，国内外研究者从评估指标、波形设计、多径时变信道下的接收技术等多方面开展了研究工作，取得了一系列成果，可以说基本的框架已经建立，为实用化奠定了坚实的基础。

1.4　本书主要内容

本书聚焦 REC 通信的理论和技术，详细阐述了国内外以及本人研究团队在该领域的研究成果。本书在第 1 章系统阐述了隐蔽通信及雷达嵌入式通信的基本内涵，总结国内外研究现状；第 2 章对雷达嵌入式通信基本原理和性能评价方法进行介绍，主要内容包括 REC 系统建模、波形设计方法、接收机设计、性能评价指标设置等，涵盖对不同 REC 波形生成算法在不同参数下的性能指标理论推导及仿真验证，为 REC 系统设计提供了参照；第 3 章主要介绍雷达嵌入式通信波形设计技术，是全书重点之一，首先从传统特征值方法在正交性方面的改进开始研究，拓展至基于直接序列扩频的波形设计；其次基于注水原理，从通信波形频谱与雷达波形频谱过渡带之间的相似性角度设计了相应波形，并且给出了成型注水波形的低复杂度设计；最后基于 SVD 思想改进传统特征值分解，并给出了在注水波形中的应用，为 REC 技术的进一步发展奠定了重要基础；第 4 章从提升 REC 通信可靠性角度出发研究波形接收技术，主要包括基于干扰分离的 REC 接收方法、多径衰落信道下的 REC 可靠接收技术、非合作场景下基于阵列处理的雷达波形提取技术以及基于卷积神经网络的 REC 接收方法的研究，为 REC 体制的接收技术提供了新的参考；第 5 章基于软件无线电平台搭建了一套 REC 试验系统，为进一步对 REC 的研究提供了可靠依据和实验平台；第 6 章对全书内容进行了总结和展望。书中关于波形设计和接收解调技术的内容是全书重点，包含了团队在基于特征值分解框架和拓展分解方式应用于波形设计的方法、低信噪比下基于信号分离的接收技术等重要研究成果。

第 2 章　雷达嵌入式通信基本原理和性能评价

本章对 REC 的基础理论进行讨论，包括 REC 的系统模型、REC 通信波形设计、REC 接收机设计以及通信可靠性、通信隐蔽性、设计自由度、计算复杂度等性能指标，为本书后面章节奠定理论基础。

2.1 系统模型

REC 系统模型包括 REC 信道模型和 REC 雷达回波特征提取模型。其中，REC 信道模型对 REC 的信号传输层进行数学描述，是 REC 理论框架的基础；REC 雷达回波特征提取模型对 REC 信道模型中的雷达回波信号进行数学分析，是 REC 通信波形构建的基础。下面分别对这两个模型进行讨论。

2.1.1 REC 信道模型

REC 信道模型如图 2.1 所示。其信号传输路径可分为前向链路和后向链路，前向链路为雷达照射链路，后向链路为收发链路。雷达通过雷达照射链路照射整个 REC 工作区域，一方面，环境会对雷达信号进行散射，产生雷达后向散射回波；另一方面，处在环境中的友方 RF 标签会对雷达信号进行感知和处理，生成具有隐蔽特性的通信波形，并将通信信号与雷达回波同步发送。雷达回波信号和通信信号经过收发链路被合作接收机接收，合作接收机接收到的信号建模为

$$r(t)=s(t)*p(t)+\alpha c_k(t)*h(t)+n(t) \tag{2.1}$$

式中：$r(t)$为合作接收机接收到的混合信号；$s(t)$为雷达信号；$p(t)$表示环境散射特征；$h(t)$代表信道多径响应；$c_k(t)$表示第 k 个通信波形被嵌入；α 表示通信波形的功率约束因子；$n(t)$为环境噪声。其中，雷达后向散射回波信号建模为雷达信号 $s(t)$和环境散射样本 $p(t)$的卷积。

进一步将式（2.1）表示为离散过程。定义 N 为满足雷达信号奈奎斯特采样定理的采样点数，M 为过采样因子。因此，雷达信号 $s(t)$采样后的离散信号为

$$\boldsymbol{s}=[s_1,s_2,\cdots,s_{NM}]^{\mathrm{H}} \tag{2.2}$$

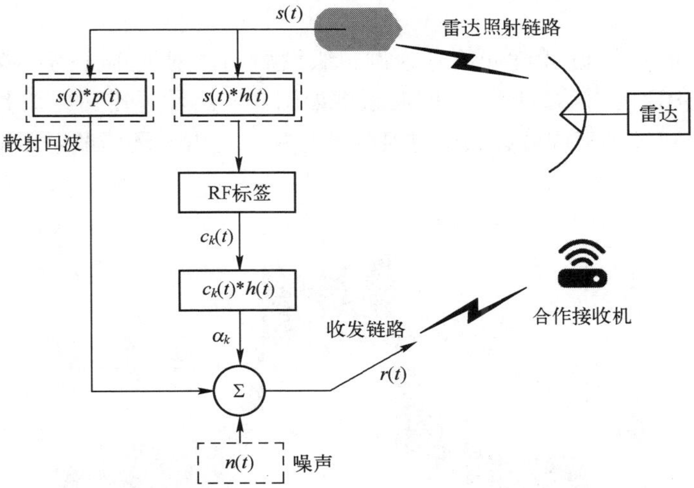

图 2.1　REC 信道模型

式中：$s_1,s_2,\cdots,s_{NM}$为雷达过采样数据；$[\cdot]^H$ 表示共轭转置运算。对 $\boldsymbol{s}$ 进行循环移位构建托普利兹矩阵：

$$\boldsymbol{S}=\begin{bmatrix} s_{NM} & s_{NM-1} & \cdots & s_1 & 0 & \cdots & 0 \\ 0 & s_{NM} & \cdots & s_2 & s_1 & \cdots & 0 \\ \vdots & \vdots & & \vdots & \vdots & & \vdots \\ 0 & 0 & \cdots & s_{NM} & s_{NM-1} & \cdots & s_1 \end{bmatrix} \tag{2.3}$$

式中：$\boldsymbol{S}\in\mathbb{C}^{NM\times(2NM-1)}$。则卷积信号 $s(t)*p(t)$采样后的信号可以表示为

$$\boldsymbol{S}\cdot\boldsymbol{p}=\begin{bmatrix} s_{NM} & s_{NM-1} & \cdots & s_1 & 0 & \cdots & 0 \\ 0 & s_{NM} & \cdots & s_2 & s_1 & \cdots & 0 \\ \vdots & \vdots & & \vdots & \vdots & & \vdots \\ 0 & 0 & \cdots & s_{NM} & s_{NM-1} & \cdots & s_1 \end{bmatrix}\boldsymbol{p} \tag{2.4}$$

式中：$\boldsymbol{p}$ 为后向散射样本 $p(t)$的离散化，$\boldsymbol{p}\in\mathbb{C}^{2NM-1}$。

因此，不考虑信道多径，采样后合作接收机的接收信号可以表示为

$$\boldsymbol{r}=\boldsymbol{S}\cdot\boldsymbol{p}+\alpha\boldsymbol{c}_k+\boldsymbol{n} \tag{2.5}$$

式中：$\boldsymbol{c}_k,\boldsymbol{n}\in\mathbb{C}^{NM\times1}$，分别为通信信号和环境噪声的离散化。

2.1.2　雷达回波特征提取模型

REC 系统中 RF 标签需要生成与雷达后向散射回波具有相关性的通信波形，以此来保证系统 LPI 性能，因此要首先对雷达后向散射回波进行特征

提取。

以雷达信号为 LFM 脉冲信号为例，假设后向散射样本为高斯噪声，通过式（2.4）构建的雷达后向散射回波频谱如图 2.2 所示。雷达回波频谱可以分为通带成分和过渡带成分，其中过渡带成分主要是由于环境散射而造成的频谱扩展。

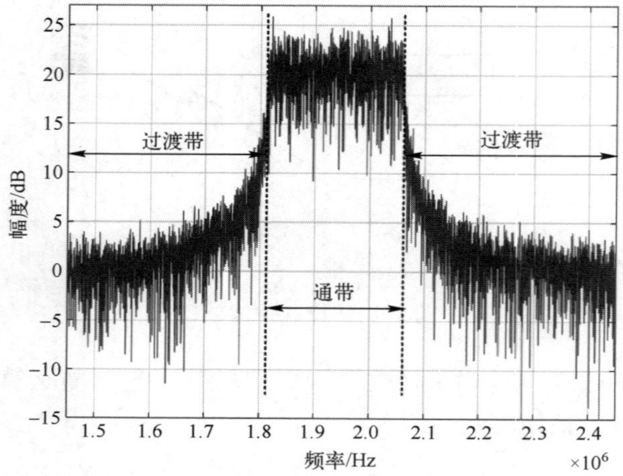

图 2.2　雷达后向散射回波频谱

由式（2.4）可知，环境后向散射为托普利兹矩阵 $\boldsymbol{S}$ 列向量加权，因此可以对矩阵 $\boldsymbol{S}$ 进行左奇异值分解来提取环境后向散射回波特征：

$$\boldsymbol{S}\boldsymbol{S}^{\mathrm{H}}=\boldsymbol{Q}\boldsymbol{\Lambda}\boldsymbol{Q}^{\mathrm{H}} \tag{2.6}$$

式中：$\boldsymbol{Q}\in\mathbb{C}^{NM\times NM}$ 为酉矩阵；$\boldsymbol{\Lambda}$ 为对角阵，$\boldsymbol{\Lambda}=\mathrm{diag}(\sigma_1,\sigma_2,\cdots,\sigma_{NM})$，$\sigma_1\geqslant\sigma_2\geqslant\cdots\geqslant\sigma_{NM}\geqslant 0$。

同样，以雷达信号为 LFM 脉冲信号为例，取 $N=64$，M 分别取 2 和 4，对应的特征值曲线如图 2.3 所示。进一步将根据特征值大小定义前 m 个特征值对应的特征向量成分为后向散射回波的主空间，后 $NM-m$ 个特征值对应的特征向量成分为后向散射回波的非主空间，分别对应雷达回波频谱的通带成分和过渡带成分，参数 m 称为主空间大小，$0<m<NM$。因此，式（2.6）可进一步表示为

$$\boldsymbol{S}\boldsymbol{S}^{\mathrm{H}}=[\boldsymbol{Q}_{\mathrm{D}}\quad \boldsymbol{Q}_{\mathrm{ND}}]\begin{bmatrix}\boldsymbol{\Lambda}_{\mathrm{D}} & \boldsymbol{O}\\ \boldsymbol{O} & \boldsymbol{\Lambda}_{\mathrm{ND}}\end{bmatrix}\begin{bmatrix}\boldsymbol{Q}_{\mathrm{D}}^{\mathrm{H}}\\ \boldsymbol{Q}_{\mathrm{ND}}^{\mathrm{H}}\end{bmatrix} \tag{2.7}$$

式中：$\boldsymbol{Q}_{\mathrm{D}}\in\mathbb{C}^{NM\times m}$ 由前 m 个主空间特征向量组成；$\boldsymbol{Q}_{\mathrm{ND}}\in\mathbb{C}^{NM\times(NM-m)}$ 由后 $NM-m$ 个非主空间特征向量组成；$\boldsymbol{\Lambda}_{\mathrm{D}}\in\mathbb{C}^{m\times m}$ 为前 m 个主空间特征值对角阵；$\boldsymbol{\Lambda}_{\mathrm{ND}}\in$

$\mathbb{C}^{(NM-m)\times(NM-m)}$为后 $NM-m$ 个非主空间特征值组成的对角阵。

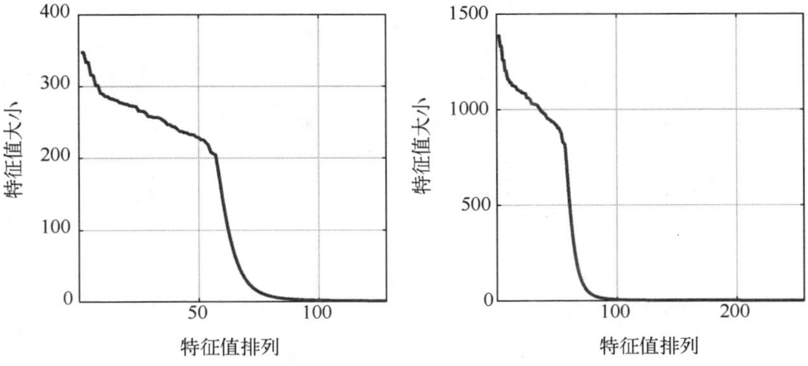

(a) N=64, M=2　　(b) N=64, M=4

图 2.3　雷达后向散射回波特征值曲线

雷达回波特征提取模型通过奇异值分解将雷达后向散射回波信号向量分解为主空间特征向量和非主空间特征向量，这些特征向量即雷达后向散射回波的“特征”，RF 标签则会利用这些“特征”来生成远离或相近雷达回波信号主空间的通信波形。

2.2　REC 波形设计基本方法

REC 波形设计的目的是构造出一组含有 K 个波形的通信波形集，类似于 PSK 通信调制方式[70]，RF 标签调制生成具有 K 个相位的通信符号，每次发送一位符号，每个符号即可代表$\log_2 K$ 位二进制比特信息。REC 波形设计方法有很多种，其中最具代表性的是 Blunt 教授提出的 DP 算法[32]。本节将首先对 DP 算法进行介绍，其次再介绍两种 DP 算法的改进算法：SDP 算法和 SWF 算法。

2.2.1　EAW 策略

EAW 策略直接使用非主空间特征向量作为 REC 波形：

$$\boldsymbol{c}_k=\boldsymbol{q}_k,\quad k=1,2,\cdots,K \tag{2.8}$$

式中：$\boldsymbol{q}_k\in\mathbb{C}^{NM_c}$ 为矩阵 $\boldsymbol{Q}_{\mathrm{ND}}$ 中的列向量。图 2.4 分别画出了利用较小特征值和较大特征值对应的特征向量设计出的 EAW 波形频谱，并将其与雷达波形频谱放在一起形成对比，便于使读者对 EAW 策略设计出的波形有更加直观的认识。

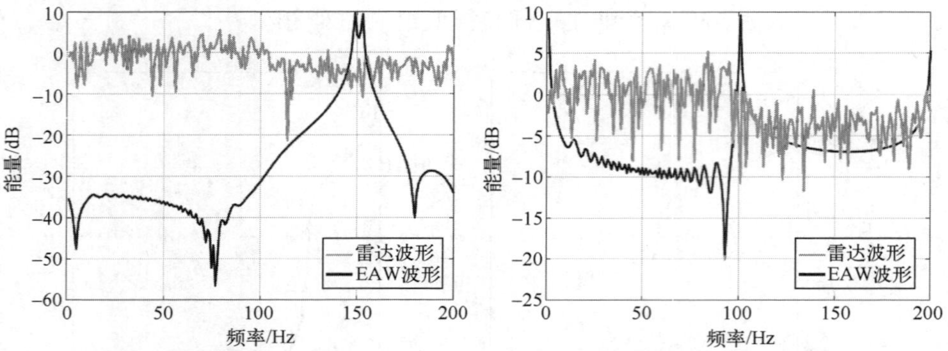

(a) 较小特征值对应的特征向量　　(b) 较大特征值对应的特征向量

图 2.4　EAW 波形频谱

2.2.2　WC 策略

作为权衡，WC 策略对矩阵 $\boldsymbol{Q}_{\mathrm{ND}}$ 的每个列向量进行加权，组合之后生成 REC 波形：

$$\boldsymbol{c}_k = \boldsymbol{Q}_{\mathrm{ND}} \cdot \boldsymbol{b}_k, \quad k = 1, 2, \cdots, K \tag{2.9}$$

式中：$\boldsymbol{Q}_{\mathrm{ND}} = [\boldsymbol{q}_1 \quad \boldsymbol{q}_2 \quad \cdots \quad \boldsymbol{q}_{NM_c-L}]$；$\boldsymbol{b}_k \in \mathbb{C}^{NM_c-L}$为权值列向量，由 RF 标签和雷达共同决定。图 2.5 表示雷达波形和 WC 波形在频谱上的对比。

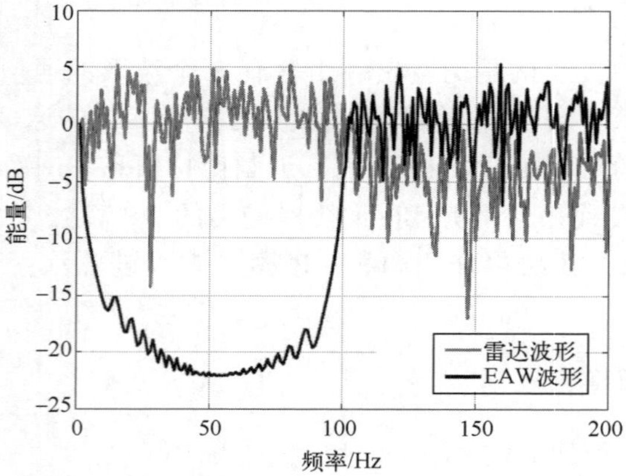

图 2.5　雷达波形和 WC 波形频谱

2.2.3　DP 波形设计算法

DP 波形设计算法考虑通过投影的方式将信号投影到雷达后向回波的非主

空间，来作为 REC 通信波形。其算法流程如下：

Step1：令 $\boldsymbol{Q}_1=\boldsymbol{Q}=[\boldsymbol{Q}_{1,\mathrm{D}}\quad \boldsymbol{Q}_{1,\mathrm{ND}}]$，$\boldsymbol{\Lambda}_1=\boldsymbol{\Lambda}=\begin{bmatrix}\boldsymbol{\Lambda}_{1,\mathrm{D}} & \boldsymbol{0}\\ \boldsymbol{0} & \boldsymbol{\Lambda}_{1,\mathrm{ND}}\end{bmatrix}$，按如下方式产生投影矩阵为

$$\boldsymbol{P}_{\mathrm{DP},1}=\boldsymbol{I}_{NM}-\boldsymbol{Q}_{1,\mathrm{D}}\boldsymbol{Q}_{1,\mathrm{D}}^{\mathrm{H}}=\boldsymbol{Q}_{1,\mathrm{ND}}\boldsymbol{Q}_{1,\mathrm{ND}}^{\mathrm{H}} \tag{2.10}$$

式中：投影矩阵 $\boldsymbol{P}_{\mathrm{DP},1}\in\mathbb{C}^{NM\times NM}$；$\boldsymbol{I}_{NM}$为 $NM\times NM$ 的单位矩阵。将投影矩阵 $\boldsymbol{P}_{\mathrm{DP},1}$ 与列向量 $\boldsymbol{d}_1$ 相乘得到第一个 DP 通信波形：

$$\begin{aligned}\boldsymbol{c}_{\mathrm{DP},1}&=\beta_{\mathrm{DP},1}^{1/2}\boldsymbol{P}_{\mathrm{DP},1}\boldsymbol{d}_1\\&=\beta_{\mathrm{DP},1}^{1/2}\boldsymbol{Q}_{1,\mathrm{ND}}\boldsymbol{Q}_{1,\mathrm{ND}}^{\mathrm{H}}\boldsymbol{d}_1\\&=\beta_{\mathrm{DP},1}^{1/2}\boldsymbol{Q}_{1,\mathrm{ND}}\boldsymbol{q}_1\end{aligned} \tag{2.11}$$

式中：通信波形 $\boldsymbol{c}_{\mathrm{DP},1}\in\mathbb{C}^{NM\times 1}$；列向量 $\boldsymbol{d}_1\in\mathbb{C}^{NM\times 1}$，且$\|\boldsymbol{d}_1\|^2=1$，其为收发方已知的单位随机向量。因此，根据单位特征向量的性质，向量 $\boldsymbol{q}_1=\boldsymbol{Q}_{1,\mathrm{ND}}^{\mathrm{H}}\boldsymbol{d}_1$ 也近似为随机向量，即

$$E[q_{1,i}^2]=E[\,|d_{1,i}^2|\,]\approx\frac{1}{NM},\quad i=1,2,\cdots,NM \tag{2.12}$$

式中：$q_{1,i}$ 和 $d_{1,i}$ 分别为向量 q_1 与 d_1 的第 i 个元素；$E[\cdot]$表示求期望。式（2.11）中 $\beta_{\mathrm{DP},1}$为约束波形 $\boldsymbol{c}_{\mathrm{DP},1}$能量的能量约束因子，式（2.11）中通信波形的能量可以计算如下：

$$\begin{aligned}E_{\mathrm{DP},1}&=\|\boldsymbol{c}_{\mathrm{DP},1}\|^2\\&=\boldsymbol{c}_{\mathrm{DP},1}^{\mathrm{H}}\boldsymbol{c}_{\mathrm{DP},1}\\&=\beta_{\mathrm{DP},1}\boldsymbol{q}_1^{\mathrm{H}}\boldsymbol{Q}_{1,\mathrm{ND}}^{\mathrm{H}}\boldsymbol{Q}_{1,\mathrm{ND}}\boldsymbol{q}_1\\&=\beta_{\mathrm{DP},1}\boldsymbol{q}_1^{\mathrm{H}}\boldsymbol{q}_1\\&=\beta_{\mathrm{DP},1}\frac{NM-m}{NM}\end{aligned} \tag{2.13}$$

若约束 $\boldsymbol{c}_{\mathrm{DP},1}$的能量为$\mu$，则

$$\beta_{\mathrm{DP},1}=\frac{\mu NM}{NM-m} \tag{2.14}$$

Step2：为了更好地接收性能，REC 通信波形之间要尽量正交，因此在设计第二个通信波形时将 $\boldsymbol{c}_1$ 加入矩阵 $\boldsymbol{S}$ 中形成新矩阵：

$$\boldsymbol{S}_2=[\boldsymbol{S}\quad \boldsymbol{c}_1] \tag{2.15}$$

生成的新矩阵 $\boldsymbol{S}_2\in\mathbb{C}^{NM\times 2NM}$，同样对其进行特征值分解：

$$\boldsymbol{S}_2\boldsymbol{S}_2^{\mathrm{H}}=\boldsymbol{Q}_2\boldsymbol{\Lambda}_2\boldsymbol{Q}_2^{\mathrm{H}} \tag{2.16}$$

式中：特征值矩阵 $\boldsymbol{\Lambda}_2 \in \mathbb{C}^{NM\times NM}$；酉矩阵 $\boldsymbol{Q}_2 \in \mathbb{C}^{NM\times NM}$。主空间大小选择为 $m+1$。类似于式（2.7），将 $\boldsymbol{Q}_2$ 分为主空间和非主空间：

$$\boldsymbol{Q}_2 = [\boldsymbol{Q}_{2,\mathrm{D}} \quad \boldsymbol{Q}_{2,\mathrm{ND}}] \tag{2.17}$$

式中：$\boldsymbol{Q}_{2,\mathrm{D}} \in \mathbb{C}^{NM\times(m+1)}$；$\boldsymbol{Q}_{2,\mathrm{ND}} \in \mathbb{C}^{NM\times(NM-m-1)}$。则新的投影矩阵为

$$\boldsymbol{P}_{\mathrm{DP},2} = \boldsymbol{I}_{NM} - \boldsymbol{Q}_{2,\mathrm{D}}\boldsymbol{Q}_{2,\mathrm{D}}^{\mathrm{H}} = \boldsymbol{Q}_{2,\mathrm{ND}}\boldsymbol{Q}_{2,\mathrm{ND}}^{\mathrm{H}} \tag{2.18}$$

式中：$\boldsymbol{P}_{\mathrm{DP},2} \in \mathbb{C}^{NM\times NM}$。则第二个 DP 通信波形可以构造为

$$\begin{aligned}\boldsymbol{c}_{\mathrm{DP},2} &= \beta_{\mathrm{DP},2}^{1/2}\boldsymbol{P}_{\mathrm{DP},2}\boldsymbol{d}_2 \\ &= \beta_{\mathrm{DP},2}^{1/2}\boldsymbol{Q}_{2,\mathrm{ND}}\boldsymbol{Q}_{2,\mathrm{ND}}^{\mathrm{H}}\boldsymbol{d}_2 \\ &= \beta_{\mathrm{DP},2}^{1/2}\boldsymbol{Q}_{2,\mathrm{ND}}\boldsymbol{q}_2\end{aligned} \tag{2.19}$$

式中：$\boldsymbol{c}_{\mathrm{DP},2} \in \mathbb{C}^{NM\times 1}$；$\boldsymbol{d}_2 \in \mathbb{C}^{NM\times 1}$，与 $\boldsymbol{d}_1$ 类似，为收发方已知的随机向量，则 $\boldsymbol{q}_2 \in \mathbb{C}^{(NM-m-1)\times 1}$ 也与 $\boldsymbol{q}_1$ 类似。令 $\boldsymbol{c}_{\mathrm{DP},2}$ 能量约束为 μ，则

$$\beta_{\mathrm{DP},2} = \frac{\mu NM}{NM-m-1} \tag{2.20}$$

Step3：按照 Step1 和 Step2 依次产生 K 个 REC 通信波形生成矩阵：

$$\boldsymbol{P}_{\mathrm{DP},k} = \boldsymbol{I}_{NM} - \boldsymbol{Q}_{k,\mathrm{D}}\boldsymbol{Q}_{k,\mathrm{D}}^{\mathrm{H}} = \boldsymbol{Q}_{k,\mathrm{ND}}\boldsymbol{Q}_{k,\mathrm{ND}}^{\mathrm{H}}, \quad k=1,2,\cdots,K \tag{2.21}$$

式中：$\boldsymbol{Q}_{k,\mathrm{D}} \in \mathbb{C}^{NM\times(m+k-1)}$；$\boldsymbol{Q}_{k,\mathrm{ND}} \in \mathbb{C}^{NM\times(NM-m-k+1)}$，则 K 个 DP 通信波形可以构造为

$$\begin{aligned}\boldsymbol{c}_{\mathrm{DP},k} &= \beta_{\mathrm{DP},k}^{1/2}\boldsymbol{P}_{\mathrm{DP},k}\boldsymbol{d}_k \\ &= \beta_{\mathrm{DP},k}^{1/2}\boldsymbol{Q}_{k,\mathrm{ND}}\boldsymbol{Q}_{k,\mathrm{ND}}^{\mathrm{H}}\boldsymbol{d}_k \\ &= \beta_{\mathrm{DP},k}^{1/2}\boldsymbol{Q}_{k,\mathrm{ND}}\boldsymbol{q}_k\end{aligned} \tag{2.22}$$

式中：$\boldsymbol{c}_{\mathrm{DP},k} \in \mathbb{C}^{NM\times 1}$；$\boldsymbol{d}_k \in \mathbb{C}^{NM\times 1}$；$\boldsymbol{q}_k \in \mathbb{C}^{(NM-m-k+1)\times 1}$；$k=1,2,\cdots,K$。能量约束因子计算为

$$\beta_{\mathrm{DP},k} = \frac{\mu NM}{NM-m-k+1} \tag{2.23}$$

以上就是 DP 波形生成算法的步骤，DP 算法通过投影操作将信号向量投影到非主空间上，使得通信波形与主空间 $\boldsymbol{Q}_{\mathrm{D}}$ 正交，与非主空间 $\boldsymbol{Q}_{\mathrm{ND}}$ 相关，由于非主空间占据雷达散射回波过渡带成分，因此通信波形 $\boldsymbol{c}_{\mathrm{DP}}$ 和雷达散射回波呈现弱相关状态。图 2.6 表示雷达波形和 DP 波形在频谱上的对比。

2.2.4 SDP 波形设计算法

DP 波形将通信波形功率均匀分配在非主空间上，而没有考虑雷达回波的频谱形状对通信波形 LPI 性能的影响。文献［71］通过对 DP 波形通信波形功

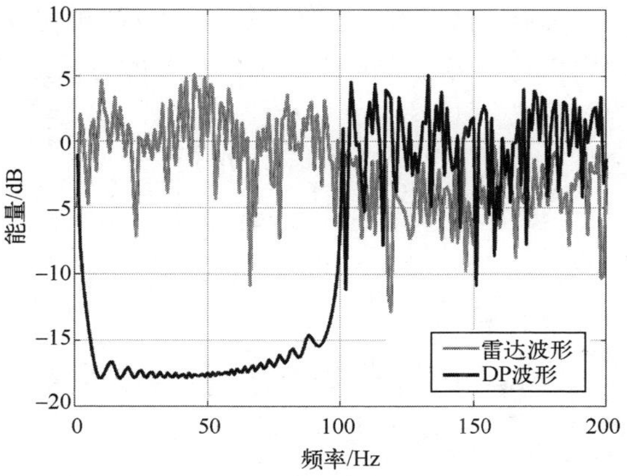

图 2.6　雷达波形和 DP 波形频谱

率的重新分配，使通信波形的频谱形状与雷达回波一致，提出了 SDP 波形生成算法。SDP 算法与 DP 算法流程基本一致，不同之处在于对式（2.21）中的通信波形生成矩阵加入成型矩阵重新生成如下：

$$\boldsymbol{P}_{\mathrm{SDP},k}=\boldsymbol{Q}_{k,\mathrm{ND}}\boldsymbol{\Lambda}_{k,\mathrm{ND}}^{1/2}\boldsymbol{Q}_{k,\mathrm{ND}}^{\mathrm{H}},\quad k=1,2,\cdots,K \tag{2.24}$$

式中：$\boldsymbol{P}_{\mathrm{SDP},k}\in\mathbb{C}^{NM\times NM}$，则 SDP 波形可以构造如下：

$$\begin{aligned}\boldsymbol{c}_{\mathrm{SDP},k}&=\beta_{\mathrm{SDP},k}^{1/2}\boldsymbol{P}_{\mathrm{SDP},k}\boldsymbol{d}_k\\&=\beta_{\mathrm{SDP},k}^{1/2}\boldsymbol{Q}_{k,\mathrm{ND}}\boldsymbol{\Lambda}_{k,\mathrm{ND}}^{1/2}\boldsymbol{Q}_{k,\mathrm{ND}}^{\mathrm{H}}\boldsymbol{d}_k\\&=\beta_{\mathrm{SDP},k}^{1/2}\boldsymbol{Q}_{k,\mathrm{ND}}\boldsymbol{\Lambda}_{k,\mathrm{ND}}^{1/2}\boldsymbol{q}_k\end{aligned} \tag{2.25}$$

式中：$\boldsymbol{c}_{\mathrm{SDP},k}\in\mathbb{C}^{NM\times 1}$；$\boldsymbol{d}_k\in\mathbb{C}^{NM\times 1}$；$\boldsymbol{q}_k\in\mathbb{C}^{(NM-m-k+1)\times 1}$；$k=1,2,\cdots,K$。$\boldsymbol{c}_{\mathrm{SDP},k}$的能量可以计算如下：

$$\begin{aligned}E_{\mathrm{SDP},k}&=\|\boldsymbol{c}_{\mathrm{SDP},k}\|^2=\boldsymbol{c}_{\mathrm{SDP},k}^{\mathrm{H}}\boldsymbol{c}_{\mathrm{SDP},k}\\&=\beta_{\mathrm{SDP},k}\boldsymbol{q}_k^{\mathrm{H}}\boldsymbol{\Lambda}_{k,\mathrm{ND}}^{1/2}\boldsymbol{Q}_{k,\mathrm{ND}}^{\mathrm{H}}\boldsymbol{Q}_{k,\mathrm{ND}}\boldsymbol{\Lambda}_{k,\mathrm{ND}}^{1/2}\boldsymbol{q}_k\\&=\beta_{\mathrm{SDP},k}\boldsymbol{q}_k^{\mathrm{H}}\boldsymbol{\Lambda}_{k,\mathrm{ND}}\boldsymbol{q}_k\\&\approx\beta_{\mathrm{SDP},k}\frac{\mathrm{tr}\{\boldsymbol{\Lambda}_{k,\mathrm{ND}}\}}{NM}\end{aligned} \tag{2.26}$$

约束 $\boldsymbol{c}_{\mathrm{SDP},k}$波形能量为 μ，则 SDP 波形的能量约束因子为

$$\beta_{\mathrm{SDP},k}=\frac{\mu NM}{\mathrm{tr}\{\boldsymbol{\Lambda}_{k,\mathrm{ND}}\}} \tag{2.27}$$

2.2.5　SWF 波形设计算法

DP 策略和 SDP 策略均考虑将通信波形功率分配到雷达回波信号频谱过渡

带区域，为了进一步提高 LPI 性能，SWF 波形对 SDP 波形进行改进，考虑将通信波形功率分配到雷达信号整个频带范围内。分配方式通过注水成型矩阵来执行，注水成型矩阵定义如下：

$$\boldsymbol{\Lambda}_{\mathrm{P},k}=\begin{bmatrix}\boldsymbol{\Lambda}_{k,\mathrm{D}}^{-1} & \mathbf{0}\\ \mathbf{0} & \boldsymbol{\Lambda}_{k,\mathrm{ND}}\end{bmatrix} \tag{2.28}$$

式中：$\boldsymbol{\Lambda}_{\mathrm{P},k}\in\mathbb{C}^{NM\times NM}$；$\boldsymbol{\Lambda}_{k,\mathrm{D}}\in\mathbb{C}^{(m+k-1)\times(m+k-1)}$；$\boldsymbol{\Lambda}_{k,\mathrm{ND}}\in\mathbb{C}^{(NM-m-k+1)\times(NM-m-k+1)}$，则 SWF 通信波形生成矩阵计算如下：

$$\boldsymbol{P}_{\mathrm{SWF},k}=\boldsymbol{Q}_k\boldsymbol{\Lambda}_{\mathrm{P},k}^{1/2}\boldsymbol{Q}_k^{\mathrm{H}},\quad k=1,2,\cdots,K \tag{2.29}$$

式中：$\boldsymbol{P}_{\mathrm{SWF},k}\in\mathbb{C}^{NM\times NM}$。SWF 通信波形生成如下：

$$\begin{aligned}\boldsymbol{c}_{\mathrm{SWF},k}&=\beta_{\mathrm{SWF},k}^{1/2}\boldsymbol{P}_{\mathrm{SWF},k}\boldsymbol{d}_k\\&=\beta_{\mathrm{SWF},k}^{1/2}\boldsymbol{Q}_k\boldsymbol{\Lambda}_{\mathrm{P},k}^{1/2}\boldsymbol{Q}_k^{\mathrm{H}}\boldsymbol{d}_k\\&=\beta_{\mathrm{SWF},k}^{1/2}\boldsymbol{Q}_k\boldsymbol{\Lambda}_{\mathrm{P},k}^{1/2}\boldsymbol{q}_k\end{aligned} \tag{2.30}$$

式中：$\boldsymbol{c}_{\mathrm{SWF},k}\in\mathbb{C}^{NM\times1}$；$\boldsymbol{d}_k\in\mathbb{C}^{NM\times1}$；$\boldsymbol{q}_k\in\mathbb{C}^{(NM-m-k+1)\times1}$；$k=1,2,\cdots,K$。同理，约束 $\boldsymbol{c}_{\mathrm{SWF},k}$ 的能量为 μ，则 SWF 波形的能量约束因子计算为

$$\beta_{\mathrm{SWF},k}=\frac{\mu NM}{\mathrm{tr}\{\boldsymbol{\Lambda}_{\mathrm{P},k}\}} \tag{2.31}$$

图 2.7 所示为三种通信波形在不同 m 参数下的功率谱分布，采用 1×10^3 次通信波形的平均来展示。为了进行对比，图 2.7 还绘出了雷达信号的功率谱和相同功率约束下 DSSS 波形功率谱，雷达信号选择脉宽为 64μs、带宽为 1kHz 的 LFM 脉冲，通信信号为 DP、SDP 和 SWF 三种通信波形，采样长度为 $N=128$，过采样因子为 $M=2$，噪声为高斯白噪声，主空间大小分别取值为 $m=0.25NM$、$0.5NM$ 和 $0.75NM$，即 $m=32$、64 和 96，后续仿真也会沿用上述参数。由图 2.7 可知，主空间大小 m 的取值直接影响通信波形的功率分配，m 取值越小，通信波形与雷达信号的功率谱重合度越高，分配在雷达通带的功率越大；m 取值越大，则通信波形分配在雷达通带的功率越小，功率则主要集中在雷达信号过渡带。而 DSSS 波形功率则均匀分布在频带范围之内，后面将会看到，主空间 m 的大小，即通信波形功率的分配将直接影响通信信号的可靠性能和 LPI 性能。但值得注意的是，m 取值并不是影响通信信号性能的唯一因素，通信波形本身的特点，如同一种通信波形之间的正交性，也将对通信波形性能产生巨大影响，后面将会详细进行分析。

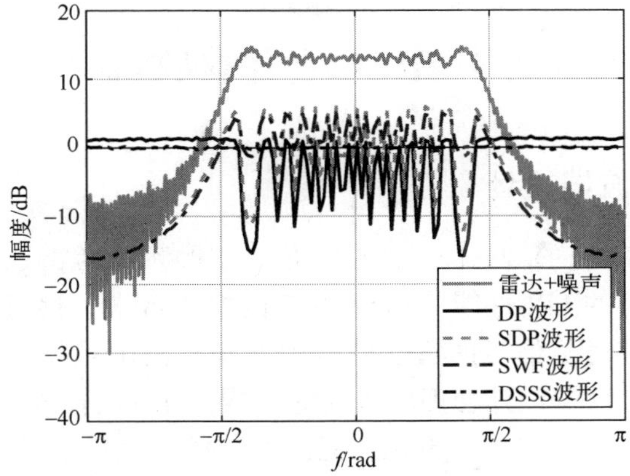

(a) m=32

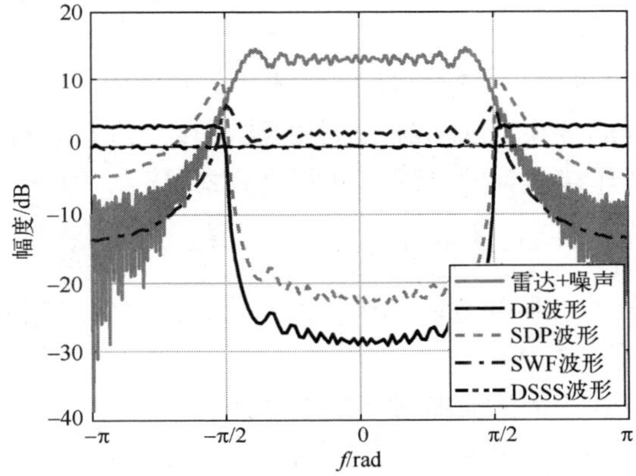

(b) m=64

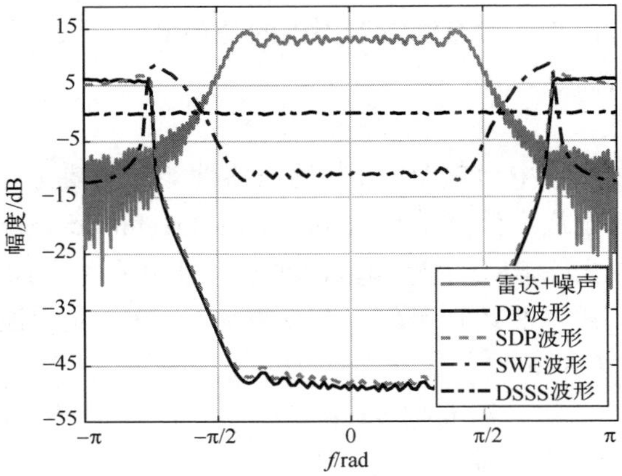

(c) m=96

图 2.7　DP、SDP、SWF 通信波形功率谱

2.3 REC 合作接收机

2.3.1 接收滤波器设计

REC 是一种 LPI 通信技术，嵌入的通信波形频谱与雷达信号频谱高度重叠，这增强了通信的 LPI 性能，却给 REC 的接收带来了挑战。REC 合作接收机的目的是在含有通信信号的雷达信号中准确检测出是哪一个通信信号被嵌入，这就需要在接收端设计合理的接收滤波器，良好的接收滤波器设计可以有效减少雷达信号对通信信号的干扰，提高通信接收性能。针对 REC 体制，现有的接收滤波器设计方案主要有 MF、DLD DF 和 LDF 三种。

1. MF 滤波器

MF 接收滤波器多用于雷达目标的检测[72]。在 REC 体制下，MF 接收滤波器将接收到的混合信号和 REC 波形集中的波形逐个进行匹配滤波，然后将相关性最高的波形视作接收到的波形。其判决公式可表示为

$$\hat{k}=\arg\{\max_{k}|\boldsymbol{c}_k^{\mathrm{H}}\cdot\boldsymbol{r}|\},\quad k=1,2,\cdots,K \tag{2.32}$$

式中：$\hat{k}$为 MF 接收滤波器的判决结果，其对应$\log_2 K$位二进制比特信息。

2. DLD 滤波器

DLD 接收机对去相关滤波器做了如下改进：

$$\boldsymbol{w}_k=(\boldsymbol{S}_b\boldsymbol{S}_b^{\mathrm{H}}+\delta\boldsymbol{I}_{NM_{\mathrm{c}}})^{-1}\boldsymbol{c}_k,\quad k=1,2,\cdots,K \tag{2.33}$$

式中：δ 为非主空间中最大的特征值。DLD 接收机的判决过程与式（2.32）相似。对角加载既可以用于检查滤波器提供的处理增益，又能够应对一些不良情况，如 $\boldsymbol{S}_b\boldsymbol{S}_b^{\mathrm{H}}$ 较为稀疏。

3. DF 滤波器

进一步考虑在实际中影响 MF 接收滤波器性能的主要是雷达回波信号对相关判决的干扰，基于最大似然估计（Maximum Likelihood Estimation，MLE）理论，设计出了可以去除 REC 信号和雷达回波信号相关性的 DF 接收滤波器，其设计原理如下。和式（2.15）类似，首先将 K 个 REC 通信波形向量加入矩阵 $\boldsymbol{S}$ 中形成矩阵

$$\boldsymbol{C}=[\boldsymbol{S}\quad \boldsymbol{c}_1\quad \cdots\quad \boldsymbol{c}_K] \tag{2.34}$$

其次生成 K 个去相关滤波器：

$$\boldsymbol{w}_{\mathrm{DF},k}=(\boldsymbol{C}\boldsymbol{C}^{\mathrm{H}})^{-1}\boldsymbol{c}_k,\quad k=1,2,\cdots,K \tag{2.35}$$

和式（2.32）类似，判决表达式为

$$\hat{k}=\arg\{\max_{k}|\boldsymbol{w}_{\mathrm{DF},k}^{\mathrm{H}}\cdot\boldsymbol{r}|\},\quad k=1,2,\cdots,K \tag{2.36}$$

DF 接收机可以有效去除 REC 通信信号和雷达回波之间的相关性，因此具有更好的判决性能。

4. LDF 滤波器

进一步，考虑接收机可以确定杂波和噪声功率，LDF 滤波器可以构造如下：

$$\boldsymbol{w}_{\mathrm{LDF},k}=\boldsymbol{Q}\widetilde{\boldsymbol{\Lambda}}^{-1}\boldsymbol{Q}^{\mathrm{H}}\boldsymbol{c}_k \tag{2.37}$$

式中：

$$\widetilde{\boldsymbol{\Lambda}}=\sigma_{\mathrm{p}}^2\boldsymbol{\Lambda}+\sigma_{\mathrm{n}}^2\boldsymbol{I} \tag{2.38}$$

$$\sigma_{\mathrm{p}}^2=\frac{E[\boldsymbol{p}^{\mathrm{H}}\boldsymbol{p}]}{NM} \tag{2.39}$$

$$\sigma_{\mathrm{n}}^2=\frac{E[\boldsymbol{n}^{\mathrm{H}}\boldsymbol{n}]}{NM} \tag{2.40}$$

σ_{p}^2 与 σ_{n}^2 分别为雷达杂波功率和噪声功率。LDF 滤波器判决过程与式（2.36）一致，相比于前述两种滤波器，LDF 滤波器引入了杂波功率和噪声功率的先验信息，因此 LDF 滤波器也具有最好的性能，本节所有分析和仿真也都将采用 LDF 滤波器。除此之外，LDF 滤波器还方便对处理增益进行分析，相关分析将在后面展开。

2.3.2　NP 接收机设计

借助 2.3.1 节 REC 接收滤波器，设计出具有 CFAR 特性的 NP 合作接收机，其检测结构如图 2.8 所示[73]。

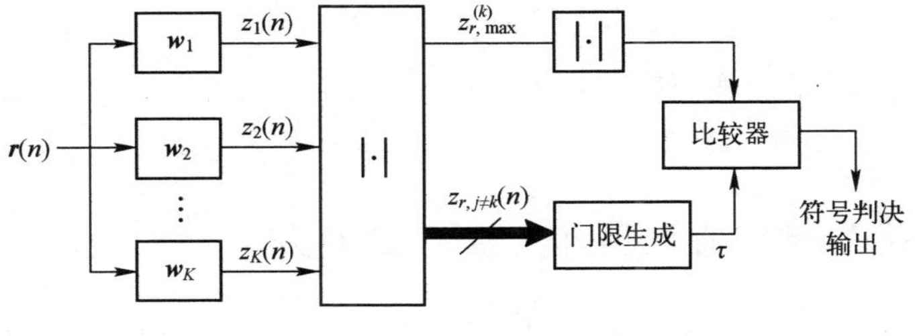

图 2.8　NP 接收机结构

图 2.8 中，NP 接收机利用接收滤波器组 $\{\boldsymbol{w}_1,\boldsymbol{w}_2,\cdots,\boldsymbol{w}_K\}$ 在采样长度为 NM 的范围内进行异步搜索，NP 接收机的输入信号为

$$\boldsymbol{r}(n)=[r(n)\quad r(n-1)\quad\cdots\quad r(n-NM+1)] \tag{2.41}$$

为了使接收机具有 CFAR 特性，滤波器组输出结果的最大值送入比较器进

行判决输出，其余滤波器组输出则可以代表由雷达杂波噪声和白噪声组成的噪声基底大小，用来计算比较器所需的判决门限 τ。K 个滤波器输出最大值可以表示为

$$|z_{r,\max}^{(k)}|=\max_{k,n}\{|z_k(n)|\} \tag{2.42}$$

则最有可能嵌入的通信波形序号为

$$\hat{k}=\arg\max_{k,n}\{|z_k(n)|\} \tag{2.43}$$

假设雷达后向散射特征 $\boldsymbol{p}$ 是具有零均值的随机信号，由式（2.5）和式（2.36）根据中心极限定理，接收滤波器输出 $\boldsymbol{w}_k^{\mathrm{H}}\boldsymbol{r}(n)$ 近似服从复高斯分布，那么接收滤波器的输出包络 $z_k(n)=|\boldsymbol{w}_k^{\mathrm{H}}\boldsymbol{r}(n)|$ 则服从瑞利分布。当不存在通信符号时，设接收滤波器输出包络的概率密度函数为

$$f(z)=\left(\frac{z}{\sigma_z^2}\right)\exp\left(-\frac{z^2}{2\sigma_z^2}\right) \tag{2.44}$$

式中：σ_z^2 为 $z_k(n)$ 的方差。则 $z_k(n)$ 的分布函数为

$$\begin{aligned}F_Z(z)&=P(Z\leqslant z)\\&=1-\exp\left(-\frac{z^2}{2\sigma_z^2}\right)\end{aligned} \tag{2.45}$$

假设对接收滤波器输出的观测区间长度为 L，则 L 观测长度范围内 $K-1$ $(k\neq\hat{k})$ 个滤波器输出的样本数为 $(K-1)L$，为独立同分布的瑞利分布样本。假设 NP 接收机虚警概率为 P_{f}，则

$$P_{\mathrm{f}}=1-\left[1-\exp\left(-\frac{z^2}{2\sigma_z^2}\right)\right]^{(K-1)L}\Bigg|_{z=\tau} \tag{2.46}$$

因此，NP 接收机检测门限可以推导为

$$\tau=\sqrt{-2\sigma_z^2\ln\left[1-(1-P_{\mathrm{fa}})^{\frac{1}{(K-1)L}}\right]} \tag{2.47}$$

式中：σ_z^2 可以用其最大似然估计值来近似：

$$\hat{\sigma}_z^2=\frac{1}{2(K-1)L}\sum_{j=1,j\neq\hat{k}}^{K}\sum_{n=1}^{L}|z_j(n)|^2 \tag{2.48}$$

则 NP 接收机判决有无通信信号嵌入的条件为

$$\text{符号判决输出}=\begin{cases}\text{第 }\hat{k}\text{ 个符号嵌入，} & |z_{r,\max}^{(\hat{k})}|>\tau\\ \text{无符号嵌入，} & \text{否则}\end{cases} \tag{2.49}$$

2.4 REC 截获接收机

衡量 REC 波形 LPI 性能的一个途径是通过观察截获接收机对截获信号中

通信信号的检测结果，截获接收机对通信信号进行检测的一个常用方法是能量检测器。这里假设一种比较坏的情况，即截获接收机已知雷达信号时宽带宽、过采样因子 M、通信波形设计的主空间大小 m，截获接收机将截获信号投影到通信信号的主要驻留区域来执行能量检测：

$$\varepsilon_{\mathrm{ir}}=\boldsymbol{r}^{\mathrm{H}}\boldsymbol{P}_{\mathrm{ir}}\boldsymbol{r} \tag{2.50}$$

式中：$\varepsilon_{\mathrm{ir}}$为截获接收机的输出能量值；投影矩阵 $\boldsymbol{P}_{\mathrm{ir}}$定义为

$$\boldsymbol{P}_{\mathrm{ir}}=\boldsymbol{Q}_{\mathrm{ND}}\boldsymbol{Q}_{\mathrm{ND}}^{\mathrm{H}} \tag{2.51}$$

进一步，假设截获接收机已知杂波功率 σ_{p}^2 和噪声功率 σ_{n}^2，则 $\boldsymbol{P}_{\mathrm{ir}}$ 的变形为

$$\widetilde{\boldsymbol{P}}_{\mathrm{ir}}=\boldsymbol{Q}_{\mathrm{ND}}\widetilde{\boldsymbol{\Lambda}}_{\mathrm{ND}}\boldsymbol{Q}_{\mathrm{ND}}^{\mathrm{H}} \tag{2.52}$$

式中：

$$\widetilde{\boldsymbol{\Lambda}}_{\mathrm{ND}}=\sigma_{\mathrm{p}}^2\boldsymbol{\Lambda}_{\mathrm{ND}}+\sigma_{\mathrm{n}}^2\boldsymbol{I} \tag{2.53}$$

则截获接收机利用$\widetilde{\boldsymbol{P}}_{\mathrm{ir}}$进行能量检测：

$$\widetilde{\varepsilon}_{\mathrm{ir}}=\boldsymbol{r}^{\mathrm{H}}\widetilde{\boldsymbol{P}}_{\mathrm{ir}}\boldsymbol{r} \tag{2.54}$$

文献［73］已经证明，在无通信信号嵌入时，$\widetilde{\varepsilon}_{\mathrm{ir}}$服从自由度为 $2(NM-m)$ 的卡方分布，即

$$\widetilde{\varepsilon}_{\mathrm{ir}}\sim\chi^2[2(NM-m)] \tag{2.55}$$

因此，在虚警概率为 P_{fa}的条件下，截获接收机的判决门限可以计算为

$$\tau_{\mathrm{ir}}=\chi_{\alpha}^2[2(NM-m)]\big|_{\alpha=P_{\mathrm{fa}}} \tag{2.56}$$

式中：χ_{α}^2 表示χ^2 分布的 α 分位数。当$\widetilde{\varepsilon}_{\mathrm{ir}}$超过检测门限 τ_{ir}时，截获接收机判定检测到通信信号。

这里需要指出的是，虽然式（2.54）与式（2.50）执行能量检测的投影矩阵不同，但本质是相同的，式（2.54）在实际中更方便控制虚警概率，而式（2.50）则方便对截获接收机进行性能分析。后面将采用式（2.50）对截获接收机处理增益进行分析，而利用式（2.54）进行仿真实验。

2.5　性能评价指标

性能评价指标一直是隐蔽通信领域重点关注的问题，目前已有许多研究成果，如文献［74-76］。这些指标大多是针对特定类型的截获接收机进行截获概率的分析，对 REC 系统具有借鉴意义，但是截获接收机类型多样、性能各异，依赖于截获接收机的 LPI 评价指标并不具备普适性。现阶段 REC 系统的性能指标主要有两种：基于误符号率（Symbol Error Ratio，SER）的可靠性指

标和基于归一化相关系数的 LPI 指标。

(1) 可靠性指标。对不同信干比 (Signal-to-Interference Ratio, SIR)、信噪比条件下的 SER 进行比较，即可衡量 REC 波形的通信可靠性。信干比和信噪比定义如下：

① 信干比：REC 信号与雷达回波的能量之比。

② 信噪比：REC 信号与环境噪声的能量之比。

(2) LPI 指标。考虑最差的情况，即截获接收机已知 REC 的设计原理、雷达波形参数、时宽带宽积以及过采样因子。要截获隐藏的通信信息，首先要估计主空间的大小，记为 l，并且构造对应的预测投影矩阵，方法与式 (2.10) 和式 (2.18) 相同，记为 $\boldsymbol{P}_{\text{eve}}$。

其次，用预测投影矩阵来处理截获到的信号 $\boldsymbol{r}_{\text{eve}}$：

$$z=\boldsymbol{P}_{\text{eve}}\cdot\boldsymbol{r}_{\text{eve}} \tag{2.57}$$

式中：$\boldsymbol{r}_{\text{eve}}$为截获到的信号，具有与式 (2.5) 类似的形式，z 为处理之后的结果。

最后，计算归一化相关系数 NCC 如下：

$$\text{NCC}=\frac{|z^{\text{H}}\boldsymbol{c}_k|}{\sqrt{z^{\text{H}}z}\sqrt{\boldsymbol{c}_k^{\text{H}}\boldsymbol{c}_k}} \tag{2.58}$$

归一化相关系数 (0≤NCC≤1) 越小，则 LPI 性能越好。

文献 [32] 最先提出 EAW、WC、DP 三种波形设计策略，并比较了它们的通信可靠性，给出了 WC 策略与 DP 策略性能相近的结论，同时指出 EAW 策略不够隐蔽。紧接着，文献 [32] 证明了 DP 策略具有最好的鲁棒性，在多径信道下性能最优。此外，与 LPI 指标进行分析，DP 策略具有更好的 LPI 性能。因此，之后的文献都以 DP 策略生成 REC 波形，不再关注 EAW 和 WC 策略。

但是，上述结论没有对传统策略进行全面的比较，且部分结论 (如 EAW 策略不够隐蔽) 缺乏理论分析。本节对部分结论进行了补充说明，并且补充了设计自由度和计算复杂度两个评价指标，提供了更为系统的性能分析和更为全面的结论。

2.5.1 LPD 性能分析

REC 波形与雷达波形的相似度越高，则 LPD 性能越好。然而，基于特征值分解的 REC 波形设计策略的缺点之一，在于无法准确计算 REC 波形与雷达波形的相似度。这使得 REC 波形的 LPD 性能分析成为一大难题。一般地，观察 REC 波形对应的频谱，如果在阻带中，REC 波形与雷达波形相似，则认为其具备 LPD 性能。为方便表述，将 EAW、WC、DP 策略生成的 REC 波形分别称为 EAW 波形、WC 波形、DP 波形。

EAW 波形频谱如图 2.9 和图 2.10 所示。从图 2.9 可以看到，如果选择较小特征值对应的特征向量作为 EAW 波形，频谱上会出现明显的尖峰。

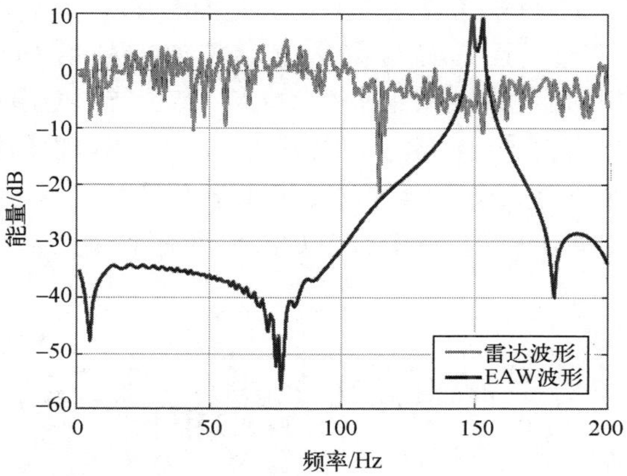

图 2.9　EAW 波形频谱（较小特征值对应的特征向量）

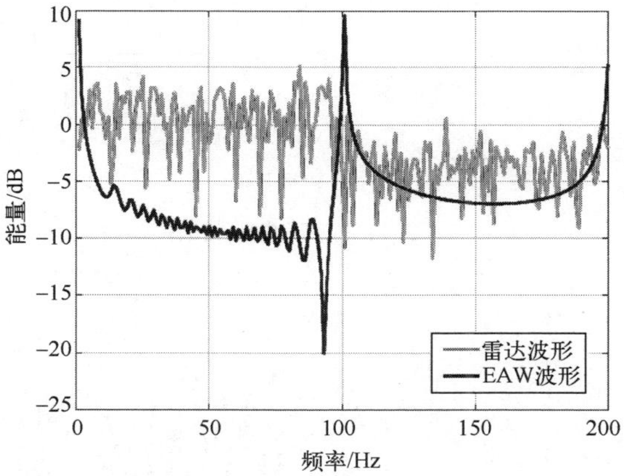

图 2.10　EAW 波形频谱（较大特征值对应的特征向量）

从图 2.10 可以看到，如果选择较大特征值对应的特征向量作为 EAW 波形，这一情况会得到一定程度的改善，但尖峰仍比较明显。这两种情况，EAW 波形都不具备与雷达波形相似的频谱特征，且存在明显尖峰，因而截获接收机可以很容易地发现 EAW 波形的存在，即 EAW 波形不具备 LPD 性能。

仿真结果与理论分析是一致的，特征值越小，其对应的特征向量与雷达波形的相似度越低，所以图 2.9 会呈现出非常陡峭的尖峰。而随着特征值的变大，所对应的特征向量与雷达波形的相似度也会增加，故图 2. 10 中尖峰现象会得到改善。单独选择一个特征向量，只能使 EAW 波形呈现出雷达波形的单一特征，因而 EAW 波形在阻带中会比较平滑，无法表征整个阻带的频谱特征。

图 2. 11 和图 2. 12 分别仿真了 WC 波形、DP 波形的频谱，可以看到，两者都没有明显的尖峰，且具有与雷达波形相似的频谱特征。进一步对比图 2. 11 和图 2. 12 可以发现，相比于 DP 波形，WC 波形与雷达波形更为相似。这一现象源于投影矩阵的构造过程，以式（2. 18）中的投影矩阵 $\boldsymbol{P}_2$ 为例，$\boldsymbol{P}_2$ 由矩阵 $\boldsymbol{S}_{P1}$ 生成，而非矩阵 $\boldsymbol{S}_b$。虽然 $\boldsymbol{S}_{P1}$ 相比于 $\boldsymbol{S}_b$ 变化不大，但确实转换了研究目标，因而 DP 波形的 LPD 性能较 WC 波形会有下降。

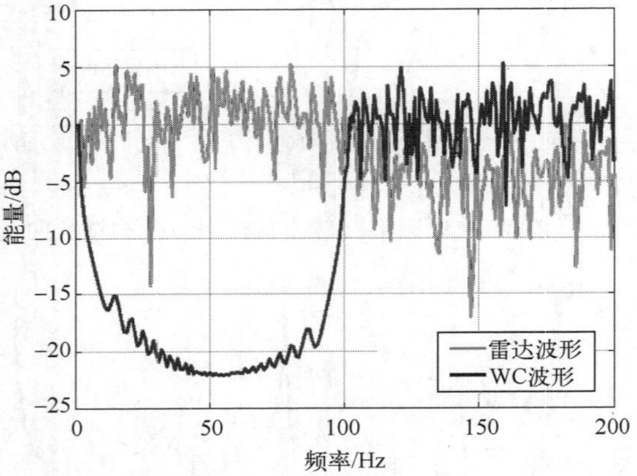

图 2. 11　WC 波形频谱

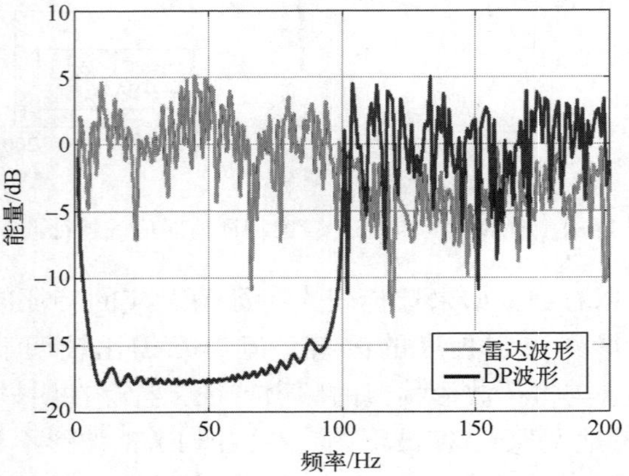

图 2. 12　DP 波形频谱

2.5.2　LPI 性能分析

图 2.13 和图 2.14 仿真比较了三种波形的 LPI 性能，这里假设雷达发射的为 LFM 信号，杂波和环境噪声服从高斯分布，且选择最小特征值对应的特征向量作为 EAW 波形。取 SNR 为−5dB，SIR 分别为−25dB 和−35dB，其余各仿真参数为：$N=100$，$M=2$，$L=100$，$K=4$。

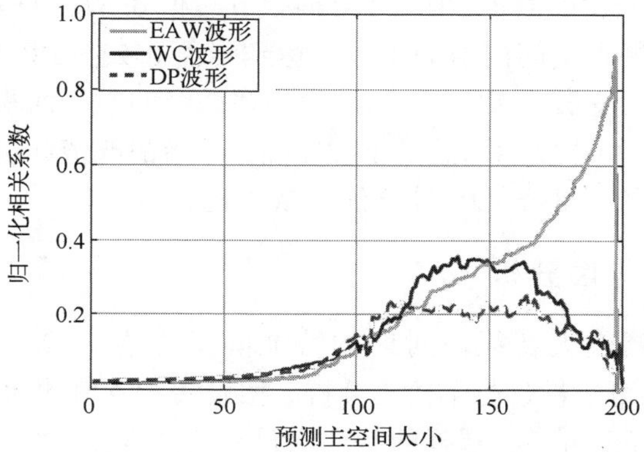

图 2.13　三种波形的 LPI 性能比较，SIR=−25dB，SNR=−5dB

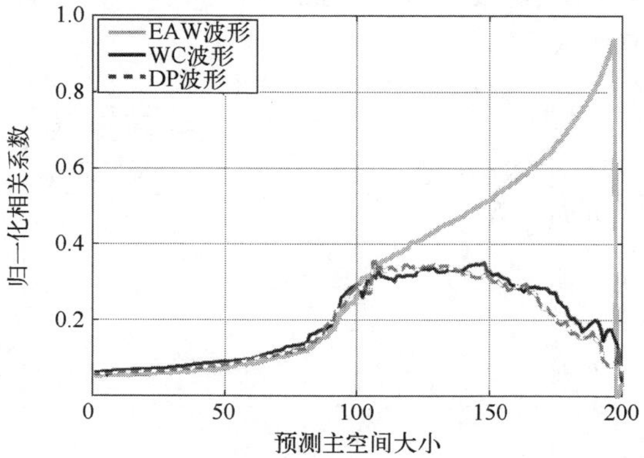

图 2.14　三种波形的 LPI 性能比较，SIR=−35dB，SNR=−5dB

从图 2.13 和图 2.14 可以看到，随着预测主空间大小的增加，EAW 波形对应的归一化相关系数也会增加，最终可以达到 0.9 左右。这是由于 EAW 波形选择了最小特征值对应的特征向量，预测主空间的值越大，可选的特征向量越少，与实际的 EAW 波形也就越接近。当选择较大特征值对应的特征向量作为 EAW 波形时，这一情况会得到改善。但是，这种 EAW 波形不具备通信能力，在 2.5.3 节将具体说明。因此，仿真仍采用最小特征值对应的特征向量作为 EAW 波形。此外，由于 EAW 波形的构造比较简单，一旦截获接收机发现 EAW 波形的存在，可以遍历所有特征向量进行尝试，能够较快地恢复出隐藏信息。综上所述，EAW 波形不具备 LPI 性能。进一步结合 2.5.1 节的结论（EAW 波形不具备 LPD 性能）可知，EAW 波形是不隐蔽的。

下面比较 WC 波形和 DP 波形的 LPI 性能，从图 2.13 可知，WC 波形的归一化相关曲线在预测主空间的值为 140 时达到峰值 0.37，而 DP 波形的归一化相关曲线则在预测主空间的值为 162 时达到峰值 0.23，DP 波形的峰值更小。此外，相比于 WC 波形，DP 波形归一化相关曲线的包络面积更小。当 SIR 变低时（图 2.14），由于雷达回波的干扰更强，二者的峰值和包络面积会比较相近。总的来说，DP 波形的 LPI 性能优于 WC 波形。

2.5.3 通信可靠性分析

首先考虑选择较大特征值对应的特征向量作为 EAW 波形，图 2.15 和图 2.16 对其通信可靠性进行了仿真分析。假设雷达发射的为 LFM 信号，杂波和环境噪声服从高斯分布，选择的特征向量对应于非主空间中最大的特征值。SIR 设置为−30dB 和−10dB，考虑 SNR 的范围为−20～10dB，分别仿真了 MF 接收机、DF 接收机、DLD 接收机对应的 SER 曲线。其余各仿真参数为：$N=100$，$M=2$，$L=100$，$K=4$。

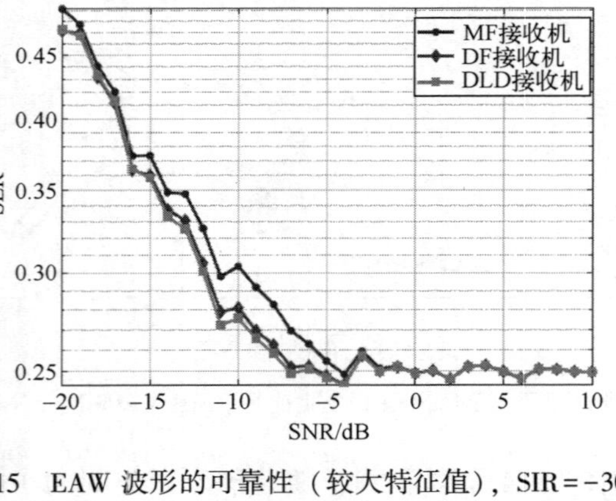

图 2.15　EAW 波形的可靠性（较大特征值），SIR=−30dB

对 EAW 波形来说，三种接收机的性能相近，这是由于 EAW 波形与雷达波形的相关性较低，去相关接收机不具备优势。在图 2.15 中，EAW 波形的 SER 接近 0.25，也就意味着这种情况下 EAW 波形并不具备通信能力。

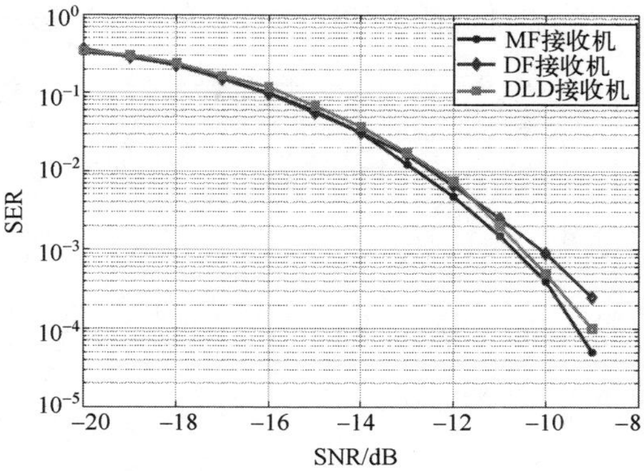

图 2.16　EAW 波形的可靠性（较大特征值），SIR=-10dB

而在图 2.16 中，EAW 波形则呈现出了非常好的通信性能，在 SNR 为 -9dB 时，SER 即可达到10^{-4}。但是 SIR 越高，信号暴露的风险就越高，牺牲过多的隐蔽性来换取可靠性明显违背了 REC 的初衷。一般地，REC 领域中考虑的 SIR 均在-20dB 以下，故选择较大特征值对应的特征向量是不可取的。

图 2.17 和图 2.18 仿真比较了三种波形的 SER 曲线，考虑 DLD 接收机，并且选取最小特征值对应的特征向量作为 EAW 波形，SIR 设置为-25dB 和 -30dB，考虑 SNR 的范围为-20~10dB，其余参数为：$N=100$，$M=2$，$L=100$，$K=4$。

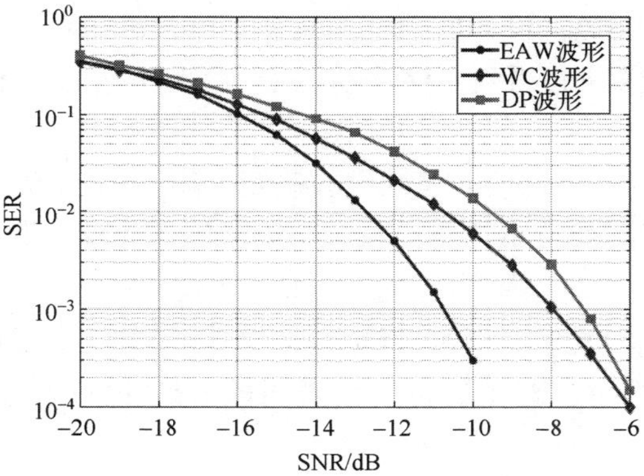

图 2.17　三种波形的通信可靠性比较，SIR=-25dB

可以看到，EAW 波形的通信可靠性最好，而 WC 波形与 DP 波形的通信可靠性比较相近，这与现有结论一致。此外，REC 的原理与扩频的原理类似，所以在 SIR 为-25dB 时，三种波形就已经有较好的通信性能。因而在实际应用中，可以使 REC 信号的能量远低于雷达信号能量，而不影响通信的可靠性。

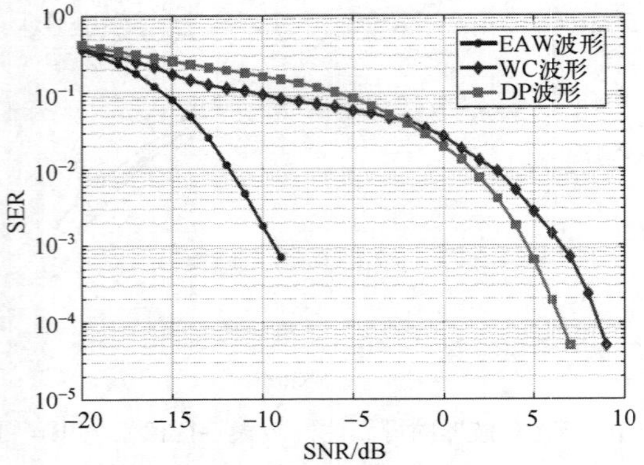

图 2.18　三种波形的通信可靠性比较，SIR＝−30dB

2.5.4　设计自由度分析

好的波形设计策略还应该能够生成足够的 REC 波形，以应对截获接收机强大的计算处理能力。为定量比较每种策略能够生成的波形数量，本节引入了设计自由度的概念。参考统计学中自由度的定义，给出波形设计自由度的定义如下：在 REC 波形构造过程中，独立或者能够自由变化的变量的个数，即为 REC 波形的设计自由度，记为 D。设计自由度越高，性能越好。

下面比较三种策略的设计自由度。EAW 策略比较简单，只要确定非主空间特征向量的排列位置即可得到 EAW 波形，故 EAW 策略的设计自由度为 1，记为

$$D_{\mathrm{EAW}}=1 \tag{2.59}$$

参考式（2.9）可知，WC 策略需要确定$(NM_{\mathrm{c}}-L)\times 1$ 的权值列向量 $\boldsymbol{b}_k$，向量中的每个元素都是独立的变量，故 WC 策略的设计自由度为

$$D_{\mathrm{WC}}=NM_{\mathrm{c}}-L \tag{2.60}$$

考虑单个的 DP 波形，投影矩阵可认为是固定的，因而只要确定 $NM_{\mathrm{c}}\times 1$ 的随机列向量 $\boldsymbol{d}_k$ 即可。$\boldsymbol{d}_k$ 中的每个元素同样都是独立的，故 DP 策略的设计自由度为

$$D_{\mathrm{DP}}=NM_{\mathrm{c}} \tag{2.61}$$

结合式（2.59）~式（2.61），易知：

$$D_{\mathrm{DP}}>D_{\mathrm{WC}}>D_{\mathrm{EAW}} \tag{2.62}$$

也就是说，DP 策略具有最高的设计自由度，WC 策略次之，EAW 策略最低。

2.5.5 计算复杂度分析

在 REC 的应用场景中，RF 标签需要及时地生成 REC 信号并嵌入雷达回波中，如果 REC 信号没有处于雷达回波的掩盖下，那么暴露的风险是非常高的。因此，RF 标签端的低响应延迟是非常重要的。而响应延迟的高低又取决于计算复杂度的大小，很明显，计算复杂度越低，则响应延迟越低。同时，低计算复杂度也有利于装备的小型化和集成化设计。故本节将计算复杂度纳入 REC 系统的性能指标中，并对三种策略的计算复杂度进行了分析。

对于 EAW 策略，只需要进行一次特征值分解，故其计算复杂度可表示为

$$O((NM_c)^3) \tag{2.63}$$

WC 策略同样只需要进行一次特征值分解，但是需要将 $NM_c\times(NM_c-L)$ 的非主空间与 $(NM_c-L)\times1$ 的权值列向量进行 K 次相乘，故其计算复杂度为

$$O((NM_c)^3+KNM_c\times(NM_c-L)) \tag{2.64}$$

生成 K 个 DP 波形，则 DP 策略需要进行 K 次特征值分解，此外，还需将 $NM_c\times NM_c$ 的投影矩阵与 $NM_c\times1$ 的随机列向量进行 K 次相乘，故 DP 策略的计算复杂度为

$$O(K(NM_c)^3+K(NM_c)^2) \tag{2.65}$$

由式（2.63）~式（2.65）可知，DP 策略具有最高的计算复杂度，WC 策略次之，EAW 策略最少（WC 和 EAW 策略的计算复杂度处于同一量级）。因而在实际应用中，相比于 DP 策略，WC 策略具有更低的响应延迟。

表 2.1 对上述结论进行了整合。由于 EAW 策略既不具备 LPD 性能，又不具备 LPI 性能，故其不满足隐蔽通信的需求，不做进一步研究。观察 WC 策略和 DP 策略可以发现，DP 策略具有更好的 LPI 性能、鲁棒性以及更高的设计自由度，而 WC 策略则具有更好的 LPD 性能、更低的计算复杂度和响应延迟。此外，二者具有相近的通信可靠性。之前的文献仅在 LPI 性能、鲁棒性和通信可靠性三个方面进行了比较，得出了 DP 最优的结论，这是不公平的。综合考虑上述结论，WC 策略和 DP 策略各有优势，都应是被考虑的 REC 波形设计策略。

表 2.1　三种策略的性能比较

性　能	EAW 策略	WC 策略	DP 策略
LPD 性能	不具备 LPD 性能	最优	较优
LPI 性能	不具备 LPI 性能	较优	最优
通信可靠性	最优	较优	较优

（续）

性　能	EAW 策略	WC 策略	DP 策略
设计自由度	最低	较高	最高
计算复杂度	较低	较低	最高
响应延迟	较低	较低	最高
鲁棒性	不做讨论	较好	最好

2.6　基于处理增益的通信波形性能分析

处理增益用来描述接收机输出信号相对于输入信号 SNR 的变化情况，将不同通信信号输入同一接收机所得的处理增益，可以反映通信信号本身的性能。对于 REC 而言，通信可靠性和 LPI 性能是两个最重要的性能指标，而通信可靠性和 LPI 性能则可以转化为对合作接收机和截获接收机输出信号处理增益的研究。本节将通过对合作接收滤波器和能量检测器对不同通信波形的处理增益进行分析，来评价通信波形的可靠性能和 LPI 性能。

2.6.1　通信可靠性能分析

采用合作接收机的处理增益指标来评价通信波形的通信可靠性能，合作接收机处理增益定义如下：

$$P_{\mathrm{G,co}}=\frac{\mathrm{SINR_o}}{\mathrm{SINR_i}} \tag{2.66}$$

式中：$\mathrm{SINR_i}$为合作接收机输入的信干噪比；$\mathrm{SINR_o}$为合作接收机输出的信干噪比。信干噪比（Signal-to-Interference-plus-Noise Ratio，SINR）定义为

$$\mathrm{SINR}=\frac{E_{\mathrm{S}}}{E_{\mathrm{I}}+E_{\mathrm{N}}} \tag{2.67}$$

其为通信信号能量 E_{S} 与干扰信号能量 E_{I} 和噪声能量 E_{N} 之和的比值。

对于$\mathrm{SINR_i}$，可以通过计算接收机输入信号 $\boldsymbol{r}$ 的总能量来得到：

$$E[\|\boldsymbol{r}\|^2]=E[(\boldsymbol{Sp}+\alpha\boldsymbol{c}_k+\boldsymbol{n})^{\mathrm{H}}(\boldsymbol{Sp}+\alpha\boldsymbol{c}_k+\boldsymbol{n})] \tag{2.68}$$

假设 $\boldsymbol{Sp}$、$\boldsymbol{c}$ 和 $\boldsymbol{n}$ 相互独立，则

$$\begin{aligned}E[\|\boldsymbol{r}\|^2]&=E[(\boldsymbol{Sp})^{\mathrm{H}}(\boldsymbol{Sp})]+E[(\alpha\boldsymbol{c}_k)^{\mathrm{H}}(\alpha\boldsymbol{c}_k)]+E[\boldsymbol{n}^{\mathrm{H}}\boldsymbol{n}]\\&=E_{\mathrm{I,i}}+E_{\mathrm{S,i}}+E_{\mathrm{N,i}}\end{aligned} \tag{2.69}$$

因此，输入信号中杂波干扰信号能量计算为

$$\begin{aligned} E_{\mathrm{I,i}} &= E[(\boldsymbol{Sp})^{\mathrm{H}}(\boldsymbol{Sp})] \\ &= E\{\mathrm{tr}[(\boldsymbol{Sp})^{\mathrm{H}}(\boldsymbol{Sp})]\} \\ &= E\{\mathrm{tr}[\boldsymbol{p}^{\mathrm{H}}\boldsymbol{S}^{\mathrm{H}}\boldsymbol{Sp}]\} \\ &= \mathrm{tr}[\boldsymbol{S}^{\mathrm{H}}\boldsymbol{S}E(\boldsymbol{pp}^{\mathrm{H}})] \\ &= \sigma_{\mathrm{p}}^2 NM \end{aligned} \tag{2.70}$$

噪声能量为

$$\begin{aligned} E_{\mathrm{N,i}} &= E[\boldsymbol{n}^{\mathrm{H}}\boldsymbol{n}] \\ &= \sigma_{\mathrm{n}}^2 NM \end{aligned} \tag{2.71}$$

通信信号能量为

$$\begin{aligned} E_{\mathrm{S,i}} &= E[(\alpha\boldsymbol{c}_k)^{\mathrm{H}}(\alpha\boldsymbol{c}_k)] \\ &= \alpha^2 E[\boldsymbol{c}_k^{\mathrm{H}}\boldsymbol{c}_k] \\ &= \alpha^2\mu \end{aligned} \tag{2.72}$$

因此，合作接收机输入的 SINR 为

$$\begin{aligned} \mathrm{SINR}_{\mathrm{i}} &= \frac{E_{\mathrm{S,i}}}{E_{\mathrm{I,i}}+E_{\mathrm{N,i}}} \\ &= \frac{\alpha^2\mu}{(\sigma_{\mathrm{p}}^2+\sigma_{\mathrm{n}}^2)NM} \end{aligned} \tag{2.73}$$

同理，对于$\mathrm{SINR}_{\mathrm{o}}$，可以通过计算接收滤波器的输出信号能量来获得，合作接收滤波器的输出信号 $\boldsymbol{w}_k^{\mathrm{H}}\boldsymbol{r}$ 的能量可以计算如下：

$$\begin{aligned} E[\|\boldsymbol{w}_k^{\mathrm{H}}\boldsymbol{r}\|^2] &= E[(\boldsymbol{S}\cdot\boldsymbol{p}+\alpha_k\boldsymbol{c}_k+\boldsymbol{n})^{\mathrm{H}}\boldsymbol{w}_k\boldsymbol{w}_k^{\mathrm{H}}(\boldsymbol{S}\cdot\boldsymbol{p}+\alpha_k\boldsymbol{c}_k+\boldsymbol{n})] \\ &= E[(\boldsymbol{Sp})^{\mathrm{H}}\boldsymbol{w}_k\boldsymbol{w}_k^{\mathrm{H}}\boldsymbol{Sp}]+E[(\alpha_k\boldsymbol{c}_k)^{\mathrm{H}}\boldsymbol{w}_k\boldsymbol{w}_k^{\mathrm{H}}\alpha_k\boldsymbol{c}_k]+E[\boldsymbol{n}^{\mathrm{H}}\boldsymbol{w}_k\boldsymbol{w}_k^{\mathrm{H}}\boldsymbol{n}] \\ &= E_{\mathrm{I,o}}+E_{\mathrm{S,o}}+E_{\mathrm{N,o}} \end{aligned} \tag{2.74}$$

其中，杂波干扰噪声能量进一步推导为

$$\begin{aligned} E_{\mathrm{I,o}} &= E[(\boldsymbol{Sp})^{\mathrm{H}}\boldsymbol{w}_k\boldsymbol{w}_k^{\mathrm{H}}\boldsymbol{Sp}] \\ &= E[\mathrm{tr}(\boldsymbol{S}^{\mathrm{H}}\boldsymbol{w}_k\boldsymbol{w}_k^{\mathrm{H}}\boldsymbol{Spp}^{\mathrm{H}})] \\ &= \mathrm{tr}[\boldsymbol{S}^{\mathrm{H}}\boldsymbol{w}_k\boldsymbol{w}_k^{\mathrm{H}}\boldsymbol{S}E(\boldsymbol{pp}^{\mathrm{H}})] \\ &= \sigma_{\mathrm{p}}^2\mathrm{tr}[\boldsymbol{w}_k\boldsymbol{w}_k^{\mathrm{H}}\boldsymbol{SS}^{\mathrm{H}}] \\ &= \sigma_{\mathrm{p}}^2\boldsymbol{w}_k^{\mathrm{H}}\boldsymbol{Q\Lambda Q}^{\mathrm{H}}\boldsymbol{w}_k \end{aligned} \tag{2.75}$$

通信信号能量进一步推导为

$$\begin{aligned} E_{\mathrm{S,o}} &= E[(\alpha_k\boldsymbol{c}_k)^{\mathrm{H}}\boldsymbol{w}_k\boldsymbol{w}_k^{\mathrm{H}}\alpha_k\boldsymbol{c}_k] \\ &= \alpha_k^2|\boldsymbol{w}_k^{\mathrm{H}}\boldsymbol{c}_k|^2 \end{aligned} \tag{2.76}$$

高斯白噪声能量进一步推导为

$$
\begin{aligned}
E_{\mathrm{N,o}} &= E[\boldsymbol{n}^{\mathrm{H}}\boldsymbol{w}_k\boldsymbol{w}_k^{\mathrm{H}}\boldsymbol{n}] \\
&= E[\mathrm{tr}(\boldsymbol{w}_k\boldsymbol{w}_k^{\mathrm{H}}\boldsymbol{n}\boldsymbol{n}^{\mathrm{H}})] \\
&= \sigma_{\mathrm{n}}^2\boldsymbol{w}_k^{\mathrm{H}}\boldsymbol{w}_k
\end{aligned}
\tag{2.77}
$$

$$
\begin{aligned}
\boldsymbol{w}_{\mathrm{DP-LDF},k} &= \boldsymbol{Q}\widetilde{\boldsymbol{\Lambda}}^{-1}\boldsymbol{Q}^{\mathrm{H}}\boldsymbol{c}_{\mathrm{DP},k} \\
&= \boldsymbol{Q}\widetilde{\boldsymbol{\Lambda}}^{-1}\boldsymbol{Q}^{\mathrm{H}}(\beta_{\mathrm{DP},k}^{1/2}\boldsymbol{Q}_{k,\mathrm{ND}}\boldsymbol{q}_k) \\
&= \beta_{\mathrm{DP},k}^{1/2}\boldsymbol{Q}\widetilde{\boldsymbol{\Lambda}}^{-1}\boldsymbol{Q}^{\mathrm{H}}\boldsymbol{Q}_{k,\mathrm{ND}}\boldsymbol{q}_k
\end{aligned}
\tag{2.78}
$$

综合式（2.67）、式（2.75）~式（2.78）可以推导出 DP 波形采用 LDF 接收机的输出 SINR，这些工作在文献［71］已经进行，这里直接给出结果为

$$
\mathrm{SINR}_{\mathrm{o,DP-LDF}}(m) = \frac{\alpha^2\mu\,|\mathrm{tr}(\widetilde{\boldsymbol{\Lambda}}_{\mathrm{ND}}^{-1})|^2}{(NM-m)(\sigma_{\mathrm{p}}^2\mathrm{tr}\{\widetilde{\boldsymbol{\Lambda}}_{\mathrm{ND}}^{-2}\boldsymbol{\Lambda}_{\mathrm{ND}}\}+\sigma_{\mathrm{n}}^2\mathrm{tr}\{\widetilde{\boldsymbol{\Lambda}}_{\mathrm{ND}}^{-2}\})}
\tag{2.79}
$$

综合式（2.66）、式（2.73）和式（2.79）可得，DP 波形采用 LDF 接收机的处理增益为

$$
\begin{aligned}
P_{\mathrm{G,DP-LDF}}(m) &= \frac{\mathrm{SINR}_{\mathrm{o,DP-LDF}}(m)}{\mathrm{SINR}_{\mathrm{i}}} \\
&= \frac{NM(\sigma_{\mathrm{p}}^2+\sigma_{\mathrm{n}}^2)(\mathrm{tr}\{\widetilde{\boldsymbol{\Lambda}}_{\mathrm{ND}}^{-1}\})^2}{(NM-m)(\sigma_{\mathrm{p}}^2\mathrm{tr}\{\widetilde{\boldsymbol{\Lambda}}_{\mathrm{ND}}^{-2}\boldsymbol{\Lambda}_{\mathrm{ND}}\}+\sigma_{\mathrm{n}}^2\mathrm{tr}\{\widetilde{\boldsymbol{\Lambda}}_{\mathrm{ND}}^{-2}\})}
\end{aligned}
\tag{2.80}
$$

由式（2.80）可得，LDF 接收机处理增益与通信信号功率无关，而与干扰信号功率 σ_{p}^2 和噪声功率 σ_{n}^2 有关，定义干噪比为

$$
\mathrm{CNR} = \frac{\sigma_{\mathrm{p}}^2}{\sigma_{\mathrm{n}}^2}
\tag{2.81}
$$

因此，将式（2.80）进一步写为

$$
P_{\mathrm{G,DP-LDF}}(m) = \frac{NM(\mathrm{CNR}+1)(\mathrm{tr}\{\widetilde{\boldsymbol{\Lambda}}_{\mathrm{ND}}^{-1}\})^2}{(NM-m)(\mathrm{CNR}\cdot\mathrm{tr}\{\widetilde{\boldsymbol{\Lambda}}_{\mathrm{ND}}^{-2}\boldsymbol{\Lambda}_{\mathrm{ND}}\}+\mathrm{tr}\{\widetilde{\boldsymbol{\Lambda}}_{\mathrm{ND}}^{-2}\})}
\tag{2.82}
$$

下面以 SWF 波形为例推导合作接收机的处理增益。对于 SWF 波形，结合式（2.30）可得式（2.37）的 LDF 滤波器函数可以表示为

$$
\boldsymbol{w}_{\mathrm{SWF},k} = \boldsymbol{V}\widetilde{\boldsymbol{\Lambda}}^{-1}\boldsymbol{V}^{\mathrm{H}}\boldsymbol{c}_{\mathrm{SWF},k} = \beta_{\mathrm{SWF}}^{0.5}\boldsymbol{V}\widetilde{\boldsymbol{\Lambda}}^{-1}\boldsymbol{V}^{\mathrm{H}}\boldsymbol{V}\boldsymbol{\Lambda}_{\mathrm{P}}^{0.5}\boldsymbol{q}_k = \beta_{\mathrm{SWF}}^{0.5}\boldsymbol{V}\widetilde{\boldsymbol{\Lambda}}^{-1}\boldsymbol{\Lambda}_{\mathrm{P}}^{0.5}\boldsymbol{q}_k
\tag{2.83}
$$

结合式（2.31），将式（2.83）代入式（2.75）可得雷达散射回波能量为

$$
\begin{aligned}
R_{\mathrm{o,SWF}} &= \sigma_x^2 \boldsymbol{w}_{\mathrm{SWF},k}^{\mathrm{H}} \boldsymbol{V\Lambda V}^{\mathrm{H}} \boldsymbol{w}_{\mathrm{SWF},k} \\
&= \sigma_x^2 \beta_{\mathrm{SWF}} \boldsymbol{q}_k^{\mathrm{H}} \boldsymbol{\Lambda}_{\mathrm{P}}^{0.5} \widetilde{\boldsymbol{\Lambda}}^{-1} \boldsymbol{V}^{\mathrm{H}} \boldsymbol{V\Lambda V}^{\mathrm{H}} \boldsymbol{V} \widetilde{\boldsymbol{\Lambda}}^{-1} \boldsymbol{\Lambda}_{\mathrm{P}}^{0.5} \boldsymbol{q}_k \\
&= \sigma_x^2 \beta_{\mathrm{SWF}} \boldsymbol{q}_k^{\mathrm{H}} \boldsymbol{\Lambda}_{\mathrm{P}} \widetilde{\boldsymbol{\Lambda}}^{-2} \boldsymbol{\Lambda} \boldsymbol{q}_k \\
&= \sigma_x^2 \frac{NM\gamma}{\mathrm{tr}\{\boldsymbol{\Lambda}_{\mathrm{P}}\}} \frac{\mathrm{tr}\{\boldsymbol{\Lambda}_{\mathrm{P}} \widetilde{\boldsymbol{\Lambda}}^{-2} \boldsymbol{\Lambda}\}}{NM} \\
&= \sigma_x^2 \gamma \frac{\mathrm{tr}\{\boldsymbol{\Lambda}_{\mathrm{P}} \widetilde{\boldsymbol{\Lambda}}^{-2} \boldsymbol{\Lambda}\}}{\mathrm{tr}\{\boldsymbol{\Lambda}_{\mathrm{P}}\}}
\end{aligned}
\tag{2.84}
$$

结合式（2.31），将式（2.83）代入式（2.76）可得 SWF 波形能量为

$$
\begin{aligned}
S_{\mathrm{o,SWF}} &= |\alpha|^2 \, |\boldsymbol{w}_{\mathrm{SWF},k}^{\mathrm{H}} \boldsymbol{c}_{\mathrm{SWF},k}|^2 \\
&= |\alpha|^2 \beta_{\mathrm{SWF}}^2 \, |\boldsymbol{q}_k^{\mathrm{H}} \boldsymbol{\Lambda}_{\mathrm{P}}^{0.5} \widetilde{\boldsymbol{\Lambda}}^{-1} \boldsymbol{V}^{\mathrm{H}} \boldsymbol{V} \boldsymbol{\Lambda}_{\mathrm{P}}^{0.5} \boldsymbol{q}_k|^2 \\
&= |\alpha|^2 \beta_{\mathrm{SWF}}^2 \, |\boldsymbol{q}_k^{\mathrm{H}} \boldsymbol{\Lambda}_{\mathrm{P}} \widetilde{\boldsymbol{\Lambda}}^{-1} \boldsymbol{q}_k|^2 \\
&= |\alpha|^2 \left(\frac{NM\gamma}{\mathrm{tr}\{\boldsymbol{\Lambda}_{\mathrm{P}}\}}\right)^2 \left|\frac{\mathrm{tr}\{\boldsymbol{\Lambda}_{\mathrm{P}} \widetilde{\boldsymbol{\Lambda}}^{-1}\}}{NM}\right|^2 \\
&= |\alpha|^2 \gamma^2 \left(\frac{\mathrm{tr}\{\boldsymbol{\Lambda}_{\mathrm{P}} \widetilde{\boldsymbol{\Lambda}}^{-1}\}}{\mathrm{tr}\{\boldsymbol{\Lambda}_{\mathrm{P}}\}}\right)^2
\end{aligned}
\tag{2.85}
$$

结合式（2.31），将式（2.83）代入式（2.77）可得噪声能量为

$$
\begin{aligned}
N_{\mathrm{o,SWF}} &= \sigma_u^2 \boldsymbol{w}_{\mathrm{SWF},k}^{\mathrm{H}} \boldsymbol{w}_{\mathrm{SWF},k} \\
&= \sigma_u^2 \beta_{\mathrm{SWF}} \boldsymbol{q}_k^{\mathrm{H}} \boldsymbol{\Lambda}_{\mathrm{P}}^{0.5} \widetilde{\boldsymbol{\Lambda}}^{-1} \boldsymbol{V}^{\mathrm{H}} \boldsymbol{V} \widetilde{\boldsymbol{\Lambda}}^{-1} \boldsymbol{\Lambda}_{\mathrm{P}}^{0.5} \boldsymbol{q}_k \\
&= \sigma_u^2 \beta_{\mathrm{SWF}} \boldsymbol{q}_k^{\mathrm{H}} \boldsymbol{\Lambda}_{\mathrm{P}} \widetilde{\boldsymbol{\Lambda}}^{-2} \boldsymbol{q}_k \\
&= \sigma_u^2 \frac{NM\gamma}{\mathrm{tr}\{\boldsymbol{\Lambda}_{\mathrm{P}}\}} \frac{\mathrm{tr}\{\boldsymbol{\Lambda}_{\mathrm{P}} \widetilde{\boldsymbol{\Lambda}}^{-2}\}}{NM} \\
&= \sigma_u^2 \gamma \frac{\mathrm{tr}\{\boldsymbol{\Lambda}_{\mathrm{P}} \widetilde{\boldsymbol{\Lambda}}^{-2}\}}{\mathrm{tr}\{\boldsymbol{\Lambda}_{\mathrm{P}}\}}
\end{aligned}
\tag{2.86}
$$

由式（2.84）~式（2.86）可得当嵌入的 REC 波形为 SWF 波形时，合作接收机输出的信干噪比为

$$
\mathrm{SINR}_{\mathrm{o,SWF}} = \frac{S_{\mathrm{o,SWF}}}{R_{\mathrm{o,SWF}} + N_{\mathrm{o,SWF}}} = \frac{|\alpha|^2 \gamma \, [\mathrm{tr}\{\boldsymbol{\Lambda}_{\mathrm{p}} \widetilde{\boldsymbol{\Lambda}}^{-1}\}]^2}{\mathrm{tr}\{\boldsymbol{\Lambda}_{\mathrm{p}}\} \, [\sigma_x^2 \mathrm{tr}\{\boldsymbol{\Lambda}_{\mathrm{p}} \widetilde{\boldsymbol{\Lambda}}^{-2} \boldsymbol{\Lambda}\} + \sigma_u^2 \mathrm{tr}\{\boldsymbol{\Lambda}_{\mathrm{p}} \widetilde{\boldsymbol{\Lambda}}^{-2}\}]}
\tag{2.87}
$$

假设杂噪比为

$$
\mathrm{CNR} = \frac{\sigma_x^2}{\sigma_u^2}
\tag{2.88}
$$

由式（2.66）、式（2.73）、式（2.87）和式（2.88）可得合作接收机对 SWF 波形的处理增益为

$$
\begin{aligned}
P_{\mathrm{G,SWF-LDF}}(m) &= \frac{NM(\sigma_{\mathrm{p}}^2+\sigma_{\mathrm{n}}^2)(\mathrm{tr}\{\boldsymbol{\Lambda}_{\mathrm{P}}\widetilde{\boldsymbol{\Lambda}}^{-1}\})^2}{\mathrm{tr}\{\boldsymbol{\Lambda}_{\mathrm{P}}\}(\sigma_{\mathrm{p}}^2\mathrm{tr}\{\boldsymbol{\Lambda}_{\mathrm{P}}\widetilde{\boldsymbol{\Lambda}}^{-2}\boldsymbol{\Lambda}\}+\sigma_{\mathrm{n}}^2\mathrm{tr}\{\boldsymbol{\Lambda}_{\mathrm{P}}\widetilde{\boldsymbol{\Lambda}}^{-2}\})} \\
&= \frac{NM(\mathrm{CNR}+1)(\mathrm{tr}\{\boldsymbol{\Lambda}_{\mathrm{P}}\widetilde{\boldsymbol{\Lambda}}^{-1}\})^2}{\mathrm{tr}\{\boldsymbol{\Lambda}_{\mathrm{P}}\}(\mathrm{CNR}\cdot\mathrm{tr}\{\boldsymbol{\Lambda}_{\mathrm{P}}\widetilde{\boldsymbol{\Lambda}}^{-2}\boldsymbol{\Lambda}\}+\mathrm{tr}\{\boldsymbol{\Lambda}_{\mathrm{P}}\widetilde{\boldsymbol{\Lambda}}^{-2}\})}
\end{aligned}
\tag{2.89}
$$

当嵌入波形为 DP 波形时，同理可以得到合作接收机对 DP 波形的处理增益为

$$
\Delta_{\mathrm{DP}} = \frac{NM(\mathrm{CNR}+1)[\mathrm{tr}\{\widetilde{\boldsymbol{\Lambda}}_{\mathrm{ND}}^{-1}\}]^2}{(NM-m)[\mathrm{CNR}\cdot\mathrm{tr}\{\boldsymbol{\Lambda}_{\mathrm{ND}}\widetilde{\boldsymbol{\Lambda}}_{\mathrm{ND}}^{-2}\}+\mathrm{tr}\{\widetilde{\boldsymbol{\Lambda}}_{\mathrm{ND}}^{-2}\}]}
\tag{2.90}
$$

当嵌入波形为 SDP 波形时，同理可以得到合作接收机对 SDP 波形处理增益为

$$
\Delta_{\mathrm{SDP}} = \frac{NM(\mathrm{CNR}+1)[\mathrm{tr}\{\boldsymbol{\Lambda}_{\mathrm{ND}}\widetilde{\boldsymbol{\Lambda}}_{\mathrm{ND}}^{-1}\}]^2}{\mathrm{tr}\{\boldsymbol{\Lambda}_{\mathrm{ND}}\}[\mathrm{CNR}\cdot\mathrm{tr}\{\boldsymbol{\Lambda}_{\mathrm{ND}}^2\widetilde{\boldsymbol{\Lambda}}_{\mathrm{ND}}^{-2}\}+\mathrm{tr}\{\boldsymbol{\Lambda}_{\mathrm{ND}}\widetilde{\boldsymbol{\Lambda}}_{\mathrm{ND}}^{-2}\}]}
\tag{2.91}
$$

图 2.19 所示为 LDF 滤波器对 DP、SDP、SWF 波形的处理增益曲线。其中，雷达信号为中频 0Hz、带宽 1kHz 的 LFM 信号，杂噪比设为 30dB，主空间大小 m 取为 1~128（步进 1），其他参数设置为 $N=64$、$M=2$。由图 2.19 可得，合作接收机对 DP 波形的处理增益最高，且受主空间变化的影响较小。当主空间较小时，SDP 和 SWF 波形处理增益较小且接近，当主空间较大时，SDP 和 SWF 波形的处理增益与 DP 波形相当。DP、SDP、SWF 波形的通信可靠性依次变差。

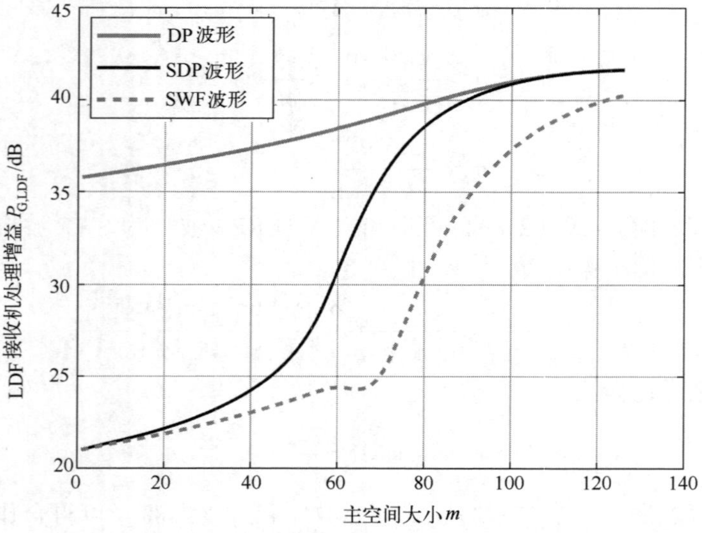

图 2.19　LDF 滤波器对 DP、SDP、SWF 波形处理增益

2.6.2 LPI 性能分析

截获接收机通常采用能量检测器检测截获信号中是否嵌入 REC 波形。这里假设一种最差情况，即截获接收机已经掌握雷达信号参数、过采样因子及 REC 波形的主空间大小，则可以采用投影的方式对接收信号进行能量检测[71]

$$\varepsilon_{\mathrm{ir}}=\boldsymbol{r}^{\mathrm{H}}\boldsymbol{P}_{\mathrm{ir}}\boldsymbol{r} \tag{2.92}$$

式中：$\varepsilon_{\mathrm{ir}}$为截获接收机输出；投影矩阵为

$$\boldsymbol{P}_{\mathrm{ir}}=\boldsymbol{V}_{\mathrm{ND}}\widetilde{\boldsymbol{\Lambda}}_{\mathrm{ND}}^{-1}\boldsymbol{V}_{\mathrm{ND}}^{\mathrm{H}} \tag{2.93}$$

截获接收机判定检测到 REC 信号嵌入的依据是 $\varepsilon_{\mathrm{ir}}$超过检测门限，当存在 REC 波形嵌入时，由式（2.5）和式（2.92）可得截获接收机输出的信号平均能量为

$$\begin{aligned}E[\varepsilon_{\mathrm{ir}}]&=E[(\boldsymbol{Sx}+\alpha\boldsymbol{c}_k+\boldsymbol{u})^{\mathrm{H}}\boldsymbol{P}_{\mathrm{ir}}(\boldsymbol{Sx}+\alpha\boldsymbol{c}_k+\boldsymbol{u})]\\&=E[\boldsymbol{x}^{\mathrm{H}}\boldsymbol{SP}_{\mathrm{ir}}\boldsymbol{Sx}]+E[|\alpha|^2\boldsymbol{c}_k^{\mathrm{H}}\boldsymbol{P}_{\mathrm{ir}}\boldsymbol{c}_k]+E[\boldsymbol{u}^{\mathrm{H}}\boldsymbol{P}_{\mathrm{ir}}\boldsymbol{u}]\\&=R_{\mathrm{ir}}+S_{\mathrm{ir}}+N_{\mathrm{ir}}\end{aligned} \tag{2.94}$$

式中：R_{ir}、S_{ir}、N_{ir}分别为截获接收机输出的雷达散射回波能量、REC 波形能量、噪声能量。下面以 SWF 波形为例推导截获接收机的处理增益。结合式（2.93）可得式（2.94）中的雷达散射回波能量为

$$\begin{aligned}R_{\mathrm{ir}}&=E[\boldsymbol{x}^{\mathrm{H}}\boldsymbol{S}^{\mathrm{H}}\boldsymbol{V}_{\mathrm{ND}}\widetilde{\boldsymbol{\Lambda}}_{\mathrm{ND}}^{-1}\boldsymbol{V}_{\mathrm{ND}}^{\mathrm{H}}\boldsymbol{Sx}]\\&=E[\mathrm{tr}\{\widetilde{\boldsymbol{\Lambda}}_{\mathrm{ND}}^{-1}\boldsymbol{V}_{\mathrm{ND}}^{\mathrm{H}}\boldsymbol{Sxx}^{\mathrm{H}}\boldsymbol{S}^{\mathrm{H}}\boldsymbol{V}_{\mathrm{ND}}\}]\\&=\sigma_x^2\mathrm{tr}\{\widetilde{\boldsymbol{\Lambda}}_{\mathrm{ND}}^{-1}\boldsymbol{V}_{\mathrm{ND}}^{\mathrm{H}}\boldsymbol{SS}^{\mathrm{H}}\boldsymbol{V}_{\mathrm{ND}}\}\\&=\sigma_x^2\mathrm{tr}\{\widetilde{\boldsymbol{\Lambda}}_{\mathrm{ND}}^{-1}\boldsymbol{V}_{\mathrm{ND}}^{\mathrm{H}}\boldsymbol{V\Lambda V}^{\mathrm{H}}\boldsymbol{V}_{\mathrm{ND}}\}\\&=\sigma_x^2\mathrm{tr}\{\widetilde{\boldsymbol{\Lambda}}_{\mathrm{ND}}^{-1}\boldsymbol{\Lambda}_{\mathrm{ND}}\}\end{aligned} \tag{2.95}$$

结合式（2.31）和式（2.93）可得式（2.94）中的 SWF 波形能量为

$$\begin{aligned}S_{\mathrm{ir,SWF}}&=E[|\alpha|^2\boldsymbol{c}_{\mathrm{SWF},k}^{\mathrm{H}}\boldsymbol{P}_{\mathrm{ir}}\boldsymbol{c}_{\mathrm{SWF},k}]\\&=|\alpha|^2\beta_{\mathrm{SWF}}\boldsymbol{q}_k^{\mathrm{H}}\boldsymbol{\Lambda}_{\mathrm{P}}^{0.5}\boldsymbol{V}^{\mathrm{H}}\boldsymbol{V}_{\mathrm{ND}}\widetilde{\boldsymbol{\Lambda}}_{\mathrm{ND}}^{-1}\boldsymbol{V}_{\mathrm{ND}}^{\mathrm{H}}\boldsymbol{V}\Lambda_{\mathrm{P}}^{0.5}\boldsymbol{q}_k\\&=|\alpha|^2\beta_{\mathrm{SWF}}\boldsymbol{q}_k^{\mathrm{H}}\begin{bmatrix}\boldsymbol{O}&\boldsymbol{O}\\\boldsymbol{O}&\boldsymbol{\Lambda}_{\mathrm{ND}}\widetilde{\boldsymbol{\Lambda}}_{\mathrm{ND}}^{-1}\end{bmatrix}\boldsymbol{q}_k\\&=|\alpha|^2\gamma\frac{\mathrm{tr}\{\boldsymbol{\Lambda}_{\mathrm{ND}}\widetilde{\boldsymbol{\Lambda}}_{\mathrm{ND}}^{-1}\}}{\mathrm{tr}\{\boldsymbol{\Lambda}_{\mathrm{P}}\}}\end{aligned} \tag{2.96}$$

结合式（2.93）可得式（2.94）中的噪声能量为

$$\begin{aligned} N_{\mathrm{ir}} &= E[\boldsymbol{u}^{\mathrm{H}}\boldsymbol{V}_{\mathrm{ND}}\widetilde{\boldsymbol{\Lambda}}_{\mathrm{ND}}^{-1}\boldsymbol{V}_{\mathrm{ND}}^{\mathrm{H}}\boldsymbol{u}] \\ &= E[\operatorname{tr}\{\widetilde{\boldsymbol{\Lambda}}_{\mathrm{ND}}^{-1}\boldsymbol{V}_{\mathrm{ND}}^{\mathrm{H}}\boldsymbol{u}\boldsymbol{u}^{\mathrm{H}}\boldsymbol{V}_{\mathrm{ND}}\}] \\ &= \sigma_u^2\operatorname{tr}\{\widetilde{\boldsymbol{\Lambda}}_{\mathrm{ND}}^{-1}\boldsymbol{V}_{\mathrm{ND}}^{\mathrm{H}}\boldsymbol{V}_{\mathrm{ND}}\} \\ &= \sigma_u^2\operatorname{tr}\{\widetilde{\boldsymbol{\Lambda}}_{\mathrm{ND}}^{-1}\} \end{aligned} \tag{2.97}$$

由式（2.95）~式（2.97）可得当嵌入雷达散射回波的 REC 波形为 SWF 波形时，截获接收机输出的信干噪比为

$$\mathrm{SINR}_{\mathrm{ir,SWF}} = \frac{S_{\mathrm{ir,SWF}}}{R_{\mathrm{ir}}+N_{\mathrm{ir}}} = \frac{|\alpha|^2\gamma\operatorname{tr}\{\boldsymbol{\Lambda}_{\mathrm{ND}}\widetilde{\boldsymbol{\Lambda}}_{\mathrm{ND}}^{-1}\}}{\operatorname{tr}\{\boldsymbol{\Lambda}_{\mathrm{P}}\}[\sigma_x^2\operatorname{tr}\{\boldsymbol{\Lambda}_{\mathrm{ND}}\widetilde{\boldsymbol{\Lambda}}_{\mathrm{ND}}^{-1}\}+\sigma_u^2\operatorname{tr}\{\widetilde{\boldsymbol{\Lambda}}_{\mathrm{ND}}^{-1}\}]} \tag{2.98}$$

结合式（2.73）、式（2.88）和式（2.98）可得截获接收机对 SWF 波形的处理增益为

$$\Delta_{\mathrm{ir,SWF}} = \frac{\mathrm{SINR}_{\mathrm{ir,SWF}}}{\mathrm{SINR}_{\mathrm{i}}} = \frac{NM(\mathrm{CNR}+1)\operatorname{tr}\{\boldsymbol{\Lambda}_{\mathrm{ND}}\widetilde{\boldsymbol{\Lambda}}_{\mathrm{ND}}^{-1}\}}{\operatorname{tr}\{\boldsymbol{\Lambda}_{\mathrm{P}}\}[\mathrm{CNR}\cdot\operatorname{tr}\{\boldsymbol{\Lambda}_{\mathrm{ND}}\widetilde{\boldsymbol{\Lambda}}_{\mathrm{ND}}^{-1}\}+\operatorname{tr}\{\widetilde{\boldsymbol{\Lambda}}_{\mathrm{ND}}^{-1}\}]} \tag{2.99}$$

类似上述过程，可以得截获接收机对 DP 波形的处理增益为

$$\Delta_{\mathrm{ir,DP}} = \frac{NM(\mathrm{CNR}+1)\operatorname{tr}\{\widetilde{\boldsymbol{\Lambda}}_{\mathrm{ND}}^{-1}\}}{(NM-m)[\mathrm{CNR}\cdot\operatorname{tr}\{\boldsymbol{\Lambda}_{\mathrm{ND}}\widetilde{\boldsymbol{\Lambda}}_{\mathrm{ND}}^{-1}\}+\operatorname{tr}\{\widetilde{\boldsymbol{\Lambda}}_{\mathrm{ND}}^{-1}\}]} \tag{2.100}$$

同理，可以得到截获接收机对 SDP 波形的处理增益为

$$\Delta_{\mathrm{ir,SDP}} = \frac{NM(\mathrm{CNR}+1)\operatorname{tr}\{\boldsymbol{\Lambda}_{\mathrm{ND}}\widetilde{\boldsymbol{\Lambda}}_{\mathrm{ND}}^{-1}\}}{\operatorname{tr}\{\boldsymbol{\Lambda}_{\mathrm{ND}}\}[\mathrm{CNR}\cdot\operatorname{tr}\{\boldsymbol{\Lambda}_{\mathrm{ND}}\widetilde{\boldsymbol{\Lambda}}_{\mathrm{ND}}^{-1}\}+\operatorname{tr}\{\widetilde{\boldsymbol{\Lambda}}_{\mathrm{ND}}^{-1}\}]} \tag{2.101}$$

图 2.20 所示为截获接收机对 DP、SDP、SWF 波形的处理增益曲线。参数设置与图 2.19 相同。由图 2.20 可得，当主空间较小时，截获接收机对 SDP 和 SWF 波形处理增益较小，LPI 性能较好，而 DP 波形处理增益较大，LPI 性

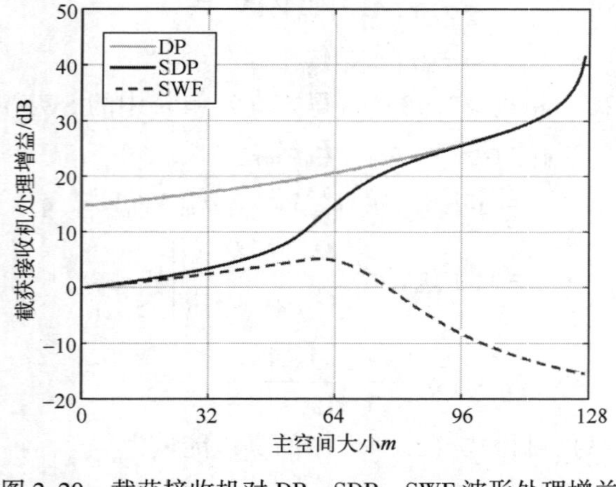

图 2.20　截获接收机对 DP、SDP、SWF 波形处理增益

能较差；当主空间较大时，SDP 和 DP 波形的处理增益相当，LPI 性能较差，而 SWF 波形处理增益衰减到较低位置，LPI 性能较好。

2.6.3　综合性能分析

为了将通信可靠性与 LPI 性能统一起来分析 REC 波形的综合性能，文献［32］定义增益优势 φ 为合作接收机与截获接收机对 REC 波形处理增益之比，即

$$\varphi=\frac{\Delta}{\Delta_{\mathrm{ir}}} \tag{2.102}$$

由式（2.90）、式（2.100）、式（2.102）可得 DP 波形的增益优势为

$$\varphi_{\mathrm{DP}}=\frac{\Delta_{\mathrm{DP}}}{\Delta_{\mathrm{ir,DP}}}=\frac{\mathrm{tr}\{\widetilde{\boldsymbol{\Lambda}}_{\mathrm{ND}}^{-1}\}[\mathrm{CNR}\cdot\mathrm{tr}\{\boldsymbol{\Lambda}_{\mathrm{ND}}\widetilde{\boldsymbol{\Lambda}}_{\mathrm{ND}}^{-1}\}+\mathrm{tr}\{\widetilde{\boldsymbol{\Lambda}}_{\mathrm{ND}}^{-1}\}]}{\mathrm{CNR}\cdot\mathrm{tr}\{\boldsymbol{\Lambda}_{\mathrm{ND}}\widetilde{\boldsymbol{\Lambda}}_{\mathrm{ND}}^{-2}\}+\mathrm{tr}\{\widetilde{\boldsymbol{\Lambda}}_{\mathrm{ND}}^{-2}\}} \tag{2.103}$$

由式（2.91）、式（2.101）、式（2.102）可得 SDP 波形的增益优势为

$$\varphi_{\mathrm{SDP}}=\frac{\Delta_{\mathrm{SDP}}}{\Delta_{\mathrm{ir,SDP}}}=\frac{\mathrm{tr}\{\boldsymbol{\Lambda}_{\mathrm{ND}}\widetilde{\boldsymbol{\Lambda}}_{\mathrm{ND}}^{-1}\}[\mathrm{CNR}\cdot\mathrm{tr}\{\boldsymbol{\Lambda}_{\mathrm{ND}}\widetilde{\boldsymbol{\Lambda}}_{\mathrm{ND}}^{-1}\}+\mathrm{tr}\{\widetilde{\boldsymbol{\Lambda}}_{\mathrm{ND}}^{-1}\}]}{\mathrm{CNR}\cdot\mathrm{tr}\{\boldsymbol{\Lambda}_{\mathrm{ND}}^{2}\widetilde{\boldsymbol{\Lambda}}_{\mathrm{ND}}^{-2}\}+\mathrm{tr}\{\boldsymbol{\Lambda}_{\mathrm{ND}}\widetilde{\boldsymbol{\Lambda}}_{\mathrm{ND}}^{-2}\}} \tag{2.104}$$

由式（2.89）、式（2.99）、式（2.102）可得 SWF 波形的增益优势为

$$\varphi_{\mathrm{SWF}}=\frac{\Delta_{\mathrm{SWF}}}{\Delta_{\mathrm{ir,SWF}}}=\frac{[\mathrm{tr}\{\boldsymbol{\Lambda}_{\mathrm{p}}\widetilde{\boldsymbol{\Lambda}}^{-1}\}]^{2}[\mathrm{CNR}\cdot\mathrm{tr}\{\boldsymbol{\Lambda}_{\mathrm{ND}}\widetilde{\boldsymbol{\Lambda}}_{\mathrm{ND}}^{-1}\}+\mathrm{tr}\{\widetilde{\boldsymbol{\Lambda}}_{\mathrm{ND}}^{-1}\}]}{\mathrm{tr}\{\boldsymbol{\Lambda}_{\mathrm{ND}}\widetilde{\boldsymbol{\Lambda}}_{\mathrm{ND}}^{-1}\}[\mathrm{CNR}\cdot\mathrm{tr}\{\boldsymbol{\Lambda}_{\mathrm{p}}\widetilde{\boldsymbol{\Lambda}}^{-2}\boldsymbol{\Lambda}\}+\mathrm{tr}\{\boldsymbol{\Lambda}_{\mathrm{p}}\widetilde{\boldsymbol{\Lambda}}^{-2}\}]} \tag{2.105}$$

图 2.21 所示为 DP、SDP、SWF 波形的增益优势曲线。参数设置与图 2.19 相同。由图 2.21 得，在不同主空间大小时 DP 和 SDP 波形的增益优势相同，表明 DP 波形和 SDP 的综合性能相当。当主空间较小时，DP、SDP、SWF 波形的增益优势处于同一水平，综合性能相当；当主空间较大时，SWF 波形的增益优势增加到较大值，即 SWF 波形综合性能最好。

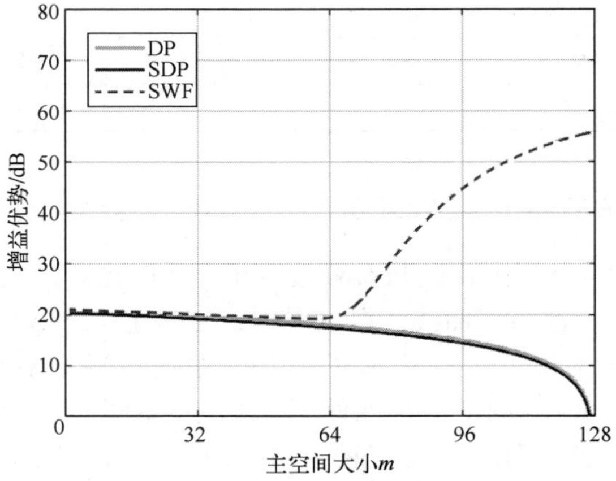

图 2.21　DP、SDP、SWF 波形增益优势

2.7 仿真与验证

本节采用2.3节中具有CAFR特性的NP接收机和2.4节中基于能量检测的REC截获接收机，对DP、SDP、SWF三种REC通信波形的通信可靠性和LPI性能进行仿真，验证2.6节中对三种波形处理增益及处理增益优势的分析结果，合作接收机选用LDF滤波器来进行信号滤波，仿真对象为NP接收机和能量检测器，分别对三种通信波形在不同SNR下的检测概率，仿真所采用的雷达信号为脉宽为64μs、带宽为1kHz的LFM脉冲信号，通信信号选用2.2节中的三种通信波形，采样长度为$N=128$，过采样因子为$M=2$，CNR设定为30dB，NP接收机和能量检测器的虚警概率均为$P_{fa}=10^{-5}$，观测区间长度为$L=2NM$，具体仿真参数设置如表2.2所示。

表2.2 仿真参数设置

参数变量	具体数值
LFM雷达信号脉宽	64μs
信号带宽	1kHz
采样点数	128
过采样因子	2
通信波形类别	DP、SDP、SWF
主空间大小	32、64、96
通信波形数量	4
干噪比	30dB
虚警概率	10^{-5}
接收机观测区间长度	512
信噪比区间	0~50dB

2.7.1 DP波形性能仿真与分析

图2.22所示为NP接收机和截获接收机对DP波形在主空间大小分别为32、64和96时的检测概率曲线。可以看出，三种主空间取值下NP接收机对DP波形的检测概率相近，随着m的增加，通信可靠性能略有提高，这与图2.19中LDF滤波器对DP波形的处理增益随主空间的变化情况相一致。

此外，对于LPI性能，可见三种主空间取值下LPI性能相差较大，具体地，在相同检测概率条件下，截获接收机对$m=96$取值的DP波形检测所需要

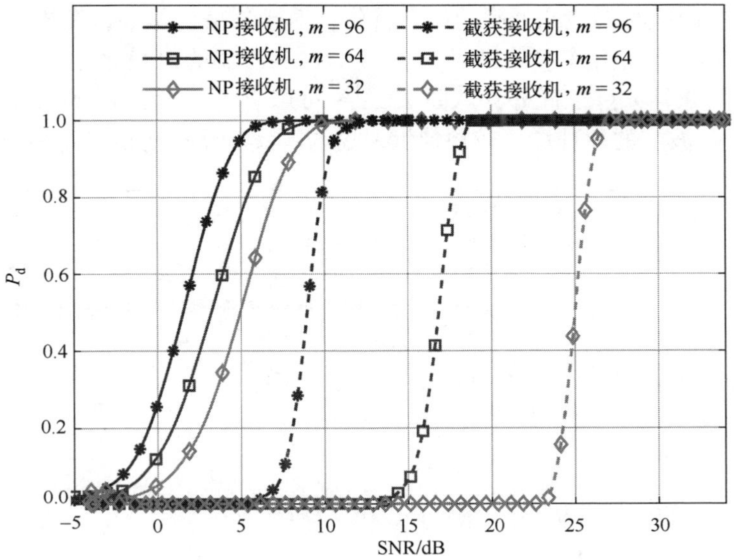

图 2.22　NP 接收机和截获接收机对 DP 波形检测概率曲线

的信噪比最低，为 6～13dB；对 $m=64$ 取值的 DP 波形检测所需的信噪比为 14～19dB；对 $m=32$ 的 DP 波形检测所需的信噪比最高，为 23～27dB，因此，随着 m 的增加，截获接收机检测到 DP 通信信号所需的信噪比越小，检测难度越低，LPI 性能也就越差。这与图 2.20 中截获接收机对 DP 波形的处理增益分析结果相吻合，随着 m 的增加，截获接收机对 DP 波形的处理增益逐渐递增，因此 LPI 性能也就越差。

若需要将通信可靠性和 LPI 性能进行综合考量，与处理增益优势的理论分析相对应，可以定义一种新的性能指标——增益优势，其概念为 REC 通信波形在同一检测概率条件下，合作接收机所需信噪比相对于截获接收机所需信噪比的差值，将其用数学公式进行表述为

$$G=(\mathrm{SNR}_{\mathrm{co}}-\mathrm{SNR}_{\mathrm{ir}})\big|_{P_{\mathrm{d}}=\eta} \tag{2.106}$$

式中：G 表示增益优势；$\mathrm{SNR}_{\mathrm{co}}$为合作接收机信噪比；$\mathrm{SNR}_{\mathrm{ir}}$为截获接收机信噪比；$P_{\mathrm{d}}$表示检测概率。由图 2.22 可见，当 $m=32$ 时，DP 波形的增益优势最高，综合性能最好；当 $m=96$ 时，DP 波形的增益优势最低，综合性能最差，这与 2.6.1 节对 DP 波形的处理增益优势分析结果相吻合。

2.7.2　SDP 波形性能仿真与分析

图 2.23 所示为对 NP 接收机和截获接收机对 SDP 波形在主空间大小分别

为 32、64 和 96 时的检测概率曲线。首先，对于通信可靠性，在相同检测概率条件下，m 越大，合作接收机对 SDP 波形检测所需的信噪比越小，即 SDP 波形的通信可靠性越好。此外，从图 2.23 中可以看到，随着 m 的增加，LDF 滤波器对 SDP 波形的处理增益较快递增，这与本实验所得出的结论相吻合。

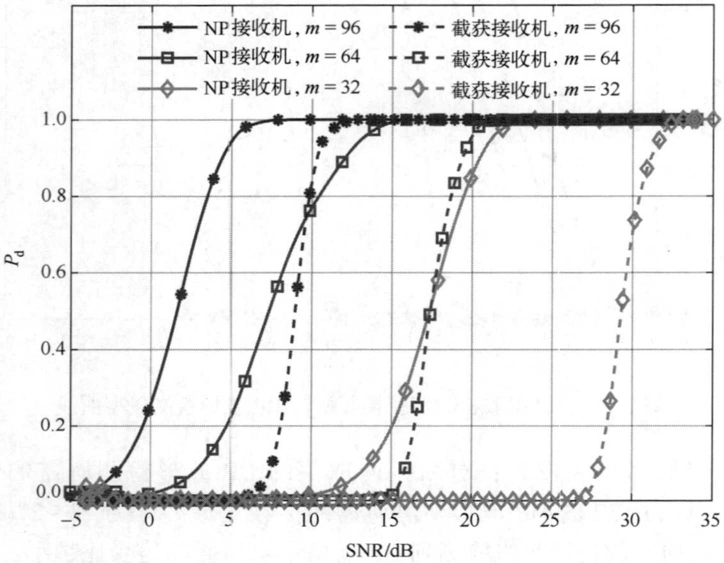

图 2.23　NP 接收机和截获接收机对 SDP 波形检测概率曲线

其次，对于 LPI 性能，由图 2.23 可见，在相同检测概率下，m 越大，截获接收机对 SDP 波形检测所需的信噪比越小，这说明随着 m 越大，SDP 波形的 LPI 性能越差，这与图 2.20 中截获接收机对 SDP 波形的处理增益分析结果相一致。

此外，对比图 2.22 和图 2.23 可以看到，当 $m=96$ 时，DP 波形和 SDP 波形的通信可靠性相近，原因在于图 2.19 中当 m 取值较大时，LDF 滤波器对 DP 波形和 SDP 波形的处理增益接近；而当 $m=64$ 时，LDF 滤波器对 SDP 波形的处理增益降低，对应到图 2.23 中则体现为 SDP 波形的通信可靠性能的退化；当 $m=32$ 时，处理增益进一步降低，SDP 波形的通信可靠性能则进一步退化。

与 DP 波形类似，考虑综合性能，由图 2.23 可见，当 $m=32$ 时，SDP 波形的增益优势最高，综合性能最好；当 $m=96$ 时，SDP 波形的增益优势最低，综合性能最差，这与 2.6.1 节对 SDP 波形的处理增益优势分析结果相吻合。

2.7.3　SWF 波形性能仿真与分析

图 2.24 所示为对 NP 接收机和截获接收机对 SWF 波形在主空间大小分别为 32、64 和 96 时的检测概率曲线。由图可见，合作接收机对 $m=32$ 和 $m=64$ 时的 SWF 波形的检测性能基本相当；而当 $m=96$ 时，SWF 波形可靠性能得到很大提升，相比 $m=64$ 时具有 10dB 左右的信噪比增益，这与图 2.19 中 LDF 滤波器在 $m<64$ 时对 SWF 波形的处理增益增长缓慢，而在 $m>64$ 时则迅速提升的分析结论相吻合。

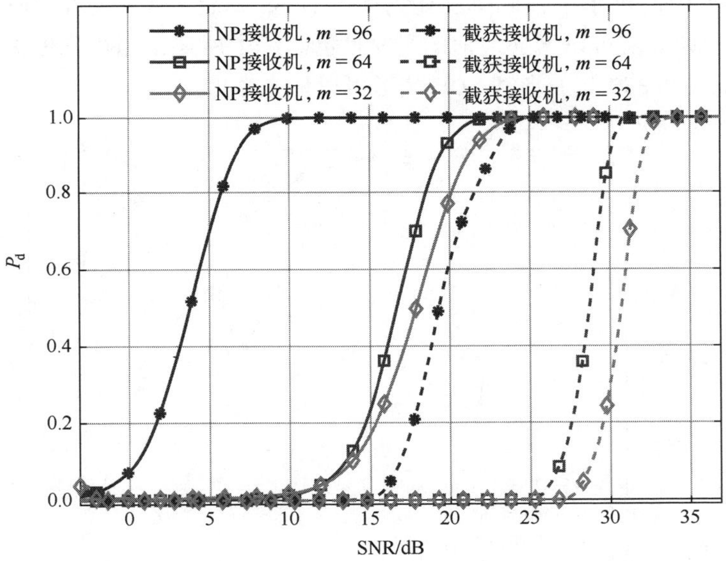

图 2.24　NP 接收机和截获接收机对 SWF 波形检测概率曲线

对于 LPI 性能，由图 2.24 可见，$m=32$ 时 SWF 波形的 LPI 性能略优于 $m=64$ 时 SWF 波形的 LPI 性能，而当 $m=96$ 时 SWF 波形的 LPI 性能最差，这与图 2.20 中截获接收机对 SWF 波形的处理增益结果相吻合。

最后，考虑综合性能，由图 2.24 可见，当 $m=96$ 时，SDP 波形的增益优势最高，综合性能最好；而 $m=32$ 和 64 时 SWF 波形的增益优势基本一致，但低于 $m=96$ 时的增益优势，这也与 2.6.1 节对 SDP 波形的处理增益优势分析结果相吻合。

2.7.4　误码率性能仿真

误码率也是衡量通信可靠性的一个重要性能指标，相对于检测概率，其可以对通信可靠性能有一个更加详细的分析。上述三种通信波形在不同参数下分别具有不同的通信可靠性和 LPI 性能。若优先考虑通信可靠性能，从图 2.22~图 2.24 可以看到，对于三种通信波形，在 $m=96$ 参数条件下通信可靠性能最佳，因此选用 $m=96$ 参数下三种通信波形的误码率进行仿真，如图 2.25 所示，还绘出了相同功率约束下 DSSS 波形的误码率曲线。可以看到，在 $m=96$ 参数下，DP 波形的误码率性能最佳，其次为 SDP 波形，误码率性能略低于 DP 波形，而 SWF 误码率性能最差，低于 DP 波形和 SDP 波形 2~3dB。这与图 2.19 中 LDF 滤波器对三种通信波形在 $m=96$ 时的处理增益结论一致。此外，可以看到，几种 REC 波形的误码率性能均优于 DSSS 波形，这证明在 REC 体制下，通过波形设计确实可以增加通信的可靠性能。综上所述，当优先考虑通信可靠性能时，$m=96$ 的 DP 波形和 SDP 波形可以优先考虑。

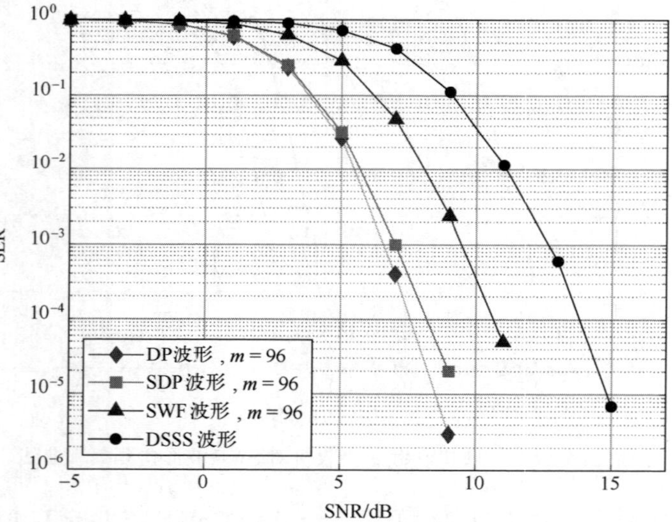

图 2.25　DP、SDP、SWF、DSSS 波形误码率比较，优先考虑通信可靠性能

若优先考虑 LPI 性能，其次考虑通信可靠性能，由图 2.22~图 2.24 可知，在 $m=32$ 条件下，三种通信波形的 LPI 性能最优，因此考虑三种通信波形在 $m=32$ 条件下的误码率性能，如图 2.26 所示。可见，在 $m=32$ 参数下，DP 波形的误码率性能最优，优于 DSSS 波形 3dB 左右，优于 SDP 波形 13dB 左右，而 SDP 波形与 SWF 波形误码率性能相近，SDP 波形误码率性能略优于 SWF 波形，这与图 2.19 三种通信波形在 $m=32$ 时的处理增益结论一致。因此，当优先考虑 LPI 性能时，$m=32$ 的 DP 波形优先考虑。

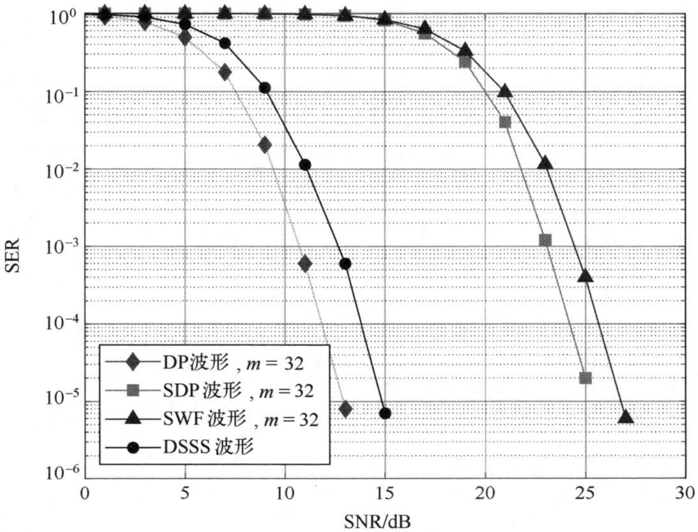

图 2.26　DP、SDP、SWF、DSSS 波形误码率比较，优先考虑 LPI 性能

若需要将通信波形的综合性能进行优先考虑，而通信可靠性能作为第二考虑因素，由前面分析结果可知，对于 DP 波形，选择 $m=32$ 参数时具有最大的增益优势；对于 SDP 波形，同样选择 $m=32$ 时具有最大的增益优势；对于 SWF 波形，选择 $m=96$ 时具有最大的增益优势。因此，将 DP 波形和 SDP 波形在 $m=32$ 参数下的误码率和 SWF 波形在 $m=96$ 参数下的误码率进行仿真，如图 2.27 所示，可见 $m=96$ 参数下的 SWF 波形具有最好的误码率性能，其次是 $m=32$ 参数的 DP 波形，误码率性能低于 $m=96$ 的 SWF 波形 2dB 左右，而 $m=32$ 的 SDP 波形误码率性能最差，低于 DP 波形 13dB 左右。因此，当需要将通信可靠性和 LPI 性能进行综合考虑时，$m=96$ 参数的 SWF 波形优先考虑。

值得注意的是，本节对不同通信波形在不同设计参数下性能进行分析，目的是为在不同需求下对通信波形设计参数种类的选择，如表 2.2 所示，对不同需求下 REC 通信波形的选择方案进行了总结，如果单纯考虑通信可靠性，$m=96$ 条件下的 DP 波形和 SDP 波形可以选择；如果考虑 LPI 性能优先，通信可靠性能其次，则 $m=32$ 条件下的 DP 通信波形优先选择；但如果考虑综合性能优先，而通信可靠性能其次，则可以用增益优势的性能指标进行衡量，经过比较，$m=96$ 时的 SWF 波形和 $m=32$ 的 DP 波形将优先进行选择。

由前面的分析结果可知，不同通信波形在不同性能指标下的性能不尽相

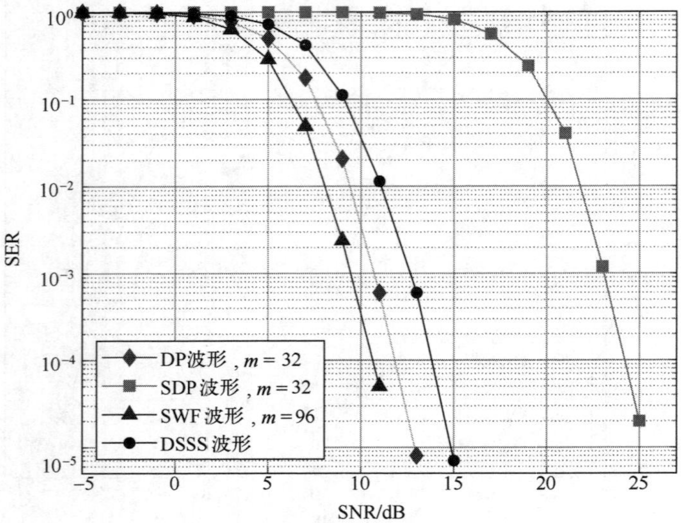

图 2.27　DP、SDP、SWF、DSSS 波形误码率比较，考虑综合性能

同。表 2.3 实质是将通信可靠性作为第一考虑因素或其他性能指标作为第一考虑因素、通信可靠性作为第二考虑因素下通信波形的选择方案。为了对通信波形的选用提供更加全面的选择依据，根据 2.7 节的分析结果，表 2.4 进一步对 DP、SDP 和 SWF 三种通信波形在不同主空间大小下的通信可靠性能、LPI 性能和综合性能进行了整理和比较，合作接收机选择采用 LDF 滤波器的 NP 接收机，截获接收机选择能量检测器。采用★的数量来定量描述三种通信波形的优劣，★的数量越多，则代表某种性能越优。按照需要考虑性能的优先顺序，可以直接根据表 2.4 的性能总结来做出筛选。进一步可以看到，由表 2.4 的性能对比结果可以直接得出表 2.3 的波形选择方案，如将 LPI 性能作为第一考虑因素，由表 2.4 可以选择 $m=32$ 的 DP 波形和 SDP 波形；若需要进一步将通信可靠性能作为第二考虑因素，由表 2.4 进一步可得，$m=32$ 的 DP 波形优先选择，这与表 2.3 优先考虑 LPI 性能时的波形选择结果相一致。

表 2.3　REC 通信波形的选择方案

优先考虑因素	波形选择类型	m 参数选择
通信可靠性	DP 波形；SDP 波形	$m=96$；$m=96$
LPI 性能，通信可靠性能	DP 波形	$m=32$
综合性能，通信可靠性能	SWF 波形；DP 波形	$m=96$，$m=32$

表 2.4　DP、SDP、SWF 波形性能对比，合作接收机采用 NP 接收机，截获接收机采用能量检测器

波形种类	主空间选择	通信可靠性能	LPI 性能	综合性能
DP	32	★★★★	★★★	★★★★
	64	★★★★	★★	★★
	96	★★★★★	★	★
SDP	32	★★	★★★★	★★
	64	★★★★	★★	★
	96	★★★★★	★	★
SWF	32	★★	★★★★	★★
	64	★★	★★★	★★
	96	★★★★	★★	★★★

2.8　本章小结

本章主要对 REC 的基础理论进行了介绍，包括 REC 的信号模型、REC 波形设计算法、REC 合作接收机和 REC 截获接收机的设计。首先，REC 波形设计算法主要介绍了 DP 算法、SDP 算法和 SWF 算法三种；REC 合作接收机主要介绍了基于 NP 准则的具有 CFAR 特性的合作接收机结构，以及 REC 合作接收机所采用的三种进行信号预处理的滤波器；REC 截获接收机为常见的能量检测器。其次，本章还对合作接收机和截获接收机对三种 REC 波形生成算法在不同参数下的处理增益进行了理论推导，用来对 REC 波形的通信可靠性和 LPI 性能进行分析，并进行了仿真验证。最后，本章对 DP、SDP、SWF 三种通信波形的性能进行了全面总结，形成了波形性能对照表，可以作为 REC 系统设计的参照。

第 3 章　雷达嵌入式波形设计技术

雷达嵌入式通信理论与技术的一个重要研究内容就是波形设计技术，一开始提出 REC 的初衷是为了解决隐蔽性的问题，但隐蔽性是建立在能够完成战术任务基础上的，绝对的隐蔽性只能是电磁静默状态，只要有信号辐射，就存在被发现和截获的可能。本章从可靠性和隐蔽性两方面阐述波形设计的相关方法。

3.1　提升正交性的改进特征值分解 REC 波形设计方法

现有 REC 通信波形并不完全正交，如何解决这一问题呢？在现有的特征分解基础上，本书给出了两种改进方案，每种方案构造出来的通信波形完全正交，通信误符号率大大降低。

首先，根据前面对加权（WC）波形的分析，本书给出了约束加权（CWC）方案。具体如下：

（1）标签和合作接收机预先生成若干组相互正交的列向量（考虑不同的采样点数、过采样因子），形成一个随机向量库。

（2）在开始通信之前，选择一组仅收发双方知道的随机向量，利用其构造通信波形。

（3）随机或定期更换随机向量组，规则仅收发双方已知，以此保证通信的隐蔽性。

这种改进方案非常简单，实际操作中也不难实现，但其带来的性能提高是非常明显的，如图 3.1 所示，考虑信杂比是-30dB 的情况，在误符号率为 10^{-4} 时性能提高了 16dB，通信性能得到了大幅度提高。同时，由于只是简单增加了约束条件，所以并不会影响 WC 波形本身的隐蔽性能。

此外，本书还进一步研究波形构造每一步的物理含义，给出了另一种改进策略，称为改进加权（IWC）方案。具体如下：

在非主空间 Q_{ND} 中随机选取 j 个满足下列条件的列向量，构成生成矩阵 Q_{G}（$Q_{\mathrm{G}}=[q_{j1},q_{j2},\cdots,q_{jj}]$，$q_{j1},q_{j2},\cdots,q_{jj}$ 为选择的 j 个列向量），利用 Q_{G} 和随机列向量 h 生成通信波形：

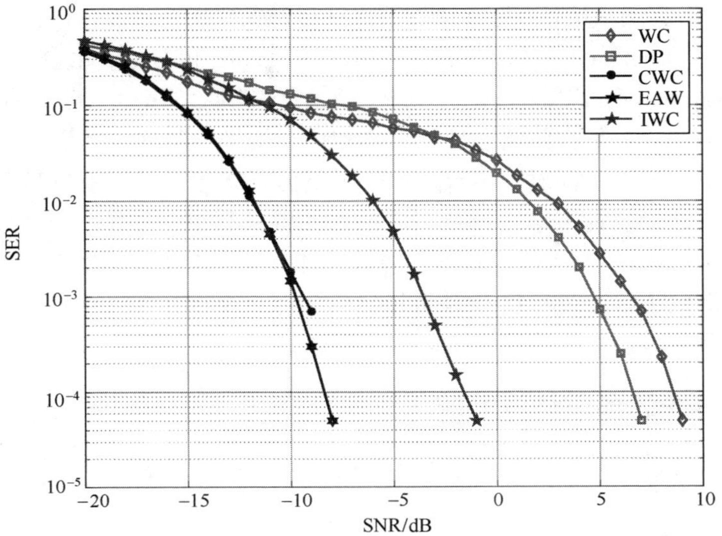

图 3.1　SCR 为−30dB 时几种波形的性能对比

（1）每一个列向量只可以选择一次，也就是说，如果 q_k 用作生成通信波形 c_1，则不可以用来生成其他通信波形。

（2）假设生成 m 个通信波形，则 $Q_{G1},Q_{G2},\cdots,Q_{Gm}$ 中任意的 $Q_{Gn}(n=1,2,\cdots,m)$ 都要尽可能多地选择对应特征值较大的列向量（保证每个通信波形都有较好的性能，且通信波形之间性能相近）。

这里 j 不能选取太小的值，否则在频谱上会呈现与 EAW 波形类似的尖峰，不具备隐蔽性。

改进的 IWC 方案在可靠性和隐蔽性上都得到了提高，具体而言，考虑 SCR 是−30dB 的情况，IWC 波形在误符号率为 10^{-4} 时性能提高了 10dB，如图 3.1 所示。根据现有的基于归一化相关系数的隐蔽性评价指标，IWC 方案的归一化相关系数曲线明显低于所有其他的通信波形设计方案。

总的来说，本书给出的两种改进方案很好地解决了通信波形不完全正交的问题，使得所设计的波形通信性能大幅提高，进一步推动了 REC 通信投入使用。这两种改进方案各具优势，如果应用场景对通信的可靠性要求比较高，那么可以使用 CWC 方案；如果应用场景对通信的隐蔽性要求非常高，那么可以使用 IWC 方案；如果应用场景内标签和合作接收机间不匹配的情况比较严重，也可以考虑传统的 DP 波形。

本节进一步分析了现有 REC 波形设计策略的正交性，发现无论是 WC 策略还是 DP 策略，都不能保证不同符号之间波形两两正交。这会影响通信传输的性能，降低可靠性，为了解决这一问题，本节提出了正交化加权（Orthogonal Weighted - Combining，OWC）策略和正交化主空间投影（Orthogonal Dominant Projection，ODP）策略。其中，OWC 策略又可细分为约束加权策略和改进加权策略。理论分析和仿真结果表明这三种策略都能够明显提升通信的可靠性。同时，本节还比较了所提策略与传统策略的 LPI 性能，相对于传统的波形设计策略，IWC 策略的 LPI 性能得到了进一步提高，而 CWC 策略和 ODP 策略的 LPI 性能则不会降低。此外，相对于传统的 DP 策略，ODP 策略明显降低了计算复杂度，因而其响应延迟会更低。CWC、IWC 和 ODP 三种策略各具优势，分别适用于不同的应用场景。

3.1.1 传统波形设计策略的正交性分析

在分析之前，先对 WC 波形和 DP 波形进行归一化处理：

$$\|\boldsymbol{c}_{\mathrm{WC}}\|^2=\|\boldsymbol{c}_{\mathrm{DP}}\|^2=1 \tag{3.1}$$

式中：$\boldsymbol{c}_{\mathrm{WC}}\in\mathbb{C}^{NM_{\mathrm{c}}}$表示 WC 波形；$\boldsymbol{c}_{\mathrm{DP}}\in\mathbb{C}^{NM_{\mathrm{c}}}$表示 DP 波形；$\|\boldsymbol{c}_{\mathrm{WC}}\|$表示向量 $\boldsymbol{c}_{\mathrm{WC}}$ 的 2 范数。

1. WC 策略的正交性分析

考虑任意两个不同的 WC 波形 $\boldsymbol{c}_{\mathrm{WC}_x}$ 和 $\boldsymbol{c}_{\mathrm{WC}_y}$，根据式（2.9），$\boldsymbol{c}_{\mathrm{WC}_x}$ 和 $\boldsymbol{c}_{\mathrm{WC}_y}$ 可以表示如下：

$$\boldsymbol{c}_{\mathrm{WC}_x}=Q_{\mathrm{ND}}\cdot b_x=q_1\cdot b_{x1}+q_1\cdot b_{x2}+\cdots+q_{NM_{\mathrm{c}}-L}\cdot b_{x(NM_{\mathrm{c}}-L)} \tag{3.2}$$

和

$$\boldsymbol{c}_{\mathrm{WC}_y}=Q_{\mathrm{ND}}\cdot b_y=q_1\cdot b_{y1}+q_1\cdot b_{y2}+\cdots+q_{NM_{\mathrm{c}}-L}\cdot b_{y(NM_{\mathrm{c}}-L)} \tag{3.3}$$

式中：b_x 和 b_y 表示不同的权值列向量；$b_{x1},b_{x2},\cdots,b_{x(NM_{\mathrm{c}}-L)}$ 表示向量 $\boldsymbol{b}_x$ 中的各个元素；$b_{y1},b_{y2},\cdots,b_{y(NM_{\mathrm{c}}-L)}$ 表示向量 $\boldsymbol{b}_y$ 中的各个元素。这里 x 和 y 满足如下约束：$1\leqslant x,y\leqslant K$，$x\neq y$ 且 $x,y\in\mathbb{N}$。

式（2.6）中的 $\boldsymbol{Q}$ 为酉矩阵，根据酉矩阵的性质可知，$\boldsymbol{Q}$ 的列向量为内积空间上的一组正交基，因而有

$$\boldsymbol{q}_i^{\mathrm{H}}\boldsymbol{q}_i=1 \tag{3.4}$$

和

$$\boldsymbol{q}_i^{\mathrm{H}}\boldsymbol{q}_o=0 \tag{3.5}$$

式中：$i,o\in\mathbb{N}$，$1\leqslant i,o\leqslant NM_{\mathrm{c}}-L$，并且 $i\neq o$。

结合式（3.2）~式（3.5），可以进一步推导如下：

$$\boldsymbol{c}_{\mathrm{WC}_x}^{\mathrm{H}}\boldsymbol{c}_{\mathrm{WC}_y}=\bar{b}_{x1}b_{y1}+\bar{b}_{x2}b_{y2}+\cdots+\bar{b}_{x(NM_{\mathrm{c}}-L)}b_{y(NM_{\mathrm{c}}-L)}=\boldsymbol{b}_x^{\mathrm{H}}\boldsymbol{b}_y \tag{3.6}$$

式中：$\bar{b}_{x1}$ 表示元素 b_{x1} 的共轭。

从式（3.6）可以看到，当且仅当 $\boldsymbol{b}_x^{\mathrm{H}}\boldsymbol{b}_y=0$，才有 $\boldsymbol{c}_{\mathrm{WC}_x}^{\mathrm{H}}\boldsymbol{c}_{\mathrm{WC}_y}=0$。也就是说，WC 波形的正交性取决于权值列向量，如果权值列向量两两正交，则 WC 波形两两正交。但是，在本书之前还没有学者注意到这个结论，权值列向量都是随机生成的，因而传统的 WC 波形并不正交。本节增加了权值列向量相互正交的约束，相应地提出了 CWC 策略，使得通信的可靠性进一步提高。

2. DP 策略的正交性分析

DP 策略的正交性已经在文献［43］和文献［44］中讨论过，虽然 DP 策略借鉴了 Schmidt 正交化[77-78]的思想，但 DP 波形并不能做到完全正交。为了保证不同 DP 波形之间的低相关性，上述两篇文献增加了如下的约束：

$$(\boldsymbol{I}_{NM_{\mathrm{c}}}-\boldsymbol{P}_k)\cdot\boldsymbol{c}_k=0,k=1,2,\cdots,K \tag{3.7}$$

式中：$\boldsymbol{P}_k$ 表示投影矩阵。

但是，即便添加了这个约束，DP 波形也不能做到完全正交。如文献［43-44］中指出的，只有在主空间特征值急剧下降且非主空间特征向量相等时，这一约束的 DP 波形才是完全正交的。事实上，图 2.3 已经仿真了特征值曲线，可以看到主空间特征值并不是垂直下降的，因而急剧下降这一理想条件在实际中并不能满足。此外，观察式（2.10）～式（2.22）的构造过程可知，对于不同的 DP 波形，生成投影矩阵的矩阵不同（在矩阵 $\boldsymbol{S}_b$ 中加入了已生成的通信波形），显然这些矩阵的非主空间特征向量也不同。因而传统的 DP 策略也不能满足非主空间特征向量相等这一理想条件。综上所述，寻找更好的方法来实现 DP 波形的正交性是具有意义的。

3.1.2　正交化的波形设计策略

1. OWC 波形设计策略

在 WC 策略的基础上，本节提出了改进的 OWC 方案。如图 3.2 所示，OWC 策略的具体步骤如下：

S1 确定通信所需要的不同符号数（即 K），并选择对应的波形设计策略。如果 $K\leqslant(NM_{\mathrm{c}}-L)/5$，则进行步骤 S1～S4，生成 IWC 波形，再跳转步骤 S8，而如果 $K>(NM_{\mathrm{c}}-L)/5$，则进行步骤 S5～S7，生成 CWC 波形。

S2 在矩阵 $\boldsymbol{Q}_{\mathrm{ND}}$ 中随机选取满足下列条件的列向量，构造生成矩阵。具体过程如下：

S2.1 确定生成矩阵的维数，即确定生成矩阵从矩阵 $\boldsymbol{Q}_{\mathrm{ND}}$ 中选取的列向量的个数。定义选取的列向量的个数为 j，则 $j\in\mathbb{N}$ 满足 $jK\leqslant NM_{\mathrm{c}}-L$，并且 $j\geqslant5$。如果 $j<5$，类似于图 2.4，生成的波形在频谱上会呈现出尖峰，不具备 LPD 性能。

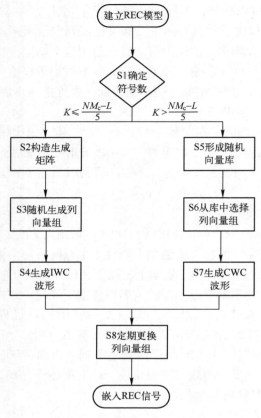

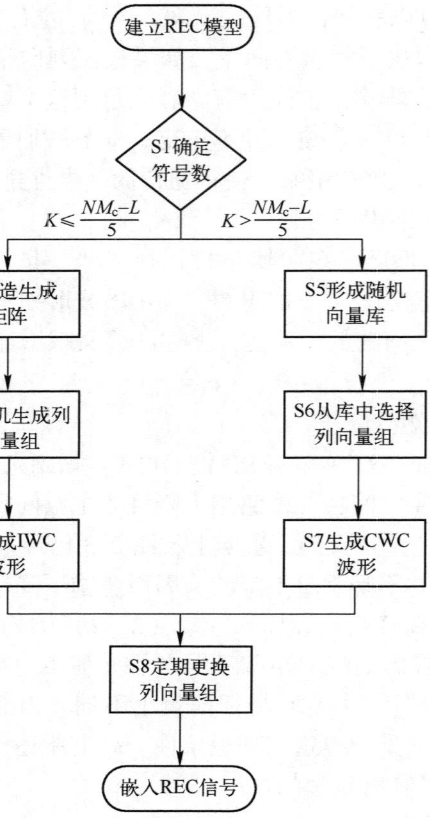

图 3.2　OWC 策略流程

S2.2 按如下条件选择列向量，每个符号（考虑一个波形映射一个通信符号的情况）生成一个对应的生成矩阵，记为 $\boldsymbol{Q}_{Gk}$（$k=1,2,\cdots,K$ 且 $\boldsymbol{Q}_{Gk}\in\mathbb{C}^{NM_c\times j}$）：

（1）为了保证正交性，每一个列向量只能选取一次，即同一个列向量不能用于两个生成矩阵中。

（2）为了保证每个通信波形都有较好的性能，且不同符号波形性能相近，任意的 $\boldsymbol{Q}_{Gk}$ 都要尽可能多地选择对应特征值较大的列向量。

S3 随机生成一组列向量，记为 $\boldsymbol{h}_k$（$k=1,2,\cdots,K$ 且 $\boldsymbol{h}_k\in\mathbb{C}^j$）。

S4 利用生成矩阵 $\boldsymbol{Q}_{Gk}$ 和随机列向量 $\boldsymbol{h}_k$ 生成 REC 波形，为做区分，称这种 REC 波形为 IWC 波形，之后跳转步骤 S8。IWC 波形表示如下：

$$\boldsymbol{c}_k=\boldsymbol{Q}_{Gk}\cdot\boldsymbol{h}_k,\quad k=1,2,\cdots,K \tag{3.8}$$

S5 合作接收机和 RF 标签生成若干组相互正交的列向量，形成一个仅收发双方已知的随机向量库（考虑不同的时宽带宽积 N、过采样因子 M）。

S6 从随机向量库中选择一组列向量，记为 $\boldsymbol{e}_k$（$k=1,2,\cdots,K$ 且 $\boldsymbol{e}_k \in \mathbb{C}^{NM_c-L}$）。

S7 利用矩阵 $\boldsymbol{Q}_{\mathrm{ND}}$ 和列向量 $\boldsymbol{e}_k$ 生成 REC 波形，称这种 REC 波形为 CWC 波形：

$$\boldsymbol{c}_k=\boldsymbol{Q}_{\mathrm{ND}}\cdot\boldsymbol{e}_k, k=1,2,\cdots,K \tag{3.9}$$

S8 为进一步提高隐蔽性，定期更换生成波形的列向量组。具体过程如下：

若生成的是 IWC 波形，每隔一段时间后，重新进行步骤 S3 和 S4；若生成的是 CWC 波形，每隔一段时间后，重新进行步骤 S6 和 S7。更换的时间间隔由 RF 标签和合作接收机共同约定。

为更好地理解 OWC 策略，这里举一个简单的例子进行说明。假设各参数为：$N=100$，$M=2$，$L=100$，$K=4$，根据这些参数，可以进一步推出 $\boldsymbol{Q}_{\mathrm{ND}}=[\boldsymbol{q}_1\ \boldsymbol{q}_2\ \cdots\ \boldsymbol{q}_{100}]$ 和 $(NM_c-L)/5=20$，由于 $K<20$，没有超出 IWC 波形的构造上限，因而优先生成 IWC 波形，进行步骤 S2～S4，取 $j=25$（满足步骤 S2.1 要求）。则生成矩阵为

$$\begin{cases}\boldsymbol{Q}_{\mathrm{G1}}=[\boldsymbol{q}_1\ \ \boldsymbol{q}_5\ \ \boldsymbol{q}_9\ \ \cdots\ \boldsymbol{q}_{97}]\\ \boldsymbol{Q}_{\mathrm{G2}}=[\boldsymbol{q}_2\ \ \boldsymbol{q}_6\ \ \boldsymbol{q}_{10}\ \cdots\ \boldsymbol{q}_{98}]\\ \boldsymbol{Q}_{\mathrm{G3}}=[\boldsymbol{q}_3\ \ \boldsymbol{q}_7\ \ \boldsymbol{q}_{11}\ \cdots\ \boldsymbol{q}_{99}]\\ \boldsymbol{Q}_{\mathrm{G4}}=[\boldsymbol{q}_4\ \ \boldsymbol{q}_8\ \ \boldsymbol{q}_{12}\ \cdots\ \boldsymbol{q}_{100}]\end{cases} \tag{3.10}$$

生成的 IWC 波形为

$$\begin{cases}\boldsymbol{c}_1=\boldsymbol{Q}_{\mathrm{G1}}\cdot\boldsymbol{h}_1\\ \boldsymbol{c}_2=\boldsymbol{Q}_{\mathrm{G2}}\cdot\boldsymbol{h}_2\\ \boldsymbol{c}_3=\boldsymbol{Q}_{\mathrm{G3}}\cdot\boldsymbol{h}_3\\ \boldsymbol{c}_4=\boldsymbol{Q}_{\mathrm{G4}}\cdot\boldsymbol{h}_4\end{cases} \tag{3.11}$$

由于 IWC 波形具有更好的 LPI 性能，故 OWC 策略优先生成 IWC 波形。但是，IWC 波形存在构造上限，不能满足 $K\leqslant(NM_c-L)/5$ 的情况。为了突破这一局限，本节又提出了 CWC 波形作为替代方案，这样就形成了完整的 OWC 方案。类似于传统的 WC 策略，OWC 策略也只需要进行一次特征值分解，因而其保留了 WC 策略的优势，同样具备低的响应延迟和计算复杂度，具体的性能分析将在下文中进行。

2. ODP 波形设计策略

在传统 DP 策略的基础上，本节提出了改进的 ODP 策略。ODP 波形的生

成过程具体如下：

$$\boldsymbol{c}_k=\boldsymbol{P}_1\cdot\boldsymbol{f}_k,\quad k=1,2,\cdots,K \tag{3.12}$$

式中：$\boldsymbol{P}_1$为第一个投影矩阵，已在式（2.10）中给出；$\boldsymbol{f}_k\in\mathbb{C}^{NM_c}$为相互正交的列向量，仅 RF 标签和合作接收机已知。

根据第 2 章的分析结果可知，传统 DP 策略的主要缺点在于计算复杂度和响应延迟高，这就有可能导致 DP 波形不能及时地嵌入雷达回波。而一旦 DP 波形没有在雷达回波的掩盖下，其暴露的风险就会急剧增加。而本节提出的 ODP 策略既可以保证 ODP 波形的正交性，又可以解决上述问题。传统 DP 策略的计算复杂度源于多次的特征值分解，而改进后的 ODP 策略只需要进行一次特征值分解，因而计算复杂度会大幅降低，相应的响应延迟也会降低。此外，ODP 策略保留了将非主空间进行整体考虑的思想，因而也具备较好的鲁棒性，适用于非合作雷达的场景（RF 标签和合作接收机不匹配情况较严重）。

3.1.3 通信可靠性分析与仿真验证

类似于式（3.1），先对 CWC 波形、IWC 波形和 ODP 波形进行归一化处理：

$$\|\boldsymbol{c}_{\mathrm{CWC}}\|^2=\|\boldsymbol{c}_{\mathrm{IWC}}\|^2=\|\boldsymbol{c}_{\mathrm{ODP}}\|^2=1 \tag{3.13}$$

式中：$\boldsymbol{c}_{\mathrm{CWC}}\in\mathbb{C}^{NM_c}$表示 CWC 波形；$\boldsymbol{c}_{\mathrm{IWC}}\in\mathbb{C}^{NM_c}$表示 IWC 波形；$\boldsymbol{c}_{\mathrm{ODP}}\in\mathbb{C}^{NM_c}$表示 ODP 波形。

1. CWC 和 IWC 波形的可靠性分析

根据酉矩阵的性质，类似于式（3.2）～式（3.6）的推导过程，可以得到如下结论：

$$\boldsymbol{c}_{\mathrm{CWC}_x}^{\mathrm{H}}\boldsymbol{c}_{\mathrm{CWC}_y}=(\boldsymbol{Q}_{\mathrm{ND}}\cdot\boldsymbol{e}_x)^{\mathrm{H}}(\boldsymbol{Q}_{\mathrm{ND}}\cdot\boldsymbol{e}_y)=\boldsymbol{e}_x^{\mathrm{H}}\boldsymbol{e}_y=0 \tag{3.14}$$

式中：$\boldsymbol{c}_{\mathrm{CWC}_x}\in\mathbb{C}^{NM_c}$和$\boldsymbol{c}_{\mathrm{CWC}_y}\in\mathbb{C}^{NM_c}$为不同的 CWC 波形；$\boldsymbol{e}_x$ 和 $\boldsymbol{e}_y$ 为不同的权值列向量。上述结论说明 CWC 波形是完全正交的。

下面分析 IWC 波形的正交性。根据 3.1.2 节步骤 S2.2 中的第一个条件，进一步结合式（3.4）和式（3.5），可以证明：

$$\boldsymbol{Q}_{\mathrm{G}x}^{\mathrm{H}}\boldsymbol{Q}_{\mathrm{G}y}=\boldsymbol{O} \tag{3.15}$$

进一步可以推导：

$$\boldsymbol{c}_{\mathrm{IWC}_x}^{\mathrm{H}}\boldsymbol{c}_{\mathrm{IWC}_y}=(\boldsymbol{Q}_{\mathrm{G}x}\cdot\boldsymbol{h}_x)^{\mathrm{H}}(\boldsymbol{Q}_{\mathrm{G}y}\cdot\boldsymbol{h}_y)=\boldsymbol{h}_x^{\mathrm{H}}\cdot\boldsymbol{O}\cdot\boldsymbol{h}_y=0 \tag{3.16}$$

式中：$\boldsymbol{c}_{\mathrm{IWC}_x}\in\mathbb{C}^{NM_c}$和$\boldsymbol{c}_{\mathrm{IWC}_y}\in\mathbb{C}^{NM_c}$为不同的 IWC 波形；$\boldsymbol{h}_x$ 和 $\boldsymbol{h}_y$ 为不同的列向量。

从式（3.14）和式（3.16）可以看到，OWC 策略实现了完全正交的 REC 波形设计，因而 CWC 波形和 IWC 波形的通信可靠性会优于传统的 WC 波形。

2. ODP 波形的可靠性分析

根据共轭转置的性质，对矩阵连续做两次共轭转置的结果是矩阵本身，因而可以证明如下结论：

$$\boldsymbol{P}_1^{\mathrm{H}}=(\boldsymbol{Q}_{\mathrm{ND}}\boldsymbol{Q}_{\mathrm{ND}}^{\mathrm{H}})^{\mathrm{H}}=\boldsymbol{Q}_{\mathrm{ND}}\boldsymbol{Q}_{\mathrm{ND}}^{\mathrm{H}}=\boldsymbol{P}_1 \tag{3.17}$$

此外，投影矩阵的幂等性质又可以证明如下：

$$\boldsymbol{P}_1^2=(\boldsymbol{Q}_{\mathrm{ND}}\boldsymbol{Q}_{\mathrm{ND}}^{\mathrm{H}})^2=\boldsymbol{Q}_{\mathrm{ND}}\boldsymbol{Q}_{\mathrm{ND}}^{\mathrm{H}}\boldsymbol{Q}_{\mathrm{ND}}\boldsymbol{Q}_{\mathrm{ND}}^{\mathrm{H}} \tag{3.18}$$

由于 $\boldsymbol{Q}_{\mathrm{ND}}=[\boldsymbol{q}_1\ \boldsymbol{q}_2\ \cdots\ \boldsymbol{q}_{NM_{\mathrm{c}}-L}]$，结合式（3.4）和式（3.5），将式（3.18）完全展开再进行合并，可以得

$$\boldsymbol{P}_1^2=\boldsymbol{Q}_{\mathrm{ND}}\boldsymbol{Q}_{\mathrm{ND}}^{\mathrm{H}}\boldsymbol{Q}_{\mathrm{ND}}\boldsymbol{Q}_{\mathrm{ND}}^{\mathrm{H}}=\boldsymbol{Q}_{\mathrm{ND}}\boldsymbol{Q}_{\mathrm{ND}}^{\mathrm{H}}=\boldsymbol{P}_1 \tag{3.19}$$

综合式（3.12）、式（3.17）和式（3.19），可以得

$$\boldsymbol{c}_{\mathrm{ODP}_x}^{\mathrm{H}}\boldsymbol{c}_{\mathrm{ODP}_y}=\boldsymbol{f}_x^{\mathrm{H}}\cdot\boldsymbol{P}_1^{\mathrm{H}}\cdot\boldsymbol{P}_1\cdot\boldsymbol{f}_y=\boldsymbol{f}_x^{\mathrm{H}}\boldsymbol{P}_1^2\boldsymbol{f}_y=\boldsymbol{f}_x^{\mathrm{H}}\boldsymbol{P}_1\boldsymbol{f}_y \tag{3.20}$$

式中：$\boldsymbol{c}_{\mathrm{ODP}_x}\in\mathbb{C}^{NM_{\mathrm{c}}}$和 $\boldsymbol{c}_{\mathrm{ODP}_y}\in\mathbb{C}^{NM_{\mathrm{c}}}$为不同的 ODP 波形；$\boldsymbol{f}_x$ 和 $\boldsymbol{f}_y$ 为不同的列向量。

由于 $\boldsymbol{f}_x$ 和 $\boldsymbol{f}_y$ 是完全正交的，因而有

$$\boldsymbol{f}_x^{\mathrm{H}}\boldsymbol{f}_y=0 \tag{3.21}$$

在式（3.21）的基础上，将式（2.10）代入式（3.20）中，可以得

$$\boldsymbol{c}_{\mathrm{ODP}_x}^{\mathrm{H}}\boldsymbol{c}_{\mathrm{ODP}_y}=\boldsymbol{f}_x^{\mathrm{H}}\cdot(\boldsymbol{I}_{NM_{\mathrm{c}}}-\boldsymbol{Q}_{\mathrm{D}}\boldsymbol{Q}_{\mathrm{D}}^{\mathrm{H}})\cdot\boldsymbol{f}_y=\boldsymbol{f}_x^{\mathrm{H}}\boldsymbol{f}_y-\boldsymbol{f}_x^{\mathrm{H}}\boldsymbol{Q}_{\mathrm{D}}\boldsymbol{Q}_{\mathrm{D}}^{\mathrm{H}}\boldsymbol{f}_y=-\boldsymbol{f}_x^{\mathrm{H}}\boldsymbol{Q}_{\mathrm{D}}\boldsymbol{Q}_{\mathrm{D}}^{\mathrm{H}}\boldsymbol{f}_y \tag{3.22}$$

根据主空间的定义，可以得

$$\boldsymbol{Q}_{\mathrm{D}}\boldsymbol{Q}_{\mathrm{D}}^{\mathrm{H}}\approx\boldsymbol{I}_{NM_{\mathrm{c}}} \tag{3.23}$$

代入式（3.22），即证：

$$\boldsymbol{c}_{\mathrm{ODP}_x}^{\mathrm{H}}\boldsymbol{c}_{\mathrm{ODP}_y}=-\boldsymbol{f}_x^{\mathrm{H}}\boldsymbol{Q}_{\mathrm{D}}\boldsymbol{Q}_{\mathrm{D}}^{\mathrm{H}}\boldsymbol{f}_y\approx-\boldsymbol{f}_x^{\mathrm{H}}\boldsymbol{I}_{NM_{\mathrm{c}}}\boldsymbol{f}_y=0 \tag{3.24}$$

此外，根据式（3.19），可以证明：

$$(\boldsymbol{I}_{NM_{\mathrm{c}}}-\boldsymbol{P}_1)\cdot\boldsymbol{P}_1\cdot\boldsymbol{f}_k=(\boldsymbol{P}_1-\boldsymbol{P}_1^2)\cdot\boldsymbol{f}_k=0,\quad k=1,2,\cdots,K \tag{3.25}$$

也就是说，ODP 波形满足式（3.7）的约束。同时，在 ODP 波形的构造过程中，投影矩阵并没有发生变化，因而 ODP 波形满足非主空间特征向量相等这一条件。因此，相对于传统的 DP 波形，ODP 波形的正交性更强，可以近似认为是正交的，相应的通信可靠性也就越好。

3. 仿真验证

本节对上述分析结果进行了仿真验证。假设雷达发射的为 LFM 信号，杂波和环境噪声服从高斯分布，每个列向量（即 $\boldsymbol{b}_k$、$\boldsymbol{d}_k$、$\boldsymbol{h}_k$、$\boldsymbol{e}_k$ 和 $\boldsymbol{f}_k$）中的元素都是同分布的。考虑 SNR 的范围为−20~10dB，以 DLD 接收机为例，图 3.3 和图 3.4 所示分别对 SIR 为 −25dB 和 −30dB 的情况进行了仿真。考虑式（3.10）和式（3.11）中的典型 IWC 波形，其他参数设置为：$N=100$，$M=2$，$L=100$，$K=4$。

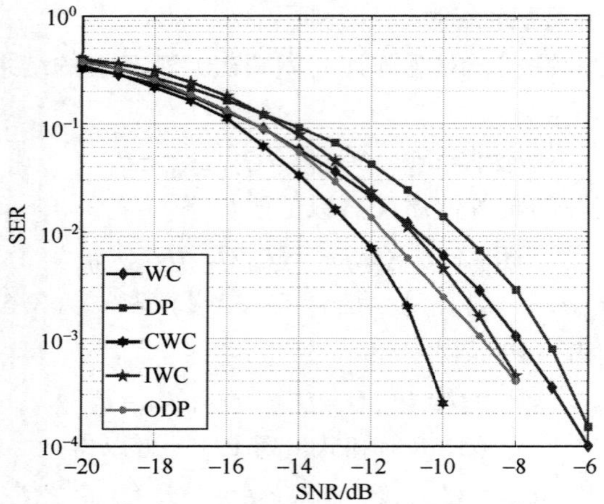

图 3.3　所提策略与传统策略的可靠性比较，SIR = −25dB

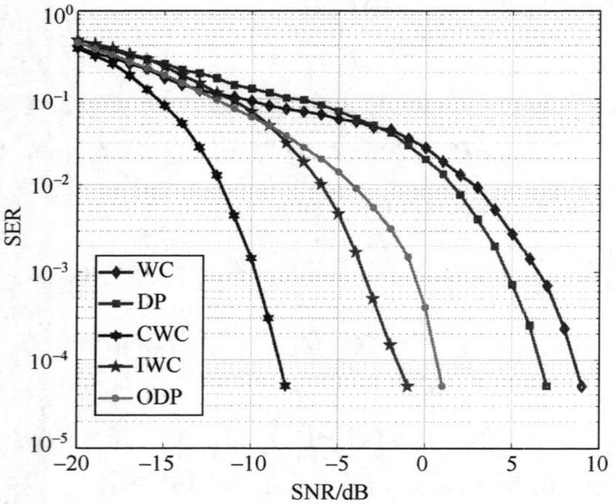

图 3.4　所提策略与传统策略的可靠性比较，SIR = −30dB

从图 3.3 可以看到，在 SER 为10^{-4}时，CWC 波形较 WC 波形有 3.5dB 左右的增益，IWC 波形较 WC 波形有 1.5dB 左右的增益，而 ODP 波形较 DP 波形的增益则约为 1.5dB。

在图 3.4 中，这一趋势更为明显，在 SER 为10^{-4}时，CWC 波形较 WC 波形的增益提高到 16dB，IWC 波形较 WC 波形的增益提高到 10dB，而 ODP 波形较 DP 波形的增益则提高到 6dB。

这些增益源于三种波形的正交性，其中 ODP 波形是近似正交的，因而相比于 CWC 波形和 IWC 波形，ODP 波形的可靠性更低。同时，从仿真结果可以看到，IWC 波形的可靠性低于 CWC 波形，这是因为式（2.23）中的系数 δ 对于 IWC 波形并不是最优的，现有的 DLD 接收机更适合于 CWC 波形。总的来说，仿真结果验证了上文的分析，CWC、IWC 和 ODP 三种波形设计策略都能明显提高通信的可靠性。

3.1.4　LPI 性能分析与仿真验证

式（2.24）中的预测投影矩阵可以进一步表示如下：

$$\boldsymbol{P}_{\mathrm{eve}_l}=\boldsymbol{Q}_{\mathrm{ND}_l}\boldsymbol{Q}_{\mathrm{ND}_l}^{\mathrm{H}}=\boldsymbol{q}_1\boldsymbol{q}_1^{\mathrm{H}}+\boldsymbol{q}_2\boldsymbol{q}_2^{\mathrm{H}}+\cdots+\boldsymbol{q}_{NM_{\mathrm{c}}-l}\boldsymbol{q}_{NM_{\mathrm{c}}-l}^{\mathrm{H}} \tag{3.26}$$

式中：l 为预测的主空间大小；$\boldsymbol{P}_{\mathrm{eve}_l}\in\mathbb{C}^{NM_{\mathrm{c}}\times NM_{\mathrm{c}}}$为对应的预测投影矩阵；$\boldsymbol{Q}_{\mathrm{ND}_l}$包含了 $NM_{\mathrm{c}}-l$ 个预测的非主空间特征向量，$\boldsymbol{Q}_{\mathrm{ND}_l}=[\boldsymbol{q}_1\ \boldsymbol{q}_2\ \cdots\ \boldsymbol{q}_{NM_{\mathrm{c}}-l}]$。这里 l 满足 $1\leqslant l\leqslant NM_{\mathrm{c}}-1$ 和 $l\in\mathbb{N}$ 。

本节使用第 2 章中介绍的 LPI 指标对 LPI 性能进行具体分析。文献［44］已经证明：$\sum_{l=1}^{NM_{\mathrm{c}}-1}\boldsymbol{c}_k^{\mathrm{H}}\boldsymbol{P}_{\mathrm{eve}_l}\boldsymbol{c}_k$ 的值决定了归一化相关系数的大小。$\sum_{l=1}^{NM_{\mathrm{c}}-1}\boldsymbol{c}_k^{\mathrm{H}}\boldsymbol{P}_{\mathrm{eve}_l}\boldsymbol{c}_k$ 的值越大，则归一化相关系数越大。这里为了方便，定义 $R\triangleq\sum_{l=1}^{NM_{\mathrm{c}}-1}\boldsymbol{c}_k^{\mathrm{H}}\boldsymbol{P}_{\mathrm{eve}_l}\boldsymbol{c}_k$ ，并且将对应于 WC、CWC、IWC、DP 和 ODP 波形的 R 值分别记为 R_{WC}，R_{CWC}，R_{IWC}，R_{DP}和 R_{ODP}。此外，假设每个列向量（即 $\boldsymbol{b}_k$、$\boldsymbol{d}_k$、$\boldsymbol{h}_k$、$\boldsymbol{e}_k$ 和 $\boldsymbol{f}_k$）中的元素都是同分布的。

1. CWC 和 IWC 波形的 LPI 性能分析

对于 WC 波形，R_{WC}可以计算如下：

$$R_{\mathrm{WC}}=\sum_{l=1}^{NM_{\mathrm{c}}-1}\boldsymbol{c}_{\mathrm{WC}}^{\mathrm{H}}\boldsymbol{P}_{\mathrm{eve}_l}\boldsymbol{c}_{\mathrm{WC}}=\boldsymbol{c}_{\mathrm{WC}}^{\mathrm{H}}\left(\sum_{l=1}^{NM_{\mathrm{c}}-1}\boldsymbol{P}_{\mathrm{eve}_l}\right)\boldsymbol{c}_{\mathrm{WC}} \tag{3.27}$$

将式（3.26）代入式（3.27），式（3.27）可以进一步表示为

$$R_{\mathrm{WC}}=\boldsymbol{c}_{\mathrm{WC}}^{\mathrm{H}}\begin{bmatrix}\boldsymbol{q}_1\boldsymbol{q}_1^{\mathrm{H}}+(\boldsymbol{q}_1\boldsymbol{q}_1^{\mathrm{H}}+\boldsymbol{q}_2\boldsymbol{q}_2^{\mathrm{H}})+\cdots\\+(\boldsymbol{q}_1\boldsymbol{q}_1^{\mathrm{H}}+\boldsymbol{q}_2\boldsymbol{q}_2^{\mathrm{H}}+\cdots+\boldsymbol{q}_{NM_{\mathrm{c}}-1}\boldsymbol{q}_{NM_{\mathrm{c}}-1}^{\mathrm{H}})\end{bmatrix}\boldsymbol{c}_{\mathrm{WC}} \tag{3.28}$$

根据式（2.9），$\boldsymbol{c}_{\mathrm{WC}}$可以表示为

$$\boldsymbol{c}_{\mathrm{WC}}=\boldsymbol{q}_1b_{t1}+\boldsymbol{q}_2b_{t2}+\cdots+\boldsymbol{q}_{NM_{\mathrm{c}}-L}b_{t(NM_{\mathrm{c}}-L)} \tag{3.29}$$

式中：$b_{t1},b_{t2},\cdots,b_{t(NM_{\mathrm{c}}-L)}$为列向量 $\boldsymbol{b}_t$ 中的各个元素。$1\leqslant t\leqslant K$ 且 $t\in\mathbb{N}$ 。

由式（3.1）可知，$\|\boldsymbol{c}_{\mathrm{WC}}\|^2=1$。同时，由式（3.6）可知，$\boldsymbol{c}_{\mathrm{WC}}^{\mathrm{H}}\boldsymbol{c}_{\mathrm{WC}}=\boldsymbol{b}_t^{\mathrm{H}}\boldsymbol{b}_t$。因此，可以进一步推导如下：

$$\bar{b}_{t1}b_{t1}+\bar{b}_{t2}b_{t2}+\cdots+\bar{b}_{t(NM_{\mathrm{c}}-L)}b_{t(NM_{\mathrm{c}}-L)}=1 \tag{3.30}$$

结合式（3.4）、式（3.5）、式（3.28）~式（3.30），可以得到如下

结论：

$$R_{\mathrm{WC}}=(NM_{\mathrm{c}}-1)\bar{b}_{t1}b_{t1}+(NM_{\mathrm{c}}-2)\bar{b}_{t2}b_{t2}+\cdots+L\,\bar{b}_{t(NM_{\mathrm{c}}-L)}b_{t(NM_{\mathrm{c}}-L)} \tag{3.31}$$

相比于传统的 WC 波形，改进的 CWC 波形只是增加了一些约束，因而 R_{CWC}的推导过程与 R_{WC}一致，R_{CWC}同样可以由式（3.31）表示。

对于 IWC 波形，R_{IWC}可以计算如下。首先，根据式（3.8），$\boldsymbol{c}_{\mathrm{IWC}}$可以表示为

$$\boldsymbol{c}_{\mathrm{IWC}}=\boldsymbol{q}_{t1}h_{t1}+\boldsymbol{q}_{t2}h_{t2}+\cdots+\boldsymbol{q}_{tj}h_{tj} \tag{3.32}$$

式中：$h_{t1},h_{t2},\cdots,h_{tj}$为列向量 $\boldsymbol{h}_t$ 中的各个元素；$\boldsymbol{q}_{t1},\boldsymbol{q}_{t2},\cdots,\boldsymbol{q}_{tj}$为生成矩阵 $\boldsymbol{Q}_{\mathrm{G}t}$的各个列向量。

类似于式（3.6）的推导过程，可以推出：

$$\boldsymbol{c}_{\mathrm{IWC}}^{\mathrm{H}}\boldsymbol{c}_{\mathrm{IWC}}=\bar{h}_{t1}h_{t1}+\bar{h}_{t2}h_{t2}+\cdots+\bar{h}_{tj}h_{tj}=\boldsymbol{h}_t^{\mathrm{H}}\boldsymbol{h}_t \tag{3.33}$$

同时，由式（3.13）可知，$\|\boldsymbol{c}_{\mathrm{IWC}}\|^2=1$。结合式（3.33）可得如下结论：

$$\bar{h}_{t1}h_{t1}+\bar{h}_{t2}h_{t2}+\cdots+\bar{h}_{tj}h_{tj}=1 \tag{3.34}$$

R_{IWC}的值会随着生成矩阵变化，通过调整生成矩阵，可以使 R_{IWC}的值远小于 R_{WC}的值。这里为了更直观地比较，以类似于式（3.11）中 $\boldsymbol{c}_4$ 的典型 IWC 波形为例，计算其 R_{IWC}。显然，与式（3.28）类似，R_{IWC}可以表示为

$$R_{\mathrm{IWC}}=\boldsymbol{c}_{\mathrm{IWC}}^{\mathrm{H}}\begin{bmatrix}\boldsymbol{q}_1\boldsymbol{q}_1^{\mathrm{H}}+(\boldsymbol{q}_1\boldsymbol{q}_1^{\mathrm{H}}+\boldsymbol{q}_2\boldsymbol{q}_2^{\mathrm{H}})+\cdots\\+(\boldsymbol{q}_1\boldsymbol{q}_1^{\mathrm{H}}+\boldsymbol{q}_2\boldsymbol{q}_2^{\mathrm{H}}+\cdots+\boldsymbol{q}_{NM_{\mathrm{c}}-1}\boldsymbol{q}_{NM_{\mathrm{c}}-1}^{\mathrm{H}})\end{bmatrix}\boldsymbol{c}_{\mathrm{IWC}} \tag{3.35}$$

式（3.35）结合式（3.4）、式（3.5）、式（3.32）和式（3.34），可以进一步得

$$R_{\mathrm{IWC}}=(NM_{\mathrm{c}}-K)\bar{h}_{t1}h_{t1}+(NM_{\mathrm{c}}-2K)\bar{h}_{t2}h_{t2}+\cdots+(NM_{\mathrm{c}}-Kj)\bar{h}_{tj}h_{tj} \tag{3.36}$$

列向量 $\boldsymbol{b}_t$ 中的元素是同分布的，因此有

$$E[\bar{b}_{t1}b_{t1}]=E[\bar{b}_{t2}b_{t2}]=\cdots=E[\bar{b}_{t(NM_{\mathrm{c}}-L)}b_{t(NM_{\mathrm{c}}-L)}] \tag{3.37}$$

式（3.30）两边同时取数学期望，可得

$$E[\bar{b}_{t1}b_{t1}+\bar{b}_{t2}b_{t2}+\cdots+\bar{b}_{t(NM_{\mathrm{c}}-L)}b_{t(NM_{\mathrm{c}}-L)}]=E[1]=1 \tag{3.38}$$

根据数学期望的性质，将式（3.38）展开可得

$$E[\bar{b}_{t1}b_{t1}]+E[\bar{b}_{t2}b_{t2}]+\cdots+E[\bar{b}_{t(NM_{\mathrm{c}}-L)}b_{t(NM_{\mathrm{c}}-L)}]=1 \tag{3.39}$$

这样，由式（3.37）和式（3.39），就能够得到关键结论：

$$E[\bar{b}_{t1}b_{t1}]=E[\bar{b}_{t2}b_{t2}]=\cdots=E[\bar{b}_{t(NM_{\mathrm{c}}-L)}b_{t(NM_{\mathrm{c}}-L)}]=\frac{1}{NM_{\mathrm{c}}-L} \tag{3.40}$$

类似于式（3.37）~式（3.40）的推导过程，同理可得

$$E[\bar{h}_{t1}h_{t1}]=E[\bar{h}_{t2}h_{t2}]=\cdots=E[\bar{h}_{tj}h_{tj}]=\frac{1}{j} \tag{3.41}$$

在式（3.40）中结论的基础上，对式（3.31）两边同时取数学期望可得

$$E[R_{\mathrm{CWC}}]=E[R_{\mathrm{WC}}]=\frac{NM_{\mathrm{c}}+L-1}{2} \tag{3.42}$$

类似地，在式（3.41）的基础上，对式（3.36）两边同时取数学期望，计算 $E[R_{\mathrm{IWC}}]$ 如下：

$$E[R_{\mathrm{IWC}}]=\frac{2NM_{\mathrm{c}}-K-Kj}{2}=\frac{NM_{\mathrm{c}}+L-K}{2} \tag{3.43}$$

实际应用中，总有 $K>1$，因而

$$E[R_{\mathrm{IWC}}]<E[R_{\mathrm{CWC}}]=E[R_{\mathrm{WC}}] \tag{3.44}$$

式（3.44）说明，IWC 波形的 LPI 性能会优于传统的 WC 波形，而 CWC 波形则在提高可靠性的同时保持了 LPI 性能不变。

2. ODP 波形的 LPI 性能分析

根据式（3.12），$\boldsymbol{c}_{\mathrm{ODP}}$ 可以表示为

$$\boldsymbol{c}_{\mathrm{ODP}}=\boldsymbol{P}_1\cdot\boldsymbol{f}_t=\boldsymbol{Q}_{\mathrm{ND}}\boldsymbol{Q}_{\mathrm{ND}}^{\mathrm{H}}\cdot\boldsymbol{f}_t \tag{3.45}$$

将 $\boldsymbol{Q}_{\mathrm{ND}}=[\boldsymbol{q}_1\ \boldsymbol{q}_2\ \cdots\ \boldsymbol{q}_{NM_{\mathrm{c}}-L}]$ 代入，式（3.45）可以展开为

$$\boldsymbol{c}_{\mathrm{ODP}}=(\boldsymbol{q}_1\boldsymbol{q}_1^{\mathrm{H}}+\boldsymbol{q}_2\boldsymbol{q}_2^{\mathrm{H}}+\cdots+\boldsymbol{q}_{NM_{\mathrm{c}}-L}\boldsymbol{q}_{NM_{\mathrm{c}}-L}^{\mathrm{H}})\boldsymbol{f}_t \tag{3.46}$$

R_{ODP} 可以被表示为类似式（3.28）的形式：

$$R_{\mathrm{ODP}}=\boldsymbol{c}_{\mathrm{ODP}}^{\mathrm{H}}\begin{bmatrix}\boldsymbol{q}_1\boldsymbol{q}_1^{\mathrm{H}}+(\boldsymbol{q}_1\boldsymbol{q}_1^{\mathrm{H}}+\boldsymbol{q}_2\boldsymbol{q}_2^{\mathrm{H}})+\cdots\\+(\boldsymbol{q}_1\boldsymbol{q}_1^{\mathrm{H}}+\boldsymbol{q}_2\boldsymbol{q}_2^{\mathrm{H}}+\cdots+\boldsymbol{q}_{NM_{\mathrm{c}}-1}\boldsymbol{q}_{NM_{\mathrm{c}}-1}^{\mathrm{H}})\end{bmatrix}\boldsymbol{c}_{\mathrm{ODP}} \tag{3.47}$$

进一步整理可得

$$R_{\mathrm{ODP}}=\boldsymbol{c}_{\mathrm{ODP}}^{\mathrm{H}}\begin{bmatrix}(NM_{\mathrm{c}}-1)\boldsymbol{q}_1\boldsymbol{q}_1^{\mathrm{H}}+(NM_{\mathrm{c}}-2)\boldsymbol{q}_2\boldsymbol{q}_2^{\mathrm{H}}+\\\cdots+\boldsymbol{q}_{NM_{\mathrm{c}}-1}\boldsymbol{q}_{NM_{\mathrm{c}}-1}^{\mathrm{H}}\end{bmatrix}\boldsymbol{c}_{\mathrm{ODP}} \tag{3.48}$$

结合式（3.4）、式（3.5）、式（3.46）和式（3.48），R_{ODP} 可以被简化为

$$R_{\mathrm{ODP}}=\boldsymbol{f}_t^{\mathrm{H}}\begin{bmatrix}(NM_{\mathrm{c}}-1)\boldsymbol{q}_1\boldsymbol{q}_1^{\mathrm{H}}+(NM_{\mathrm{c}}-2)\boldsymbol{q}_2\boldsymbol{q}_2^{\mathrm{H}}+\\\cdots+L\boldsymbol{q}_{NM_{\mathrm{c}}-L}\boldsymbol{q}_{NM_{\mathrm{c}}-L}^{\mathrm{H}}\end{bmatrix}\boldsymbol{f}_t \tag{3.49}$$

由式（3.13）可知，$\|\boldsymbol{c}_{\mathrm{ODP}}\|^2=1$。再根据式（3.20），可以证明：

$$\boldsymbol{c}_{\mathrm{ODP}}^{\mathrm{H}}\boldsymbol{c}_{\mathrm{ODP}}=\boldsymbol{f}_t^{\mathrm{H}}\cdot\boldsymbol{P}_1\cdot\boldsymbol{f}_t=\boldsymbol{f}_t^{\mathrm{H}}(\boldsymbol{q}_1\boldsymbol{q}_1^{\mathrm{H}}+\boldsymbol{q}_2\boldsymbol{q}_2^{\mathrm{H}}+\cdots+\boldsymbol{q}_{NM_{\mathrm{c}}-L}\boldsymbol{q}_{NM_{\mathrm{c}}-L}^{\mathrm{H}})\boldsymbol{f}_t=1 \tag{3.50}$$

实际上，在前文已经证明，不同的 DP 波形是对应于不同的非主空间特征向量的，因而 R_{DP} 准确的表达过于复杂，不利于直观的比较。这里考虑理想的情况，即不同 DP 波形对应的非主空间特征向量相等。根据式（2.13）~式（2.17）的构造过程，$\boldsymbol{c}_{\mathrm{DP}}$ 可以表示为

$$\boldsymbol{c}_{\mathrm{DP}}=\boldsymbol{P}_t\cdot\boldsymbol{d}_t=(\boldsymbol{q}_1\boldsymbol{q}_1^{\mathrm{H}}+\boldsymbol{q}_2\boldsymbol{q}_2^{\mathrm{H}}+\cdots+\boldsymbol{q}_{NM_{\mathrm{c}}+t-L-1}\boldsymbol{q}_{NM_{\mathrm{c}}+t-L-1}^{\mathrm{H}})\boldsymbol{d}_t \tag{3.51}$$

类似于式（3.48），R_{DP}可以表示为

$$R_{\mathrm{DP}}=\boldsymbol{c}_{\mathrm{DP}}^{\mathrm{H}}\begin{bmatrix}(NM_{\mathrm{c}}-1)\boldsymbol{q}_1\boldsymbol{q}_1^{\mathrm{H}}+(NM_{\mathrm{c}}-2)\boldsymbol{q}_2\boldsymbol{q}_2^{\mathrm{H}}+\\ \cdots+\boldsymbol{q}_{NM_{\mathrm{c}}-1}\boldsymbol{q}_{NM_{\mathrm{c}}-1}^{\mathrm{H}}\end{bmatrix}\boldsymbol{c}_{\mathrm{DP}} \tag{3.52}$$

将式（3.51）代入式（3.52），利用式（3.4）和式（3.5）的性质，R_{DP}的表达形式可以简化为

$$R_{\mathrm{DP}}=\boldsymbol{d}_t^{\mathrm{H}}\begin{bmatrix}(NM_{\mathrm{c}}-1)\boldsymbol{q}_1\boldsymbol{q}_1^{\mathrm{H}}+(NM_{\mathrm{c}}-2)\boldsymbol{q}_2\boldsymbol{q}_2^{\mathrm{H}}+\\ \cdots+(L+1-t)\boldsymbol{q}_{NM_{\mathrm{c}}+t-L-1}\boldsymbol{q}_{NM_{\mathrm{c}}+t-L-1}^{\mathrm{H}}\end{bmatrix}\boldsymbol{d}_t \tag{3.53}$$

类似于式（3.50）的过程，可以证明：

$$\boldsymbol{d}_t^{\mathrm{H}}(\boldsymbol{q}_1\boldsymbol{q}_1^{\mathrm{H}}+\boldsymbol{q}_2\boldsymbol{q}_2^{\mathrm{H}}+\cdots+\boldsymbol{q}_{NM_{\mathrm{c}}+t-L-1}\boldsymbol{q}_{NM_{\mathrm{c}}+t-L-1}^{\mathrm{H}})\boldsymbol{d}_t=1 \tag{3.54}$$

观察式（3.49）、式（3.50）、式（3.53）和式（3.54），可以发现R_{ODP}和R_{DP}具有相似的表现形式与约束条件。为了方便比较，定义式（3.49）和式（3.50）中的L为L_{ODP}，而式（3.53）和式（3.54）中的L为L_{DP}。进一步观察可以发现，当$L_{\mathrm{ODP}}=L_{\mathrm{DP}}+1-t$时，$R_{\mathrm{ODP}}$和$R_{\mathrm{DP}}$会有完全相同的表达形式和约束条件，显然这种情况下，它们的 LPI 性能是一样的。

一方面，符号数K总是满足$L\gg K$的条件。另一方面，从t的定义，可以知道$t\leqslant K$。因此，可以得出结论：$L\gg t$。所以当$L_{\mathrm{ODP}}=L_{\mathrm{DP}}+1-t$时，会有$L_{\mathrm{ODP}}\approx L_{\mathrm{DP}}$。主空间的微小变化并不会对性能造成很大影响，因而可以认为 ODP 波形和 DP 波形的 LPI 性能是相近的。

3. 仿真验证

本节通过仿真验证上述理论分析的结果。假设雷达发射的为 LFM 信号，杂波和环境噪声服从高斯分布，每个列向量（即$\boldsymbol{b}_k$、$\boldsymbol{d}_k$、$\boldsymbol{h}_k$、$\boldsymbol{e}_k$和$\boldsymbol{f}_k$）中的元素都是同分布的。同样，考虑式（3.10）和式（3.11）中的典型 IWC 波形，取 SNR 为−5dB，SIR 分别为−25dB 和−35dB，其他参数设置为：$N=100$，$M=2$，$L=100$，$K=4$。

图 3.5 和图 3.6 比较了 WC、DP、CWC、IWC 和 ODP 5 种波形的 LPI 性能。通过比较峰值与包络面积，可以得到如下结论。无论是图 3.5 还是图 3.6，IWC 波形对应的峰值和包络面积都是最小的，因而 IWC 波形具有最好的 LPI 性能。而对于 CWC 波形和 WC 波形，它们的峰值和包络面积都比较接近，因而认为二者具有相似的 LPI 性能，即 CWC 波形并没有牺牲 LPI 性能来提高通过可靠性。同理，DP 波形与 ODP 波形的峰值和包络面积也是相近的，因而它们的 LPI 性能也是相似的。上述仿真结果验证了理论分析的正确性。

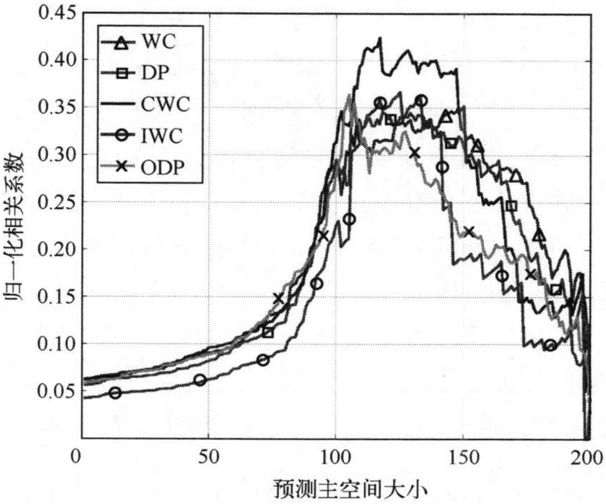

图 3.5　所提策略与传统策略的 LPI 性能比较，SIR = −25dB，SNR = −5dB

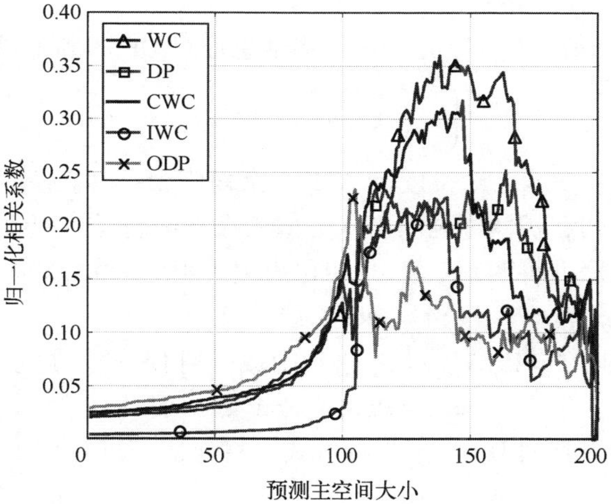

图 3.6　所提策略与传统策略的 LPI 性能比较，SIR = −35dB，SNR = −5dB

3.2　基于直接序列扩频的 REC 波形设计方法

3.2.1　DS 波形构造及接收方法

第 2 章介绍的波形构造中，DP 波形因其具有良好的综合性能而作为雷达嵌入式通信波形的主要应用方式。DP 波形构造基本机制是通过采样雷达波形，生成隐藏矩阵隐藏通信波形。然而，现有的波形生成方式与接收处理方法存在缺陷。首先，波形符号之间的欧氏距离没有详细设定，造成一定程度的SER缺陷。数字调制理论中，SER不仅取决于信噪比SNR，而且还取决于符号的欧氏距离。其次，现有判决方式为硬判决，硬判决是将接收波形与本地波形相匹配。这些方法不使用匹配操作的绝对值，如果使用匹配绝对值可以获得提高译码正确率。对于相同的信道编码，在AWGN信道下软判决比硬判决可以获得至少2dB的增益。本节结合传统的直接序列扩频与数字相移键控技术，提出一种基于DP方法、采用软判决接收的波形设计方式，命名为DS（Directly Spread）波形设计方式。

1. DS波形构造原理

DS波形生成方式以及通信信息嵌入过程如图3.7所示。

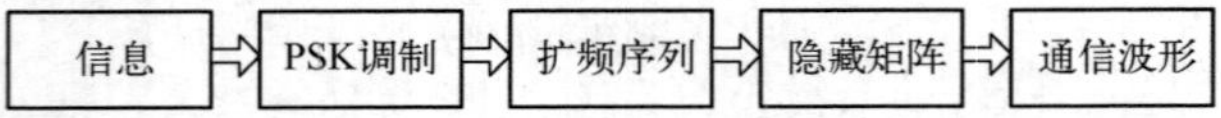

图3.7　DS波形生成原理

以波形集 $K=4$ 为例，首先将待传输信息通过QPSK调制映射生成 a_k：

$$a_k=\left(\pm\frac{\sqrt{2}}{2}\pm\frac{\sqrt{2}}{2}\mathrm{i}\right),\quad k=1,2,\cdots,K \tag{3.55}$$

定义 **seq** 为收发端已知长度为 NM_c、元素值为±1的随机列向量，即收发端已知的扩频序列，扩频序列的引入类似于噪声调制通信中收发端已知的噪声序列。利用扩频序列将调制信息 a_k 转化为欧氏距离最大的随机向量 $\boldsymbol{g}_k$，即

$$\boldsymbol{g}_k=a_k\mathbf{seq},\quad k=1,2,\cdots,K \tag{3.56}$$

利用隐藏矩阵 $\boldsymbol{P}=\boldsymbol{V}_{\mathrm{ND}}\boldsymbol{V}_{\mathrm{ND}}^{\mathrm{H}}$ 对 $\boldsymbol{g}_k$ 进行隐藏得到DS通信波形 $\boldsymbol{c}_{k\mathrm{DS}}$。

$$\boldsymbol{c}_{k\mathrm{DS}}=\boldsymbol{P}\boldsymbol{g}_k,\quad k=1,2,\cdots,K \tag{3.57}$$

在第2章中提到的DP波形设计方式，将通信信息转化为通信波形的过程可以理解为FSK。

2. DS波形接收原理

DS波形设计与DP波形设计方式类似，可以采用匹配滤波器与去相关滤波器接收。接收判决过程如图3.8所示。

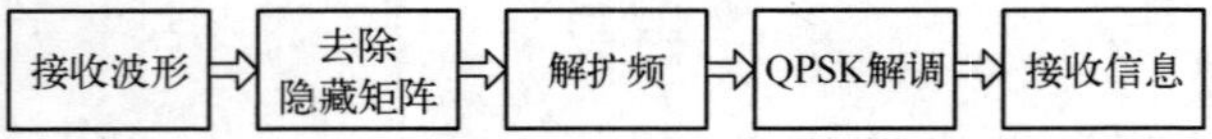

图3.8　DS波形接收原理

匹配滤波器的判决值为

$$A_{\mathrm{DSmf}}=(\boldsymbol{P}\cdot\mathbf{seq})^{\mathrm{H}}\boldsymbol{r} \tag{3.58}$$

去相关滤波器的判决值为

$$A_{\mathrm{DSdec}}=\boldsymbol{w}_k\boldsymbol{r}=((\boldsymbol{S}\boldsymbol{S}^{\mathrm{H}}+\delta_{\mathrm{MAX}}\boldsymbol{I})^{-1}\boldsymbol{P}\cdot\mathbf{seq})^{\mathrm{H}}\boldsymbol{r} \tag{3.59}$$

式中：去相关滤波器为

$$\boldsymbol{w}_k=(\boldsymbol{S}\boldsymbol{S}^{\mathrm{H}}+\delta_{\mathrm{MAX}}\boldsymbol{I})^{-1}\boldsymbol{P}\cdot\mathbf{seq} \tag{3.60}$$

去相关滤波器 $\boldsymbol{w}_k$ 同时实现去相关与解扩功能，式（3.58）和式（3.59）的判决结果继续进行星座图解调，而式（2.14）和式（2.15）只能在通过判决结果的幅值决定通信波形属于哪个符号的映射。

3.2.2　DS 波形改进原理

1. 欧氏距离增益

雷达嵌入式波形的 SER 性能不仅取决于通信信号传输过程中的信噪比（SNR）和信杂比（SCR），还与送入解调器之前波形的欧氏距离有关。DP 波形中利用隐藏矩阵对随机列向量 $\boldsymbol{d}_k$ 进行波形的隐藏，导致 DP 波形的欧氏距离并没有经过合理的设计。相关滤波器利用滤波器 $\boldsymbol{w}_k$ 对接收波形进行判决，滤波器 $\boldsymbol{w}_k$ 独立于通信波形。所以，本节以匹配滤波器、QPSK 解调为例，分析 DP 波形以及 DS 波形接收机处理后欧氏距离的变化。

假定 DP 波形与 DS 波形的功率都经过归一化处理，即 $|\boldsymbol{d}_k|^2=1$，$|\boldsymbol{g}_k|^2=1$。结合式（2.18），经过匹配滤波器接收机处理后的 DP 波形欧氏距离为

$$\begin{aligned}\mathrm{Distance}_{\mathrm{DP}}&=E[\boldsymbol{c}_k^{\mathrm{H}}\boldsymbol{c}_k-\boldsymbol{c}_k^{\mathrm{H}}\boldsymbol{c}_k']\\&\approx\frac{NM_{\mathrm{c}}-L}{NM_{\mathrm{c}}}\end{aligned} \tag{3.61}$$

式中：$\boldsymbol{c}_k$ 与 $\boldsymbol{c}_k'$ 为不同且彼此不相关的 DP 波形。经过接收机处理后的 DS 波形欧氏距离为

$$\begin{aligned}\mathrm{Distance}_{\mathrm{DS}}&=E|(\boldsymbol{P}\cdot\mathbf{seq})^{\mathrm{H}}\boldsymbol{P}\cdot\mathbf{seq}(\beta_k)-(\boldsymbol{P}\cdot\mathbf{seq})^{\mathrm{H}}\boldsymbol{P}\cdot\mathbf{seq}(\beta_k')|\\&=\sqrt{2}E|(\boldsymbol{P}\cdot\mathbf{seq})^{\mathrm{H}}\boldsymbol{P}\cdot\mathbf{seq}|\\&=\sqrt{2}\frac{(NM_{\mathrm{c}}-L)}{NM_{\mathrm{c}}}\end{aligned} \tag{3.62}$$

式中：β_k 与 β_k' 为不同的 QPSK 符号，欧氏距离为 $\sqrt{2}$。由式（3.7）与式（3.8）可以看出，DS 波形的欧氏距离是 DP 波形欧氏距离的 $\sqrt{2}$ 倍，使 DS 通信波形比 DP 通信波形的 SER 性能具有 3dB 的增益。欧氏距离的改进效果源于 QPSK 的引入，DP 通信波形在接收机接收过程中可以将判决理解为传统的 FSK 解调，而 DS 通信波形的 QPSK 解调性能优于 FSK 解调性能。因此，在相同信噪比（SNR）与相同信杂比（SCR）的条件下，DS 波形的 SER 性能优于

DP 波形的 SER 性能。在高斯白噪声信道下的 PSK 调制，SER 性能与信噪比（SNR）以及欧氏距离有明确的对应关系。

2. 软判决译码

软判决译码中需要对每个通信符号提供对应的对数似然比（LLR）。为此，需要已知经过接收机处理后的雷达回波功率 $P_{\text{clutter-o}}$ 与噪声功率 $P_{\text{noise-o}}$，在后续将对接收机处理增益做具体推导，即

$$P_{\text{clutter-o}}=\frac{\sigma_x^2\text{tr}\{\boldsymbol{\Lambda}_{\text{ND}}\}}{\delta^2 NM_{\text{c}}} \tag{3.63}$$

$$P_{\text{noise-o}}=\frac{\sigma_u^2(NM_{\text{c}}-L)}{\delta^2 NM_{\text{c}}} \tag{3.64}$$

对数似然比（LLR）接收机判定发送符号 $b=0$ 的概率与发送符号 $b=1$ 的概率的对数比，当发送一个符号时，对数似然比定义为

$$L(b)=\log\left[\frac{\Pr(b=0\mid m=(x,y))}{\Pr(b=1\mid m=(x,y))}\right] \tag{3.65}$$

式中：m 为接收信号的坐标值；b 为发送符号比特。

假设所有发送符号等概率发送，经过加性高斯白噪声信道后的对数似然比可以表示为

$$L(b)=\log\left[\frac{\sum_{s\in S_0}\mathrm{e}^{-\frac{1}{\sigma^2}((x-s_x)^2+(y-s_y)^2)}}{\sum_{s\in S_1}\mathrm{e}^{-\frac{1}{\sigma^2}((x-s_x)^2+(y-s_x)^2)}}\right] \tag{3.66}$$

式中：S_0 为符号 $b=0$ 的理想符号星座点；S_1 为符号 $b=1$ 的理想符号星座点。s_x 与 s_y 分别是接收符号的星座点位置。此处将 σ^2 认定为接收机处理后的雷达回波功率与噪声功率之和，即

$$\sigma^2=P_{\text{clutter-o}}+P_{\text{noise-o}} \tag{3.67}$$

在文献［70］中，可知在加性高斯白噪声信道模型下，采用软判决译码相比于采用硬判决译码可以带来 2dB 的编码增益，因此在接收机判决过程中，采用软判决译码的 DS 波形设计方式相比于采用硬判决的 DP 波形设计方式具有一定的增益。

3.2.3 DS 波形通信性能分析

1. 通信可靠性

DS 波形提出的初衷是通过最大化波形集欧氏距离和采用软判决译码替代原有硬判决过程，从而提高接收机判决准确率，进而提高通信波形的 SER 性

能。下面以匹配滤波器以及去相关滤波器为例，通过 DS 通信波形与 DP 通信波形在相同接收条件下的结果对比，分析 DS 通信波形的 SER 性能。两种通信波形的 SER 曲线如图 3.9 所示，仿真过程中采样点数 $N=100$，$M=2$，主空间大小 $L=100$，信噪比 SNR 取值为 −20～10dB，信杂比 SCR 取值分别为 −30dB、−35dB。仿真采用次数为10^6 的蒙特卡洛仿真方法绘制 SER 曲线。

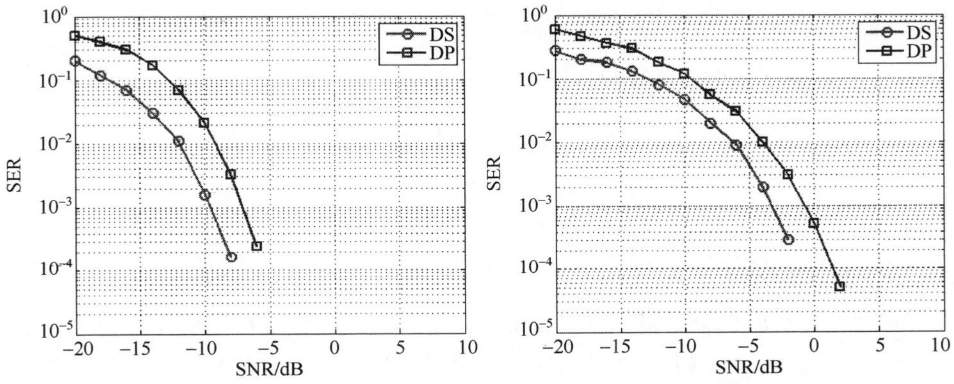

(a) SCR= −30dB　　(b) SCR= −35dB

图 3.9　DP 与 DS 波形 SER 对比曲线

由图 3.9 可以看出，在相同信噪比（SNR）与相同信杂比（SCR）条件下，DS 波形的 SER 比 DP 波形的要低；在相同 SER 条件下信噪比（SNR）条件下，较大信杂比（SCR）的 DS 波形相对于 DP 波形具有更低的误符号率，SER 性能优势更明显。证明欧氏距离的增加以及软判决译码的采用，使 DS 波形在 SER 方面相对于 DP 波形存在优势。

2. 信道译码性能

为了定量地衡量利用软判决译码的 DS 通信波形的信道编码性能，本节利用码长为 7、码率为 1/2（即参数为[2,1,7]）的卷积码对通信数据进行信道编码。根据信息论相关理论，对于卷积码而言，软判决译码比硬判决译码具有 2dB 的增益。以去相关滤波器接收机为例，对采用软判决译码与硬判决译码的 DS 通信在 SCR = −30dB 条件下的误码率（BER）性能进行仿真。从图 3.10 中可以看出，在误码率 $BER=10^{-4}$ 以及 $BER=10^{-5}$ 的条件下，软判决译码比硬判决译码具有 5dB 和 20dB 的增益，远优于加性高斯白噪声信道下的软判决译码的理论增益，这是因为经过去相关滤波器接收机处理后，信道已不是纯粹的加性高斯白噪声信道，信道的恶化使软判决译码相比硬判决译码具有更高的增益。

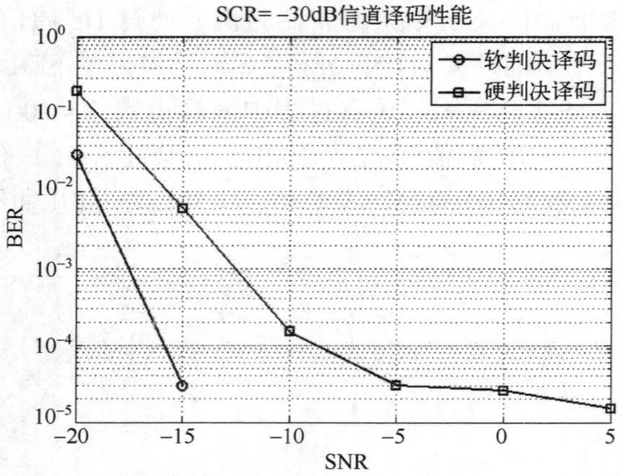

图 3.10　硬判决与软判决的误码率曲线

3. 通信隐蔽性

DS 通信波形设计方式比 DP 通信波形设计方式在 SER 性能方面存在一定优势。下面通过 DS 通信波形与 DP 通信波形对比，对 DS 通信波形的 LPI 性能进行分析。仿真过程中采样点数 $N=100$，$M=2$，主空间大小 $L=100$。当 SCR=-35dB，SNR=0dB，对比 DS 通信波形与 DP 通信波形的 LPI 曲线。从图 3.11 中可以看出，在相同信噪比与相同信杂比条件下，DS 通信波形的 LPI 曲线峰值比 DP 通信波形的 LPI 曲线峰值大 5%，两者的 LPI 性能相差不大；SCR 与 SNR 的增大使两种通信波形的 LPI 相关系数降低，这是因为环境噪声和雷达回波的增大，加强了通信波形的隐蔽性。但由此，导致通信波形的 SER 性能恶化。

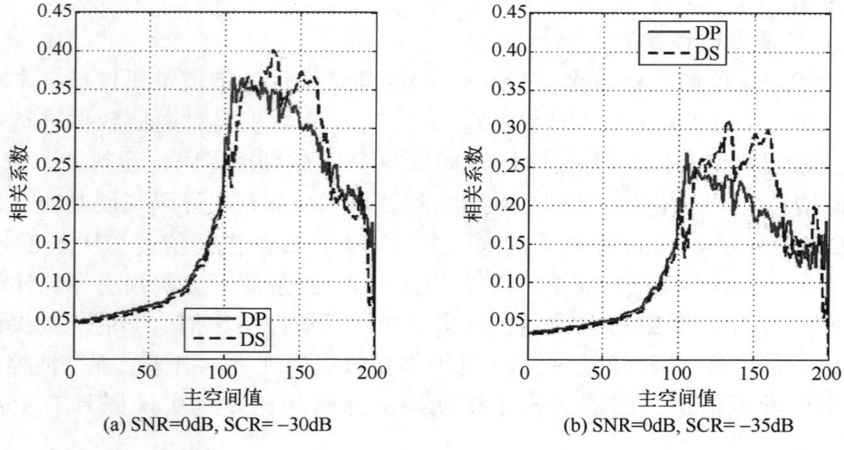

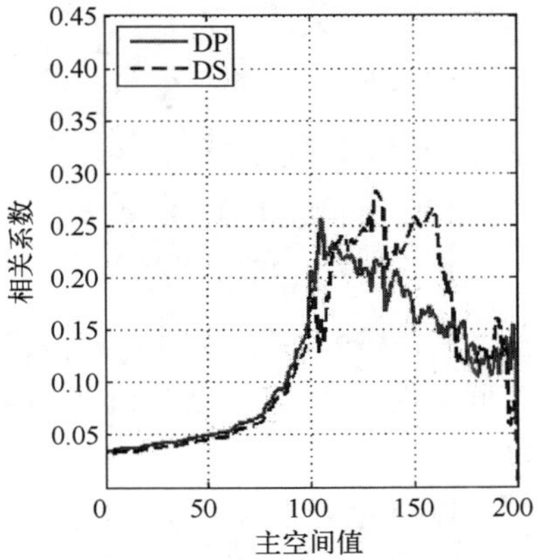

(c) SNR= −10dB, SCR= −35dB

图 3.11　DS 与 DP 通信波形 LPI 对比曲线

经过上述仿真分析，新的 DS 通信波形具有相比于 DP 通信波形更优的 SER 性能，同时又具有与 DP 通信波形近似的 LPI 性能。

3.2.4　接收机处理增益

本节以 DP 波形为例研究去相关滤波器接收机的处理增益。

1. 处理增益定义及推导过程

定义处理增益 P_G 为接收机输出与输入的信杂噪比（SCNR）的比值，其中信杂噪比定义为信号功率与杂波加噪声的功率和的比值。

$$P_G=\frac{\mathrm{SCNR_o}}{\mathrm{SCNR_i}} \tag{3.68}$$

$$\mathrm{SCNR}=\frac{P_{\mathrm{signal}}}{P_{\mathrm{clutter}}+P_{\mathrm{noise}}} \tag{3.69}$$

接收机处理前的信号功率为

$$E[\boldsymbol{r}^{\mathrm{H}}\boldsymbol{r}]=E[(\boldsymbol{Sx}+\alpha\boldsymbol{c}_k+\boldsymbol{n})^{\mathrm{H}}(\boldsymbol{Sx}+\alpha\boldsymbol{c}_k+\boldsymbol{n})] \tag{3.70}$$

假定噪声与雷达回波不相关，则式（3.16）可以表示为

$$E[\boldsymbol{r}^{\mathrm{H}}\boldsymbol{r}]=E[\boldsymbol{x}^{\mathrm{H}}\boldsymbol{S}^{\mathrm{H}}\boldsymbol{Sx}]+|\alpha|^2E[\boldsymbol{c}_k^{\mathrm{H}}\boldsymbol{c}_k]+E[\boldsymbol{n}^{\mathrm{H}}\boldsymbol{n}] \tag{3.71}$$

式（3.17）中三个部分功率分别代表雷达回波功率 $P_{\mathrm{clutter-i}}$、通信信号功率 $P_{\mathrm{signal-i}}$ 和噪声功率 $P_{\mathrm{noise-i}}$。经过去相关滤波器后的信号功率为

$$E[|\boldsymbol{w}_k^{\mathrm{H}}\boldsymbol{r}|^2]=E[\boldsymbol{r}^{\mathrm{H}}\boldsymbol{w}_k\boldsymbol{w}_k^{\mathrm{H}}\boldsymbol{r}] \tag{3.72}$$

由于特征向量矩阵 $\boldsymbol{V}$ 为赫米特矩阵，$\boldsymbol{V}=\boldsymbol{V}^{\mathrm{H}}=\boldsymbol{V}^{-1}$ 且 $\boldsymbol{VV}^{\mathrm{H}}=\boldsymbol{I}$，则去相关滤波器 $\boldsymbol{w}_k$ 表示方式为

$$
\begin{aligned}
\boldsymbol{w}_k &= (\boldsymbol{S}\boldsymbol{S}^{\mathrm{H}}+\delta_{\mathrm{MAX}}\boldsymbol{I})^{-1}\boldsymbol{c}_k \\
&= (\boldsymbol{V}\boldsymbol{\Lambda}\boldsymbol{V}^{\mathrm{H}}+\delta_{\mathrm{MAX}}\boldsymbol{I})^{-1}\boldsymbol{c}_k \\
&= (\boldsymbol{V}\boldsymbol{\Lambda}\boldsymbol{V}^{\mathrm{H}}+\delta_{\mathrm{MAX}}\boldsymbol{V}\boldsymbol{V}^{\mathrm{H}})^{-1}\boldsymbol{c}_k \\
&= (\boldsymbol{V}[\boldsymbol{\Lambda}+\delta_{\mathrm{MAX}}\boldsymbol{I}]\boldsymbol{V}^{\mathrm{H}})^{-1}\boldsymbol{c}_k \\
&= \boldsymbol{V}[\boldsymbol{\Lambda}+\delta_{\mathrm{MAX}}\boldsymbol{I}]^{-1}\boldsymbol{V}^{\mathrm{H}}\boldsymbol{c}_k \\
&= \boldsymbol{V}[\boldsymbol{\Lambda}+\delta_{\mathrm{MAX}}\boldsymbol{I}]^{-1}\boldsymbol{V}^{\mathrm{H}}\boldsymbol{V}_{\mathrm{ND}}\boldsymbol{V}_{\mathrm{ND}}^{\mathrm{H}}\boldsymbol{d}_k
\end{aligned}
\tag{3.73}
$$

根据主空间与非主空间划分，特征向量矩阵可以表示为 $\boldsymbol{V}=[\boldsymbol{V}_{\mathrm{D}}|\boldsymbol{V}_{\mathrm{ND}}]$，式（3.19）可继续化简为

$$
\begin{aligned}
\boldsymbol{w}_k &= [\boldsymbol{V}_{\mathrm{D}}|\boldsymbol{V}_{\mathrm{ND}}]\begin{bmatrix}[\boldsymbol{\Lambda}_{\mathrm{D}}+\delta_{\mathrm{MAX}}\boldsymbol{I}]^{-1} & \boldsymbol{0} \\ \boldsymbol{0} & [\boldsymbol{\Lambda}_{\mathrm{ND}}+\delta_{\mathrm{MAX}}\boldsymbol{I}]^{-1}\end{bmatrix}\left[\frac{\boldsymbol{0}}{\boldsymbol{I}}\right]\boldsymbol{V}_{\mathrm{ND}}^{\mathrm{H}}\boldsymbol{d}_k \\
&= \begin{bmatrix}\boldsymbol{V}_{\mathrm{D}}[\boldsymbol{\Lambda}_{\mathrm{D}}+\delta_{\mathrm{MAX}}\boldsymbol{I}]^{-1} & \boldsymbol{0} \\ \boldsymbol{0} & \boldsymbol{V}_{\mathrm{ND}}[\boldsymbol{\Lambda}_{\mathrm{ND}}+\delta_{\mathrm{MAX}}\boldsymbol{I}]^{-1}\end{bmatrix}\left[\frac{\boldsymbol{0}}{x}\right]\boldsymbol{V}_{\mathrm{ND}}^{\mathrm{H}}\boldsymbol{d}_k \\
&= \boldsymbol{V}_{\mathrm{ND}}[\boldsymbol{\Lambda}_{\mathrm{ND}}+\delta_{\mathrm{MAX}}\boldsymbol{I}]^{-1}\boldsymbol{V}_{\mathrm{ND}}^{\mathrm{H}}\boldsymbol{d}_k
\end{aligned}
\tag{3.74}
$$

式中：$\boldsymbol{V}^{\mathrm{H}}\boldsymbol{V}_{\mathrm{ND}}=\left[\frac{\boldsymbol{0}}{\boldsymbol{I}}\right]$，由于 δ_{MAX} 为最大的非主空间特征，所以可做近似

$$
\boldsymbol{\Lambda}_{\mathrm{ND}}+\delta_{\mathrm{MAX}}\boldsymbol{I}\approx\delta_{\mathrm{MAX}}\boldsymbol{I} \tag{3.75}
$$

结合式（3.20）与式（3.21）去相关滤波器可近似为

$$
\boldsymbol{w}_k\approx\delta_{\mathrm{MAX}}^{-1}\boldsymbol{V}_{\mathrm{ND}}\boldsymbol{V}_{\mathrm{ND}}^{\mathrm{H}}\boldsymbol{d}_k=\delta_{\mathrm{MAX}}^{-1}\boldsymbol{c}_k \tag{3.76}
$$

将式（3.22）代入式（2.20）中可以得到接收机处理后的信号功率为

$$
\begin{aligned}
E[|\boldsymbol{w}_k^{\mathrm{H}}\boldsymbol{r}|^2] &= E[\boldsymbol{r}^{\mathrm{H}}\boldsymbol{w}_k\boldsymbol{w}_k^{\mathrm{H}}\boldsymbol{r}] \\
&= \delta_{\mathrm{MAX}}^{-2}E[\boldsymbol{r}^{\mathrm{H}}\boldsymbol{c}_k\boldsymbol{c}_k^{\mathrm{H}}\boldsymbol{r}] \\
&= \delta_{\mathrm{MAX}}^{-2}E[(\boldsymbol{S}\boldsymbol{x}+\alpha\boldsymbol{c}_k+\boldsymbol{n})^{\mathrm{H}}\boldsymbol{c}_k\boldsymbol{c}_k^{\mathrm{H}}(\boldsymbol{S}\boldsymbol{x}+\alpha\boldsymbol{c}_k+\boldsymbol{n})] \\
&= \delta_{\mathrm{MAX}}^{-2}E[\boldsymbol{x}^{\mathrm{H}}\boldsymbol{S}^{\mathrm{H}}\boldsymbol{c}_k\boldsymbol{c}_k^{\mathrm{H}}\boldsymbol{S}\boldsymbol{x}]+\delta_{\mathrm{MAX}}^{-2}|\alpha|^2\boldsymbol{c}_k^{\mathrm{H}}\boldsymbol{c}_k\boldsymbol{c}_k\boldsymbol{c}_k^{\mathrm{H}}+\delta_{\mathrm{MAX}}^{-2}E[\boldsymbol{u}^{\mathrm{H}}\boldsymbol{c}_k\boldsymbol{c}_k^{\mathrm{H}}\boldsymbol{u}]
\end{aligned}
\tag{3.77}
$$

式（3.23）中三个部分功率分别代表接收机输出的雷达回波功率 $P_{\text{clutter-o}}$、通信信号功率 $P_{\text{signal-o}}$ 和噪声功率 $P_{\text{noise-o}}$。下面将分别对接收机输入与输出的功率进行详细分析。

（1）接收机处理前的通信信号功率 $P_{\text{signal-i}}$。

通信信号功率可以表示为

$$
P_{\text{signal-i}}=|\alpha|^2\boldsymbol{c}_k^{\mathrm{H}}\boldsymbol{c}_k=|\alpha|^2\boldsymbol{d}_k^{\mathrm{H}}\boldsymbol{V}_{\mathrm{ND}}\boldsymbol{V}_{\mathrm{ND}}^{\mathrm{H}}\boldsymbol{V}_{\mathrm{ND}}\boldsymbol{V}_{\mathrm{ND}}^{\mathrm{H}}\boldsymbol{d}_k \tag{3.78}
$$

定义 $\boldsymbol{\gamma}=\boldsymbol{V}^{\mathrm{H}}\boldsymbol{d}_k$，由于特征向量矩阵是由相互正交的特征向量构成，则有

$\boldsymbol{V}\boldsymbol{V}^{\mathrm{H}}=\boldsymbol{I}$，$\boldsymbol{V}_{\mathrm{ND}}^{\mathrm{H}}\boldsymbol{V}_{\mathrm{ND}}=\boldsymbol{I}$，且随机列向量 $\boldsymbol{d}_k$ 为归一化列向量，即 $|\boldsymbol{d}_k|^2=1$。

$$|\boldsymbol{\gamma}|^2=\boldsymbol{d}_k^{\mathrm{H}}\boldsymbol{V}\boldsymbol{V}^{\mathrm{H}}\boldsymbol{d}_k=1 \tag{3.79}$$

由于 $\boldsymbol{d}_k$ 的伪随机特性，$\boldsymbol{\gamma}$ 中的每个元素的平均功率为

$$|\boldsymbol{\gamma}_{\mathrm{avg}}|^2=\frac{1}{NM_{\mathrm{c}}}\boldsymbol{\gamma}\boldsymbol{\gamma}^{\mathrm{H}}=\frac{1}{NM_{\mathrm{c}}} \tag{3.80}$$

根据主空间与非主空间的界定，可以将 $\boldsymbol{\gamma}$ 划分为

$$\boldsymbol{\gamma}=\left[\frac{\boldsymbol{\gamma}_{\mathrm{D}}}{\boldsymbol{\gamma}_{\mathrm{ND}}}\right]=\left[\frac{\boldsymbol{V}_{\mathrm{D}}^{\mathrm{H}}\boldsymbol{b}_k}{\boldsymbol{V}_{\mathrm{ND}}^{\mathrm{H}}\boldsymbol{b}_k}\right] \tag{3.81}$$

结合式（3.26）与式（3.27），且特征向量相互正交，$\boldsymbol{\gamma}^{\mathrm{H}}\boldsymbol{\gamma}$ 可以表示为

$$\begin{aligned}\boldsymbol{\gamma}^{\mathrm{H}}\boldsymbol{\gamma}&=[\boldsymbol{\gamma}_{\mathrm{D}}^{\mathrm{H}}\mid\boldsymbol{\gamma}_{\mathrm{ND}}^{\mathrm{H}}]\left[\frac{\boldsymbol{\gamma}_{\mathrm{D}}}{\boldsymbol{\gamma}_{\mathrm{ND}}}\right]\\&\approx L\,|\boldsymbol{\gamma}_{\mathrm{avg}}|^2+(NM_{\mathrm{c}}-L)\,|\boldsymbol{\gamma}_{\mathrm{avg}}|^2\end{aligned} \tag{3.82}$$

接收机处理前的信号功率可表示为

$$\begin{aligned}P_{\text{signal-i}}&=|\alpha|^2\boldsymbol{\gamma}_{\mathrm{ND}}^{\mathrm{H}}\boldsymbol{\gamma}_{\mathrm{ND}}\\&\approx|\alpha|^2\,\frac{NM_{\mathrm{c}}-L}{NM_{\mathrm{c}}}\end{aligned} \tag{3.83}$$

（2）接收机处理前的雷达回波功率 $P_{\text{clutter-i}}$ 与噪声功率 $P_{\text{noise-i}}$。

雷达回波功率可以表示为

$$\begin{aligned}P_{\text{clutter-i}}&=E[\boldsymbol{x}^{\mathrm{H}}\boldsymbol{S}^{\mathrm{H}}\boldsymbol{S}\boldsymbol{x}]\\&=E[\mathrm{tr}(\boldsymbol{S}\boldsymbol{x}\boldsymbol{x}^{\mathrm{H}}\boldsymbol{S}^{\mathrm{H}})]\\&=\sigma_x^2\mathrm{tr}(\boldsymbol{S}\boldsymbol{S}^{\mathrm{H}})\end{aligned} \tag{3.84}$$

根据式（3.30）特征分解过程，$\mathrm{tr}(\boldsymbol{S}\boldsymbol{S}^{\mathrm{H}})$ 可表示为

$$\mathrm{tr}(\boldsymbol{S}\boldsymbol{S}^{\mathrm{H}})=\mathrm{tr}(\boldsymbol{V}\boldsymbol{\Lambda}\boldsymbol{V}^{\mathrm{H}})=\mathrm{tr}(\boldsymbol{\Lambda}) \tag{3.85}$$

假定雷达波形功率经过归一化处理，即 $|\boldsymbol{s}|^2=1$，则有

$$\mathrm{tr}(\boldsymbol{\Lambda})=NM_{\mathrm{c}} \tag{3.86}$$

综合式（3.30）与式（3.32）可以得到接收机处理前的雷达回波功率为

$$P_{\text{clutter-i}}=\sigma_x^2NM_{\mathrm{c}} \tag{3.87}$$

雷达嵌入式通信信道假定为高斯加性白噪声信道，接收机接收到的噪声功率可以表示为

$$P_{\text{noise-i}}=E[\boldsymbol{n}^{\mathrm{H}}\boldsymbol{n}]=\sigma_u^2NM_{\mathrm{c}} \tag{3.88}$$

（3）接收机处理后的通信信号功率 $P_{\text{signal-o}}$。

由式（3.23）与式（3.29）可得，经过去相关滤波器后的通信信号功率可表示为

$$
\begin{aligned}
P_{\text{signal-o}} &= \delta_{\text{MAX}}^{-2} |\alpha|^2 \boldsymbol{c}_k^{\text{H}} \boldsymbol{c}_k \boldsymbol{c}_k \boldsymbol{c}_k^{\text{H}} \\
&= \delta_{\text{MAX}}^{-2} |\alpha|^2 \frac{(NM_{\text{c}}-L)}{NM_{\text{c}}} \\
&= \frac{|\alpha|^2 (NM_{\text{c}}-L)^2}{(\delta_{\text{MAX}} NM_{\text{c}})^2}
\end{aligned} \tag{3.89}
$$

（4）接收机处理后的雷达回波功率 $P_{\text{clutter-o}}$ 与噪声功率 $P_{\text{noise-o}}$。

结合式（3.23）的推导，有

$$
\begin{aligned}
P_{\text{clutter-o}} &= \delta_{\text{MAX}}^{-2} E[\boldsymbol{x}^{\text{H}} \boldsymbol{S}^{\text{H}} \boldsymbol{c}_k \boldsymbol{c}_k^{\text{H}} \boldsymbol{S} \boldsymbol{x}] \\
&= \delta_{\text{MAX}}^{-2} \sigma_x^2 \text{tr}\{\boldsymbol{c}_k^{\text{H}} \boldsymbol{S} \boldsymbol{S}^{\text{H}} \boldsymbol{c}_k\} \\
&= \delta_{\text{MAX}}^{-2} \sigma_x^2 \text{tr}\{\boldsymbol{b}_k^{\text{H}} \boldsymbol{V}_{\text{ND}} \boldsymbol{V}_{\text{ND}}^{\text{H}} \boldsymbol{V} \boldsymbol{\Lambda} \boldsymbol{V}^{\text{H}} \boldsymbol{V}_{\text{ND}} \boldsymbol{V}_{\text{ND}}^{\text{H}} \boldsymbol{b}_k\}
\end{aligned} \tag{3.90}
$$

式中：$\boldsymbol{V}_{\text{ND}}^{\text{H}} \boldsymbol{V} \boldsymbol{\Lambda} \boldsymbol{V}^{\text{H}} \boldsymbol{V}_{\text{ND}}$ 可化简为

$$
\begin{aligned}
\boldsymbol{V}_{\text{ND}}^{\text{H}} \boldsymbol{V} \boldsymbol{\Lambda} \boldsymbol{V}^{\text{H}} \boldsymbol{V}_{\text{ND}} &= \boldsymbol{V}_{\text{ND}}^{\text{H}} [\boldsymbol{V}_{\text{D}} | \boldsymbol{V}_{\text{ND}}] \begin{bmatrix} \boldsymbol{\Lambda}_{\text{D}} & \boldsymbol{0} \\ \boldsymbol{0} & \boldsymbol{\Lambda}_{\text{ND}} \end{bmatrix} \begin{bmatrix} \boldsymbol{V}_{\text{D}} \\ \hline \boldsymbol{V}_{\text{ND}} \end{bmatrix} \boldsymbol{V}_{\text{ND}} \\
&= [\boldsymbol{0} | \boldsymbol{I}] \begin{bmatrix} \boldsymbol{\Lambda}_{\text{D}} & \boldsymbol{0} \\ \boldsymbol{0} & \boldsymbol{\Lambda}_{\text{ND}} \end{bmatrix} \begin{bmatrix} \boldsymbol{0} \\ \hline \boldsymbol{I} \end{bmatrix} \\
&= \boldsymbol{\Lambda}_{\text{ND}}
\end{aligned} \tag{3.91}
$$

结合式（3.36）和式（3.37）可得，雷达回波功率可以表示为

$$
\begin{aligned}
P_{\text{clutter-o}} &= \delta_{\text{MAX}}^{-2} \sigma_x^2 \text{tr}\{\boldsymbol{\gamma}_{\text{ND}}^{\text{H}} \boldsymbol{\Lambda}_{\text{ND}} \boldsymbol{\gamma}_{\text{ND}}\} \\
&\approx \delta_{\text{MAX}}^{-2} \sigma_x^2 \text{tr}\{\boldsymbol{\Lambda}_{\text{ND}}\} \frac{1}{NM_{\text{c}}} \\
&= \frac{\sigma_x^2 \text{tr}\{\boldsymbol{\Lambda}_{\text{ND}}\}}{\delta_{\text{MAX}}^2 NM_{\text{c}}}
\end{aligned} \tag{3.92}
$$

接收机处理后的噪声功率可表示为

$$
\begin{aligned}
P_{\text{noise-o}} &= \delta_{\text{MAX}}^{-2} \text{tr}\{\boldsymbol{c}_k^{\text{H}} E[\boldsymbol{n}^{\text{H}} \boldsymbol{n}] \boldsymbol{c}_k\} \\
&= \delta_{\text{MAX}}^{-2} \sigma_u^2 \text{tr}\{\boldsymbol{c}_k^{\text{H}} \boldsymbol{c}_k\} \\
&\approx \frac{\sigma_u^2 (NM_{\text{c}}-L)}{\delta_{\text{MAX}}^2 NM_{\text{c}}}
\end{aligned} \tag{3.93}
$$

式中：σ_u^2 为噪声方差。

（5）接收机处理增益 P_{G}。

结合上述理论推导，接收机处理前的信杂噪比为

$$
\begin{aligned}
\mathrm{SCNR}_i &= \frac{P_{\text{signal-i}}}{P_{\text{clutte-i}}+P_{\text{noise-i}}} \\
&= \frac{|\alpha|^2(NM_c-L)}{(NM_c)^2(\sigma_x^2+\sigma_u^2)}
\end{aligned} \tag{3.94}
$$

接收机处理前的信杂噪比为

$$
\begin{aligned}
\mathrm{SCNR}_o &= \frac{P_{\text{signal-i}}}{P_{\text{clutte-i}}+P_{\text{noise-i}}} \\
&= \frac{|\alpha|^2(NM_c-L)^2}{(NM_c)(\sigma_x^2\mathrm{tr}\{\boldsymbol{\Lambda}_{\mathrm{ND}}\}+\sigma_u^2(NM_c-L))}
\end{aligned} \tag{3.95}
$$

接收机处理增益为

$$
\begin{aligned}
P_G &= \frac{\mathrm{SCNR}_o}{\mathrm{SCNR}_i} \\
&= \frac{(NM_c-L)(NM_c)(\sigma_x^2+\sigma_u^2)}{\sigma_x^2\mathrm{tr}\{\boldsymbol{\Lambda}_{\mathrm{ND}}\}+\sigma_u^2(NM_c-L)}
\end{aligned} \tag{3.96}
$$

2. 主空间大小 L 对处理增益的影响

由式（3.42）可以看出，在定采样点数 N 以及过采样率 M 的前提下，处理增益 P_G 由雷达回波方差 σ_x^2、噪声方差 σ_x^2 以及主空间大小 L 决定。对式（3.42）分为两种情况进行进一步分析：

（1）**噪声占主导**：当噪声功率远远大于雷达回波功率时，即 $\sigma_x^2 \gg \sigma_u^2$，处理增益 $P_{G_u} \approx NM_c$，将其称为相关积分增益。

（2）**回波占主导**：当雷达回波功率远远大于噪声功率时，即 $\sigma_x^2 \gg \sigma_u^2$，处理增益 $P_{G_x} \approx NM_c\delta_{\mathrm{MAX}}^{-1}$。由于 δ_{MAX} 为最大的非主空间特征值，其值很小，使处理增益 P_{G_x} 远远大于相关积分增益 P_{G_u}。由于 DS 通信波形与 DP 通信波形在波形设计阶段，都是利用一致隐藏矩阵对随机向量进行隐藏，所以两者的处理增益完全一致，即 DS 通信波形也具有上述推导得出的处理增益 P_{G_x} 和 P_{G_u}，本书不做重复推导。

在实际应用环境中，雷达回波功率远大于噪声功率，在分析处理增益时，以雷达回波占主导的处理增益 P_{G_x} 为准。图 3.12 所示为处理增益随 L 值变化的曲线，仿真过程中采样点数 $N=100$，$M=2$。可以看出，在 L 值较小时，处理增益 P_{G_x} 随 L 值增大而平稳增长；当 L 值超过 90 时，处理增益 P_{G_x} 随 L 值跳跃式增长，后趋于平缓。

经过上述分析，主空间大小 L 值决定了接收机处理增益。在 DP 通信波形和 DS 通信波形设计过程中，主空间大小 L 值决定了构成隐藏矩阵 $\boldsymbol{P}$ 中非主空

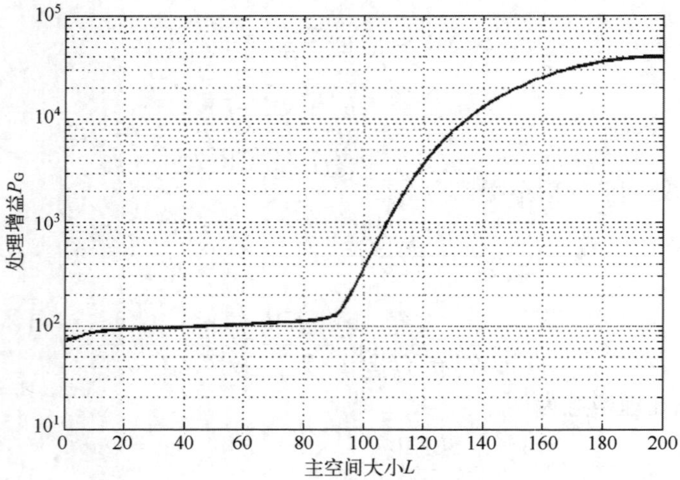

图 3.12　处理增益随 L 值变化曲线

间特征向量 $\boldsymbol{V}_{\mathrm{ND}}$ 的取值，从而决定了波形的构造结果，进而影响最终的通信波形 SER 性能。为此，以 DP 通信波形和 DS 通信波形为例，在固定 SCR 与 SNR 的条件下，仿真分析波形构造中主空间大小 L 值选取对通信波形 SER 性能的影响。仿真过程中采样点数 $N=100$，$M=2$，信噪比为−10dB，信杂比取值为−30dB 和−35dB，仿真次数为 10^6。由图 3.13 可以看出，在相同信噪比与相同信杂比条件下，DP 通信波形与 DS 通信波形的 SER 曲线随主空间大小 L 值变

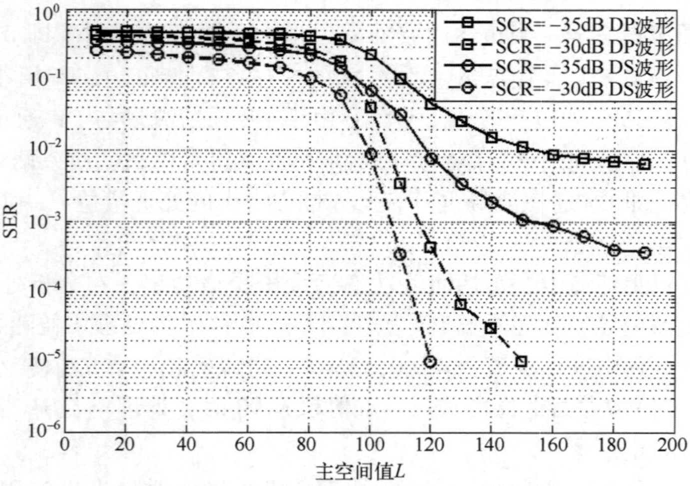

图 3.13　SER 随主空间变化曲线，SNR = −10dB

化的趋势一致，当 L 值较小时，SER 值很大，且随 L 值的增大减小缓慢，当 L 值超过 90 时，SER 值跳跃式下降，并逐渐趋于平缓，这与图 3.12 中处理增益的变化成反比关系，说明随 L 值的增大，处理增益增加，使通信波形的 SER 性能提升，接收机通信波形的 SER 值降低。除此之外，在相同信噪比与相同信杂比的条件下，DS 通信波形的 SER 性能明显比 DP 通信波形的 SER 性能优越，且 SER 的值随信杂比 SCR 的降低而增加。

从仿真结果中可以看出，主空间 L 越大通信波形的 SER 性能越好，但随着主空间 L 的增大，通信波形具有的雷达信号分量越多，与雷达波形的相似性也越高，导致通信波形越容易被截获方截获，降低通信波形的隐蔽性能。为此，以 DP 通信波形为例，在定 SCR 与 SNR 的条件下，仿真分析波形构造中主空间大小 L 值选取对通信波形 LPI 性能的影响。仿真过程中采样点数 $N=100$，$M=2$，通过对不同 L 值对应的 LPI 相关系数 corr 最大值进行比较得到如图 3.14 所示的变化曲线。

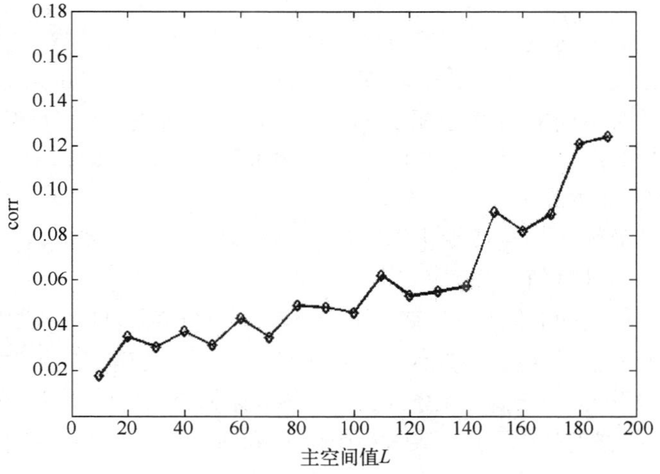

图 3.14　LPI 最大值随主空间变化曲线

由图 3.14 可以看出，LPI 的相关系数 corr 的最大值随主空间大小 L 的变大而增大，通信隐蔽性能随 L 的增加而降低，当主空间大小 L 增至 190 时，具有最大的相关系数 corr，即通信隐蔽性最差。这也证明了通信可靠性与通信隐蔽性相互制约的事实。

在通信波形的设计过程中，需要根据实际场景对通信性能的要求，合理地选择通信波形设计方式以及主空间大小，最大化优化通信波形的效果。

本节提出一种基于特征值分解，运用直接序列扩频和软判决译码思想的

DS 雷达嵌入式通信波形设计方案。给出了 DS 通信波形构造方法以及接收机原理，分析了 DS 通信波形的改进原理，通过仿真分析了 DS 通信波形的误码性能与抗截获性能，并通过与 DP 通信波形的通信性能的对比，证明了 DS 通信波形的性能改进。从接收机处理增益的角度出发，分析了主空间大小 L 值的选取对处理增益和通信波形的 SER 性能及 LPI 性能的影响。

3.3 基于注水原理的 REC 波形设计方法

在前 3 章中，对雷达嵌入式通信波形的设计都只针对单一的主空间或者非主空间进行设计，并依次设计了 EAW、WC、DP、SWC、SDP、DS 波形，本节利用注水原理[79-80]这一多通道经典功率分配方式，以 WC 波形为基础，将主空间和非主空间全部利用，用来设计雷达嵌入式通信波形。

3.3.1 注水原理介绍

目前已有的雷达嵌入式通信波形只针对单一的主空间或非主空间进行波形设计，注水原理作为一种经典的功率分配方式，该方法可以用来通过对信道状况的评估，针对不同的信道分配功率。本节将对注水原理[82-83]进行推导，并对使用的数学方法进行介绍，为后续设计注水波形奠定基础。

1. 拉格朗日乘数法

拉格朗日乘数法是在最优化问题中，寻找多元函数在其变量受到一个或多个条件约束下的求极值运算法[84-85]。

拉格朗日乘数法可以将一个有 n 个变量与 k 个约束条件的最优化问题，转换成一个求解方程组的问题，该方程组含有 $n+k$ 个变量。建立方程组过程中，会引入一个或者一组未知数限制约束条件，定义该组未知数为拉格朗日乘数，也称为拉格朗日算子。拉格朗日算子是约束方程中作为梯度的线性组合中各个向量的系数。

若有已知的二元函数 $z=f(x,y)$，约束条件 $g(x,y)=c$，为了寻找 $z=f(x,y)$ 在约束条件下 $g(x,y)=c$ 的极值，此时引入拉格朗日算子 λ，得到拉格朗日函数为

$$L(x,y,\lambda)=f(x,y)+\lambda(g(x,y)-c) \tag{3.97}$$

令 $L(x,y,\lambda)$ 对 x、y 和 λ 求一阶偏导数，可得

$$\begin{cases} L'_x=f'_x(x,y)+\lambda g'_x(x,y)=0 \\ L'_y=f'_y(x,y)+\lambda g'_y(x,y)=0 \\ L'_\lambda=g(x,y)=0 \end{cases} \tag{3.98}$$

解出式（3.98）三元一次方程组，可以得到 x、y 和 λ，按照此法得到的 (x,y) 就是函数在约束条件 $z=f(x,y)$ 下的可能极值点。

将该种方法推广到一般情况，即有 n 个变量和 k 个约束条件，即

$$L(x_1,\cdots,x_n,\lambda_1,\cdots,\lambda_k)=f(x_1,\cdots,x_n)-\sum_{i=1}^{k}\lambda_i g_i(x_1,\cdots,x_n) \tag{3.99}$$

因此在极值点处，有

$$\begin{cases} L'_{xi}=0, & i=1,2,\cdots,n \\ L'_{\lambda l}=0, & l=1,2,\cdots,k \end{cases} \tag{3.100}$$

一共有 $n+k$ 个方程，求出这 $n+k$ 个变量即可，因此拉格朗日乘数法也称为升维法。

另外，需要注意，拉格朗日乘数法计算得到的极值点，会包含式子中的所有极值点，但并不是每个极值点都是原模型中的极值点。

2. 注水原理推导

在 OFDM 多通道无线传输系统中，已知信道总带宽为 W，因此子信道数量为 $N=\dfrac{W}{\Delta f}$，每个子信道所占据带宽为 Δf，该系统中定义 $H(f)$ 为信道传输函数，$N(f)$ 是在高斯白噪声信道背景下的功率谱密度函数。因此，每个信道上的信噪比可以表示为 $\dfrac{|H(f)|^2}{N(f)}$。在这里，假定已知信号功率谱密度函数 $P(f)$，信号发送功率 P_{av}。在使用拉格朗日乘数法推导过程中，有功率限制条件如下：

$$\int P(f) \leqslant P_{\text{av}} \tag{3.101}$$

根据香农公式：

$$C=B\log_2\left(1+\frac{S}{N}\right) \tag{3.102}$$

式中：B 为信道带宽；S 为信号功率；N 为噪声功率，将 OFDM 系统模型嵌入该公式，则可以得到 OFDM 系统的信道总容量为

$$C=W\log_2\left(1+\frac{P_{\text{av}}}{WN_0}\right) \tag{3.103}$$

此时，OFDM 多通道系统中每个子信道的信道容量为

$$C_i=\Delta f\log_2\left(1+\frac{\Delta f P(f_i)\,|H(f_i)|^2}{\Delta f N(f_i)}\right) \tag{3.104}$$

这些子信道容量之和为

$$C=\sum_{i=1}^{N}C_i=\Delta f\sum_{i=1}^{N}\log_2\left(1+\frac{\Delta f P(f_i)\ \ |H(f_i)|^2}{\Delta f N(f_i)}\right) \tag{3.105}$$

在求该极限运算时，有 $\Delta f\to 0$，因此式（3.105）可以用积分运算表示为

$$C = \int \log_2\left(1 + \frac{\Delta f P(f_i)\ |H(f_i)|^2}{\Delta f N(f_i)}\right) \mathrm{d}f \tag{3.106}$$

本书的目标是使得信道容量最大化，即可将式（3.106）转化为求 C 的极值，即

$$C = \int \log_2\left(1 + \frac{\Delta f P(f_i)\ |H(f_i)|^2}{\Delta f N(f_i)}\right) \mathrm{d}f \to \max \tag{3.107}$$

针对式（3.107）这个最优化问题，这里采用拉格朗日乘数法进行求解。

回到注水原理推导式（3.107）中，此时约束条件只有一个，即 $\int P(f) \leqslant P_{\mathrm{av}}$，因此使用拉格朗日乘数法，可以得

$$C = \int \log_2\left(1 + \frac{\Delta f P(f_i)\ |H(f_i)|^2}{\Delta f N(f_i)} + \lambda P(f)\right) \mathrm{d}f \to \max \tag{3.108}$$

对式（3.108）求解，可得

$$P(f) = \begin{cases} P_0 - \dfrac{N(f)}{|H(f)|^2}, & f \in W \\ 0, & f \notin W \end{cases} \tag{3.109}$$

分析式（3.109），可以得到如下结论：若 $\dfrac{N(f)}{|H(f)|^2}$ 取值较小，那么 $P(f)$ 较大；若 $\dfrac{N(f)}{|H(f)|^2}$ 取值较大，那么 $P(f)$ 较小，即有信噪比越大信道的发送功率越大，信噪比越小的信道发送功率越小，这就是注水原理，其示意图如图 3.15所示。注水原理结论可以概括为，信道质量比较理想的子信道上会分配到更多的传输功率，信道质量过差的子信道上分配到更少的传输功率，这样会使信道总容量最大，传输性能比较理想。这就是后续将注水原理应用于雷达嵌入式通信波形设计的核心思路和思想。[84]

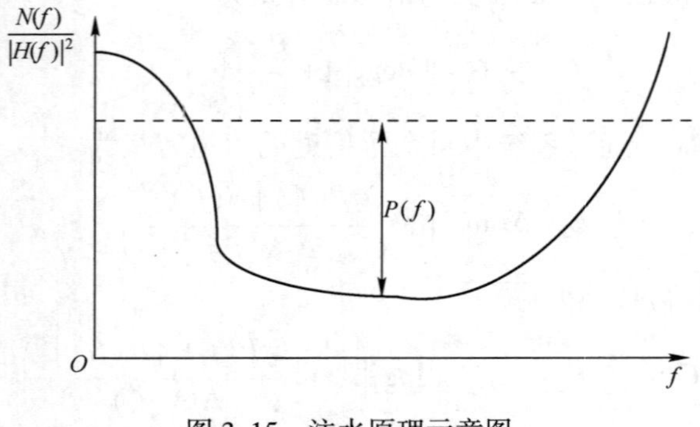

图 3.15　注水原理示意图

3.3.2　注水波形

在注水原理的分配方式下，可以知道，信道质量好的子信道上分配到更多的传输功率，信道质量差的子信道上分配到更少的传输功率，有利于改善无线系统的传输性能。利用这个原则，将最强的回波与最低的功率相匹配，将最弱的回波与最高的功率相匹配，这就是注水（water-filling）通信波形即

$$c_{\mathrm{WF},k} = V\Lambda^{-0.5} b_k \tag{3.110}$$

WF 波形频谱如图 3.16 所示，对于注水波形来说，具有最大分配功率的特征信道将与最低杂波加噪声信道相匹配。然而，通过在具有最小干扰的本征信道上传输最大功率，该波形的低截获性能将明显受损。从频谱图也可以明显看出，该雷达嵌入式通信波形在雷达阻带部分有明显凸起，隐蔽性很差，无法实现隐蔽通信，因此直接使用注水原理设计的波形无法使用，必须对其进行修正。

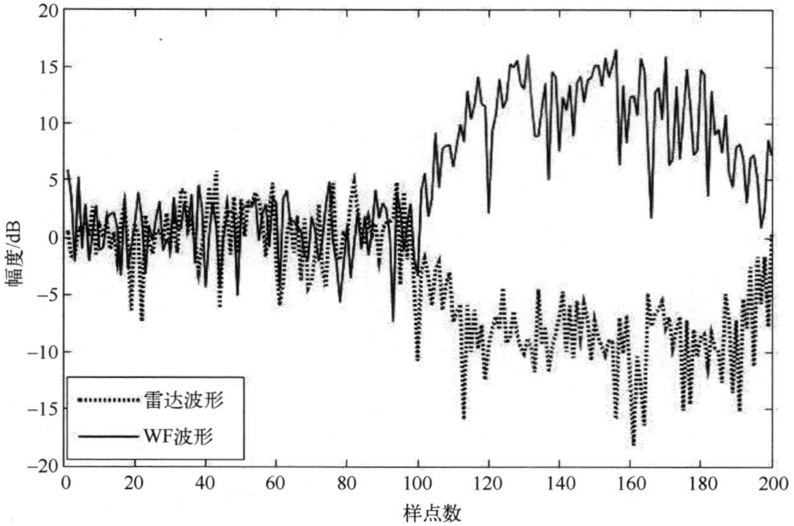

图 3.16　WF 波形频谱

3.3.3　成型注水波形

从 3.3.2 节可以得出结论，注水波形因为隐蔽性不理想，无法直接作为雷达嵌入式通信波形使用，本节对注水波形进行频谱修正。

结合本章提到的成型法，证明成型法可以提升隐蔽性，现在在使得信道容量最大的条件下，采用分段成型的手段对注水波形进行频谱修正，使得注水波

形满足雷达嵌入式通信。

首先，定义成型注水（SWF）对角矩阵为

$$\boldsymbol{\Lambda}_{\text{SWF}}=\begin{bmatrix}\boldsymbol{\Lambda}_{\text{ND}}^{0.25} & 0\\ 0 & m\boldsymbol{\Lambda}_{\text{D}}^{-1}\end{bmatrix} \tag{3.111}$$

该矩阵对特征值矩阵重新设计，在保证主空间特征向量系数被压缩的基础上，非主空间特征向量保持之前设计的 SWC 参数不变，在继承 SWC 的隐蔽性基础之上，对主空间即雷达波形的通带部分频段的功率进行设计。

$$c_{\text{SWF},k}=V\boldsymbol{\Lambda}_{\text{SWF}}b_k \tag{3.112}$$

m 值决定了主空间部分注水对角矩阵元素的大小，m 值越大则 $\boldsymbol{\Lambda}_{\text{SWF}}$ 中 $m\boldsymbol{\Lambda}_{\text{D}}^{-1}$ 部分取值越大，为了便于进行分析，这里规定主空间大小 $L=100$，当 m 取值过大时，此时分段矩阵边界特征值会有一个明显的尖峰，使通信隐蔽性无法得到保证，当 $m=1$ 时，对角特征曲线如图 3.17 所示。

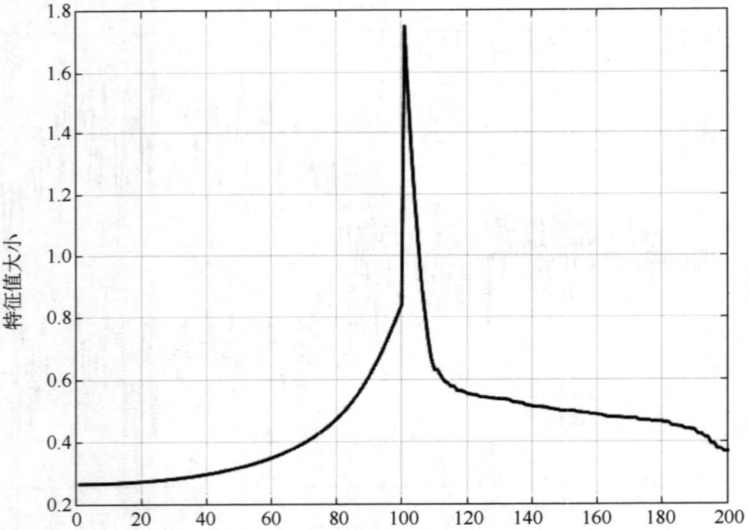

图 3.17　$m=1$ 时成型注水特征值矩阵元素分布，$M=2$，$N=100$

从矩阵对角元素分布可以看出，采用了分段的思路后，在主空间 $L=100$ 取值附近，特征值会快速增加然后衰减，快速增加的特征值会使得波形出现一个尖峰，同时主空间特征值也会大于 0.4，对主空间列向量压缩程度不够，使得通带部分的频谱较高。

随着 m 值的减小，主空间部分特征值开始减小，通信波形能量功率降低，雷达嵌入式通信波形隐蔽性开始增强，同时可靠性降低；当 $m=0.25$ 时，全部特征值都压缩在 1 以内，特征向量系数比较理想。此时，成型特征值矩阵元素分布如图 3.18 所示。

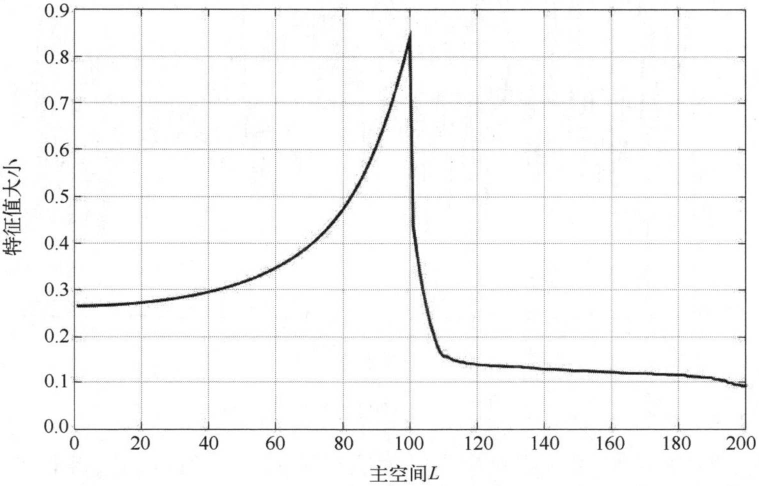

图 3.18　$m=0.25$ 时成型注水特征值矩阵元素分布，$M=2$，$N=100$

同时，m 的取值将会决定 SWF 波形在通带部分的幅度，m 值越大则幅度越高，图 3.19 和图 3.20 将会对比 $m=1$ 和 $m=0.25$ 时的 SWF 波形频谱。

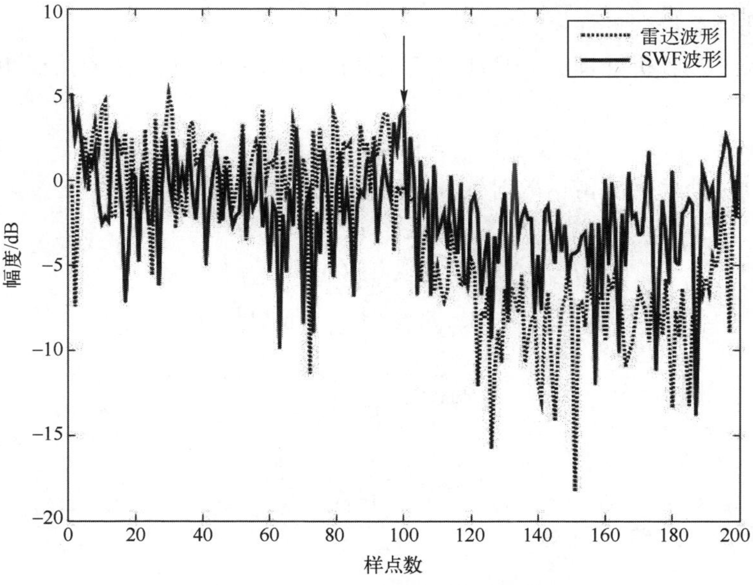

图 3.19　$m=1$ 时 SWF 波形频谱

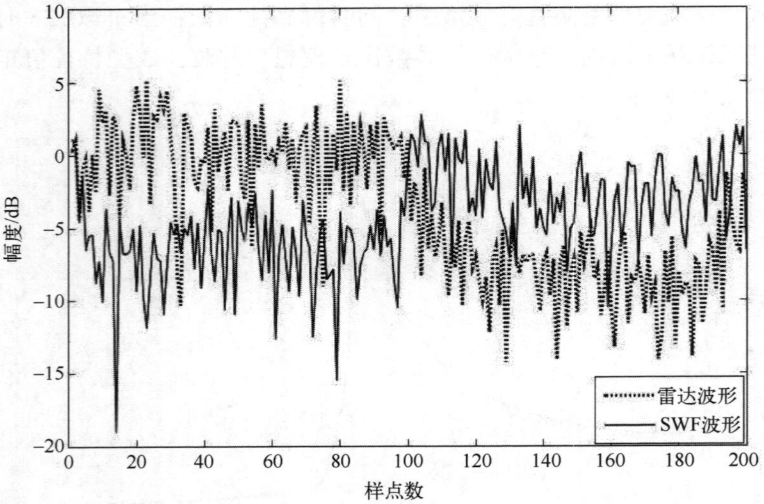

图 3.20　$m=0.25$ 时 SWF 波形频谱

此时，SWF 波形在雷达通带内幅度明显下降，在阻带内隐蔽性明显提升，适合作为雷达嵌入式通信波形。成型法对注水波形进行了频谱修正，生成的成型注水波形 SWF 性能有了明显的提升，同时该波形在通带部分频谱也用来通信，是一种结合了主要子空间和非主要子空间的波形设计方式。

下面以 3.2.4 节处理增益推导为基础，以去相关滤波器为例，对 SWF 波形的处理增益进行推导。

在经过接收机处理后，且使得随机列向量归一化，可以得到处理后的信号功率为

$$P_{\text{signal-o}}=|w^{\mathrm{H}}c_{\mathrm{SWF}}|^2=|\alpha|^2 \tag{3.113}$$

接收机处理后的雷达散射杂波功率和噪声功率为

$$P_{\text{noise-o}}=\sigma_u^2 w_{\mathrm{SWF}}^{\mathrm{H}} w_{\mathrm{SWF}}=\delta_{\mathrm{MAX}}^{-2}\sigma_u^2, \tag{3.114}$$

$$\begin{aligned}P_{\text{clutter-o}}&=\delta_{\mathrm{MAX}}^{-2}\sigma_x^2 w_{\mathrm{SWF}}^{\mathrm{H}} V\Lambda V^{\mathrm{H}} w_{\mathrm{SWF}}\\&=\delta_{\mathrm{MAX}}^{-2}\sigma_x^2 b_k^{\mathrm{H}}\Lambda_{\mathrm{SWF}}V^{\mathrm{H}}V\Lambda V^{\mathrm{H}}V\Lambda b_k\\&\approx\delta_{\mathrm{MAX}}^{-2}\sigma_x^2\frac{\mathrm{tr}\{\Lambda_{\mathrm{SWF}}\Lambda\}}{\mathrm{tr}\{\Lambda_{\mathrm{SWF}}\}}\\&=\delta_{\mathrm{MAX}}^{-2}\sigma_x^2\frac{L+\mathrm{tr}\{\Lambda_{\mathrm{ND}}^2\}}{\mathrm{tr}\{\Lambda_{\mathrm{SWF}}\}}\end{aligned} \tag{3.115}$$

结合式（2.67）可得

$$\mathrm{SINR_o}=\frac{|\alpha|^2}{\sigma_x^2\dfrac{L+\mathrm{tr}\{\Lambda_{\mathrm{ND}}^2\}}{\mathrm{tr}\{\Lambda_{\mathrm{SWF}}\}}+\sigma_u^2} \tag{3.116}$$

结合式（2.66）可得

$$P_{\mathrm{G}}=\frac{NM_{\mathrm{c}}(\sigma_x^2+\sigma_u^2)}{\sigma_x^2\dfrac{L+\mathrm{tr}\{\Lambda_{\mathrm{ND}}^2\}}{\mathrm{tr}\{\Lambda_{\mathrm{SWF}}\}}+\sigma_u^2} \tag{3.117}$$

雷达嵌入式通信成型注水波形 SWF 进行波形设计时，同时利用主要子空间和非主要子空间特征向量，采用分段成型矩阵对两块空间频谱分别进行修正，因此通信波形在通带内幅度明显上升，即雷达阻带和雷达通带内通信波形频谱幅度差减小，因此隐蔽性得到了进一步保证，同时空间利用效率明显高于 WC 和 DP 波形，也为后续同时利用主要子空间和非主要子空间特征向量奠定了理论基础。

3.3.4　仿真验证

1. 通信可靠性

本节分别介绍了由注水原理思想生成的 WF 波形以及对其进行了隐蔽性改进的 SWF 波形，是一种结合了主要子空间和非主要子空间的波形设计方式，SWF 波形在非主空间部分与 SWC 波形相似度很高，在主空间部分提升了幅度，整体结构与常规雷达嵌入式通信构造有一定差距，对敌方截获接收机进行检测进一步增加了难度。

在仿真过程中，取采样点数 $N=100$，过采样率 $M=2$，主空间大小 $L=100$，SCR=−30dB，SNR 取值范围从−20~10dB，仿真次数为10^6，使用蒙特卡洛法进行仿真。仿真结果如图 3.21 所示。

由图 3.21 可以看出，SWF 波形的通信可靠性相比于 WC 和 DP 有所下降，主空间特征向量的使用使得合作接收机更加难以接收判决雷达嵌入式通信波形，同时成型矩阵的修饰使得频谱更加接近线性调频信号的阻带。

2. 通信隐蔽性

通过理论分析，已知 WC 和 DP 波形在通信可靠性上存在一定优势，SWF 在隐蔽性上存在优势，本节通过相关系数仿真对其中雷达嵌入式通信波形隐蔽性进行验证。

在仿真过程中，取采样点数 $N=100$，过采样率 $M=2$，主空间大小 $L=100$，SCR=−35dB，SNR=−5dB，得到仿真曲线如图 3.22 所示。

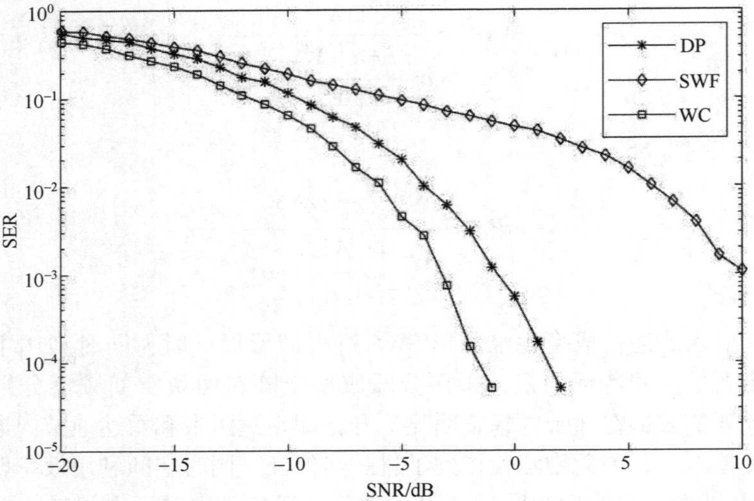

图 3.21　三种波形的 SER 对比曲线

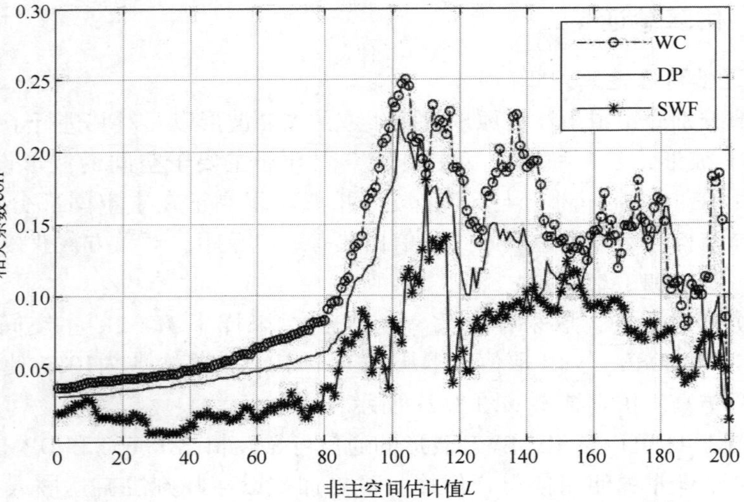

图 3.22　三种波形的 LPI 对比曲线，SCR=−35dB，SNR=−5dB

从相关系数 LPI 曲线可以看出，SWF 波形相比于 DP 和 WC 波形具有更强的通信隐蔽性，SWF 相关系数曲线峰值小于 0.2，且一直维持在比较低的水平，因此可以得出 SWF 具有更加优良的通信隐蔽性。

本节针对雷达嵌入式通信波形设计只利用单一空间，无法同时使用主空间特征向量和非主空间特征向量的问题，采用了经典的功率分配方式注水原理的分配思路，设计了雷达嵌入式通信注水波形，并利用分段成型的方法对其进行改进，构造出成型注水波形，并讨论了对角矩阵参数 m 对波形频谱的影响，理论分析和仿真验证均证明了成型注水波形具有较好的通信隐蔽性，也为后来的雷达嵌入式通信全空间波形奠定了基础。

3.4　低复杂度 REC 通信波形设计方法

在 REC 体制中，对于非合作雷达或己方多功能雷达，雷达信号是未知的，这就需要 RF 标签根据雷达信号实时生成具有 LPI 特性的通信信号，要求 RF 标签具有较高的运算能力。但对于单兵等微小目标，RF 标签又要求小巧便携，甚至有可能是无源的，这注定 RF 的运算能力将大大受到制约。在现有的通信波形设计方法中，主要将通信可靠性和 LPI 性能作为重点优化目标进行考量，而算法复杂度并没有作为一个重要的指标去重点关注。本节首先对传统三种 REC 通信波形生成算法的时间计算复杂度进行了分析比较；其次以通信波形生成算法复杂度为主要优化目标，基于综合性能优异的 SWF 算法，提出了一种抽取注水成型（ESWF）波形设计算法，可以大大降低通信波形生成的计算复杂度；此外，本节还对 ESWF 波形设计算法的可靠性和抗截获性能进行了理论和仿真分析，并与传统三种波形生成算法进行了比较。相较于传统三种波形生成算法，ESWF 算法的计算复杂度大大降低，且在特定主空间参数取值下，ESWF 波形具有很好的综合性能。

3.4.1　传统 REC 波形设计算法时间复杂度分析

1. DP 算法复杂度

由 2.2.1 节 DP 波形生成算法步骤，DP 算法的计算复杂度主要来源于 K 次 $NM\times NM$ 矩阵的特征值分解，并由式（2.21）生成 K 个投影矩阵 $\boldsymbol{P}_{\mathrm{DP},k}$，将 $\boldsymbol{P}_{\mathrm{DP},k}\in\mathbb{C}^{NM\times NM}$ 与随机向量 $\boldsymbol{d}_k\in\mathbb{C}^{NM}$ 进行 K 次相乘，因此其时间复杂度可以计算为

$$\begin{aligned}T_{\mathrm{DP}}&=O[K(NM)^3+K(NM)^2(NM-m)+K(NM)^2]\\&=O[2K(NM)^3-Km(NM)^2+K(NM)^2]\\&\approx O\left[K(NM)^3\left(2-\frac{m}{NM}\right)\right]\end{aligned}\tag{3.118}$$

令

$$e=\frac{m}{NM}\tag{3.119}$$

则

$$T_{\mathrm{DP}}=O[K(NM)^3(2-e)] \tag{3.120}$$

由于 $0<m<NM$，因此

$$0<e<1 \tag{3.121}$$

则

$$O[K(NM)^3]<T_{\mathrm{DP}}<O[2K(NM)^3] \tag{3.122}$$

2. SDP 算法复杂度

同样，由 2.2.4 节 SDP 波形生成算法步骤，SDP 算法同样需要进行 K 次 $NM\times NM$ 矩阵的特征值分解，并由式（2.24）生成 K 个投影矩阵 $\boldsymbol{P}_{\mathrm{SDP},k}$，将 $\boldsymbol{P}_{\mathrm{SDP},k}\in\mathbb{C}^{NM\times NM}$ 与随机向量 $\boldsymbol{d}_k\in\mathbb{C}^{NM}$ 进行 K 次相乘，因此其时间复杂度可以计算为

$$\begin{aligned}T_{\mathrm{SDP}}&=O[K(NM)^3+K(NM)(NM-m)^2+K(NM)^2(NM-m)+K(NM)^2]\\&=O\begin{bmatrix}K(NM)^3+K(NM)^3-2Km(NM)^2+KNMm^2+K(NM)^3\\-Km(NM)^2+K(NM)^2\end{bmatrix}\\&=O[3K(NM)^3-3Km(NM)^2+KNMm^2+K(NM)^2]\\&\approx O[3K(NM)^3-3Km(NM)^2+KNMm^2]\\&=O\left\{K(NM)^3\left[3-\frac{3m}{NM}+\left(\frac{m}{NM}\right)^2\right]\right\}\end{aligned} \tag{3.123}$$

同样，令 $e=\dfrac{m}{NM}$，则

$$T_{\mathrm{SDP}}=O\{K(NM)^3[3-3e+e^2]\} \tag{3.124}$$

令

$$f(e)=3-3e+e^2 \tag{3.125}$$

则

$$T_{\mathrm{SDP}}=O\{K(NM)^3f(e)\} \tag{3.126}$$

由于 $f(e)$ 在 $0<e<1$ 上单调递减，因此

$$\begin{cases}f(e)>f(1)=1\\f(e)<f(0)=3\end{cases} \tag{3.127}$$

将式（3.127）代入式（3.126）可得

$$O[K(NM)^3]<T_{\mathrm{SDP}}<O[3K(NM)^3] \tag{3.128}$$

又由式（3.120）与式（3.126）可得

$$T_{\mathrm{SDP}}-T_{\mathrm{DP}}=O\{K(NM)^3[1-2e+e^2]\} \tag{3.129}$$

令

$$g(e)=1-2e+e^2 \tag{3.130}$$

由于 $g(e)$ 在 $0<e<1$ 上单调递减，因此

$$g(e)>g(1)=0 \tag{3.131}$$

由式（3.129）和式（3.131）可得

$$T_{\mathrm{SDP}}-T_{\mathrm{DP}}>O\{K(NM)^3 g(1)\}=0 \tag{3.132}$$

即

$$T_{\mathrm{SDP}}>T_{\mathrm{DP}} \tag{3.133}$$

3. SWF 算法复杂度

由 2.2.5 节 SWF 波形生成算法步骤，SWF 算法需要进行 K 次 $NM\times NM$ 矩阵的特征值分解，并由式（2.29）生成 K 个投影矩阵 $\boldsymbol{P}_{\mathrm{SWF},k}$，将 $\boldsymbol{P}_{\mathrm{SWF},k}\in\mathbb{C}^{NM\times NM}$ 与随机向量 $\boldsymbol{d}_k\in\mathbb{C}^{NM}$ 进行 K 次相乘，因此其时间复杂度可以计算为

$$\begin{aligned}T_{\mathrm{SWF}}&=O\{K(NM)^3+K[(NM)^3+(NM)^3]+K(NM)^2\}\\&=O\{3K(NM)^3+K(NM)^2\}\\&\approx O[3K(NM)^3]\end{aligned} \tag{3.134}$$

综合式（3.128）、式（3.133）和式（3.134）可得

$$T_{\mathrm{SWF}}>T_{\mathrm{SDP}}>T_{\mathrm{DP}} \tag{3.135}$$

3.4.2　低复杂度 REC 通信波形设计

从第 2 章对三种 REC 通信波形的性能分析结论可以看出，基于注水原理的 SWF 波形设计方法，在考虑综合性能指标——增益优势的条件下，其具有最好的误码率性能。但是，为了保证通信波形之间的正交性，其必须在每一次生成通信波形时将已构造通信波形加入托普利兹矩阵，并重新进行特征值分解，具有较高的计算复杂度。基于 SWF 通信波形生成算法，本节设计一种基于抽取运算的具有低复杂度的 ESWF 通信波形设计算法，只需进行一次特征值分解运算，且通信波形之间完全正交，有利于保证通信可靠性。

3.4.2.1　抽取运算定义与性质

为方便对 ESWF 波形生成算法进行描述，首先定义一种抽取运算概念如下：

定义 3.1：设任意非对角矩阵 $\boldsymbol{A}=[\boldsymbol{a}_1\quad \boldsymbol{a}_2\quad \cdots\quad \boldsymbol{a}_b]$，$\boldsymbol{A}\in\mathbb{C}^{a\times b}$，任意对角矩阵 $\boldsymbol{D}=\mathrm{diag}(d_1\quad d_2\quad \cdots\quad d_c)$，$\boldsymbol{D}\in\mathbb{C}^{c\times c}$，对于任意正整数 $K<b$，$K<c$，有

$$\begin{cases} \boldsymbol{A}_{[1]} = [\boldsymbol{a}_1 \quad \boldsymbol{a}_{1+K} \quad \cdots \quad \boldsymbol{a}_{1+(e-1)K}] \\ \boldsymbol{A}_{[2]} = [\boldsymbol{a}_2 \quad \boldsymbol{a}_{2+K} \quad \cdots \quad \boldsymbol{a}_{2+(e-1)K}] \\ \cdots \\ \boldsymbol{A}_{[K]} = [\boldsymbol{a}_K \quad \boldsymbol{a}_{K+K} \quad \cdots \quad \boldsymbol{a}_{K+(e-1)K}] \end{cases} \tag{3.136}$$

$$\boldsymbol{D}_{[k]} = \begin{bmatrix} d_k & & & \\ & d_{k+K} & & \\ & & \ddots & \\ & & & d_{k+(f-1)K} \end{bmatrix} \tag{3.137}$$

即

$$\boldsymbol{A}_{[k]} = [\boldsymbol{a}_k \quad \boldsymbol{a}_{k+K} \quad \cdots \quad \boldsymbol{a}_{k+(e-1)K}] \tag{3.138}$$

$$\boldsymbol{D}_{[k]} = \mathrm{diag}\{d_k \quad d_{k+K} \quad \cdots \quad d_{k+(f-1)K}\} \tag{3.139}$$

则称$(\cdot)_{[k]}$为抽取运算。上式中：

$$e = \left\lfloor \frac{b}{K} \right\rfloor \tag{3.140}$$

$$f = \left\lfloor \frac{c}{K} \right\rfloor \tag{3.141}$$

分别代表抽取后矩阵$\boldsymbol{A}_{[k]}$的列维度与$\boldsymbol{D}_{[k]}$的维度大小，即$\boldsymbol{A}_{[k]} \in \mathbb{C}^{a \times e}$，$\boldsymbol{D}_{[k]} \in \mathbb{C}^{f \times f}$，$\lfloor \cdot \rfloor$表示向下取整运算。

可以看到，抽取运算$(\cdot)_{[k]}$所作的操作是将非对角矩阵$\boldsymbol{A}$的列向量和对角矩阵$\boldsymbol{D}$的对角元素以间隔K进行抽样。其有以下几个性质：

性质 3.1：设$\boldsymbol{U}$为酉矩阵，则

$$\tilde{\boldsymbol{I}}_{[k]} = \boldsymbol{U}^{\mathrm{H}} \boldsymbol{U}_{[k]} \tag{3.142}$$

式中：$\tilde{\boldsymbol{I}}_{[k]}$为将单位矩阵$\boldsymbol{I}$视为非对角矩阵通过抽取运算后得到的矩阵。

证明：

假设$\boldsymbol{U} = [\boldsymbol{u}_1 \quad \boldsymbol{u}_2 \quad \cdots \quad \boldsymbol{u}_b]$，则

$$\boldsymbol{U}_{[k]} = [\boldsymbol{u}_k \quad \boldsymbol{u}_{k+K} \quad \cdots \quad \boldsymbol{u}_{k+(e-1)K}] \tag{3.143}$$

因此

$$\begin{aligned} \boldsymbol{U}^{\mathrm{H}} \boldsymbol{U}_{[k]} &= \begin{bmatrix} \boldsymbol{u}_1^{\mathrm{H}} \\ \boldsymbol{u}_2^{\mathrm{H}} \\ \cdots \\ \boldsymbol{u}_b^{\mathrm{H}} \end{bmatrix} \cdot [\boldsymbol{u}_k \quad \boldsymbol{u}_{k+K} \quad \cdots \quad \boldsymbol{u}_{k+(e-1)K}] \\ &= [\boldsymbol{e}_k \quad \boldsymbol{e}_{k+K} \quad \cdots \quad \boldsymbol{e}_{k+(e-1)K}] \end{aligned} \tag{3.144}$$

其中

$$\boldsymbol{e}_k=[0\quad\cdots\quad 0\quad \underset{\text{第}k\text{位}}{1}\quad 0\quad\cdots\quad 0]^{\mathrm{T}} \tag{3.145}$$

式中：$[\cdot]^{\mathrm{T}}$ 代表转置操作。由于$\widetilde{\boldsymbol{I}}_{[k]}$为将单位矩阵 $\boldsymbol{I}$ 视为非对角矩阵通过抽取运算后得到的矩阵，因此

$$\widetilde{\boldsymbol{I}}_{[k]}=[\boldsymbol{e}_k\quad \boldsymbol{e}_{k+K}\quad\cdots\quad \boldsymbol{e}_{k+(e-1)K}] \tag{3.146}$$

则$\widetilde{\boldsymbol{I}}_{[k]}=\boldsymbol{U}^{\mathrm{H}}\boldsymbol{U}_{[k]}$，得证。

性质 3.2：$\widetilde{\boldsymbol{I}}_{[k]}$与任何矩阵 $\boldsymbol{B}=[\boldsymbol{b}_1\quad \boldsymbol{b}_2\quad\cdots\quad \boldsymbol{b}_b]$的运算规则为

$$\boldsymbol{B}\widetilde{\boldsymbol{I}}_{[k]}=[\boldsymbol{b}_k\quad \boldsymbol{b}_{k+K}\quad\cdots\quad \boldsymbol{b}_{k+(e-1)K}] \tag{3.147}$$

若 $\boldsymbol{B}$ 为非对角矩阵，则

$$\boldsymbol{B}\widetilde{\boldsymbol{I}}_{[k]}=\boldsymbol{B}_{[k]} \tag{3.148}$$

证明：

设 $\boldsymbol{B}=[\boldsymbol{b}_1\quad \boldsymbol{b}_2\quad\cdots\quad \boldsymbol{b}_b]$，则

$$\begin{aligned}\boldsymbol{B}\cdot\boldsymbol{e}_k&=[\boldsymbol{b}_1\quad \boldsymbol{b}_2\quad\cdots\quad \boldsymbol{b}_b]\cdot[0\quad\cdots\quad 0\quad \underset{\text{第}k\text{位}}{1}\quad 0\quad\cdots\quad 0]^{\mathrm{T}}\\&=\boldsymbol{b}_k\end{aligned} \tag{3.149}$$

因此

$$\begin{aligned}\boldsymbol{B}\widetilde{\boldsymbol{I}}_{[k]}&=[\boldsymbol{b}_1\quad \boldsymbol{b}_2\quad\cdots\quad \boldsymbol{b}_b]\cdot[\boldsymbol{e}_k\quad \boldsymbol{e}_{k+K}\quad\cdots\quad \boldsymbol{e}_{k+(e-1)K}]\\&=[\boldsymbol{b}_k\quad \boldsymbol{b}_{k+K}\quad\cdots\quad \boldsymbol{b}_{k+(e-1)K}]\end{aligned} \tag{3.150}$$

若 $\boldsymbol{B}$ 为非对角矩阵，则由式（3.138）和式（3.150）可得

$$\boldsymbol{B}\widetilde{\boldsymbol{I}}_{[k]}=\boldsymbol{B}_{[k]} \tag{3.151}$$

得证。

性质 3.3：若 $\boldsymbol{B}$ 为对角阵，则$\widetilde{\boldsymbol{I}}_{[k]}$与 $\boldsymbol{B}$ 的运算规则为

$$\widetilde{\boldsymbol{I}}_{[k]}^{\mathrm{H}}\boldsymbol{B}\widetilde{\boldsymbol{I}}_{[k]}=\boldsymbol{B}_{[k]} \tag{3.152}$$

证明：

记 $\boldsymbol{B}=\mathrm{diag}\{b_1\quad b_2\quad\cdots\quad b_c\}$，结合式（3.145）可得

$$\boldsymbol{B}=[b_1\boldsymbol{e}_1^{\mathrm{T}}\quad b_2\boldsymbol{e}_2^{\mathrm{T}}\quad\cdots\quad b_c\boldsymbol{e}_c^{\mathrm{T}}] \tag{3.153}$$

再由性质 3.2 可得

$$\begin{aligned}\boldsymbol{B}\widetilde{\boldsymbol{I}}_{[k]}&=\boldsymbol{B}_{[k]}\\&=[b_k\boldsymbol{e}_k\quad b_{k+K}\boldsymbol{e}_{k+K}\quad\cdots\quad b_{k+(e-1)K}\boldsymbol{e}_{k+(e-1)K}]\end{aligned} \tag{3.154}$$

因此

$$\widetilde{\boldsymbol{I}}_{[k]}^{\mathrm{H}}\boldsymbol{B}\widetilde{\boldsymbol{I}}_{[k]}=\begin{bmatrix}\boldsymbol{e}_k^{\mathrm{T}}\\ \boldsymbol{e}_{k+K}^{\mathrm{T}}\\ \vdots\\ \boldsymbol{e}_{k+(e-1)K}^{\mathrm{T}}\end{bmatrix}[b_k\boldsymbol{e}_k \quad b_{k+K}\boldsymbol{e}_{k+K} \quad \cdots \quad b_{k+(e-1)K}\boldsymbol{e}_{k+(e-1)K}]$$
$$=\mathrm{diag}\{b_k \quad b_{k+K} \quad \cdots \quad b_{k+(e-1)K}\}$$
$$=\boldsymbol{B}_{[k]} \tag{3.155}$$

得证。

3.4.2.2 ESWF 波形设计算法

基于 3.4.2.1 节抽取运算及其性质，ESWF 波形生成算法描述如下：

Step1：规定主空间大小为 m，由式（2.6）中特征值矩阵构建注水成型矩阵为

$$\boldsymbol{\Lambda}_{\mathrm{E}}=\begin{bmatrix}\boldsymbol{\Lambda}_{\mathrm{D}}^{-1} & \boldsymbol{0}\\ \boldsymbol{0} & \boldsymbol{\Lambda}_{\mathrm{ND}}\end{bmatrix} \tag{3.156}$$

Step2：假设特征向量矩阵 $\boldsymbol{Q}$ 含有的 NM 个特征向量为$\widetilde{\boldsymbol{q}}_1,\widetilde{\boldsymbol{q}}_2,\cdots,\widetilde{\boldsymbol{q}}_{NM}$，$\boldsymbol{\Lambda}_{\mathrm{E}}$ 的对角线元素为 $\lambda_1,\lambda_2,\cdots,\lambda_{NM}$，需要构建的 REC 通信波形数量为 K，通过对式（2.6）矩阵 $\boldsymbol{Q}$ 的列向量进行抽取处理，构建 $\boldsymbol{Q}$ 的 K 个子矩阵为

$$\boldsymbol{Q}_{[k]}=[\widetilde{\boldsymbol{q}}_k \quad \widetilde{\boldsymbol{q}}_{k+K} \quad \cdots \quad \widetilde{\boldsymbol{q}}_{k+(E-1)K}] \tag{3.157}$$

式中：$\boldsymbol{Q}_{[k]}\in\mathbb{C}^{NM\times E}$，$k=1,2,\cdots,K$。同理，对对角阵 $\boldsymbol{\Lambda}_{\mathrm{E}}$ 进行抽取运算，构建 $\boldsymbol{\Lambda}_{\mathrm{E}}$ 的 K 个子矩阵为

$$\boldsymbol{\Lambda}_{\mathrm{E},[k]}=\mathrm{diag}\{\lambda_k \quad \lambda_{k+K} \quad \cdots \quad \lambda_{k+(E-1)K}\} \tag{3.158}$$

式中：$\boldsymbol{\Lambda}_{\mathrm{E},[k]}\in\mathbb{C}^{E\times E}$，$k=1,2,\cdots,K$。由式（3.140）可知

$$E=\left\lfloor\frac{NM}{K}\right\rfloor \tag{3.159}$$

Step3：构建 K 个 ESWF 通信波形生成矩阵为

$$\boldsymbol{P}_{\mathrm{ESWF},k}=\boldsymbol{Q}_{[k]}\boldsymbol{\Lambda}_{\mathrm{E},[k]}^{1/2}\boldsymbol{Q}_{[k]}^{\mathrm{H}},k=1,2,\cdots,K \tag{3.160}$$

式中：$\boldsymbol{P}_{\mathrm{ESWF},k}\in\mathbb{C}^{NM\times NM}$。

Step4：K 个 REC 通信波形可以构造为

$$\begin{aligned}\boldsymbol{c}_{\mathrm{ESWF},k}&=\beta_{\mathrm{ESWF},k}^{1/2}\boldsymbol{P}_{\mathrm{ESWF},k}\boldsymbol{d}\\&=\beta_{\mathrm{ESWF},k}^{1/2}\boldsymbol{Q}_{[k]}\boldsymbol{\Lambda}_{\mathrm{E},[k]}^{1/2}\boldsymbol{Q}_{[k]}^{\mathrm{H}}\boldsymbol{d}\\&=\beta_{\mathrm{ESWF},k}^{1/2}\boldsymbol{Q}_{[k]}\boldsymbol{\Lambda}_{\mathrm{E},[k]}^{1/2}\boldsymbol{q}\end{aligned} \tag{3.161}$$

式中：$\boldsymbol{c}_{\mathrm{ESWF},k}\in\mathbb{C}^{NM\times 1}$；$\boldsymbol{d}\in\mathbb{C}^{NM\times 1}$；$\boldsymbol{q}\in\mathbb{C}^{E\times 1}$；且 $\|\boldsymbol{d}\|^2=1$ 为收发方已知的单位随机向量，因此 $\boldsymbol{q}=\boldsymbol{Q}_{[k]}^{\mathrm{H}}\boldsymbol{d}$ 也近似为随机向量，即

$$|q_i|^2_{\text{avg}}=|d_i|^2_{\text{avg}}\approx\frac{1}{NM},\quad i=1,2,\cdots,E \tag{3.162}$$

式中：q_i 和 d_i 分别为向量 $\boldsymbol{q}$ 与 $\boldsymbol{d}$ 的元素。式（3.161）中 $\beta_{\text{ESWF}}^{1/2}$ 为使各通信波形之间保持能量一致的能量约束因子，式（3.161）中通信波形的能量可以计算如下：

$$\begin{aligned}P_{\text{ESWF},k}&=\|\boldsymbol{c}_{\text{ESWF},k}\|^2=\boldsymbol{c}_{\text{ESWF},k}^{\text{H}}\boldsymbol{c}_{\text{ESWF},k}\\&=\beta_{\text{ESWF},k}\boldsymbol{q}^{\text{H}}\boldsymbol{\Lambda}_{[k]}^{1/2}\boldsymbol{Q}_{[k]}^{\text{H}}\boldsymbol{Q}_{[k]}\boldsymbol{\Lambda}_{\text{E},[k]}^{1/2}\boldsymbol{q}\\&=\beta_{\text{ESWF},k}\boldsymbol{q}^{\text{H}}\boldsymbol{\Lambda}_{\text{E},[k]}^{1/2}\boldsymbol{\Lambda}_{\text{E},[k]}^{1/2}\boldsymbol{q}\\&=\beta_{\text{ESWF},k}\frac{\text{tr}(\boldsymbol{\Lambda}_{\text{E},[k]})}{NM}\end{aligned} \tag{3.163}$$

假设通信波形的能量为 γ，则

$$\beta_{\text{ESWF},k}=\frac{\gamma NM}{\text{tr}(\boldsymbol{\Lambda}_{\text{E},[k]})} \tag{3.164}$$

与式（2.30）中 SWF 算法生成相比，ESWF 算法在构造不同的 REC 波形时可以使用相同的随机向量 $\boldsymbol{d}$，而 SWF 算法却需要使用 K 个不同的随机向量 $\boldsymbol{d}_k$，因此 ESWF 算法更加简单，收发方只需要保存一组相同的随机向量即可。

以上就是 ESWF 波形生成算法的步骤，为了便于表达，将上述算法产生的 REC 波形称为 ESWF 波形。经过实验，我们发现构造 ESWF 波形的子矩阵 $\boldsymbol{Q}_{[k]}$ 含有的特征向量个数必须大于 5，即 $E\geqslant 5$，这样才能保证生成的 ESWF 波形在频谱上没有畸变，否则 ESWF 波形在频谱上将会出现明显尖峰而导致其丧失 LPI 性能。

选用常见的 LFM 波形为雷达信号，脉冲宽度为 64μs，带宽为 1MHz，采样点数为 $N=64$，过采样因子为 $M=2$，$E=8$，噪声为高斯白噪声，图 3.23 所示分别为主空间大小 $m=32$、$m=64$ 和 $m=96$ 条件下 ESWF 波形的功率谱分布情况，采用 10^3 次 ESWF 波形的平均进行展示。此外我们还绘制了相同功率约束下雷达信号、SWF 波形和 DSSS 符号的功率谱分布情况来进行对比。可以看到在选用三种不同的主空间大小条件下 ESWF 波形与图 2.7 中 SWF 波形的功率谱基本相同，主要分布在雷达的过渡带频谱范围内，并且随着主空间的增大，ESWF 波形在雷达通带的功率成分分布越少。而 DSSS 符号功率则均匀分布在频带范围之内。需要指出的是，为了展示方便，图 3.23 并没有对通信信号和雷达信号的功率比例进行约束，在实际中，通信信号功率低于雷达信号 20dB 以上，即使图 3.23（c）中通信波形与雷达波形功率谱峰值对应频谱不重合，由于通信信号功率远低于雷达信号功率，依然能够实现 LPI 通信。

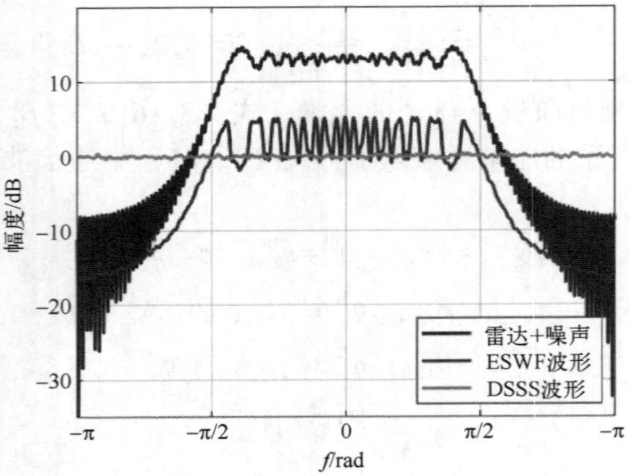

(a) m=32

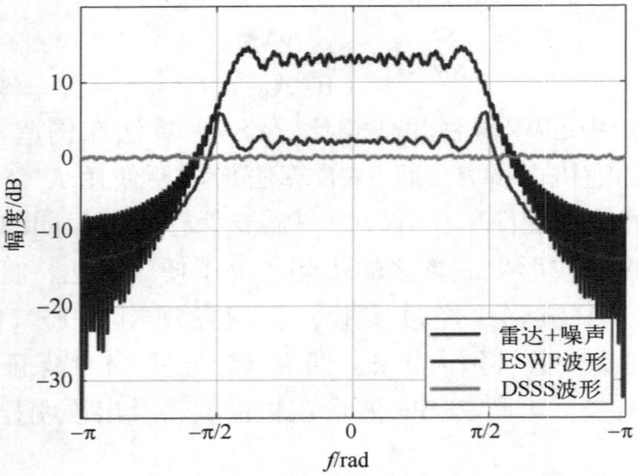

(b) m=64

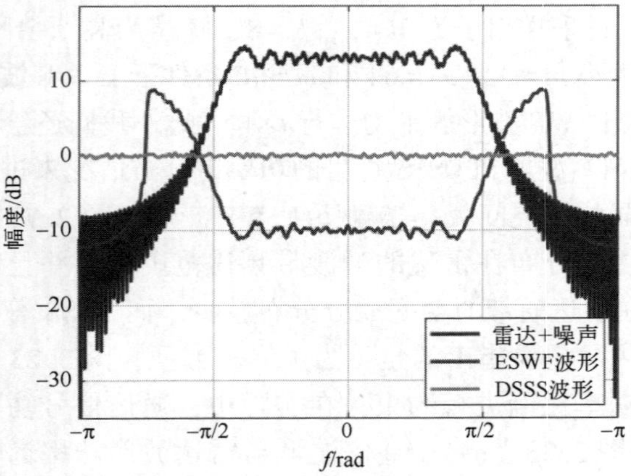

(c) m=96

图 3.23　雷达、ESWF 和 DSSS 波形功率谱

1. 算法复杂度分析与比较

由 3.4.2.2 节 ESWF 波形生成算法可知，ESWF 波形生成算法的计算复杂度主要来源于式（3.160）中 K 个投影矩阵 $\boldsymbol{P}_{\mathrm{ESWF},k}$ 的生成以及式（3.161）中将 K 个投影矩阵与向量 $\boldsymbol{d}$ 相乘。此外，ESWF 算法还需要对托普利兹矩阵进行一次特征值分解，因此 ESWF 波形生成算法的时间计算复杂度为

$$\begin{aligned} T_{\mathrm{ESWF}} &= O\{K[NME^2+(NM)^2E]+K(NM)^2+(NM)^3\} \\ &= O[NMKE^2+(NM)^2KE+K(NM)^2+(NM)^3] \end{aligned} \tag{3.165}$$

由式（3.159）可得，$KE \leqslant NM$，且 $K,E \ll NM$，因此

$$\begin{aligned} T_{\mathrm{ESWF}} &\leqslant O[(NM)^2E+(NM)^3+K(NM)^2+(NM)^3] \\ &= O[2(NM)^3+(K+E)(NM)^2] \\ &\approx O[2(NM)^3] \end{aligned} \tag{3.166}$$

由式（3.122）、式（3.135）和式（3.166）可得

$$T_{\mathrm{SWF}} > T_{\mathrm{SDP}} > T_{\mathrm{DP}} \geqslant \frac{K}{2} T_{\mathrm{ESWF}} \tag{3.167}$$

传统三种 REC 波形生成算法计算复杂度为 ESWF 算法 $K/2$ 倍，因此对比传统 REC 波形生成算法，ESWF 算法计算复杂度大大降低，又由式（3.134）和式（3.166）可得

$$T_{\mathrm{SWF}} \geqslant \frac{3}{2} K T_{\mathrm{ESWF}} \tag{3.168}$$

SWF 算法时间计算复杂度大于 $1.5K$ 倍的 ESWF 算法时间计算复杂度，因此相对于 SWF 算法，ESWF 算法复杂度大大降低，这在实际 REC 系统中是非常有效的，它可以大大减小通信波形生成的运算量，从而减小 RF 标签的响应时间，满足射频标签简易便携高效的要求，提高通信波形的嵌入精度，更好保证系统的 LPI 性能。

2. 波形正交性分析

ESWF 波形之间可以证明是完全正交的，假设 $\boldsymbol{c}_{\mathrm{ESWF},a}$ 和 $\boldsymbol{c}_{\mathrm{ESWF},b}$ 为任意两个 ESWF 通信波形，则

$$\begin{aligned} \boldsymbol{c}_{\mathrm{ESWF},a}^{\mathrm{H}} \cdot \boldsymbol{c}_{\mathrm{ESWF},b} &= \beta_{\mathrm{ESWF},a}^{1/2} \boldsymbol{q}^{\mathrm{H}} \boldsymbol{\Lambda}_{\mathrm{E},[a]}^{1/2} \boldsymbol{Q}_{[a]}^{\mathrm{H}} \beta_{\mathrm{ESWF},b}^{1/2} \boldsymbol{Q}_{[b]} \boldsymbol{\Lambda}_{\mathrm{E},[b]}^{1/2} \boldsymbol{q} \\ &= \beta_{\mathrm{ESWF},a}^{1/2} \beta_{\mathrm{ESWF},b}^{1/2} \boldsymbol{q}^{\mathrm{H}} \boldsymbol{\Lambda}_{\mathrm{E},[a]}^{1/2} \boldsymbol{Q}_{[a]}^{\mathrm{H}} \boldsymbol{Q}_{[b]} \boldsymbol{\Lambda}_{\mathrm{E},[b]}^{1/2} \boldsymbol{q} \end{aligned} \tag{3.169}$$

由式（3.157）可知，抽取矩阵 $\boldsymbol{Q}_{[a]}$ 和 $\boldsymbol{Q}_{[b]}$ 中包含的特征向量不重复，而特征向量 $\tilde{\boldsymbol{q}}_1, \tilde{\boldsymbol{q}}_2, \cdots, \tilde{\boldsymbol{q}}_{NM}$ 相互正交，因此

$$\boldsymbol{Q}_{[a]}^{\mathrm{H}} \cdot \boldsymbol{Q}_{[b]} = 0 \tag{3.170}$$

可得

$$\boldsymbol{c}_{\mathrm{ESWF},a}^{\mathrm{H}} \cdot \boldsymbol{c}_{\mathrm{ESWF},b} = 0 \tag{3.171}$$

即任意两个 ESWF 通信波形之间相互正交，有利于保证 ESWF 波形的通信可靠性。

3.4.3 基于处理增益的 ESWF 波形性能分析

同理，可以通过对合作接收机和截获接收机的处理增益进行分析来间接对 ESWF 波形的通信可靠性和 LPI 性能进行衡量。本节将分别对采用 LDF 滤波器和能量检测器对 ESWF 波形进行接收的处理增益进行理论推导和分析，以此来分析 ESWF 波形的通信可靠性和 LPI 性能。此外，本节还将对 ESWF 波形的处理增益优势进行理论推导，以此来分析 ESWF 波形的综合性能。

1. 通信可靠性能分析

由式（2.37）和式（3.161）可知，当采用 LDF 滤波器时，ESWF 波形对应的 LDF 接收滤波器为

$$\begin{aligned}\boldsymbol{w}_{\mathrm{ESWF-LDF},k} &= \boldsymbol{Q}\widetilde{\boldsymbol{\Lambda}}^{-1}\boldsymbol{Q}^{\mathrm{H}}\boldsymbol{c}_{\mathrm{ESWF},k} \\ &= \boldsymbol{Q}\widetilde{\boldsymbol{\Lambda}}^{-1}\boldsymbol{Q}^{\mathrm{H}}(\beta_{\mathrm{ESWF},k}^{1/2}\boldsymbol{Q}_{[k]}\boldsymbol{\Lambda}_{\mathrm{E},[k]}^{1/2}\boldsymbol{q}) \\ &= \beta_{\mathrm{ESWF},k}^{1/2}\boldsymbol{Q}\widetilde{\boldsymbol{\Lambda}}^{-1}\boldsymbol{Q}^{\mathrm{H}}\boldsymbol{Q}_{[k]}\boldsymbol{\Lambda}_{\mathrm{E},[k]}^{1/2}\boldsymbol{q}\end{aligned} \tag{3.172}$$

将式（3.172）代入式（2.75）可得，采用 LDF 滤波器时，输出的杂波干扰噪声信号能量为

$$\begin{aligned}E_{\mathrm{I,o-ESWF}} &= \sigma_{\mathrm{p}}^2\boldsymbol{w}_{\mathrm{ESWF-LDF},k}^{\mathrm{H}}\boldsymbol{Q}\boldsymbol{\Lambda}\boldsymbol{Q}^{\mathrm{H}}\boldsymbol{w}_{\mathrm{ESWF-LDF},k} \\ &= \sigma_{\mathrm{p}}^2\beta_{\mathrm{ESWF},k}\boldsymbol{q}^{\mathrm{H}}\boldsymbol{\Lambda}_{\mathrm{E},[k]}^{1/2}\boldsymbol{Q}_{[k]}^{\mathrm{H}}\boldsymbol{Q}\widetilde{\boldsymbol{\Lambda}}^{-1}\boldsymbol{Q}^{\mathrm{H}}\boldsymbol{Q}\boldsymbol{\Lambda}\boldsymbol{Q}^{\mathrm{H}}\boldsymbol{Q}\widetilde{\boldsymbol{\Lambda}}^{-1}\boldsymbol{Q}^{\mathrm{H}}\boldsymbol{Q}_{[k]}\boldsymbol{\Lambda}_{\mathrm{E},[k]}^{1/2}\boldsymbol{q} \\ &= \sigma_{\mathrm{p}}^2\beta_{\mathrm{ESWF},k}\boldsymbol{q}^{\mathrm{H}}\boldsymbol{\Lambda}_{\mathrm{E},[k]}^{1/2}\boldsymbol{Q}_{[k]}^{\mathrm{H}}\boldsymbol{Q}\widetilde{\boldsymbol{\Lambda}}^{-1}\boldsymbol{\Lambda}\widetilde{\boldsymbol{\Lambda}}^{-1}\boldsymbol{Q}^{\mathrm{H}}\boldsymbol{Q}_{[k]}\boldsymbol{\Lambda}_{\mathrm{E},[k]}^{1/2}\boldsymbol{q}\end{aligned} \tag{3.173}$$

由于 $\boldsymbol{Q}$ 为酉矩阵，由 3.4.2.1 节性质 3.1 可得

$$\begin{aligned}E_{\mathrm{I,o-ESWF}} &= \sigma_{\mathrm{p}}^2\beta_{\mathrm{ESWF},k}\boldsymbol{q}^{\mathrm{H}}\boldsymbol{\Lambda}_{\mathrm{E},[k]}^{1/2}\widetilde{\boldsymbol{I}}_{[k]}^{\mathrm{H}}\widetilde{\boldsymbol{\Lambda}}^{-1}\boldsymbol{\Lambda}\widetilde{\boldsymbol{\Lambda}}^{-1}\widetilde{\boldsymbol{I}}_{[k]}\boldsymbol{\Lambda}_{\mathrm{E},[k]}^{1/2}\boldsymbol{q} \\ &= \sigma_{\mathrm{p}}^2\beta_{\mathrm{ESWF},k}\boldsymbol{q}^{\mathrm{H}}\boldsymbol{\Lambda}_{\mathrm{E},[k]}^{1/2}\widetilde{\boldsymbol{I}}_{[k]}^{\mathrm{H}}\widetilde{\boldsymbol{\Lambda}}^{-2}\boldsymbol{\Lambda}\widetilde{\boldsymbol{I}}_{[k]}\boldsymbol{\Lambda}_{\mathrm{E},[k]}^{1/2}\boldsymbol{q}\end{aligned} \tag{3.174}$$

再由 3.4.2.1 节性质 3.3 可得

$$\begin{aligned}E_{\mathrm{I,o-ESWF}} &= \sigma_{\mathrm{p}}^2\beta_{\mathrm{ESWF},k}\boldsymbol{q}^{\mathrm{H}}\boldsymbol{\Lambda}_{\mathrm{E},[k]}\widetilde{\boldsymbol{\Lambda}}_{[k]}^{-2}\boldsymbol{\Lambda}_{[k]}\boldsymbol{q} \\ &= \sigma_{\mathrm{p}}^2\beta_{\mathrm{ESWF},k}\mathrm{tr}\{\boldsymbol{\Lambda}_{\mathrm{E},[k]}\widetilde{\boldsymbol{\Lambda}}_{[k]}^{-2}\boldsymbol{\Lambda}_{[k]}\boldsymbol{q}\boldsymbol{q}^{\mathrm{H}}\}\end{aligned} \tag{3.175}$$

又由式（3.162）可得

$$E_{\mathrm{I,o-ESWF}}=\sigma_{\mathrm{p}}^{2}\beta_{\mathrm{ESWF},k}\frac{\mathrm{tr}\{\boldsymbol{\Lambda}_{\mathrm{E},[k]}\widetilde{\boldsymbol{\Lambda}}_{[k]}^{-2}\boldsymbol{\Lambda}_{[k]}\}}{NM} \tag{3.176}$$

同样，将式（3.172）代入式（2.76）可得合作接收机输出的通信信号能量为

$$\begin{aligned}E_{\mathrm{S,o-ESWF}}&=\alpha_k^2\ |\boldsymbol{w}_{\mathrm{ESWF-LDF},k}^{\mathrm{H}}\cdot\boldsymbol{c}_{\mathrm{ESWF},k}|^2\\&=\alpha_k^2\ |\{\beta_{\mathrm{ESWF},k}^{1/2}Q\widetilde{\boldsymbol{\Lambda}}^{-1}\boldsymbol{Q}^{\mathrm{H}}\boldsymbol{Q}_{[k]}\boldsymbol{\Lambda}_{\mathrm{E},[k]}^{1/2}\boldsymbol{q}\}^{\mathrm{H}}\beta_{\mathrm{ESWF},k}^{1/2}\boldsymbol{Q}_{[k]}\boldsymbol{\Lambda}_{\mathrm{E},[k]}^{1/2}\boldsymbol{q}|^2\\&=\alpha_k^2\beta_{\mathrm{ESWF},k}^2|\boldsymbol{q}_k^{\mathrm{H}}\boldsymbol{\Lambda}_{\mathrm{E},[k]}^{1/2}\boldsymbol{Q}_{[k]}^{\mathrm{H}}\boldsymbol{Q}\widetilde{\boldsymbol{\Lambda}}^{-1}\boldsymbol{Q}^{\mathrm{H}}\boldsymbol{Q}_{[k]}\boldsymbol{\Lambda}_{\mathrm{E},[k]}^{1/2}\boldsymbol{q}|^2\end{aligned} \tag{3.177}$$

同理，由于 $\boldsymbol{Q}$ 为酉矩阵，利用 3.4.2.1 节性质 3.1~3.3 可得

$$\begin{aligned}E_{\mathrm{S,o-ESWF}}&=\alpha_k^2\beta_{\mathrm{ESWF},k}^2|\boldsymbol{q}_k^{\mathrm{H}}\boldsymbol{\Lambda}_{\mathrm{E},[k]}^{1/2}\tilde{\boldsymbol{I}}^{\mathrm{H}}\widetilde{\boldsymbol{\Lambda}}^{-1}\tilde{\boldsymbol{I}}\boldsymbol{\Lambda}_{\mathrm{E},[k]}^{1/2}\boldsymbol{q}|^2\\&=\alpha_k^2\beta_{\mathrm{ESWF},k}^2|\boldsymbol{q}_k^{\mathrm{H}}\boldsymbol{\Lambda}_{\mathrm{E},[k]}^{1/2}\widetilde{\boldsymbol{\Lambda}}_{[k]}^{-1}\boldsymbol{\Lambda}_{\mathrm{E},[k]}^{1/2}\boldsymbol{q}|^2\\&=\alpha_k^2\beta_{\mathrm{ESWF},k}^2\left|\frac{\mathrm{tr}(\boldsymbol{\Lambda}_{\mathrm{E},[k]}\widetilde{\boldsymbol{\Lambda}}_{[k]}^{-1})}{NM}\right|^2\end{aligned} \tag{3.178}$$

同样，将式（3.172）代入式（2.77），利用性质 3.1~3.3，可得合作接收机输出的白噪声能量为

$$\begin{aligned}E_{\mathrm{N,o-ESWF}}&=\sigma_{\mathrm{n}}^2\boldsymbol{w}_{\mathrm{ESWF-LDF},k}^{\mathrm{H}}\boldsymbol{w}_{\mathrm{ESWF-LDF},k}\\&=\sigma_{\mathrm{n}}^2\beta_{\mathrm{ESWF},k}\boldsymbol{q}^{\mathrm{H}}\boldsymbol{\Lambda}_{\mathrm{E},[k]}^{1/2}\boldsymbol{Q}_{[k]}^{\mathrm{H}}\boldsymbol{Q}\widetilde{\boldsymbol{\Lambda}}^{-1}\boldsymbol{Q}^{\mathrm{H}}Q\widetilde{\boldsymbol{\Lambda}}^{-1}\boldsymbol{Q}^{\mathrm{H}}\boldsymbol{Q}_{[k]}\boldsymbol{\Lambda}_{\mathrm{E},[k]}^{1/2}\boldsymbol{q}\\&=\sigma_{\mathrm{n}}^2\beta_{\mathrm{ESWF},k}\boldsymbol{q}^{\mathrm{H}}\boldsymbol{\Lambda}_{\mathrm{E},[k]}^{1/2}\tilde{\boldsymbol{I}}^{\mathrm{H}}\widetilde{\boldsymbol{\Lambda}}^{-1}\widetilde{\boldsymbol{\Lambda}}^{-1}\tilde{\boldsymbol{I}}\boldsymbol{\Lambda}_{\mathrm{E},[k]}^{1/2}\boldsymbol{q}\\&=\sigma_{\mathrm{n}}^2\beta_{\mathrm{ESWF},k}\frac{\mathrm{tr}\{\boldsymbol{\Lambda}_{\mathrm{E},[k]}\widetilde{\boldsymbol{\Lambda}}_{[k]}^{-2}\}}{NM}\end{aligned} \tag{3.179}$$

由式（2.67）、式（3.176）、式（3.177）和式（3.179）可得 LDF 接收滤波器输出 SINR 为

$$\begin{aligned}\mathrm{SINR}_{\mathrm{o,ESWF-LDF}}(m)&=\frac{E_{\mathrm{S,o-ESWF}}}{E_{\mathrm{I,o-ESWF}}+E_{\mathrm{N,o-ESWF}}}\\&=\frac{\alpha_k^2\gamma\ |\mathrm{tr}(\boldsymbol{\Lambda}_{\mathrm{E},[k]}\widetilde{\boldsymbol{\Lambda}}_{[k]}^{-1})|^2}{\mathrm{tr}\{\boldsymbol{\Lambda}_{\mathrm{E},[k]}\}(\sigma_{\mathrm{p}}^2\mathrm{tr}\{\boldsymbol{\Lambda}_{\mathrm{E},[k]}\widetilde{\boldsymbol{\Lambda}}_{[k]}^{-2}\boldsymbol{\Lambda}_{[k]}\}+\sigma_{\mathrm{n}}^2\mathrm{tr}\{\boldsymbol{\Lambda}_{\mathrm{E},[k]}\widetilde{\boldsymbol{\Lambda}}_{[k]}^{-2}\})}\end{aligned} \tag{3.180}$$

其为主空间大小 m 的函数，综合式（2.66）、式（2.73）、式（2.81）和式（3.180）可得对于 ESWF 波形采用 LDF 接收滤波器的处理增益为

$$P_{\mathrm{G,co-ESWF}}(m)=\frac{\mathrm{SINR}_{\mathrm{o,ESWF-LDF}}(m)}{\mathrm{SINR}_{\mathrm{i}}}$$

$$
=\frac{NM(\mathrm{CNR}+1)\left[\operatorname{tr}(\boldsymbol{\Lambda}_{\mathrm{E},[k]}\widetilde{\boldsymbol{\Lambda}}_{[k]}^{-1})\right]^{2}}{\operatorname{tr}\{\boldsymbol{\Lambda}_{\mathrm{E},[k]}\}\left(\mathrm{CNR}\cdot\operatorname{tr}\{\boldsymbol{\Lambda}_{\mathrm{E},[k]}\widetilde{\boldsymbol{\Lambda}}_{[k]}^{-2}\boldsymbol{\Lambda}_{[k]}\}+\operatorname{tr}\{\boldsymbol{\Lambda}_{\mathrm{E},[k]}\widetilde{\boldsymbol{\Lambda}}_{[k]}^{-2}\}\right)}
\tag{3.181}
$$

图 3.24 绘制了 CNR 分别为 0dB、10dB、20dB、30dB 和+∞ 下 LDF 接收机对 ESWF 波形的处理增益与主空间大小 m 的关系曲线，雷达信号选用脉冲宽度为 64μs、带宽为 1MHz 的 LFM 信号，其他参数设置为 $N=64$、$M=2$、$E=8$。可以看到，随着 m 的增大，LDF 接收机的处理增益逐渐增大，这意味着通信可靠性能的不断提升。但当 $m<64$ 时，处理增益增长趋势较缓，而当 $m>64$ 时，处理增益快速增加，通信可靠性也会得到迅速提升；此外，在相同 m 条件下，随着 CNR 增加，处理增益逐渐增加，通信可靠性逐渐提升，在 CNR = 30dB 时处理增益已经接近理想条件（CNR = +∞）下的处理增益，通信可靠性也将达到最优值。

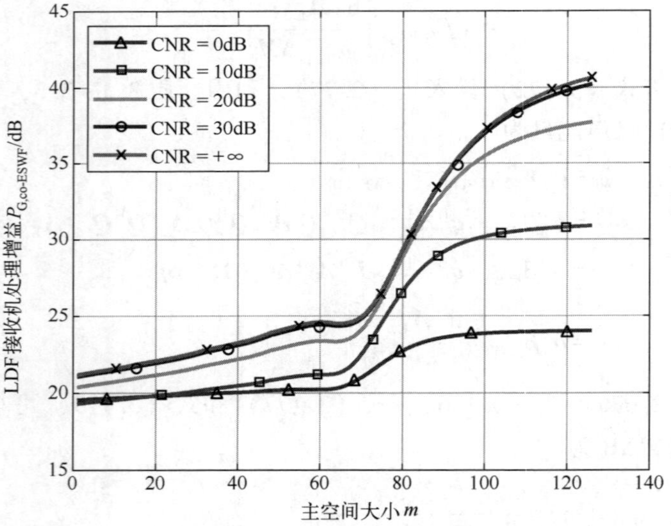

图 3.24　LDF 滤波器对 ESWF 波形的处理增益曲线

进一步，选择 CNR = 30dB，其他参数设置与图 3.24 一致。图 3.25 所示为 DP 波形、SDP 波形、SWF 波形和 ESWF 波形采用 LDF 接收机时的处理增益对比。可见，LDF 接收机对 ESWF 波形和 SWF 波形的处理增益基本一致，随着主空间大小 m 的增加，处理增益不断增加，但 ESWF 波形和 SWF 波形始终小于 DP 波形和 SDP 波形，这意味着在任何主空间大小 m 的取值下，ESWF 波形和 SWF 波形的通信可靠性都最差。

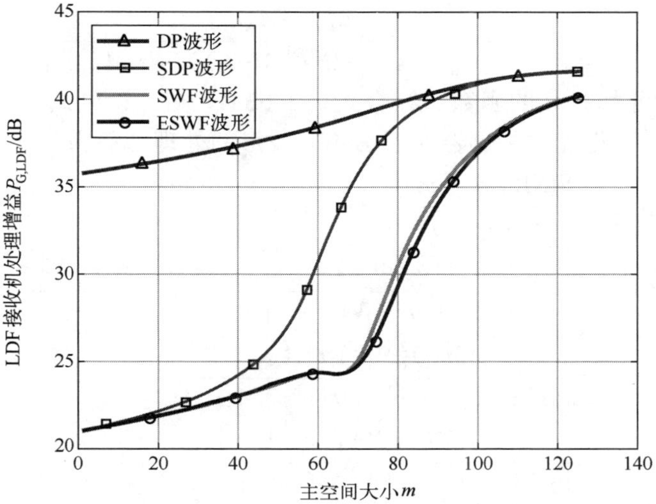

图 3.25　LDF 滤波器对 DP、SDP、SWF、ESWF 波形的处理增益曲线，CNR = 30dB

2. LPI 性能分析

同样可以通过对截获接收机的处理增益进行推导来定性分析 ESWF 波形的 LPI 性能。由式（2.51）和式（3.161）可知，对于 ESWF 波形，截获接收机输出的通信信号能量为

$$\begin{aligned}E_{\mathrm{S,ir-ESWF}}&=\alpha^2\boldsymbol{c}_k^{\mathrm{H}}\boldsymbol{P}_{\mathrm{ir}}\boldsymbol{c}_k\\&=\alpha^2\beta_{\mathrm{ESWF},k}\boldsymbol{q}^{\mathrm{H}}\left(\boldsymbol{\Lambda}_{\mathrm{E},[k]}^{1/2}\right)^{\mathrm{H}}\boldsymbol{Q}_{[k]}^{\mathrm{H}}\boldsymbol{Q}_{\mathrm{ND}}\boldsymbol{Q}_{\mathrm{ND}}^{\mathrm{H}}\boldsymbol{Q}_{[k]}\boldsymbol{\Lambda}_{\mathrm{E},[k]}^{1/2}\boldsymbol{q}\\&=\alpha^2\beta_{\mathrm{ESWF},k}\boldsymbol{q}^{\mathrm{H}}\left(\boldsymbol{\Lambda}_{\mathrm{E},[k]}^{1/2}\right)^{\mathrm{H}}\begin{bmatrix}\boldsymbol{0}_{(E-j)\times(E-j)}&\boldsymbol{0}_{(E-j)\times j}\\\boldsymbol{0}_{j\times(E-j)}&\boldsymbol{I}_{j\times j}\end{bmatrix}\boldsymbol{\Lambda}_{\mathrm{E},[k]}^{1/2}\boldsymbol{q}\\&=\alpha^2\beta_{\mathrm{ESWF},k}\frac{\mathrm{tr}\{\boldsymbol{\Lambda}_{\mathrm{ND},[k]}\}}{NM}\\&=\alpha^2\frac{\gamma\mathrm{tr}\{\boldsymbol{\Lambda}_{\mathrm{ND},[k]}\}}{\mathrm{tr}\{\boldsymbol{\Lambda}_{\mathrm{E},[k]}\}}\end{aligned}\tag{3.182}$$

式中：j 为 $\boldsymbol{Q}_{[k]}$ 和 $\boldsymbol{Q}_{\mathrm{ND}}$ 共同包含的特征向量个数。

由式（2.67）、式（2.70）、式（2.71）和式（3.182）可得截获接收机对 ESWF 波形的输出 SINR 为

$$\begin{aligned}\mathrm{SINR}_{\mathrm{ir,ESWF}}(m)&=\frac{E_{\mathrm{S,ir-ESWF}}}{E_{\mathrm{I,ir}}+E_{\mathrm{N,ir}}}\\&=\frac{\alpha_k^2\dfrac{\gamma\mathrm{tr}\{\boldsymbol{\Lambda}_{\mathrm{ND},[k]}\}}{\mathrm{tr}\{\boldsymbol{\Lambda}_{\mathrm{E},[k]}\}}}{(\sigma_{\mathrm{p}}^2\mathrm{tr}\{\boldsymbol{\Lambda}_{\mathrm{ND}}\}+\sigma_{\mathrm{n}}^2(NM-m))}\end{aligned}\tag{3.183}$$

$$= \frac{\alpha_k^2 \gamma \mathrm{tr}\{\boldsymbol{\Lambda}_{\mathrm{ND},[k]}\}}{(\sigma_{\mathrm{p}}^2 \mathrm{tr}\{\boldsymbol{\Lambda}_{\mathrm{ND}}\} + \sigma_{\mathrm{n}}^2 (NM-m)) \cdot \mathrm{tr}\{\boldsymbol{\Lambda}_{\mathrm{E},[k]}\}}$$

其也为主空间大小 m 的函数，综合式（2.66）、式（2.73）、式（2.81）和式（3.183）可得能量检测器对于 ESWF 波形的处理增益为

$$\begin{aligned} P_{\mathrm{G,ir-ESWF}}(m) &= \frac{\mathrm{SINR}_{\mathrm{ir,ESWF}}(m)}{\mathrm{SINR}_{\mathrm{i}}(m)} \\ &= \frac{\alpha_k^2 \gamma \mathrm{tr}\{\boldsymbol{\Lambda}_{\mathrm{ND},[k]}\}}{[\sigma_{\mathrm{p}}^2 \mathrm{tr}\{\boldsymbol{\Lambda}_{\mathrm{ND}}\} + \sigma_{\mathrm{n}}^2 (NM-m)] \cdot \mathrm{tr}\{\boldsymbol{\Lambda}_{\mathrm{E},[k]}\}} \cdot \frac{NM(\sigma_{\mathrm{p}}^2 + \sigma_{\mathrm{n}}^2)}{\alpha_k^2 \gamma} \\ &= \frac{NM(\sigma_{\mathrm{p}}^2 + \sigma_{\mathrm{n}}^2) \mathrm{tr}\{\boldsymbol{\Lambda}_{\mathrm{ND},[k]}\}}{[\sigma_{\mathrm{p}}^2 \mathrm{tr}\{\boldsymbol{\Lambda}_{\mathrm{ND}}\} + \sigma_{\mathrm{n}}^2 (NM-m)] \cdot \mathrm{tr}\{\boldsymbol{\Lambda}_{\mathrm{E},[k]}\}} \\ &= \frac{NM(\mathrm{CNR}+1) \mathrm{tr}\{\boldsymbol{\Lambda}_{\mathrm{ND},[k]}\}}{[\mathrm{CNR} \cdot \mathrm{tr}\{\boldsymbol{\Lambda}_{\mathrm{ND}}\} + (NM-m)] \cdot \mathrm{tr}\{\boldsymbol{\Lambda}_{\mathrm{E},[k]}\}} \end{aligned} \tag{3.184}$$

同样，图 3.26 绘制了 CNR 分别为 0dB、10dB、20dB、30dB 和+∞ 下能量检测器处理增益与主空间大小 m 的关系曲线，参数设置与图 3.25 相同。可以看到，随着主空间大小 m 的增大，能量检测器处理增益先增加后减小，具体地，在 $m<60$ 时，能量检测器将雷达信号投影到图 2.3 中 $m \sim NM$ 序号特征值对应的非主空间上，因此随着 m 增加，投影得到的雷达信号功率逐渐减小，截获接收机输出$\mathrm{SINR}_{\mathrm{ir,ESWF}}$增加，处理增益缓慢增加，LPI 性能下降；在 $m>60$ 时，能量检测器将雷达信号投影到图 2.3 中 $m \sim NM$ 序号特征值对应的非主空间上的成分基本不变，但从图 3.23 可知投影得到的通信信号功率迅速减小，因此截获接收机输出$\mathrm{SINR}_{\mathrm{ir,ESWF}}$减小，截获接收机处理增益快速下降，LPI 性能增加。这意味着在 ESWF 波形的 LPI 性能在 $m=60$ 时最差，若单纯考虑 LPI 性能，进行 ESWF 波形设计时主空间大小 m 应尽量远离 60。此外，还可以观察到，在相同 m 条件下，随着 CNR 增加，能量检测器处理增益也逐渐增加，LPI 性能下降，但在 CNR=30dB 时截获接收机处理增益已经接近 CNR=+∞ 的处理增益，此时 LPI 性能最差。

同样，选择 CNR=30dB，其他参数设置与图 3.26 一致。图 3.27 所示为截获接收机对 DP 波形、SDP 波形、SWF 波形和 ESWF 波形的处理增益对比曲线，可见，当 $m<60$ 时，截获接收机对 4 种通信波形的处理增益基本一致，其中，对 DP 波形和 SDP 波形的处理增益略高于对 SWF 波形和 ESWF 波形的处理增益；当 $m>60$ 时，截获接收机对 ESWF 波形的处理增益会随着 m 的增加而降低，并且低于对 SWF 波形的处理增益，这意味着 ESWF 波形的 LPI 性能将会得到改善，并且要优于 SWF 波形的 LPI 性能。

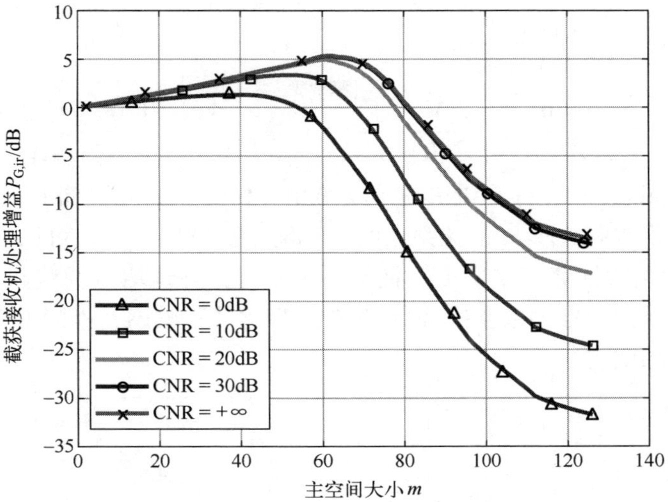

图 3.26　截获接收机对 ESWF 波形的处理增益曲线

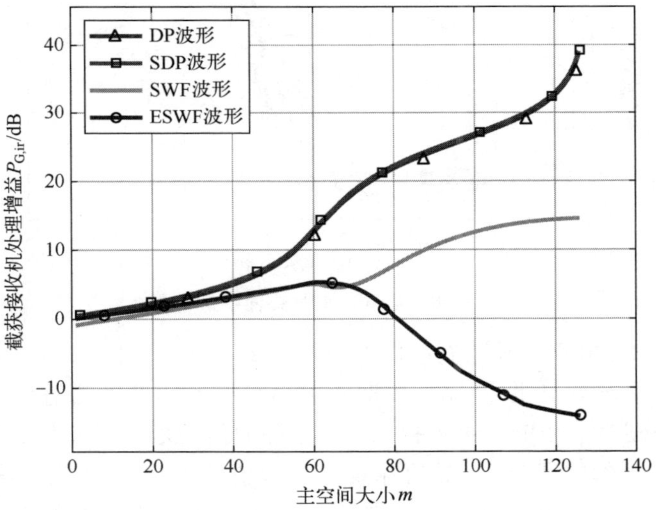

图 3.27　截获接收机对 DP、SDP、SWF、ESWF 波形的处理增益曲线，CNR = 30dB

3. 综合性能分析

对于 ESWF 波形，合作接收机采用 LDF 接收机，截获接收机采用能量检测器。由式（3.181）和式（3.184）可得，ESWF 波形的处理增益优势为

$$
\begin{aligned}
P_{\mathrm{G,adv-ESWF}}(m) &= \frac{P_{\mathrm{G,co-ESWF}}(m)}{P_{\mathrm{G,ir-ESWF}}(m)} \\
&= \frac{\left[\mathrm{tr}(\boldsymbol{\Lambda}_{\mathrm{E},[k]}\widetilde{\boldsymbol{\Lambda}}_{[k]}^{-1})\right]^2\left[\mathrm{CNR}\cdot\mathrm{tr}\{\boldsymbol{\Lambda}_{\mathrm{ND}}\}+(NM-m)\right]}{\mathrm{tr}\{\boldsymbol{\Lambda}_{\mathrm{ND},[k]}\}\left[\mathrm{CNR}\cdot\mathrm{tr}\{\boldsymbol{\Lambda}_{\mathrm{E},[k]}\widetilde{\boldsymbol{\Lambda}}_{[k]}^{-2}\boldsymbol{\Lambda}_{[k]}\}+\mathrm{tr}\{\boldsymbol{\Lambda}_{\mathrm{E},[k]}\widetilde{\boldsymbol{\Lambda}}_{[k]}^{-2}\}\right]}
\end{aligned}
\tag{3.185}
$$

同样，图 3.28 绘制了 CNR 分别为 0dB、10dB、20dB、30dB 和+∞ 下处理增益优势与主空间大小 m 的关系曲线，其他参数设置不变。可以看到，在 $m<60$ 时，处理增益优势基本不变，而当 $m>60$ 时，处理增益优势迅速增加。此外，还可以看到，处理增益优势对 CNR 的变化并不敏感，不同 CNR 时处理增益优势基本相同。

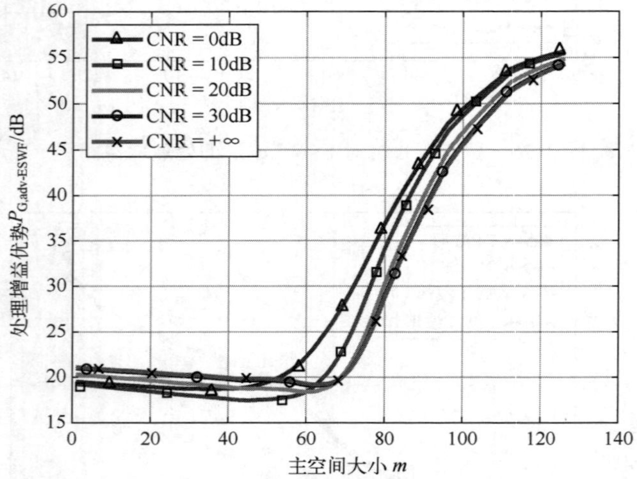

图 3.28　ESWF 波形处理增益优势

选择 CNR = 30dB，其他参数设置与图 3.28 一致。图 3.29 所示为截获接收机对 DP 波形、SDP 波形、SWF 波形和 ESWF 波形的处理增益优势对比曲线，可见，当 $m<65$ 时，SDP、SWF 和 ESWF 三种通信波形处理增益优势基本一致，均小于 DP 波形的处理增益，这意味着当 m 取值较小时，DP 波形具有最好的综合性能；而当 $m>65$ 时，ESWF 波形的处理增益迅速增加，并且在 4 种通信波形中最高，这意味着当 m 取值较大时，ESWF 波形具有最好的综合性能。

3.4.4　仿真与验证

1. 检测概率性能仿真与分析

本节就合作接收机和截获接收机对 ESWF 波形的检测概率和截获概率进行仿真，来验证 3.4.3 节对二者处理增益以及处理增益优势的分析结果。合作接

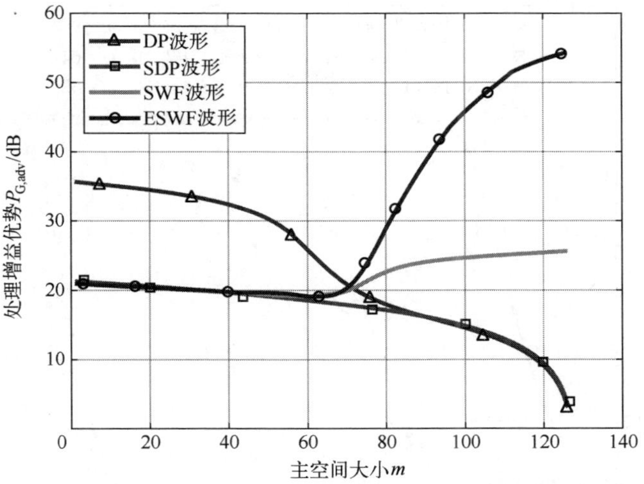

图 3.29　DP、SDP、SWF、ESWF 波形的处理增益优势，CNR = 30dB

收机采用 2.3.2 节中的 NP 接收机，选择 LDF 滤波器进行信号滤波，截获接收机采用 2.4 节中的能量检测器，虚警概率设为 $P_f = 10^{-5}$，CNR 设为 30dB，主空间大小分别设为 $m = 32$、$m = 64$ 和 $m = 96$，其他参数与表 2.2 相同。图 3.30 所示为 NP 接收机和截获接收机对 ESWF 波形的检测概率曲线。可以看到，对于合作接收机，在 $m = 64$ 时通信可靠性略好于 $m = 32$ 时的可靠性能，而 $m = 96$ 时合作接收机可靠性提升了 12dB 左右，优于 $m = 64$ 和 $m = 32$ 时的可靠性能，这与图 3.24 中 LDF 滤波器对 ESWF 波形的处理增益的分析结论相吻合；而对于截获接收机，$m = 32$ 时的 ESWF 波形的 LPI 性能优于 $m = 64$ 时的 LPI 性能，而当 $m = 96$ 时 LPI 性能提升了 10dB 左右，优于 $m = 32$ 和 $m = 64$ 时的 LPI 性能，这与图 3.26 对截获接收机处理增益的分析结果相吻合。此外，还可以发现，对于 $m = 32$ 和 $m = 64$，其增益优势基本相当，而当 $m = 96$ 时，增益优势约提升 20dB，优于 $m = 32$ 和 $m = 64$ 时的处理增益优势，与图 3.28 对 ESWF 波形处理增益优势的分析结论相吻合。

此外，本节还对 ESWF 波形和 SWF 波形之间的性能进行了对比。图 3.31 ~ 图 3.33 所示分别为主空间大小 $m = 32$、$m = 64$ 和 $m = 96$ 时合作接收机和截获接收机对 SWF 波形和 ESWF 波形的检测概率曲线。由图 3.31 ~ 图 3.33 可知，当 $m = 32$ 时，在 SNR>16dB 情况下，ESWF 波形合作接收机性能降低 0 ~ 3dB，相反，在 SNR>30dB 时，LPI 性能增加 0 ~ 3dB；当 $m = 64$ 时，在 SNR>16dB 情况下，合作接收机性能降低 0 ~ 3dB，相反，在 SNR>28dB 时，LPI 性能增加 0 ~ 3dB；当 $m = 96$ 时，可以看到，NP 接收机对于 ESWF 波形的性能几乎没有退

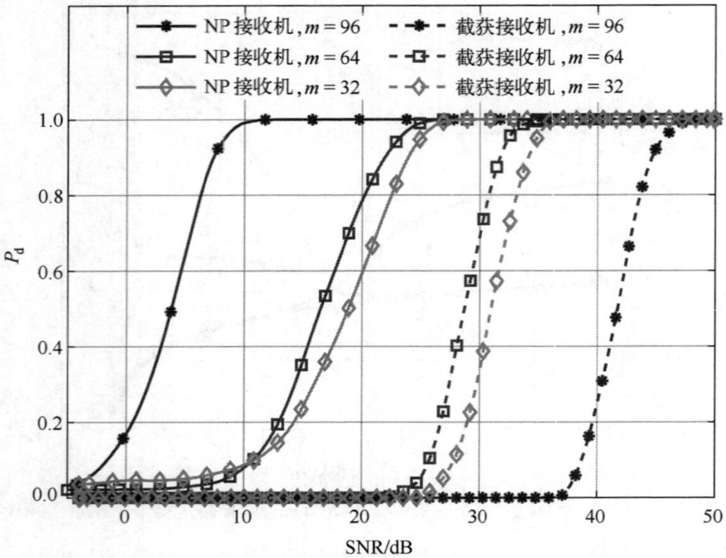

图 3.30　NP 接收机和截获接收机对 ESWF 波形检测概率曲线

化，但截获接收机性能提升了 20dB 以上。因此，当主空间大小选择为 $m=96$ 是一种比较好的情况，根本原因是 ESWF 波形在主空间大小选择较大值时，采用能量检测器的截获接收机处理增益大大降低，从而使 ESWF 波形在主空间较大时具有更加出色的 LPI 性能。

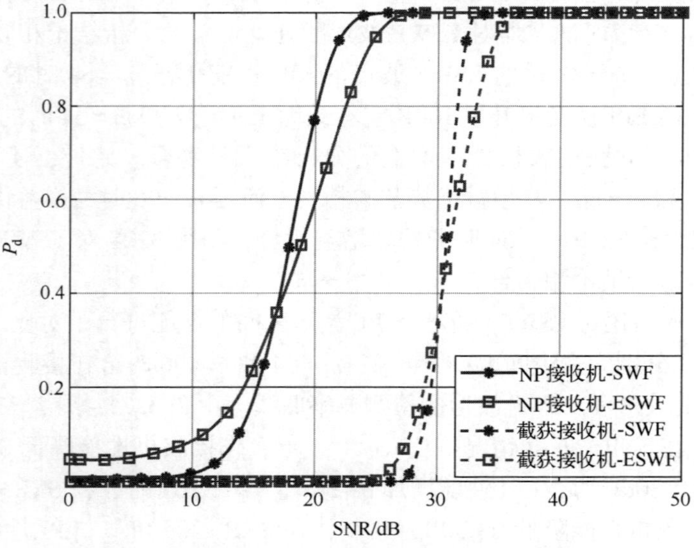

图 3.31　SWF 波形和 ESWF 波形检测概率曲线对比，$m=32$

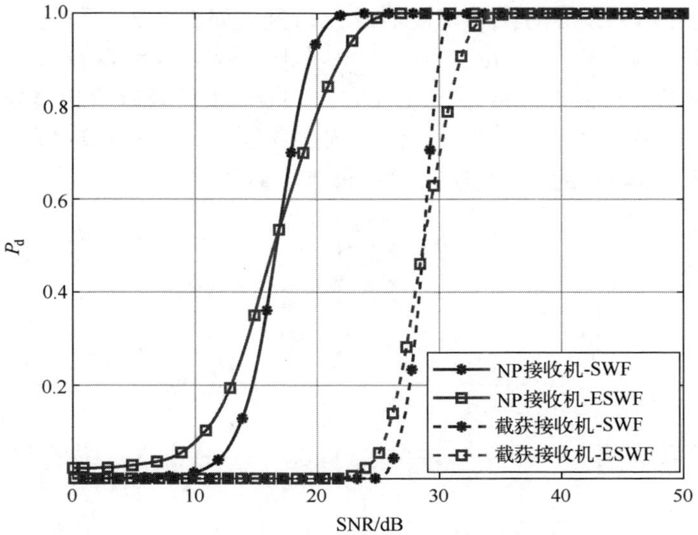

图 3.32　SWF 波形和 ESWF 波形检测概率曲线对比，$m=64$

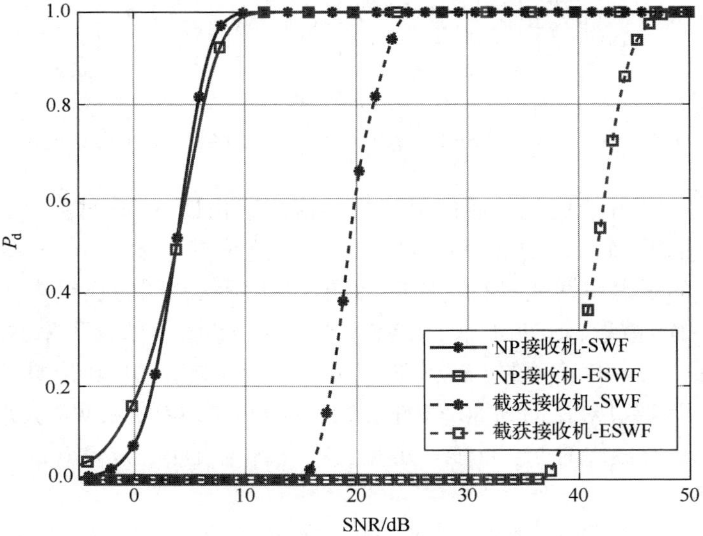

图 3.33　SWF 波形和 ESWF 波形检测概率曲线对比，$m=96$

2. 误码率性能仿真与分析

与 2.7.4 节类似，若优先考虑通信可靠性能，由图 3.30 可见，在 $m=96$ 参数下，NP 接收机对 ESWF 波形具有最佳的通信可靠性，因此选择 $m=96$ 参数条件下，ESWF 波形的误码率性能进行仿真，如图 3.34 所示，同时还绘出了优先考虑通信可靠性时 DP 波形、SDP 波形、SWF 波形和 DSSS 波形的误码率曲线。可见，当只考虑通信可靠性时，ESWF 波形误码率性能略低于 SWF 波形，但 $m=96$ 参数的 DP 和 SDP 波形依然具有最优的误码率性能。可见，在此种情况下，$m=96$ 的 DP 波形和 SDP 波形依然优先考虑。

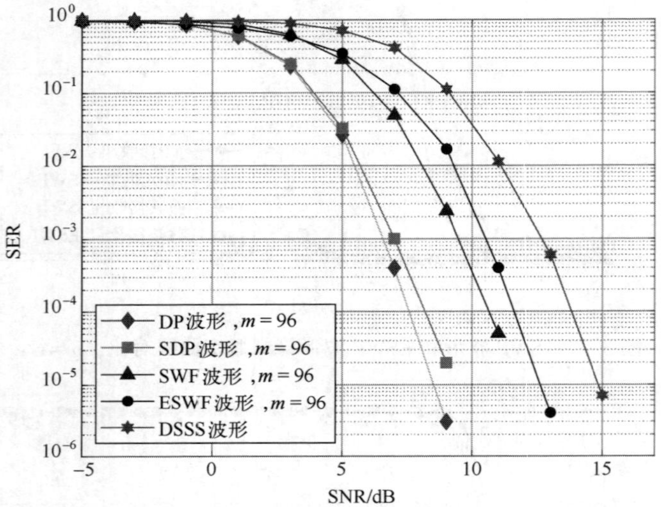

图 3.34　DP、SDP、SWF、ESWF、DSSS 波形误码率比较，优先考虑通信可靠性能

若考虑 LPI 性能优先，通信可靠性能次之，由图 3.30 可见，$m=96$ 参数下的 ESWF 波形具有最佳的 LPI 可靠性，因此依然选择 $m=96$ 参数条件下 ESWF 波形的误码率性能进行仿真，如图 3.35 所示，同时还绘出了优先考虑 LPI 性能时 DP 波形、SDP 波形、SWF 波形和 DSSS 波形的误码率曲线。可见，此种情况下，$m=96$ 参数的 ESWF 波形和 $m=32$ 参数的 DP 波形具有最佳的误码率性能，但通过对比图 3.30 和图 2.22，$m=96$ 参数的 ESWF 波形比 $m=32$ 的 DP 波形具有更优的 LPI 性能。可见，在此种情况下，$m=96$ 的 ESWF 波形可以优先考虑。

若需要考虑综合性能优先，通信可靠性能次之，由图 3.30 可见，$m=96$ 参数下的 ESWF 波形具有最佳的综合性能，因此选择 $m=96$ 参数条件下 ESWF 波形进行对比，如图 3.36 所示，同时还绘出了优先考虑综合性能时 DP 波形、SDP 波形、SWF 波形和 DSSS 波形的误码率曲线。可见，此种情况下，$m=96$ 参数的 SWF 波形最佳的误码率性能，其次是 $m=96$ 参数的 ESWF 波形和 $m=32$ 的 DP 波形，低于 SWF 波形 1dB 左右。因此，$m=96$ 的 SWF 波形、ESWF

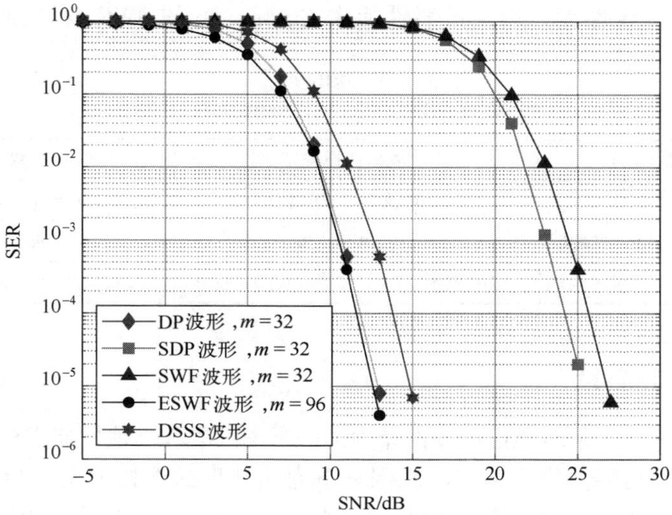

图 3.35　DP、SDP、SWF、ESWF、DSSS 波形误码率比较，优先考虑 LPI 性能

波形和 $m=32$ 的 DP 波形都可以优先考虑。

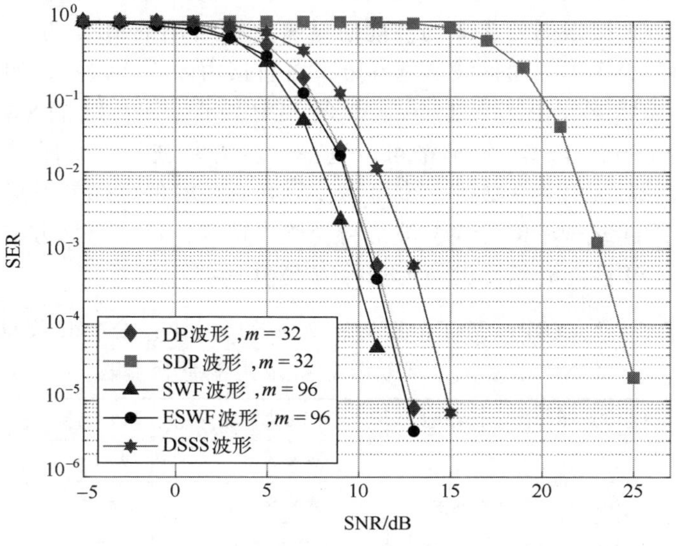

图 3.36　DP、SDP、SWF、ESWF、DSSS 波形误码率比较，优先考虑综合性能

如表 3.1 所示，对不同需求下 REC 通信波形的选择方案进行了总结，若优先考虑通信可靠性能，$m=96$ 的 DP 波形和 SDP 波形依然优先考虑，若优先考虑 LPI 性能，通信可靠性能次之，$m=96$ 的 ESWF 波形可以优先考虑，若需

要优先考虑综合性能，通信可靠性能次之，$m=96$ 的 SWF 波形和 ESWF 波形都可以优先考虑。

表 3.1 REC 通信波形的选择方案

优先考虑因素	波形选择类型	m 参数选择
通信可靠性	DP 波形；SDP 波形	$m=96$；$m=96$
LPI 性能，通信可靠性能	ESWF 波形	$m=96$
综合性能，通信可靠性能	DP 波形；SWF 波形；ESWF 波形	$m=32$；$m=96$；$m=96$

3.4.5 性能总结

同样，表 3.1 是对通信可靠性作为第一考虑因素和其他性能指标作为第一考虑因素、通信可靠性作为第二考虑因素下通信波形的选择方案。为了对通信波形的选用提供更加全面的选择依据，根据 3.4.4 节和第 2 章的分析结果，表 3.2 进一步对 DP、SDP、SWF 和 ESWF 4 种通信波形在不同主空间大小下的运算复杂度、通信可靠性能、LPI 性能和综合性能进行了整理和比较，合作接收机同样选择采用 LDF 滤波器的 NP 接收机，截获接收机选择能量检测器。按照不同需求，可以直接根据表 3.2 的性能总结来筛选可用的 REC 通信波形。进一步可以看到，表 3.1 的通信波形选择方案可直接由表 3.2 得到，如将 LPI 性能作为第一考虑因素，由表 3.2，$m=32$ 的 SDP 波形、$m=32$ 的 SWF 波形以及 $m=32$、64 和 96 的 ESWF 波形都可以选择；若需要进一步将通信可靠性能作为次要考虑因素，由表 3.2 进一步可得，只有 $m=96$ 的 ESWF 波形的通信可靠性能较好，因此 $m=96$ 的 ESWF 波形将会优先选择，这个选择方案与表 3.1 中的优先考虑 LPI 性能时给出的波形选择方案相一致。

表 3.2 DP、SDP、SWF、ESWF 波形性能对比，合作接收机采用 NP 接收机，截获接收机采用能量检测器

波形种类	主空间选择	复杂度优势	通信可靠性能	LPI 性能	综合性能
DP	32	★★★	★★★★	★★★	★★★★
	64		★★★★	★★	★★
	96		★★★★★	★	★
SDP	32	★★	★★	★★★★	★★
	64		★★★★	★★	★
	96		★★★★★	★	★

（续）

波形种类	主空间选择	复杂度优势	通信可靠性能	LPI 性能	综合性能
SWF	32	★	★★	★★★★	★★
	64		★★	★★★	★★
	96		★★★★	★★	★★★
ESWF	32	★★★★★	★	★★★★	★★
	64		★	★★★★	★★
	96		★★★★	★★★★★	★★★★★

本节首先对传统 DP、SDP、SWF 波形设计算法的时间计算复杂度进行了分析；然后基于综合性能良好的 SWF 波形，提出了一种基于具有低复杂度的 REC 波形设计算法——ESWF 算法，并对其时间计算复杂度和波形正交性进行了分析，结果表明，传统 REC 波形设计算法计算复杂度超过 ESWF 算法的 $K/2$ 倍，SWF 波形设计算法时间计算复杂度超过 ESWF 算法的 $3K/2$ 倍，ESWF 算法计算复杂度相对较低，且 ESWF 通信波形之间相互正交，这有利于提高 ESWF 波形的通信可靠性。其次基于处理增益的性能分析方法，本节还对 ESWF 波形的通信可靠性能、LPI 性能和综合性能进行了理论分析，结果表明，ESWF 波形的可靠性能略微下降，但在主空间大小取值较大时，ESWF 波形的 LPI 性能和综合性能得到提升；再次通过仿真对前面分析结果进行了验证，仿真结果与理论分析结果大致吻合；此外，针对不同优先级考虑，对不同通信波形的误码率性能进行了仿真，结果表明，若优先考虑通信可靠性能，$m=96$ 的 DP 波形和 SDP 波形依然优先考虑，若优先考虑 LPI 性能，通信可靠性能次之，$m=96$ 的 ESWF 波形可以优先考虑，若需要优先考虑综合性能，通信可靠性能次之，则 $m=32$ 的 DP 波形、$m=96$ 的 SWF 波形和 ESWF 波形都可以优先考虑。最后，本节对 DP、SDP、SWF、ESWF 4 种通信波形的性能进行了全面总结，形成了性能对照表，REC 系统可以直接根据优先考虑因素，参照性能对照表在 4 种通信波形中选择合适的通信波形方案。

3.5　基于奇异值分解的 REC 波形设计方法

3.5.1　SVD-NDP 和 SVD-SNDP 波形设计算法

由于 REC 波形构造过程中，矩阵 $\boldsymbol{SS}^{\mathrm{H}}$ 为埃尔米特矩阵，因而 $\boldsymbol{SS}^{\mathrm{H}}$ 能够进行特征值分解。只有部分方阵能进行特征值分解，而所有矩阵都可以进行奇异值分解。本节针对传统 REC 波形设计自由度低、算法复杂度高、难以量化 REC 波形与雷达回波的相似度等问题，提出两种基于奇异值分解的 REC 波形设计方法。本节将首先介绍针对托普利兹矩阵 $\boldsymbol{S}$ 的奇异值分解方法，其次给出 SVD-NDP 和 SVD-SNDP 波形设计算法的详细步骤。

1. 奇异值分解原理

托普利兹矩阵 $\boldsymbol{S}$ 的奇异值分解可以表示为

$$\boldsymbol{S}=\boldsymbol{V}\boldsymbol{\Delta}\boldsymbol{U}^{\mathrm{H}}=\boldsymbol{V}[\boldsymbol{\Theta}\ \boldsymbol{O}]\boldsymbol{U}^{\mathrm{H}} \tag{3.186}$$

式中：$\boldsymbol{V}\in\mathbb{C}^{NM\times NM}$、$\boldsymbol{U}\in\mathbb{C}^{(2NM-1)\times(2NM-1)}$、$\boldsymbol{\Delta}\in\mathbb{C}^{NM\times(2NM-1)}$，且 $\boldsymbol{V}$ 和 $\boldsymbol{U}$ 都为酉矩阵。对角阵 $\boldsymbol{\Theta}\in\mathbb{C}^{NM\times NM}$ 为矩阵 $\boldsymbol{\Delta}$ 的子矩阵，且 $\boldsymbol{\Theta}=\mathrm{diag}(\sigma_1,\sigma_2,\cdots,\sigma_{NM})$ 由矩阵 $\boldsymbol{S}$ 的 NM 个奇异值组成，假设 NM 个奇异值的大小关系为 $\sigma_1\geqslant\sigma_2\geqslant\cdots\geqslant\sigma_{NM}\geqslant 0$。根据奇异值的大小可以将特征向量空间划分为对应 m 个较大奇异值的主空间和对应 $NM-m$ 个较小奇异值的非主空间，式（3.186）可以重写为

$$\begin{aligned}\boldsymbol{S}&=\boldsymbol{V}\boldsymbol{\Delta}\boldsymbol{U}^{\mathrm{H}}\\&=[\boldsymbol{V}_{\mathrm{D}}\ \boldsymbol{V}_{\mathrm{ND}}]\begin{bmatrix}\boldsymbol{\Theta}_{\mathrm{D}} & \boldsymbol{O} & \boldsymbol{O}\\ \boldsymbol{O} & \boldsymbol{\Theta}_{\mathrm{ND}} & \boldsymbol{O}\end{bmatrix}[\boldsymbol{U}_a\quad \boldsymbol{U}_b\quad \boldsymbol{U}_c]^{\mathrm{H}}\\&=[\boldsymbol{V}_{\mathrm{D}}\quad \boldsymbol{V}_{\mathrm{ND}}]\begin{bmatrix}\boldsymbol{\Theta}_{\mathrm{D}} & \boldsymbol{O} & \boldsymbol{O}\\ \boldsymbol{O} & \boldsymbol{\Theta}_{\mathrm{ND}} & \boldsymbol{O}\end{bmatrix}\begin{bmatrix}\boldsymbol{U}_a^{\mathrm{H}}\\ \boldsymbol{U}_b^{\mathrm{H}}\\ \boldsymbol{U}_c^{\mathrm{H}}\end{bmatrix}\end{aligned} \tag{3.187}$$

式中：矩阵 $\boldsymbol{\Theta}_{\mathrm{D}}=\mathrm{diag}(\sigma_1,\sigma_2,\cdots,\sigma_m)$ 和 $\boldsymbol{\Theta}_{\mathrm{ND}}=\mathrm{diag}(\sigma_{m+1},\sigma_{m+2},\cdots,\sigma_{NM})$ 的对角线元素分别为 m 个主空间奇异值和 $NM-m$ 个非主空间奇异值，矩阵 $\boldsymbol{V}_{\mathrm{D}}\in\mathbb{C}^{NM\times m}$ 和 $\boldsymbol{V}_{\mathrm{ND}}\in\mathbb{C}^{NM\times(NM-m)}$ 分别由 m 个主空间特征向量和 $NM-m$ 个非主空间特征向量组成。矩阵 $\boldsymbol{U}_a\in\mathbb{C}^{(2NM-1)\times m}$、$\boldsymbol{U}_b\in\mathbb{C}^{(2NM-1)\times(NM-m)}$、$\boldsymbol{U}_c\in\mathbb{C}^{(2NM-1)\times(NM-1)}$ 为矩阵 $\boldsymbol{U}$ 的子矩阵。通过对主空间和非主空间的奇异值和特征向量做不同的变换，可以生成不同的 REC 波形。

2. SVD-NDP 波形

为保证 REC 波形的通信可靠性，在设计 REC 波形时应抑制与雷达信号强相关的成分，因而考虑利用对应较小奇异值的非主空间特征向量生成 SVD-NDP 波形。具体地，将所有的非主空间奇异值设置为 0，将所有的主空间奇异值设置为 1，即将式（3.187）中的矩阵 $\boldsymbol{\Theta}_{\mathrm{D}}$ 和 $\boldsymbol{\Theta}_{\mathrm{ND}}$ 分别变换为 m 维零矩阵 $\boldsymbol{O}$ 和 $NM-m$ 维单位阵 $\boldsymbol{I}_{NM-m}$。SVD-NDP 波形的波形构造矩阵可以表示为

$$
\begin{aligned}
\boldsymbol{P}_{\text{SVD-NDP}} &= \boldsymbol{V}\boldsymbol{\Delta}_{\text{SVD-NDP}}\boldsymbol{U}^{\mathrm{H}} \\
&= [\boldsymbol{V}_{\mathrm{D}} \quad \boldsymbol{V}_{\mathrm{ND}}]\begin{bmatrix} \boldsymbol{O} & \boldsymbol{O} & \boldsymbol{O} \\ \boldsymbol{O} & \boldsymbol{I}_{NM-m} & \boldsymbol{O} \end{bmatrix}\begin{bmatrix} \boldsymbol{U}_a^{\mathrm{H}} \\ \boldsymbol{U}_b^{\mathrm{H}} \\ \boldsymbol{U}_c^{\mathrm{H}} \end{bmatrix} \\
&= \boldsymbol{V}_{\mathrm{ND}}\boldsymbol{U}_b^{\mathrm{H}}
\end{aligned}
\tag{3.188}
$$

式中：矩阵 $\boldsymbol{\Delta}_{\text{SVD-NDP}} \in \mathbb{C}^{NM\times(2NM-1)}$。取 K 个两两正交且只有收发方已知的单位随机向量组成正交向量集 $\{\boldsymbol{d}_1, \boldsymbol{d}_2, \cdots, \boldsymbol{d}_K\}$，其中 $\boldsymbol{d}_k \in \mathbb{C}^{(2NM-1)\times 1}(k=1,2,\cdots,K)$ 且 $\boldsymbol{d}_f^{\mathrm{H}}\boldsymbol{d}_g = 0$（$f \neq g$ 且 $1 \leqslant f, g \leqslant K$）。然后通过下式可以生成 K 个 SVD-NDP 波形：

$$
\boldsymbol{c}_{\text{SVD-NDP},k} = \boldsymbol{P}_{\text{SVD-NDP}}\boldsymbol{d}_k = \boldsymbol{V}_{\mathrm{ND}}\boldsymbol{U}_b^{\mathrm{H}}\boldsymbol{d}_k \tag{3.189}
$$

与 DP 波形设计算法相比，SVD-NDP 波形设计算法的优势是波形构造矩阵不用多次生成，因此算法的计算复杂度下降，能够减小 RF 标签的运算压力，提高 REC 系统的工作效率。任取 $\boldsymbol{c}_{\text{SVD-NDP},f}$ 和 $\boldsymbol{c}_{\text{SVD-NDP},g}$，两个 SVD-NDP 波形，则两者的内积可以表示为

$$
\begin{aligned}
\boldsymbol{c}_{\text{SVD-NDP},f}^{\mathrm{H}}\boldsymbol{c}_{\text{SVD-NDP},g} &= (\boldsymbol{V}_{\mathrm{ND}}\boldsymbol{U}_b^{\mathrm{H}}\boldsymbol{d}_f)^{\mathrm{H}}\boldsymbol{V}_{\mathrm{ND}}\boldsymbol{U}_b^{\mathrm{H}}\boldsymbol{d}_g \\
&= \boldsymbol{d}_f^{\mathrm{H}}\boldsymbol{U}_b\boldsymbol{V}_{\mathrm{ND}}^{\mathrm{H}}\boldsymbol{V}_{\mathrm{ND}}\boldsymbol{U}_b^{\mathrm{H}}\boldsymbol{d}_g \\
&= \boldsymbol{d}_f^{\mathrm{H}}\boldsymbol{U}_b\boldsymbol{U}_b^{\mathrm{H}}\boldsymbol{d}_g
\end{aligned}
\tag{3.190}
$$

式中：矩阵 $\boldsymbol{U}_b$ 为 $(2NM-1)\times(NM-m)$ 维矩阵，且 $\boldsymbol{U}_b$ 是酉矩阵 $\boldsymbol{U}$ 的子矩阵，可得

$$
\boldsymbol{U}_b\boldsymbol{U}_b^{\mathrm{H}} \approx \frac{NM-m}{2NM-1}\boldsymbol{I}_{2NM-1} \tag{3.191}
$$

因此，式（3.191）可以重写为

$$
\boldsymbol{c}_{\text{SVD-NDP},f}^{\mathrm{H}}\boldsymbol{c}_{\text{SVD-NDP},g} \approx \boldsymbol{d}_f^{\mathrm{H}}\frac{NM-m}{2NM-1}\boldsymbol{I}_{2NM-1}\boldsymbol{d}_g = 0 \tag{3.192}
$$

这表明 $\boldsymbol{c}_{\text{SVD-NDP},f}$ 和 $\boldsymbol{c}_{\text{SVD-NDP},g}$ 是基本正交的，SVD-NDP 波形间的正交性可以减小波形间的相互干扰，有利于提高接收机的判决准确率，能够提升通信可靠性。

3. SVD-SNDP 波形

考虑雷达散射回波频谱形状对 REC 波形性能的影响，提出 SVD-SNDP 波形设计算法，这种波形设计算法加入了非主空间奇异值的影响。SVD-SNDP 波形的波形构造矩阵可以表示为

$$
\begin{aligned}
\boldsymbol{P}_{\text{SVD-SNDP}} &= \boldsymbol{V}\boldsymbol{\Delta}_{\text{SVD-SNDP}}\boldsymbol{U}^{\text{H}} \\
&= [\boldsymbol{V}_{\text{D}} \quad \boldsymbol{V}_{\text{ND}}]\begin{bmatrix} \boldsymbol{O} & \boldsymbol{O} & \boldsymbol{O} \\ \boldsymbol{O} & \boldsymbol{\Theta}_{\text{ND}} & \boldsymbol{O} \end{bmatrix}\begin{bmatrix} \boldsymbol{U}_a^{\text{H}} \\ \boldsymbol{U}_b^{\text{H}} \\ \boldsymbol{U}_c^{\text{H}} \end{bmatrix} \\
&= \boldsymbol{V}_{\text{ND}}\boldsymbol{\Theta}_{\text{ND}}\boldsymbol{U}_b^{\text{H}}
\end{aligned} \tag{3.193}
$$

式中：矩阵 $\boldsymbol{\Delta}_{\text{SVD-SNDP}} \in \mathbb{C}^{NM\times(2NM-1)}$。同样，取 K 个两两正交且只有收发方已知的 $2NM-1$ 维单位随机列向量 $\boldsymbol{d}_k$（$k=1,2,\cdots,K$）组成正交向量集 $\{\boldsymbol{d}_1,\boldsymbol{d}_2,\cdots,\boldsymbol{d}_K\}$，则可以利用 K 个 $\boldsymbol{d}_k$ 生成 K 个 SVD-NDP 波形：

$$
\boldsymbol{c}_{\text{SVD-SNDP},k} = \boldsymbol{P}_{\text{SVD-SNDP}}\boldsymbol{d}_k = \boldsymbol{V}_{\text{ND}}\boldsymbol{\Theta}_{\text{ND}}\boldsymbol{U}_b^{\text{H}}\boldsymbol{d}_k \tag{3.194}
$$

与 SVD-NDP 算法类似，SVD-SNDP 算法也不需要多次生成波形构造矩阵，因而 SVD-SNDP 算法相较于传统的 SDP 算法，可以降低计算复杂度，进而缩短 RF 标签的响应延迟，提高将 REC 波形嵌入雷达回波的准确性。任取 $\boldsymbol{c}_{\text{SVD-SNDP},f}$ 和 $\boldsymbol{c}_{\text{SVD-SNDP},g}$ 两个 SVD-SNDP 波形，则两者的内积可以表示为

$$
\begin{aligned}
&\boldsymbol{c}_{\text{SVD-SNDP},f}^{\text{H}}\boldsymbol{c}_{\text{SVD-SNDP},g} \\
&= (\boldsymbol{V}_{\text{ND}}\boldsymbol{\Theta}_{\text{ND}}\boldsymbol{U}_b^{\text{H}}\boldsymbol{d}_f)^{\text{H}}\boldsymbol{V}_{\text{ND}}\boldsymbol{\Theta}_{\text{ND}}\boldsymbol{U}_b^{\text{H}}\boldsymbol{d}_g \\
&= \boldsymbol{d}_f^{\text{H}}\boldsymbol{U}_b\boldsymbol{\Theta}_{\text{ND}}\boldsymbol{V}_{\text{ND}}^{\text{H}}\boldsymbol{V}_{\text{ND}}\boldsymbol{\Theta}_{\text{ND}}\boldsymbol{U}_b^{\text{H}}\boldsymbol{d}_g \\
&= \boldsymbol{d}_f^{\text{H}}\boldsymbol{U}_b\boldsymbol{\Theta}_{\text{ND}}^2\boldsymbol{U}_b^{\text{H}}\boldsymbol{d}_g \\
&\approx \frac{\text{tr}\{\boldsymbol{\Theta}_{\text{ND}}^2\}}{2NM-1}\boldsymbol{d}_f^{\text{H}}\boldsymbol{d}_g \\
&= 0
\end{aligned} \tag{3.195}
$$

式中：$\text{tr}\{\cdot\}$ 表示矩阵的迹，式（3.195）表明 $\boldsymbol{c}_{\text{SVD-SNDP},f}$ 和 $\boldsymbol{c}_{\text{SVD-SNDP},g}$ 是基本正交的，SVD-SNDP 波形间的正交性可以减小接收机对于嵌入 REC 符号的判决难度，能够显著降低接收端的误判概率。

为了观察 SVD-NDP 波形和 SVD-SNDP 波形的差异，设置雷达信号为 LFM 信号，SCR 设为 0dB，其他参数设置为 $N=100$、$M=2$、$m=100$，图 3.37 展示了单个频谱，图例中 R 代表模拟雷达回波。由图 3.37 可见，SVD-NDP 和 SVD-SNDP 波形的能量主要集中在雷达过渡带，而分配在雷达通带的能量较少。在一般情况下，嵌入雷达回波的 REC 信号功率低于雷达回波功率 20dB 以上，因此 REC 波形的嵌入基本不会对雷达探测性能造成影响。在雷达通带，相较于 SVD-NDP 波形，SVD-SNDP 波形与雷达回波频谱有更高的相似度，3.5.2 节将对所提出的 REC 波形与雷达回波的相似度展开具体分析。

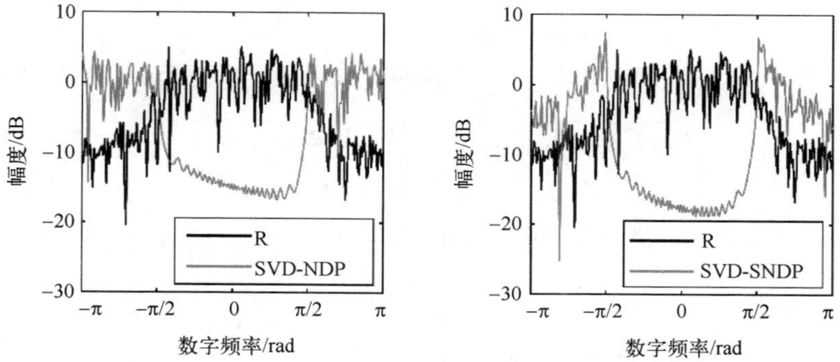

图 3.37　单个 SVD-NDP 和 SVD-SNDP 波形频谱

3.5.2　SVD-NDP 和 SVD-SNDP 波形与雷达回波相似度分析

与传统 REC 波形相比，本章提出的基于奇异值分解的波形的一个突出优势是可以计算 REC 波形与雷达回波的相似度。本节首先提出一种通过矩阵间欧氏距离计算 REC 波形与雷达回波的相似度方法，其次根据相似度分析 SVD-NDP 和 SVD-SNDP 波形的低检测概率性能。

1. 波形相似度分析

本小节通过波形构造具体过程来分析 REC 波形与雷达回波的相似度。式（3.165）、式（3.189）、式（3.194）表明雷达回波、SVD-NDP 波形、SVD-SNDP 波形分别是矩阵 $\boldsymbol{S}$、$\boldsymbol{V}_{\mathrm{ND}}\boldsymbol{U}_b^{\mathrm{H}}$、$\boldsymbol{V}_{\mathrm{ND}}\boldsymbol{\Theta}_{\mathrm{ND}}\boldsymbol{U}_b^{\mathrm{H}}$ 到随机向量的线性变换。因此，可以通过计算矩阵 $\boldsymbol{S}$ 和矩阵 $\boldsymbol{V}_{\mathrm{ND}}\boldsymbol{U}_b^{\mathrm{H}}$ 之间的欧氏距离 X_1 来衡量 SVD-NDP 波形与雷达回波的相似度，通过计算矩阵 $\boldsymbol{S}$ 和矩阵 $\boldsymbol{V}_{\mathrm{ND}}\boldsymbol{\Theta}_{\mathrm{ND}}\boldsymbol{U}_b^{\mathrm{H}}$ 之间的欧氏距离 X_2 来衡量 SVD-SNDP 波形与雷达回波的相似度。由式（3.186）知 $\boldsymbol{S}=\boldsymbol{V\Delta U}^{\mathrm{H}}$，由式（3.189）知 $\boldsymbol{V}_{\mathrm{ND}}\boldsymbol{U}_b^{\mathrm{H}}=\boldsymbol{V\Delta}_{\mathrm{SVD\text{-}NDP}}\boldsymbol{U}^{\mathrm{H}}$，由式（3.193）知 $\boldsymbol{V}_{\mathrm{ND}}\boldsymbol{\Theta}_{\mathrm{ND}}\boldsymbol{U}_b^{\mathrm{H}}=\boldsymbol{V\Delta}_{\mathrm{SVD\text{-}SNDP}}\boldsymbol{U}^{\mathrm{H}}$，因此欧氏距离 X_1 和 X_2 可以通过 F 范数分别计算如下：

$$X_1=\|\boldsymbol{V\Delta U}^{\mathrm{H}}-\boldsymbol{V\Delta}_{\mathrm{SVD\text{-}NDP}}\boldsymbol{U}^{\mathrm{H}}\|_F=\|\boldsymbol{V}(\boldsymbol{\Delta}-\boldsymbol{\Delta}_{\mathrm{SVD\text{-}NDP}})\boldsymbol{U}^{\mathrm{H}}\|_F \tag{3.196}$$

$$X_2=\|\boldsymbol{V\Delta U}^{\mathrm{H}}-\boldsymbol{V\Delta}_{\mathrm{SVD\text{-}SNDP}}\boldsymbol{U}^{\mathrm{H}}\|_F=\|\boldsymbol{V}(\boldsymbol{\Delta}-\boldsymbol{\Delta}_{\mathrm{SVD\text{-}SNDP}})\boldsymbol{U}^{\mathrm{H}}\|_F \tag{3.197}$$

式中：$\|\cdot\|_F$ 代表矩阵的 F 范数。由 F 范数的定义知

$$\|\cdot\|_F=\sqrt{\mathrm{tr}\{\cdot^{\mathrm{H}}\cdot)\}} \tag{3.198}$$

由式（3.198），式（3.196）和式（3.197）可以重写为

$$\begin{aligned}X_1&=\sqrt{\mathrm{tr}\{[\boldsymbol{V}(\boldsymbol{\Delta}-\boldsymbol{\Delta}_{\mathrm{SVD\text{-}NDP}})\boldsymbol{U}^{\mathrm{H}}]^{\mathrm{H}}[\boldsymbol{V}(\boldsymbol{\Delta}-\boldsymbol{\Delta}_{\mathrm{SVD\text{-}NDP}})\boldsymbol{U}^{\mathrm{H}}]\}}\\&=\sqrt{\mathrm{tr}\{\boldsymbol{U}(\boldsymbol{\Delta}-\boldsymbol{\Delta}_{\mathrm{SVD\text{-}NDP}})^{\mathrm{H}}\boldsymbol{V}^{\mathrm{H}}\boldsymbol{V}(\boldsymbol{\Delta}-\boldsymbol{\Delta}_{\mathrm{SVD\text{-}NDP}})\boldsymbol{U}^{\mathrm{H}}\}}\end{aligned} \tag{3.199}$$

$$
\begin{aligned}
&= \sqrt{\operatorname{tr}\{\boldsymbol{U}(\boldsymbol{\Delta}-\boldsymbol{\Delta}_{\text{SVD-NDP}})^{\mathrm{H}}(\boldsymbol{\Delta}-\boldsymbol{\Delta}_{\text{SVD-NDP}})\boldsymbol{U}^{\mathrm{H}}\}} \\
X_2 &= \sqrt{\operatorname{tr}\{[\boldsymbol{V}(\boldsymbol{\Delta}-\boldsymbol{\Delta}_{\text{SVD-SNDP}})\boldsymbol{U}^{\mathrm{H}}]^{\mathrm{H}}[\boldsymbol{V}(\boldsymbol{\Delta}-\boldsymbol{\Delta}_{\text{SVD-SNDP}})\boldsymbol{U}^{\mathrm{H}}]\}} \\
&= \sqrt{\operatorname{tr}\{\boldsymbol{U}(\boldsymbol{\Delta}-\boldsymbol{\Delta}_{\text{SVD-SNDP}})^{\mathrm{H}}\boldsymbol{V}^{\mathrm{H}}\boldsymbol{V}(\boldsymbol{\Delta}-\boldsymbol{\Delta}_{\text{SVD-SNDP}})\boldsymbol{U}^{\mathrm{H}}\}} \\
&= \sqrt{\operatorname{tr}\{\boldsymbol{U}(\boldsymbol{\Delta}-\boldsymbol{\Delta}_{\text{SVD-SNDP}})^{\mathrm{H}}(\boldsymbol{\Delta}-\boldsymbol{\Delta}_{\text{SVD-SNDP}})\boldsymbol{U}^{\mathrm{H}}\}}
\end{aligned} \tag{3.200}
$$

由式（3.187）、式（3.188）、式（3.193）可得$\boldsymbol{\Delta}-\boldsymbol{\Delta}_{\text{SVD-NDP}}$和$\boldsymbol{\Delta}-\boldsymbol{\Delta}_{\text{SVD-SNDP}}$分别为

$$
\boldsymbol{\Delta}-\boldsymbol{\Delta}_{\text{SVD-NDP}} = \begin{bmatrix} \boldsymbol{\Theta}_{\mathrm{D}} & \boldsymbol{O} & \boldsymbol{O} \\ \boldsymbol{O} & \boldsymbol{\Theta}_{\mathrm{ND}}-\boldsymbol{I}_{NM-L} & \boldsymbol{O} \end{bmatrix} \tag{3.201}
$$

$$
\boldsymbol{\Delta}-\boldsymbol{\Delta}_{\text{SVD-SNDP}} = \begin{bmatrix} \boldsymbol{\Theta}_{\mathrm{D}} & \boldsymbol{O} \\ \boldsymbol{O} & \boldsymbol{O} \end{bmatrix} \tag{3.202}
$$

因此，式（3.199）、式（3.200）可以表示为

$$
X_1 = \sqrt{\operatorname{tr}\{\boldsymbol{\Theta}_{\mathrm{D}}^2\} + \operatorname{tr}\{(\boldsymbol{\Theta}_{\mathrm{ND}}-\boldsymbol{I}_{NM-L})^2\}} \tag{3.203}
$$

$$
X_2 = \sqrt{\operatorname{tr}\{\boldsymbol{\Theta}_{\mathrm{D}}^2\}} \tag{3.204}
$$

式（3.203）、式（3.204）表明，SVD-NDP 波形或 SVD-SNDP 波形与雷达回波的相似度可以通过计算式（3.196）和式（3.197）中矩阵的 F 范数得到，且式（3.203）、式（3.204）中矩阵 $\boldsymbol{\Theta}_{\mathrm{D}}$、$\boldsymbol{\Theta}_{\mathrm{ND}}$、$\boldsymbol{I}_{NM-L}$都是对角阵，使得计算过程较为简洁。由式（3.203）、式（3.204）可得到不同主空间大小占比时式（3.196）和式（3.197）中矩阵的 F 范数 X_1 和 X_2，不失一般性，所得结果被 X_1 的最大值归一化，归一化后的 F 范数结果如图 3.38 所示。其中，雷达信号设为中频 0Hz、带宽 1kHz 的 LFM 信号，SCR 设为 0dB，奈奎斯特采样点数设为 $N=100$，过采样因子设为 $M=2$，主空间大小设为 $m=100$。

由图 3.38 可知，SVD-NDP 波形对应的 F 范数大于 SVD-SNDP 波形对应的 F 范数，表明 SVD-SNDP 波形与雷达回波的相似度高于 SVD-NDP 波形与雷达回波的相似度。由图 3.38 观察可得，随着主空间占比的增大，SVD-SNDP 波形对应的 F 范数逐渐增大，即表明 SVD-SNDP 波形和雷达回波间的相似度逐渐降低。然而，当主空间占比超过 50%时，随着主空间占比的增大，SVD-SNDP 波形对应的 F 范数增大速度变得十分缓慢（参考图 3.38 中标记数据），这是因为主空间占比超过 50%时，式（3.204）矩阵 $\boldsymbol{\Theta}_{\mathrm{D}}$ 中增加的奇异值越来越小，导致 F 范数的增加越来越小。图 3.38 还显示，随着主空间比例的增大，SVD-NDP 波形对应的 F 范数先增大后减小，表明 SVD-NDP 波形与雷达回波之间的相似度先降低后升高。F 范数的值越小，相似度越高，因此 LPD 性能越好；然而，由于雷达波形对 REC 波形接收时的干扰增强，会导致通信

可靠性降低。因此，在选择主空间占比这一参数时，应考虑 REC 波形的综合性能。

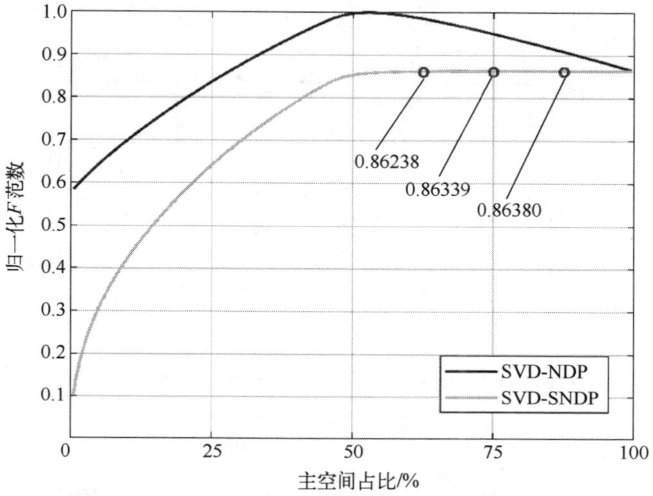

图 3.38 SVD-NDP 或 SVD-SNDP 波形与雷达回波相似度指标

2. LPD 性能分析

下面根据 REC 波形与雷达回波的相似度对所提出波形的 LPD 性能进行分析。首先绘制 SVD-NDP 波形和 SVD-SNDP 波形的平均频谱，对于每种波形，首先产生 1000 个波形，其次对频谱取平均，SVD-NDP 波形和 SVD-SNDP 波形的平均频谱如图 3.39 所示，图例中 R+N 表示杂波加噪声。其中，奈奎斯特

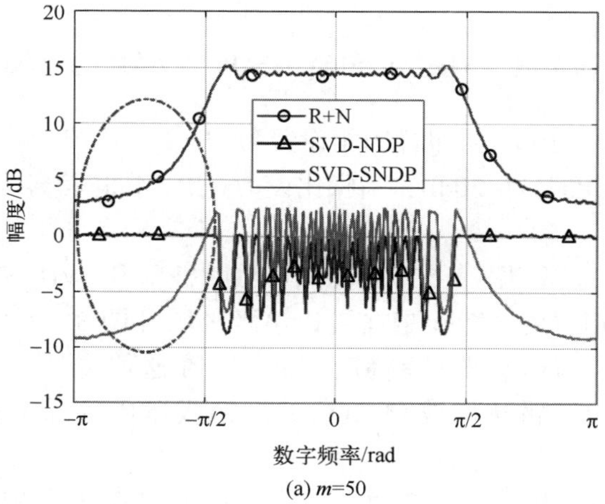

(a) m=50

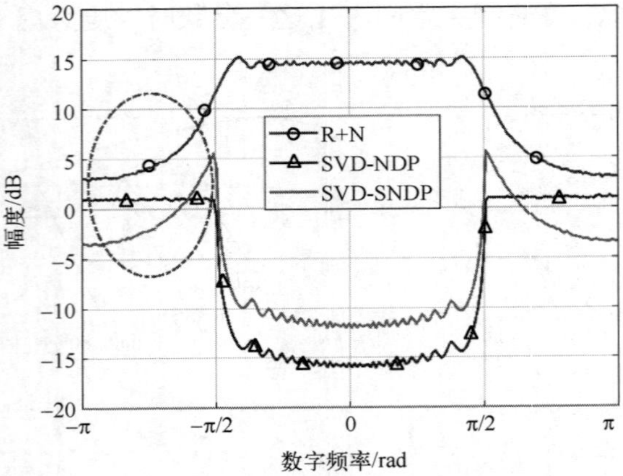

(b) m=100

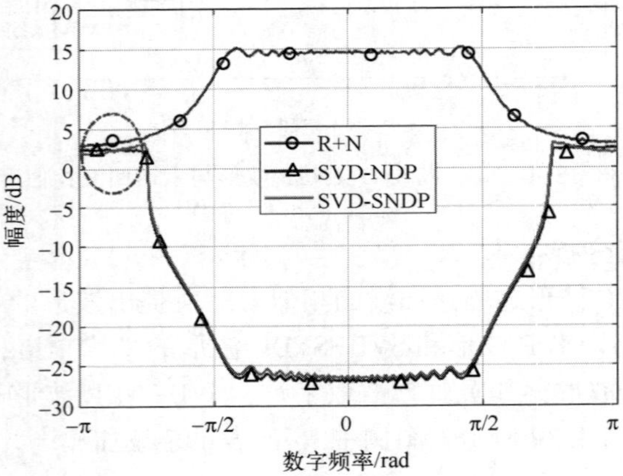

(c) m=150

图 3.39　SVD-NDP 和 SVD-SNDP 波形的平均频谱

采样点数设置为 $N=100$，过采样因子设置为 $M=2$，主空间设置为 $m=50$、$m=100$、$m=150$，SCR 设为-30dB，信噪比设为 0dB，雷达信号为中频 0Hz、带宽 1kHz 的 LFM 信号。

图 3.39（a）显示当 $m=50$ 时，SVD-NDP 波形和 SVD-SNDP 波形都与雷达回波有较高的相似度，特别是在雷达过渡区域（图 3.39（a）圆圈区域），SVD-SNDP 波形与雷达回波具有高度相似性。在这种情况下，波形的 LPD 性能优异；然而，由于雷达回波对 REC 波形接收造成较强干扰，通信可靠性较差。

与图 3.39（a）相比，图 3.39（b）显示 $m=100$ 时 SVD-NDP 和 SVD-

SNDP 波形分配在雷达通带中的功率减小，在雷达过渡带中的功率增大，且此时 REC 波形的高功率部分占用的带宽略微减小（图 3.39（b）圆圈区域）。此时 REC 波形和雷达回波之间的相似度降低导致 LPD 性能降低，然而由于雷达回波对 REC 波形接收干扰程度较低，通信可靠性提高。

图 3.39（c）表明 $m=150$ 时，SVD-NDP 和 SVD-SNDP 波形的频谱相似，并且这两种 REC 波形的功率集中在雷达过渡带。与图 3.39（b）相比，两种 REC 波形分配在雷达通带的功率进一步减小，分配在雷达过渡带的功率增大。此时两种 REC 波形的高功率部分占用较小的带宽（图 3.39（c）圆圈区域）。在这种情况下，两种 REC 波形和雷达回波的相似度进一步降低，从而导致 LPD 性能最差，但由于雷达回波对 REC 信号接收的干扰很小，此时通信可靠性最佳。在 REC 波形的高功率部分（图 3.39（c）圆圈区域），两种 REC 波形与雷达波形功率相当，这可能导致较高的暴露风险。为了同时优化 LPD 性能和通信可靠性，通常选择信号长度的一半作为主空间的大小。

3.5.3 SVD-NDP 和 SVD-SNDP 波形与传统 REC 波形性能对比

为了对比 SVD-NDP 和 SVD-SNDP 波形与传统 REC 波形的性能差异，本节将在 LPI 性能、通信可靠性、波形设计自由度、算法复杂度 4 个方面对所提出的波形与传统波形进行分析与对比。

1. LPI 性能对比

为了对比 SVD-NDP 和 SVD-SNDP 波形与传统 REC 波形的 LPI 性能的差异，根据式（2.58）关于归一化相关系数的计算方法，图 3.40 给出了 EAW、WC、DP、SDP、SVD-NDP、SVD-SNDP 6 种 REC 波形的归一化相关系数，对于每种 REC 波形，产生 1000 次独立同分布的杂波和噪声，并将结果取平均，SCR 设为 −24dB 和 −32dB，其他参数为 $N=100$、$M=2$、$m=100$。下面根据实验结果对不同 REC 波形的 LPI 性能展开具体分析。

由图 3.40 可得，EAW 波形归一化相关系数的峰值接近 1，表明截获接收机几乎可以精确提取出嵌入雷达回波中的 EAW 波形，即 EAW 波形几乎不具有 LPI 性能。该结果与理论预测一致，因为 EAW 算法直接利用非主空间特征向量作为 REC 波形，使 REC 波形与雷达回波相关性很小，因此被侦测和截获的风险较大。

图 3.40 表明 WC、DP 和 SVD-NDP 波形的归一化相关系数接近，意味着它们具有相近的 LPI 性能，即本章提出的 SVD-NDP 算法不会降低 REC 波形的 LPI 性能。该结果与预期结果一致，因为 WC、DP 和 SVD-NDP 波形都是基于非主空间的特征向量设计的。此外，当预测主空间占比超过 50%时，这三种波形的归一化相关系数显著小于 EAW 波形的归一化相关系数，即它们的抗

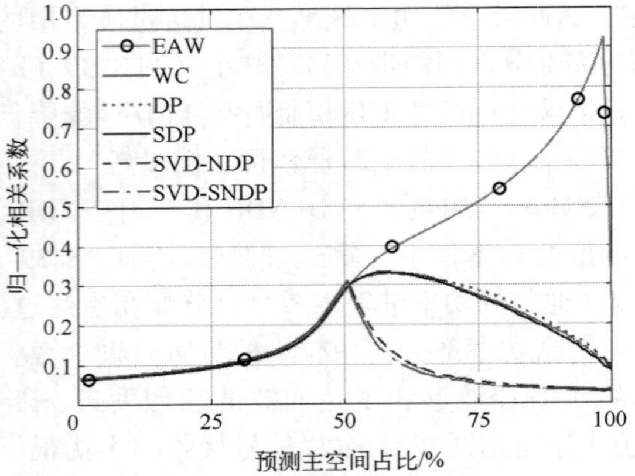

(a) SCR= −24dB

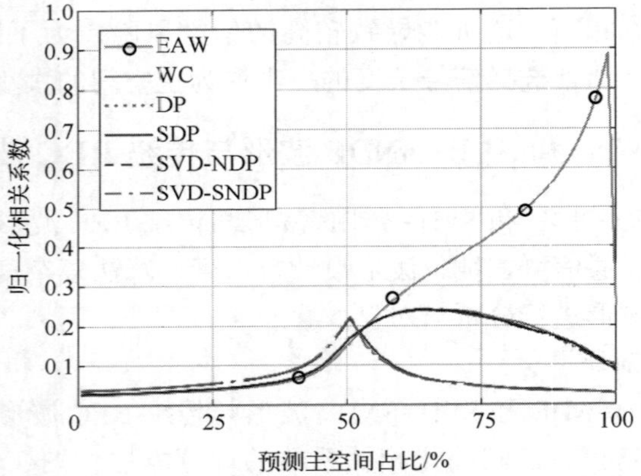

(b) SCR= −32dB

图 3.40　不同 REC 波形的归一化相关系数

截获性能优于 EAW 波形。然而，提高 REC 波形的 LPI 性能会以降低通信可靠性为代价。

由图 3.40 可得，SDP 和 SVD-SNDP 波形的归一化相关系数接近，意味着它们的 LPI 性能基本相等，即本章提出的 SVD-SNDP 算法不会使 LPI 性能恶化。这一结果也是符合预期的，因为 SDP 和 SVD-SNDP 波形都是利用非主空间的特征向量和特征值（或奇异值）设计的。此外，预测主空间占比大于一半时，这两种 REC 波形的归一化相关系数最小，表明它们的抗截获性能最好。然而，REC 波形的抗截获性能的提高通常也会伴随通信可靠性的损失。

比较图 3.40（a）和（b）可得，当 SCR 从−24dB 减小至−32dB 时，归一化相关系数减小，LPI 性能提高。这是因为增大的杂波功率增强了其对嵌入雷达回波的 REC 波形的掩蔽效果，从而降低了 REC 波形被截获接收机察觉并侦测的风险。因此，可以合理地推断，只要 SCR 控制在满足通信可靠性需求的合理水平，则对于没有 REC 波形先验知识的截获接收机，将几乎不能确定接收信号中是否嵌入了 REC 波形，因而也很难判定 REC 波形的具体类型和参数。

2. 通信可靠性对比

本节采用合作接收机的误符号率（SER）来对比所提波形与传统 REC 波形的通信可靠性。对于 EAW、WC、DP、SDP、SVD-NDP、SVD-SNDP 6 种 REC 波形，每种波形都生成 10 个波形集，波形集大小为 $K=4$，其他参数为 $N=100$、$M=2$、$m=100$。然后，对于每一个波形集，产生 10^6 次独立同分布的杂波和噪声，即蒙特卡洛次数为 10^6。最后，SER 的实验结果取 10 个波形集的平均值。本实验分别采用 2.3.1 节中的 MF、DLD 和 DF 接收机。然而，对于 SVD-NDP 和 SVD-SNDP 波形，式（2.33）必须修改为

$$\boldsymbol{w}_{\mathrm{DLD},k}=(\boldsymbol{S}\boldsymbol{S}^{\mathrm{H}}+\sigma_{\max}^{2}\boldsymbol{I}_{NM})^{-1}\boldsymbol{c}_{k} \tag{3.205}$$

式中：$\sigma_{\max}$表示非主空间的最大奇异值。

由 3.5.3 节第 1 部分分析结果可推断，与 SDP 和 SVD-SNDP 波形相比，EAW、WC、DP 和 SVD-NDP 波形的 LPI 性能较差，但通信可靠性可能较好；而 SDP 和 SVD-SNDP 波形的 LPI 性能较好，但通信可靠性可能有所下降。因此，对于不同的波形设置不同的 SCR 值，具体地，对于 EAW、WC、DP 和 SVD-NDP 波形，设 SCR 值为 −32dB、−28dB、−24dB；对于 SDP 和 SVD-SNDP 波形，设 SCR 为 −24dB、−20dB、−16dB。SNR 变化区间为 −20～10dB，步进为 2dB。图 3.41 所示为使用 MF、DLD、DF 接收机时不同 SCR 下的 EAW、WC、DP 和 SVD-NDP 波形的 SER 曲线，图 3.42 所示为使用 MF、DLD、DF 接收机时不同 SCR 下的 SDP 和 SVD-SNDP 波形的 SER 曲线。

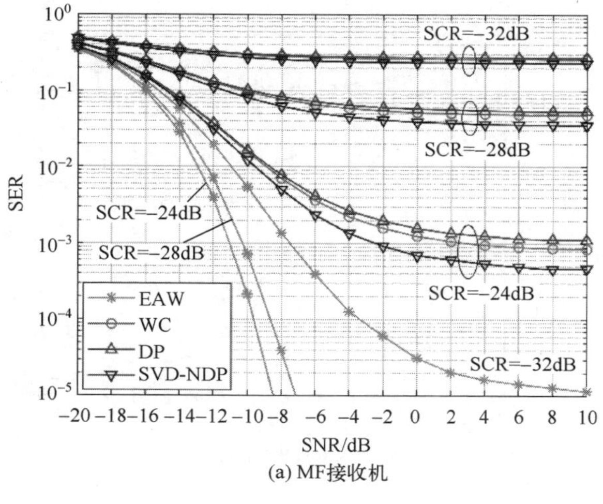

(a) MF接收机

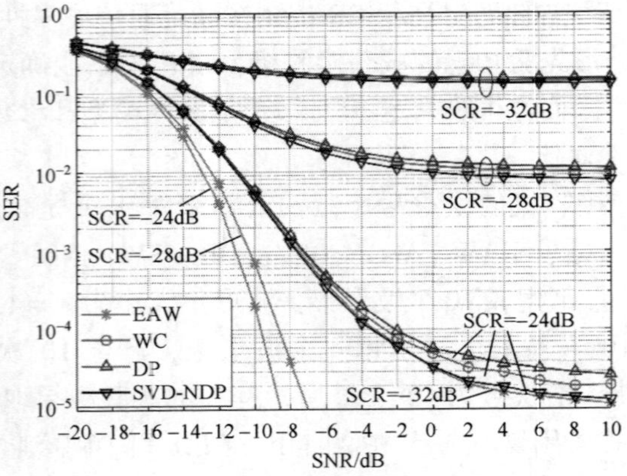

(b) DLD接收机

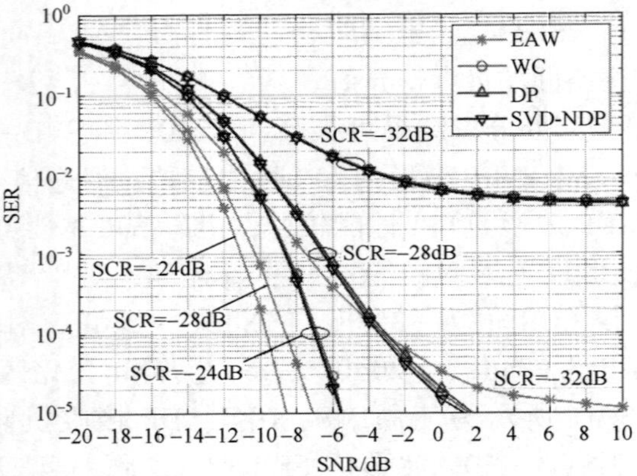

(c) DF接收机

图 3.41　EAW、WC、DP、SVD-NDP 波形在不同信杂比下的误符号率曲线

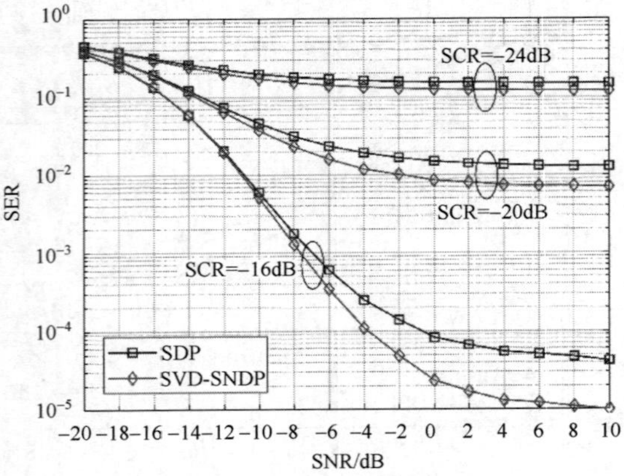

(a) MF接收机

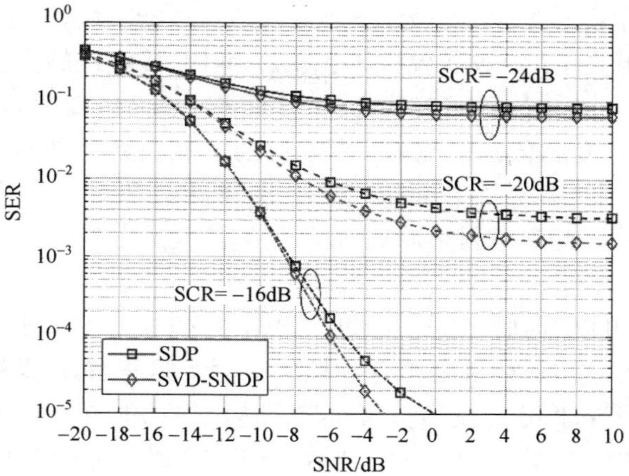

(b) DLD接收机

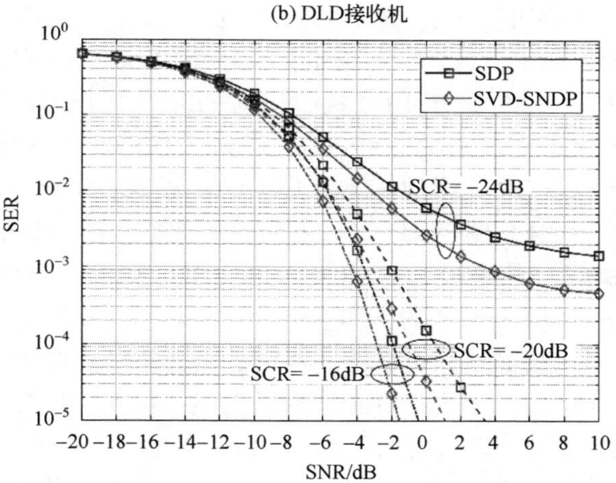

(c) DF接收机

图 3.42　SDP、SVD-SNDP 波形在不同信杂比下的误符号率曲线

比较图 3.41（a）、（b）和（c）可以看到，EAW 波形的 SER 最低，并且在 MF、DLD 和 DF 三种接收机下的 SER 相同，这是因为 EAW 算法直接利用非主空间特征向量作为 REC 波形，使得 REC 波形之间完全正交且与雷达散射回波几乎没有相关性，因而 DLD 和 DF 接收机的去相关功能并不能起到作用。然而，如 3.5.3 节所述，EAW 波形和环境散射杂波之间的近似正交性对抗截获性能非常不利。

由图 3.41 和图 3.42 可以看到，对于 WC、DP、SVD-NDP、SDP 和 SVD-SNDP 5 种波形，当依次使用 MF、DLD 和 DF 接收机时，它们的 SER 依次降低。这是因为这 5 种 REC 波形算法都使用了相当大的特征向量空间来设计

REC 波形（在本实验中主空间为 $m=100$），因此这 5 种 REC 波形与雷达散射回波有一定的相关性，在这种情况下，DLD 和 DF 接收机的去相关能力是有效的。式（2.33）~式（2.35）表明，DF 接收机比 DLD 接收机利用了更多的 REC 波形设计先验信息，因此 DF 接收机的去相关效果更佳。由图 3.41 和图 3.42 可以看到，对于每个 REC 波形，SER 随着 SCR 的增大而降低，这是因为 SCR 的增大意味着散射杂波对 REC 信号接收的干扰减弱，因此接收端的信号判决差错率更低。

由图 3.41 可以看到，与 EAW 波形相比，WC、DP 和 SVD-NDP 波形的 SER 较高且接近。这一结果是符合预期的，因为这三种波形都使用所有非主空间特征向量来设计 REC 波形，因而与雷达散射回波具有更强的相关性。由于这种较高相关性，图 3.41（a）显示，MF 接收机的 SER 性能相当差（当 SCR=-32dB 或-28dB 时，SER 高于 1×10^{-2}）；当 SCR= -24dB 且 SNR=-2dB 时，与 DP 波形的 SER（2×10^{-3}）相比，SVD-NDP 波形的 SER（1×10^{-3}）降低了 50%。图 3.41（b）显示 DLD 接收机的 SER 性能与 MF 接收机相比得到改善，当 SCR= -24dB 且 SNR= -2dB 时，WC、DP 和 SVD-NDP 波形的 SER 可达到 10^{-4}以下，与 DP 波形的 SER（1×10^{-4}）相比，SVD-NDP 波形的 SER（6×10^{-5}）降低了 40%。图 3.41（c）表明 DF 接收机的 SER 性能在所评估的接收机性能中最好，其卓越的去相关能力使 WC、DP 和 SVD-NDP 波形在 SCR=-24dB、SNR=-5.5dB 的 SER 降至 10^{-5}以下。综上所述，本章提出的 SVD-NDP 波形可以提高通信可靠性，特别是当合作接收机使用具备部分波形设计先验信息的接收机（MF 或 DLD）时，对通信可靠性提升效果更佳。

比较图 3.41 和图 3.42 中 SCR= -24dB 的 SER 值可以得出，SDP 和 SVD-SNDP 波形的 SER 相近且远高于 WC、DP、SVD-NDP 波形的 SER。这是因为该两种波形设计算法引入了非主空间特征值或奇异值，使得 SDP 和 SVD-SNDP 波形与环境散射杂波具有非常强的相关性。由于这种极高的相关性，从图 3.42（a）可以得出，MF 接收机的 SER 性能较差（当 SCR= -24dB 时，SER 保持在 10^{-1}以上）；当 SCR= -16dB 且 SNR= -2dB 时，SVD-SNDP 波形的 SER（5×10^{-5}）比 SDP 波形（1.4×10^{-4}）降低了 64.3%。图 3.42（b）表明，DLD 接收机的 SER 性能优于 MF 接收机，当 SCR= -16dB 且 SNR= -4dB 时，SDP 和 SVD-SNDP 波形的 SER 可以达到 10^{-4}以下，且 SVD-SNDP 波形的 SER（2×10^{-5}）相较于 SDP 波形的 SER（4.8×10^{-5}）降低了 58.3%。图 3.42（c）表明，DF 接收机的 SER 性能是三种接收机性能中最好的，当 SCR= -20dB 和-16dB 时，相较于 SDP 波形，SVD-SNDP 波形的 SER 达到 10^{-5}所需的 SNR 分别降低了 2dB 和 1dB。综上所述，本章提出的 SVD-SNDP 波形可以降低合作接收机

的判决差错率，提高通信可靠性。

3. 波形设计自由度对比

好的 REC 波形设计算法应该能够生成足够多的 REC 波形，使得 REC 波形集可以定期改变，进而降低长时间被监控甚至被截获的概率，从而增强 REC 系统的安全性和隐蔽性。为了定量比较每种 REC 波形设计算法可以生成的波形数量，对不同 REC 波形设计算法的设计自由度进行分析。参考统计学定义，REC 波形设计自由度定义如下：REC 波形设计算法的设计自由度的大小（记为 G）等于 REC 波形构造过程中独立或可自由变化变量的数量。波形设计自由度越高，表明 REC 波形设计算法越好。

EAW 算法设计波形的步骤相对简单。由式（2.8）可得，只要确定了非主空间的特征向量，就可以获得 EAW 波形。因此，EAW 算法的波形设计自由度为 1，表示为

$$G_{\mathrm{EAW}}=1 \tag{3.206}$$

由式（2.9）可得，生成 WC 波形时的权重列向量 $\boldsymbol{b}_k\in\mathbb{C}^{(NM-L)\times 1}$ 包含 $NM-L$ 个独立变化的变量，因此 WC 算法的波形设计自由度为

$$G_{\mathrm{WC}}=NM-L \tag{3.207}$$

由式（2.11）可得，生成 DP 波形时的权重列向量 $\boldsymbol{d}_k\in\mathbb{C}^{NM\times 1}$ 包含 NM 个独立变化的变量，因此 DP 算法的波形设计自由度为

$$G_{\mathrm{DP}}=NM \tag{3.208}$$

由式（2.25）可得，生成 SDP 波形时的权重列向量 $\boldsymbol{d}_k\in\mathbb{C}^{NM\times 1}$ 包含 NM 个独立变化的变量，因此 SDP 算法的波形设计自由度为

$$G_{\mathrm{SDP}}=NM \tag{3.209}$$

由式（3.188）可得，生成 SVD-NDP 波形时的权重列向量 $\boldsymbol{d}_k\in\mathbb{C}^{(2NM-1)\times 1}$ 包含 $2NM-1$ 个独立变化的变量，因此本章提出的 SVD-NDP 算法的波形设计自由度为

$$G_{\mathrm{SVD-NDP}}=2NM-1 \tag{3.210}$$

由式（3.194）知，生成 SVD-SNDP 波形时的权重列向量 $\boldsymbol{d}_k\in\mathbb{C}^{(2NM-1)\times 1}$ 包含 $2NM-1$ 个独立变化的变量，即本章提出的 SVD-SNDP 算法的波形设计自由度为

$$G_{\mathrm{SVD-SNDP}}=2NM-1 \tag{3.211}$$

表 3.3 所示为以上 6 种 REC 波形设计算法的波形设计自由度，由表可见，与传统 REC 波形设计算法 DP 和 SDP 相比，SVD-NDP 和 SVD-SNDP 算法的波形设计自由度显著提高，且几乎增大了 1 倍，使得 REC 波形集可以经常更换，降低被长时间监控甚至截获的可能性，增强 REC 系统的安全性。以上 6

种 REC 波形设计算法的波形设计自由度可以降序排列如下：

$$G_{\text{SVD-NDP}}=G_{\text{SVD-SNDP}}>G_{\text{DP}}=G_{\text{SDP}}>G_{\text{WC}}>G_{\text{EAW}} \tag{3.212}$$

表 3.3　不同 REC 波形设计算法的波形设计自由度

REC 波形设计算法	波形设计自由度
EAW	1
WC	$NM-L$
DP	NM
SDP	NM
SVD-NDP	$2NM-1$
SVD-SNDP	$2NM-1$

4. 算法复杂度对比

REC 波形设计算法的计算复杂度影响 REC 系统中 RF 标签的构造复杂性，不同计算复杂度的 REC 波形设计算法给 RF 标签带来不同的运算压力，使 RF 标签产生不同的响应延迟，进而影响嵌入 REC 信号的时间精度以及整个 REC 系统的隐蔽性。因此，REC 波形设计算法的计算复杂度越低，则越有利于 REC 系统保持优异性能。下面对不同 REC 波形设计算法的计算复杂度（记为 T）进行详细分析。

首先考虑 EAW 算法的计算复杂度。构造 EAW 波形时，先将托普利兹矩阵 $\boldsymbol{S}$ 转换为方阵 $\boldsymbol{S}\boldsymbol{S}^{\text{H}}$，然后对方阵进行特征值分解得到特征向量，也即得到 K 个 EAW 波形，因此 EAW 算法的计算复杂度为

$$T_{\text{EAW}}=O((NM)^2(2NM-1)+(NM)^3)=O(3(NM)^3-(NM)^2) \tag{3.213}$$

与 EAW 算法相比，WC 算法需要将矩阵 $\boldsymbol{V}_{\text{ND}}\in\mathbb{C}^{NM\times(NM-L)}$ 与 K 个权重向量 $\boldsymbol{b}_k\in\mathbb{C}^{(NM-L)\times 1}$ 依次相乘得到 K 个 WC 波形，因此 WC 算法的计算复杂度为

$$\begin{aligned}T_{\text{WC}}&=O((NM)^2(2NM-1)+(NM)^3+K(NM)(NM-L))\\&=O(3(NM)^3+(K-1)(NM)^2-KL(NM))\end{aligned} \tag{3.214}$$

DP 算法不仅需要将矩阵 $\boldsymbol{S}$ 转换为方阵 $\boldsymbol{S}\boldsymbol{S}^{\text{H}}$，还需要进行 K 次特征值分解，然后通过式（2.21）生成 K 个投影矩阵 $\boldsymbol{P}_{\text{DP},k}$，最后将 K 个投影矩阵 $\boldsymbol{P}_{\text{DP},k}\in\mathbb{C}^{NM\times NM}$ 与 K 个向量 $\boldsymbol{d}_k\in\mathbb{C}^{NM\times 1}$ 分别相乘生成 K 个 DP 波形，因此 DP 算法的计算复杂度为

$$\begin{aligned}T_{\text{DP}}&=O((NM)^2(2NM-1)+K(NM)^3+K(NM)^2(NM-L)+K(NM)^2)\\&=O((2K+2)(NM)^3-KL(NM)^2+(K-1)(NM)^2)\end{aligned} \tag{3.215}$$

由式（2.21）与式（2.24）可知，SDP 算法中的投影矩阵 $\boldsymbol{P}_{\text{SDP},k}$ 相较于

DP 算法中的投影矩阵 $\boldsymbol{P}_{\mathrm{DP},k}$ 考虑了特征值因素。因此，SDP 算法的计算复杂度为

$$T_{\mathrm{SDP}}=O\begin{pmatrix}(NM)^2(2NM-1)+K(NM)^3+K(NM)^2\\+K(NM)(NM-L)^2+K(NM)^2(NM-L)\end{pmatrix}$$
$$=O((3K+2)(NM)^3-3KL(NM)^2+KL^2(NM)+(K-1)(NM)^2) \tag{3.216}$$

本章提出的 SVD-NDP 算法首先对托普利兹矩阵 $\boldsymbol{S}$ 进行奇异值分解，其次由式（3.188）生成波形构造矩阵 $\boldsymbol{P}_{\mathrm{SVD-NDP}}$，最后矩阵 $\boldsymbol{P}_{\mathrm{SVD-NDP}}\in\mathbb{C}^{NM\times(2NM-1)}$ 与 K 个向量 $\boldsymbol{d}_k\in\mathbb{C}^{(2NM-1)\times1}$ 依次相乘，生成 K 个 SVD-NDP 波形，因此 SVD-NDP 算法计算复杂度为

$$\begin{aligned}T_{\mathrm{SVD-NDP}}&=O\begin{pmatrix}(NM)(2NM-1)^2+K(NM)(2NM-1)+\\(NM)(NM-L)(2NM-1)\end{pmatrix}\\&=O\begin{pmatrix}6(NM)^3-2L(NM)^2+(2K-5)(NM)^2+\\L(NM)+(1-K)(NM)\end{pmatrix}\end{aligned} \tag{3.217}$$

相较于 SVD-NDP 算法，本章提出的 SVD-SNDP 算法在构造波形 REC 时考虑了奇异值的影响，因此 SVD-SNDP 算法的计算复杂度为

$$\begin{aligned}T_{\mathrm{SVD-SNDP}}&=O\begin{pmatrix}(NM)(2NM-1)^2+K(NM)(2NM-1)+\\(NM)(NM-L)(2NM-1)+(NM)(NM-L)^2\end{pmatrix}\\&=O\begin{pmatrix}7(NM)^3-4L(NM)^2+L^2(NM)+\\(2K-5)(NM)^2+L(NM)+(1-K)(NM)\end{pmatrix}\end{aligned} \tag{3.218}$$

通常 REC 波形集的大小 K、REC 信号向量长度 NM、主空间大小 L 三者之间的大小关系为

$$NM>L\gg K \tag{3.219}$$

根据式（3.219），以上 6 种 REC 波形设计算法的计算复杂度可以简化如下：

$$\begin{cases}T_{\mathrm{EAW}}\approx O(3(NM)^3)\\T_{\mathrm{WC}}\approx O(3(NM)^3)\\T_{\mathrm{DP}}\approx O((2K+2)(NM)^3-KL(NM)^2)\\T_{\mathrm{SDP}}\approx O((3K+2)(NM)^3-3KL(NM)^2+KL^2(NM))\\T_{\mathrm{SVD-NDP}}\approx O(6(NM)^3-2L(NM)^2)\\T_{\mathrm{SVD-SNDP}}\approx O(7(NM)^3-4L(NM)^2+L^2(NM))\end{cases} \tag{3.220}$$

由式（3.219）和式（3.214）可以得

$$T_{\mathrm{WC}}-T_{\mathrm{EAW}}=O(K(NM)(NM-L))>0 \tag{3.221}$$

由式（3.220）可以得

$$\begin{aligned}T_{\mathrm{DP}}-T_{\mathrm{WC}}&=O((2K-1)(NM)^3-KL(NM)^2)\\&>O(K(NM)^3-KL(NM)^2)>0\end{aligned} \tag{3.222}$$

由式（3.215）和式（3.216）可知

$$T_{\mathrm{SDP}}-T_{\mathrm{DP}}=O(K(NM)(NM-L)^2)>0 \tag{3.223}$$

由式（3.221）~式（3.223）可知 EAW、WC、DP、SDP 算法复杂度大小关系为

$$T_{\mathrm{SDP}}>T_{\mathrm{DP}}>T_{\mathrm{WC}}>T_{\mathrm{EAW}} \tag{3.224}$$

由式（3.217）和式（3.218）可以得

$$T_{\mathrm{SVD-SNDP}}-T_{\mathrm{SVD-NDP}}=O((NM)(NM-L)^2)>0 \tag{3.225}$$

这里假设

$$a=\frac{L}{NM},\quad L=1,2,\cdots,NM-1 \tag{3.226}$$

其中，$0<a<1$。式（3.220）表明

$$\begin{aligned}T_{\mathrm{DP}}-T_{\mathrm{SVD-SNDP}}&=O\left(\left(2K+2-K\frac{L}{NM}-7+4\frac{L}{NM}-\left(\frac{L}{NM}\right)^2\right)(NM)^3\right)\\&=O((2K+2-Ka-7+4a-a^2)(NM)^3)\\&=O(((2-a)K-a^2+4a-5)(NM)^3)\end{aligned} \tag{3.227}$$

假设有

$$f(K)=(2-a)K-a^2+4a-5 \tag{3.228}$$

通常 REC 波形集中的波形数量大于3，即有 $K>3$，由于 $2-a>0$，则有

$$f(K)\geqslant f(3)=-a^2+a+1=a(1-a)+1>0 \tag{3.229}$$

综合式（3.227）~式（3.229）可得

$$T_{\mathrm{DP}}-T_{\mathrm{SVD-SNDP}}=O(f(K)(NM)^3)>0 \tag{3.230}$$

由式（3.220）可以得

$$\begin{aligned}T_{\mathrm{SVD-NDP}}-T_{\mathrm{WC}}&=O\left(6-2\frac{L}{NM}-3\right)(NM)^3\\&=O(3-2a)(NM)^3\\&>0\end{aligned} \tag{3.231}$$

综合式（3.224）、式（3.225）、式（3.230）、式（3.231）可得上述6种 REC 波形设计算法的计算复杂度大小关系为

$$T_{\mathrm{SDP}}>T_{\mathrm{DP}}>T_{\mathrm{SVD-SNDP}}>T_{\mathrm{SVD-NDP}}>T_{\mathrm{WC}}>T_{\mathrm{EAW}} \tag{3.232}$$

以上分析结果证实了 SVD-NDP 和 SVD-SNDP 算法的计算复杂度低于对

应的传统 DP 和 SDP 算法。为了更明了地比较各种 REC 波形设计算法的计算复杂度，本书将 REC 波形集的大小 K 设置为 4（2bit）或 8（3bit）。根据式（3.220），可以得到不同主空间占比时 6 种 REC 波形设计算法的计算复杂度，如图 3.43 所示。

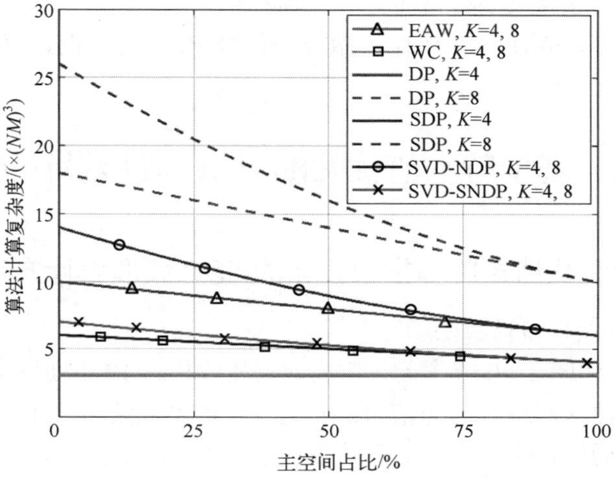

图 3.43　不同 REC 波形设计算法计算复杂度对比

图 3.43 表明，当主空间占比增大时，DP、SDP、SVD-NDP 和 SVD-SNDP 算法的计算复杂度降低，而 EAW 和 WC 算法的计算复杂度基本保持不变，6 种 REC 波形设计算法的计算复杂度之间的大小关系符合式（3.220）。如果主空间占比设置为 50%，REC 波形集的大小 K 设置为 4（8），则 SVD-NDP 和 SVD-SNDP 算法与对应的传统 DP 和 SDP 算法相比，计算复杂度分别降低 37.5%（64.3%）和 41.7%（67.2%）。综上所述，本章提出的 SVD-NDP 和 SVD-SNDP 波形设计算法可以缩短 RF 标签生成 REC 波形所需的时间，缩短 REC 波形嵌入雷达回波的响应延迟，进而增强 REC 系统的隐蔽性。

本节首先描述了 REC 系统模型。其次介绍了 EAW、WC、DP、SDP 4 种基于特征值分解的传统 REC 波形，MF、DLD、DF 三种 REC 信号接收方案及基于归一化相关系数的抗截获性能评价指标。只有满足一定条件的方阵才能进行特征值分解，而所有的矩阵都可以进行奇异值分解，本章打破传统的基于特征值分解的波形设计方案，提出了两种基于奇异值分解原理的 REC 波形，即 SVD-NDP 和 SVD-SNDP 波形，给出了波形设计算法的详细步骤。此外，本章还提出一种衡量 REC 波形与雷达回波之间相似度的思路和定量分析方法，可以为主空间等参数选择及衡量 REC 波形 LPD 性能提供参考。最后，本章对

SVD-NDP、SVD-SNDP 波形及传统 REC 波形的抗截获性能、通信可靠性、波形设计自由度及算法复杂度进行了分析与对比。结果表明，与传统 REC 波形相比，SVD-NDP 和 SVD-SNDP 波形可以在不牺牲 LPI 性能的前提下提高通信可靠性；SVD-NDP 和 SVD-SNDP 算法相较于传统 REC 波形设计算法可以将 REC 波形设计自由度提高 1 倍以上；当波形集大小为 4、主空间占比为 50%时，SVD-NDP 和 SVD-SNDP 算法相较于传统 REC 波形设计算法能够将算法计算复杂度降低 30%以上。

3.6 基于特征值优化的 REC 波形设计方法

3.6.1 基于特征值矩阵幂指数优化的 SDP 波形设计方法

1. SDP-a 波形设计算法

由图 2.19 和图 2.20 合作接收机或截获接收机对 DP 波形和 SDP 波形的处理增益不同，即这两种波的通信可靠性能和 LPI 性能各不相同，但图 2.19 表明这两种波形的增益优势相同，意味着它们的综合性能相当。比较式（2.21）和式（2.24）可以看到，DP 波形算法和 SDP 波形算法的唯一差别在于生成波形时是否利用非主空间特征值矩阵。受此启发，基于 SDP 波形提出一种特征值矩阵幂指数 a 可变的 SDP-a 波形算法，假设 SDP-a 波形集大小为 K，第 $k(k=1,2,\cdots,K)$ 个 SDP-a 波形表示为

$$\boldsymbol{c}_{\mathrm{SDP}-a,k}=\beta_{\mathrm{SDP}-a}^{0.5}\boldsymbol{V}_{\mathrm{ND}}\boldsymbol{\Lambda}_{\mathrm{ND}}^{a}\boldsymbol{V}_{\mathrm{ND}}^{\mathrm{H}}\boldsymbol{d}_k=\beta_{\mathrm{SDP}-a}^{0.5}\boldsymbol{V}_{\mathrm{ND}}\boldsymbol{\Lambda}_{\mathrm{ND}}^{a}\boldsymbol{q}_k \tag{3.233}$$

式中：$\beta_{\mathrm{SDP}-a}$为能量约束因子。SDP-a 算法的波形设计自由度为 NM，SDP-a 算法的计算复杂度略高于 SDP 算法。假设 SDP-a 波形能量恒为 γ，可得

$$\beta_{\mathrm{SDP}-a}=\frac{NM\gamma}{\mathrm{tr}\{\boldsymbol{\Lambda}_{\mathrm{ND}}^{2a}\}} \tag{3.234}$$

为了观察参数 a 对 SDP-a 波形频谱的影响，本书暂且选择 a 为 0.25、0.5（对比式（2.25）和式（3.233）知 SDP-0.5 波形即 SDP 波形）和 0.75。雷达信号采用 LFM 信号，主空间大小 m 设为 32、64 和 96，CNR 设为 30dB，SNR 设为 0dB，其他参数设置为 $N=64$、$M=2$。为了观察到更真实的功率分布，对波形频谱进行 1000 次仿真并取平均结果。图 3.44 所示为 SDP-0.25、SDP、SDP-0.75 波形的平均频谱结果，R+N 表示加噪声后的雷达散射回波。由图 3.44 可见，参数 a 变化使 SDP-a 波形在雷达通带和雷达过渡带的能量分布发生变化，在 $m=64$ 时最为明显，后面将会看到不同的能量分布使雷达回波对 SDP-a 信号接收产生不同程度的干扰，进而带来不同 SDP-a 波形的性能差异。

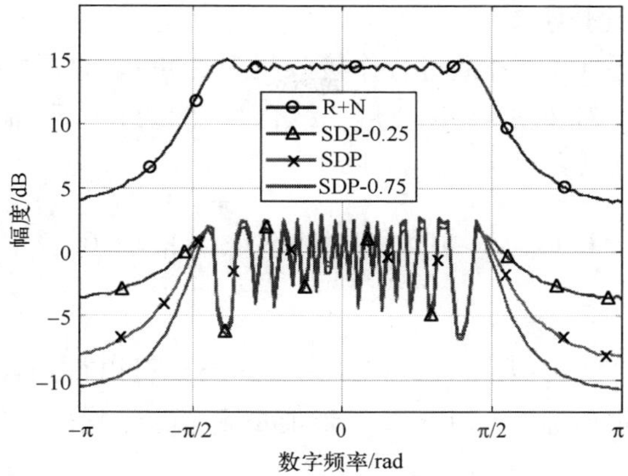

(a) m=32

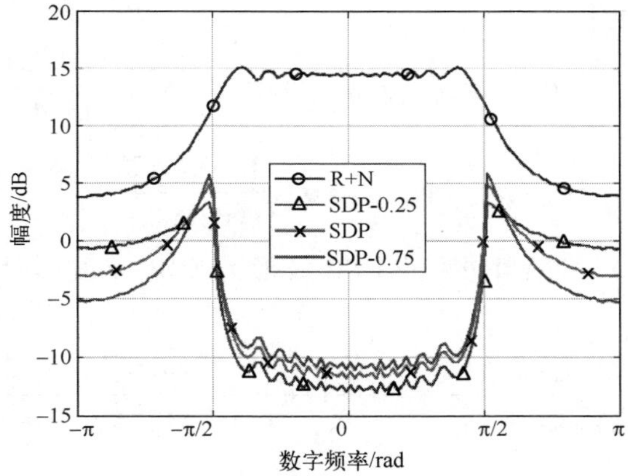

(b) m=64

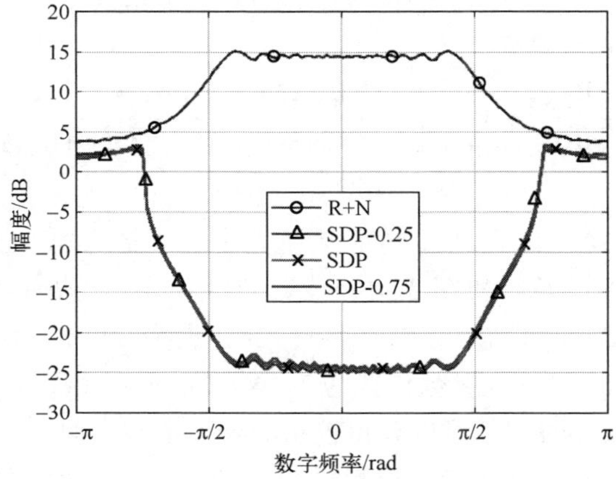

(c) m=96

图 3.44　SDP−0.25、SDP、SDP−0.75 波形的平均频谱

2. 通信可靠性分析

与 3.2.4 节类似，同样通过合作接收机对 SDP-a 波形的处理增益来分析波形通信可靠性。对于 SDP-a 波形，结合式（3.233）可得式（2.37）中的 LDF 滤波器函数可以表示为

$$\boldsymbol{w}_{\mathrm{SDP}-a,k}=\boldsymbol{V}\widetilde{\boldsymbol{\Lambda}}^{-1}\boldsymbol{V}^{\mathrm{H}}\boldsymbol{c}_{\mathrm{SDP}-a,k}=\beta_{\mathrm{SDP}-a}^{0.5}\boldsymbol{V}\widetilde{\boldsymbol{\Lambda}}^{-1}\boldsymbol{V}^{\mathrm{H}}\boldsymbol{V}_{\mathrm{ND}}\boldsymbol{\Lambda}_{\mathrm{ND}}^{a}\boldsymbol{q}_k=\beta_{\mathrm{SDP}-a}^{0.5}\boldsymbol{V}\begin{bmatrix}\boldsymbol{O}\\ \widetilde{\boldsymbol{\Lambda}}_{\mathrm{ND}}^{-1}\end{bmatrix}\boldsymbol{\Lambda}_{\mathrm{ND}}^{a}\boldsymbol{q}_k \tag{3.235}$$

由式（3.235），类似式（2.84）~式（2.86）可以得到合作接收机输出的雷达散射回波能量 $R_{\mathrm{o,SDP}-a}$、SDP-a 波形能量 $S_{\mathrm{o,SDP}-a}$、噪声能量 $N_{\mathrm{o,SDP}-a}$分别为

$$\begin{cases}R_{\mathrm{o,SDP}-a}=\sigma_x^2\boldsymbol{w}_{\mathrm{SDP}-a,k}^{\mathrm{H}}\boldsymbol{V}\boldsymbol{\Lambda}\boldsymbol{V}^{\mathrm{H}}\boldsymbol{w}_{\mathrm{SDP}-a,k}=\sigma_x^2\gamma\dfrac{\mathrm{tr}\{\boldsymbol{\Lambda}_{\mathrm{ND}}^{2a+1}\widetilde{\boldsymbol{\Lambda}}_{\mathrm{ND}}^{-2}\}}{\mathrm{tr}\{\boldsymbol{\Lambda}_{\mathrm{ND}}^{2a}\}}\\ S_{\mathrm{o,SDP}-a}=|\alpha|^2\ |\boldsymbol{w}_{\mathrm{SDP}-a,k}^{\mathrm{H}}\boldsymbol{c}_{\mathrm{SDP}-a,k}|^2=|\alpha|^2\gamma^2\left[\dfrac{\mathrm{tr}\{\boldsymbol{\Lambda}_{\mathrm{ND}}^{2a}\widetilde{\boldsymbol{\Lambda}}_{\mathrm{ND}}^{-1}\}}{\mathrm{tr}\{\boldsymbol{\Lambda}_{\mathrm{ND}}^{2a}\}}\right]^2\\ N_{\mathrm{o,SDP}-a}=\sigma_u^2\boldsymbol{w}_{\mathrm{SDP}-a,k}^{\mathrm{H}}\boldsymbol{w}_{\mathrm{SDP}-a,k}=\sigma_u^2\gamma\dfrac{\mathrm{tr}\{\boldsymbol{\Lambda}_{\mathrm{ND}}^{2a}\widetilde{\boldsymbol{\Lambda}}_{\mathrm{ND}}^{-2}\}}{\mathrm{tr}\{\boldsymbol{\Lambda}_{\mathrm{ND}}^{2a}\}}\end{cases} \tag{3.236}$$

由式（3.236）可得当嵌入的 REC 波形为 SDP-a 波形时，合作接收机的输出信干噪比为

$$\mathrm{SINR}_{\mathrm{o,SDP}-a}=\frac{S_{\mathrm{o,SDP}-a}}{R_{\mathrm{o,SDP}-a}+N_{\mathrm{o,SDP}-a}}=\frac{|\alpha|^2\gamma[\mathrm{tr}\{\boldsymbol{\Lambda}_{\mathrm{ND}}^{2a}\widetilde{\boldsymbol{\Lambda}}_{\mathrm{ND}}^{-1}\}]^2}{\mathrm{tr}\{\boldsymbol{\Lambda}_{\mathrm{ND}}^{2a}\}[\sigma_x^2\mathrm{tr}\{\boldsymbol{\Lambda}_{\mathrm{ND}}^{2a+1}\widetilde{\boldsymbol{\Lambda}}_{\mathrm{ND}}^{-2}\}+\sigma_u^2\mathrm{tr}\{\boldsymbol{\Lambda}_{\mathrm{ND}}^{2a}\widetilde{\boldsymbol{\Lambda}}_{\mathrm{ND}}^{-2}\}]} \tag{3.237}$$

结合式（2.66）、式（2.73）、式（2.88）和式（3.237）可得合作接收机对 SDP-a 波形处理增益为

$$\Delta_{\mathrm{SDP}-a}=\frac{\mathrm{SINR}_{\mathrm{o,SDP}-a}}{\mathrm{SINR}_{\mathrm{i}}}=\frac{NM(\mathrm{CNR}+1)[\mathrm{tr}\{\boldsymbol{\Lambda}_{\mathrm{ND}}^{2a}\widetilde{\boldsymbol{\Lambda}}_{\mathrm{ND}}^{-1}\}]^2}{\mathrm{tr}\{\boldsymbol{\Lambda}_{\mathrm{ND}}^{2a}\}[\mathrm{CNR}\cdot\mathrm{tr}\{\boldsymbol{\Lambda}_{\mathrm{ND}}^{2a+1}\widetilde{\boldsymbol{\Lambda}}_{\mathrm{ND}}^{-2}\}+\mathrm{tr}\{\boldsymbol{\Lambda}_{\mathrm{ND}}^{2a}\widetilde{\boldsymbol{\Lambda}}_{\mathrm{ND}}^{-2}\}]} \tag{3.238}$$

根据式（3.238）可得到不同主空间大小和不同参数 a 时合作接收机对 SDP-a 波形的处理增益，如图 3.45 所示，其中参数 a 取 0~1（步进 0.01），雷达信号为中频 0Hz、带宽的 LFM 信号，CNR 设为 30dB，主空间大小 m 取为 1~128kHz（步进 1），其他参数设置为 $N=64$、$M=2$。由图 3.45 可见，主空间较大或者参数 a 较小时，都可以获得较高的处理增益，通信可靠性较好；而主空间较小且 a 较大时，合作接收机对 SDP-a 波形的处理增益较低，通信可靠性较差。图 3.45 表明主空间大小不变时，减小参数 a 可以使合作接收机对

SDP−a 波形的处理增益增大，通信可靠性得到提升，且在主空间较小时，对通信可靠性的提升效果更明显。

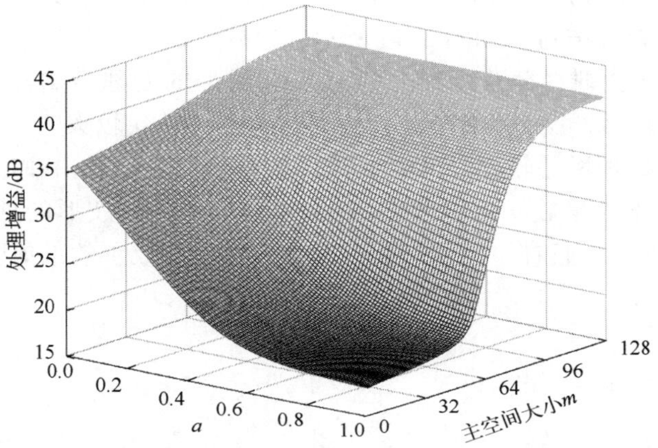

图 3.45　合作接收机对 SDP−a 波形的处理增益

3. LPI 性能分析

与 3.2.4 节类似，通过截获接收机对 SDP−a 波形的处理增益来分析波形的 LPI 性能。与式（2.96）类似，可以得到截获接收机输出的 SDP−a 波形能量为

$$
\begin{aligned}
S_{\mathrm{ir,SDP}-a} &= E\left[\,|\alpha|^2 \boldsymbol{c}_{\mathrm{SDP}-a,k}^{\mathrm{H}} \boldsymbol{P}_{\mathrm{ir}} \boldsymbol{c}_{\mathrm{SDP}-a,k}\right] \\
&= |\alpha|^2 \beta_{\mathrm{SDP}-a} \boldsymbol{q}_k^{\mathrm{H}} \boldsymbol{\Lambda}_{\mathrm{ND}}^{a} \boldsymbol{V}_{\mathrm{ND}}^{\mathrm{H}} \boldsymbol{V}_{\mathrm{ND}} \widetilde{\boldsymbol{\Lambda}}_{\mathrm{ND}}^{-1} \boldsymbol{V}_{\mathrm{ND}}^{\mathrm{H}} \boldsymbol{V}_{\mathrm{ND}} \boldsymbol{\Lambda}_{\mathrm{ND}}^{a} \boldsymbol{q}_k \\
&= |\alpha|^2 \beta_{\mathrm{SDP}-a} \boldsymbol{q}_k^{\mathrm{H}} \begin{bmatrix} \boldsymbol{O} & \boldsymbol{O} \\ \boldsymbol{O} & \boldsymbol{\Lambda}_{\mathrm{ND}}^{2a} \widetilde{\boldsymbol{\Lambda}}_{\mathrm{ND}}^{-1} \end{bmatrix} \boldsymbol{q}_k \\
&= |\alpha|^2 \gamma \frac{\mathrm{tr}\{\boldsymbol{\Lambda}_{\mathrm{ND}}^{2a} \widetilde{\boldsymbol{\Lambda}}_{\mathrm{ND}}^{-1}\}}{\mathrm{tr}\{\boldsymbol{\Lambda}_{\mathrm{ND}}^{2a}\}}
\end{aligned}
\tag{3.239}
$$

由式（3.239）、式（2.95）、式（2.97）可得当雷达回波中嵌入的 REC 波形为 SDP−a 波形时，截获接收机输出的信干噪比为

$$
\mathrm{SINR}_{\mathrm{ir,SDP}-a} = \frac{S_{\mathrm{ir,SDP}-a}}{R_{\mathrm{ir}} + N_{\mathrm{ir}}} = \frac{|\alpha|^2 \gamma \mathrm{tr}\{\boldsymbol{\Lambda}_{\mathrm{ND}}^{2a} \widetilde{\boldsymbol{\Lambda}}_{\mathrm{ND}}^{-1}\}}{\mathrm{tr}\{\boldsymbol{\Lambda}_{\mathrm{ND}}^{2a}\}\left[\sigma_x^2 \mathrm{tr}\{\boldsymbol{\Lambda}_{\mathrm{ND}} \widetilde{\boldsymbol{\Lambda}}_{\mathrm{ND}}^{-1}\} + \sigma_u^2 \mathrm{tr}\{\widetilde{\boldsymbol{\Lambda}}_{\mathrm{ND}}^{-1}\}\right]} \tag{3.240}
$$

结合式（2.67）、式（2.88）和式（3.240）可得截获接收机对 SDP−a 波形的处理增益为

$$\Delta_{\mathrm{ir,SDP}-a}=\frac{\mathrm{SINR}_{\mathrm{ir,SDP}-a}}{\mathrm{SINR}_{\mathrm{i}}}=\frac{NM(\mathrm{CNR}+1)\,\mathrm{tr}\{\boldsymbol{\Lambda}_{\mathrm{ND}}^{2a}\widetilde{\boldsymbol{\Lambda}}_{\mathrm{ND}}^{-1}\}}{\mathrm{tr}\{\boldsymbol{\Lambda}_{\mathrm{ND}}^{2a}\}\left[\mathrm{CNR}\cdot\mathrm{tr}\{\boldsymbol{\Lambda}_{\mathrm{ND}}\widetilde{\boldsymbol{\Lambda}}_{\mathrm{ND}}^{-1}\}+\mathrm{tr}\{\widetilde{\boldsymbol{\Lambda}}_{\mathrm{ND}}^{-1}\}\right]} \tag{3.241}$$

根据式（3.241）可得到不同主空间大小和不同参数 a 时截获接收机对 SDP−a 波形的处理增益，如图 3.46 所示，参数设置与图 3.45 一致。由图 3.46 可见，主空间较大时，截获接收机对 SDP−a 波形的处理增益较大，SDP−a 波形被截获风险较高，LPI 性能较差；而主空间较小且 a 较大时，截获接收机对 SDP−a 波形的处理增益较小，SDP−a 波形被截获风险较低，LPI 性能较好。图 3.46 还表明，增大参数 a 可以使截获接收机对 SDP−a 波形的处理增益降低，LPI 性能得到改善，且在主空间较小时对 LPI 性能的改善效果更明显。

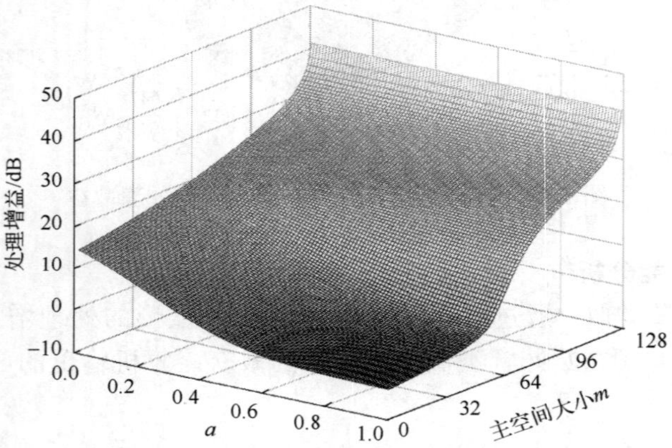

图 3.46　截获接收机对 SDP−a 波形的处理增益

4. 综合性能分析

与 3.2.4 节类似，通过 SDP−a 波形的增益优势来分析波形的综合性能。结合式（3.238）和式（3.241）可得 SDP−a 波形的增益优势为

$$\varphi_{\mathrm{SDP}-a}=\frac{\Delta_{\mathrm{SDP}-a}}{\Delta_{\mathrm{ir,SDP}-a}}=\frac{\mathrm{tr}\{\boldsymbol{\Lambda}_{\mathrm{ND}}^{2a}\widetilde{\boldsymbol{\Lambda}}_{\mathrm{ND}}^{-1}\}\left[\mathrm{CNR}\cdot\mathrm{tr}\{\boldsymbol{\Lambda}_{\mathrm{ND}}\widetilde{\boldsymbol{\Lambda}}_{\mathrm{ND}}^{-1}\}+\mathrm{tr}\{\widetilde{\boldsymbol{\Lambda}}_{\mathrm{ND}}^{-1}\}\right]}{\mathrm{CNR}\cdot\mathrm{tr}\{\boldsymbol{\Lambda}_{\mathrm{ND}}^{2a+1}\widetilde{\boldsymbol{\Lambda}}_{\mathrm{ND}}^{-2}\}+\mathrm{tr}\{\boldsymbol{\Lambda}_{\mathrm{ND}}^{2a}\widetilde{\boldsymbol{\Lambda}}_{\mathrm{ND}}^{-2}\}} \tag{3.242}$$

根据式（3.242）可得不同主空间大小和不同参数 a 时 SDP−a 波形的增益优势，如图 3.47 所示，参数设置与图 3.45 一致。图 3.47 表明，主空间较小时 SDP−a 波形的增益优势较大，综合性能较好；主空间较大时 SDP−a 波形的增益优势较小，综合性能较差。图 3.47 表明，主空间大小不变时，改变参数 a 并不能使 SDP−a 波形的增益优势变化，也即不能使 SDP−a 波形的综合性能发生变化。当参数 a 取 0 时，对比式（2.22）和式（3.233）知 SDP−0 波形即为 DP 波形，图 3.47 表明 SDP−0（即 DP 波形）与 SDP−0.5 波形（即 SDP

波形）的增益优势相同，这与图 2.21 中增益优势结果一致。

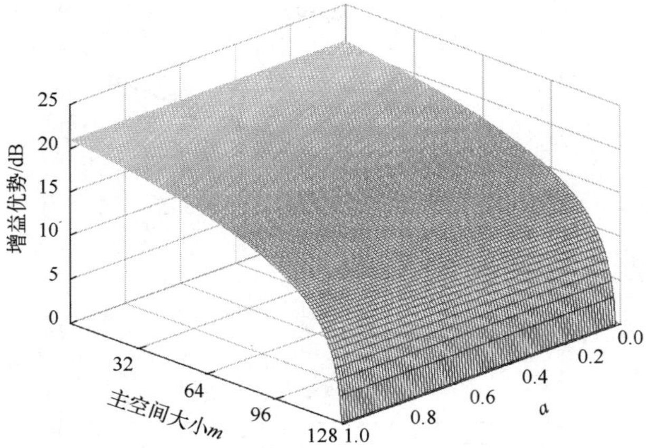

图 3.47　SDP-a 波形的增益优势

5. 仿真验证

为检验以上对 SDP-a 波形性能的理论分析结果的正确性，本节就合作接收机和截获接收机对 SDP-a 波形的检测概率和截获概率进行仿真。参数 a 取为 0.25、0.5（即 SDP 波形）和 0.75，其他仿真参数设置与图 3.43 相同。为了便于对比，图 3.48 给出了 a 取 0.25、0.5 和 0.75 时处理增益及增益优势结果。合作接收机和截获接收机对 SDP-0.25、SDP、SDP-0.75 波形的检测概率和截获概率结果如图 3.49 所示。

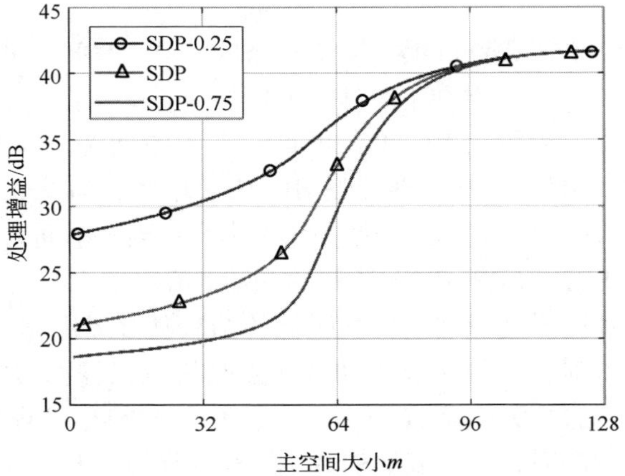

(a) 合作接收机处理增益

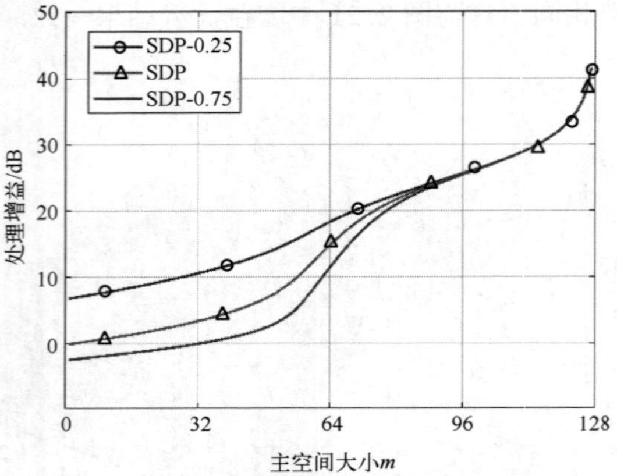

(b) 截获接收机处理增益

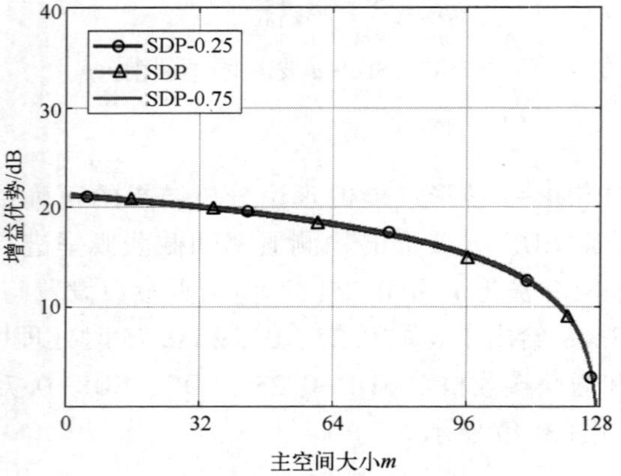

(c) 增益优势

图 3.48　合作接收机和截获接收机对 SDP-0.25、SDP、SDP-0.75 波形的处理增益和增益优势

由图 3.49（a）和图 3.49（b）可得，当主空间为 $m=32$ 或 $m=64$ 时，SDP-0.25、SDP、SDP-0.75 波形的 SNR1 依次增大，与图 3.48（a）中合作接收机对三种波形处理增益依次降低的结果吻合；当主空间为 $m=32$ 或 $m=64$ 时，SDP-0.25、SDP、SDP-0.75 波形的 SNR2 依次增大，与图 3.48（b）中截获接收机对三种波形处理增益依次降低的结果吻合。由图 3.49（c）可得，当主空间为 $m=96$ 时，合作接收机和截获接收机对三种波形的检测概率和截获概率基本相同，这与图 3.48（a）和（b）中三种波形处理增益基本相同的结果吻合。当 $m=32$ 时，三种波形的 ΔSNR 基本都为 9dB；当 $m=64$ 时，三种波形的 ΔSNR 基本都为 7dB；当 $m=96$ 时，三种波形的 ΔSNR 基本都为 5dB，这与图 3.48（c）中三种波形的增益优势在不同主空间下的大小关系吻合。

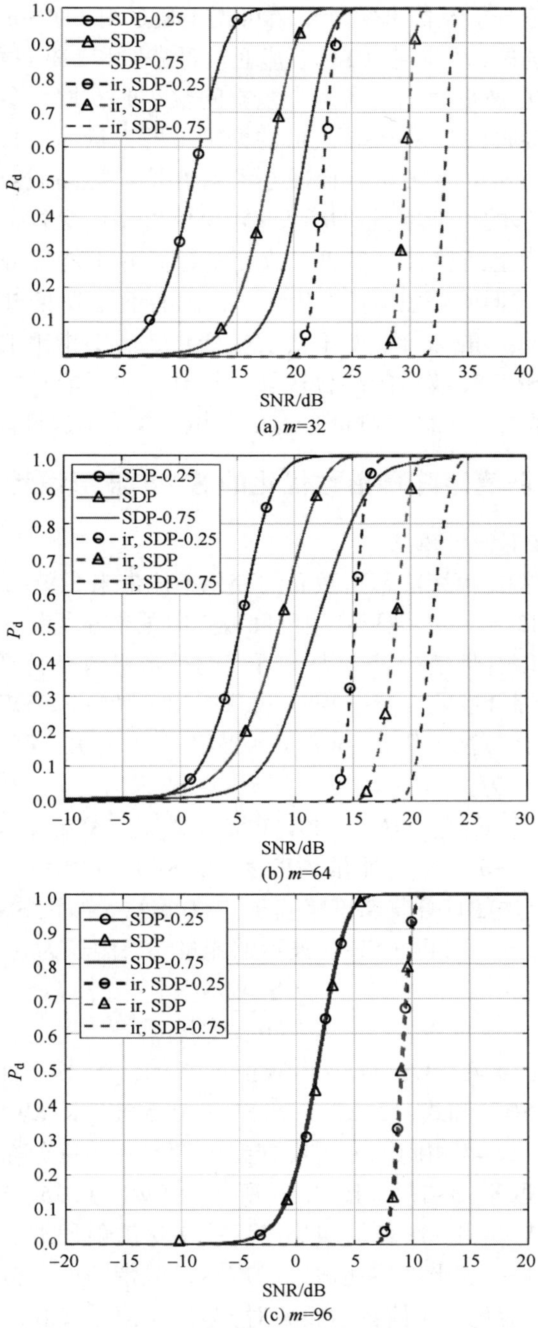

(a) m=32

(b) m=64

(c) m=96

图 3.49　合作接收机和截获接收机对 SDP-0.25、SDP、SDP-0.75 波形的检测概率和截获概率

结合以上理论分析及仿真实验结果可得，通过对 SDP-a 波形参数 a 及主空间大小的合理选择，可以在 REC 波形通信可靠性和 LPI 性能之间进行权衡，以应对不同的 REC 波形性能需求。当主空间较小时，增大参数 a 可以降低截获接收机和合作接收机对 SDP-a 波形的处理增益，从而获得 LPI 性能更好而通信可靠性稍差的 SDP-a 波形；而减小参数 a 可以提高截获接收机和合作接收机对 SDP-a 波形的处理增益，从而得到通信可靠性更好而 LPI 性能稍差的 SDP-a 波形。当主空间较大时，通过改变参数 a 并不能使截获接收机和合作接收机对 SDP-a 波形的处理增益发生变化，因而不能改变 SDP-a 波形的增益优势，即 SDP-a 波形的综合性能不会发生变化。需要指出的是，通过改变参数 a 并不能带来 SDP-a 波形的综合性能的提升，而只能牺牲部分 LPI 性能换取通信可靠性的改善，或者牺牲部分通信可靠性换取 LPI 性能的提升。

3.6.2　基于特征值矩阵幂指数优化的 SWF 波形设计方法

1. SWF-a 波形设计算法

由图 3.47 知特征值矩阵幂指数 a 的变化不能带来 SDP-a 波形综合性能的提升，而由图 3.42 知 SWF 波形在主空间较大时的增益优势大于 DP 和 SDP 波形，即 SWF 波形综合性能较好。为了研究能否通过改变特征值矩阵幂指数 a 提升 REC 波形的综合性能，基于 SWF 波形提出一种特征值矩阵幂指数 a 可变的 SWF-a 波形设计算法，假设 SWF-a 波形集大小为 K，第 $k(k=1,2,\cdots,K)$ 个 SWF-a 波形表示为

$$\boldsymbol{c}_{\mathrm{SWF}-a,k}=\beta_{\mathrm{SWF}-a}^{0.5}\boldsymbol{V}\boldsymbol{\Lambda}_{\mathrm{P}}^{a}\boldsymbol{V}^{\mathrm{H}}\boldsymbol{d}_{k}=\beta_{\mathrm{SWF}-a}^{0.5}\boldsymbol{V}\boldsymbol{\Lambda}_{\mathrm{P}}^{a}\boldsymbol{q}_{k} \tag{3.243}$$

式中：$\beta_{\mathrm{SWF}-a}$为 SWF-a 波形的能量约束因子；SWF-a 算法的波形设计自由度为 NM，SWF-a 算法的计算复杂度略高于 SWF 算法。假设 SWF-a 波形能量恒为 γ，类似式（2.31）可得 SWF-a 波形的能量约束因子为

$$\beta_{\mathrm{SWF}-a}=\frac{NM\gamma}{\mathrm{tr}\{\boldsymbol{\Lambda}_{\mathrm{P}}^{2a}\}} \tag{3.244}$$

为了观察参数 a 对 SWF-a 波形频谱的影响，本书暂且选择 a 为 0.25、0.5（对比式（2.30）和式（3.243）知 SWF-0.5 波形即 SWF 波形）和 0.75，其他参数设置与图 3.44 相同。为了观察到更真实的功率分布，对波形频谱进行 1000 次仿真并取平均结果。图 3.50 所示为 SWF-0.25、SWF、SWF-0.75 波形的平均频谱结果，R+N 表示加噪声后的雷达散射回波。由图 3.50 可见，参数 a 变化使 SWF-a 波形在雷达通带和雷达过渡带的能量分布发生变化，后面将会看到不同的能量分布使雷达回波对 SWF-a 信号接收产生不同程度的干扰，进而使不同 SWF-a 波形产生性能差异。

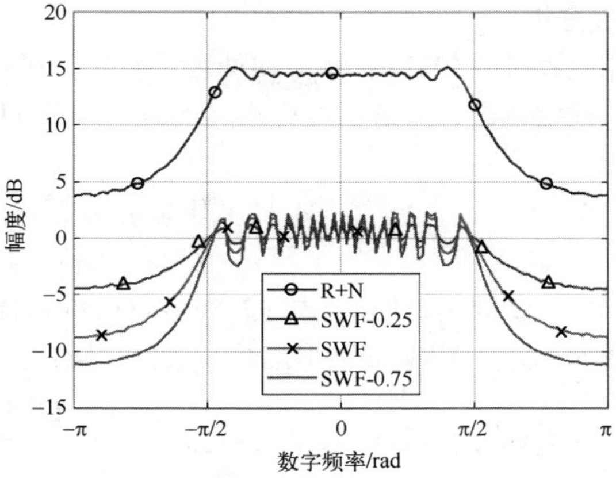

(a) m=32

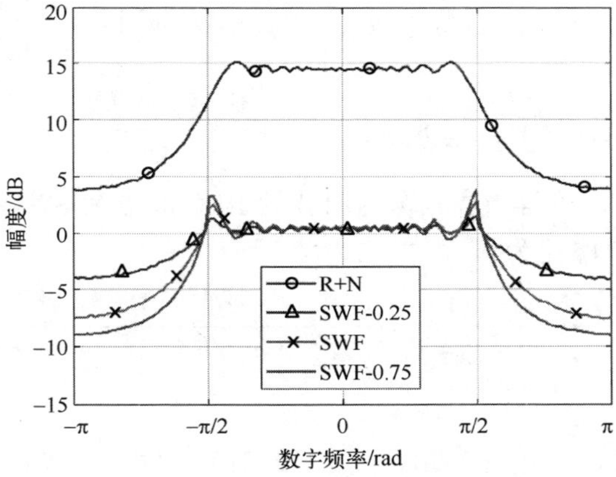

(b) m=64

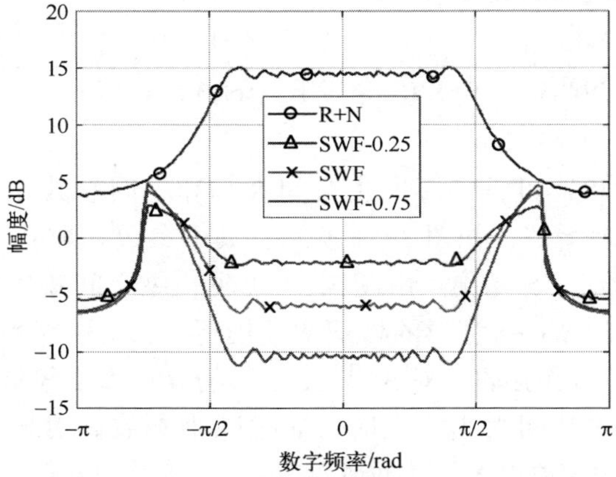

(c) m=96

图 3.50　SWF-0.25、SWF、SWF-0.75 波形的平均频谱

2. 通信可靠性分析

本节通过合作接收机对 SWF-a 波形的处理增益来分析波形通信可靠性。对于 SWF-a 波形，结合式（3.243）可得式（2.37）中的 LDF 滤波器函数表示为

$$\boldsymbol{w}_{\mathrm{SWF}-a,k}=\boldsymbol{V}\widetilde{\boldsymbol{\Lambda}}^{-1}\boldsymbol{V}^{\mathrm{H}}\boldsymbol{c}_{\mathrm{SWF}-a,k}=\beta_{\mathrm{SWF}-a}^{0.5}\boldsymbol{V}\widetilde{\boldsymbol{\Lambda}}^{-1}\boldsymbol{V}^{\mathrm{H}}\boldsymbol{V}\boldsymbol{\Lambda}_{\mathrm{P}}^{a}\boldsymbol{q}_k=\beta_{\mathrm{SWF}-a}^{0.5}\boldsymbol{V}\widetilde{\boldsymbol{\Lambda}}^{-1}\boldsymbol{\Lambda}_{\mathrm{P}}^{a}\boldsymbol{q}_k \tag{3.245}$$

由式（3.245），类似式（2.84）~式（2.86）可以得到合作接收机输出的雷达散射回波能量 $R_{\mathrm{o,SWF}-a}$、SWF-a 波形能量 $S_{\mathrm{o,SWF}-a}$、噪声能量 $N_{\mathrm{o,SWF}-a}$分别为

$$\begin{cases} R_{\mathrm{o,SWF}-a}=\sigma_x^2\boldsymbol{w}_{\mathrm{SWF}-a,k}^{\mathrm{H}}\boldsymbol{V}\boldsymbol{\Lambda}\boldsymbol{V}^{\mathrm{H}}\boldsymbol{w}_{\mathrm{SWF}-a,k}=\sigma_x^2\gamma\dfrac{\mathrm{tr}\{\boldsymbol{\Lambda}_{\mathrm{P}}^{2a}\widetilde{\boldsymbol{\Lambda}}^{-2}\boldsymbol{\Lambda}\}}{\mathrm{tr}\{\boldsymbol{\Lambda}_{\mathrm{P}}^{2a}\}} \\ S_{\mathrm{o,SWF}-a}=|\alpha|^2\ |\boldsymbol{w}_{\mathrm{SWF}-a,k}^{\mathrm{H}}\boldsymbol{c}_{\mathrm{SWF}-a,k}|^2=|\alpha|^2\gamma^2\left[\dfrac{\mathrm{tr}\{\boldsymbol{\Lambda}_{\mathrm{P}}^{2a}\widetilde{\boldsymbol{\Lambda}}^{-1}\}}{\mathrm{tr}\{\boldsymbol{\Lambda}_{\mathrm{P}}^{2a}\}}\right]^2 \\ N_{\mathrm{o,SWF}-a}=\sigma_u^2\boldsymbol{w}_{\mathrm{SWF}-a,k}^{\mathrm{H}}\boldsymbol{w}_{\mathrm{SWF}-a,k}=\sigma_u^2\gamma\dfrac{\mathrm{tr}\{\boldsymbol{\Lambda}_{\mathrm{P}}^{2a}\widetilde{\boldsymbol{\Lambda}}^{-2}\}}{\mathrm{tr}\{\boldsymbol{\Lambda}_{\mathrm{P}}^{2a}\}} \end{cases} \tag{3.246}$$

由式（3.246）可得当嵌入雷达回波的 REC 波形为 SWF-a 波形时，合作接收机输出的信干噪比为

$$\mathrm{SINR}_{\mathrm{o,SWF}-a}=\frac{S_{\mathrm{o,SWF}-a}}{R_{\mathrm{o,SWF}-a}+N_{\mathrm{o,SWF}-a}}=\frac{|\alpha|^2\gamma[\mathrm{tr}\{\boldsymbol{\Lambda}_{\mathrm{P}}^{2a}\widetilde{\boldsymbol{\Lambda}}^{-1}\}]^2}{\mathrm{tr}\{\boldsymbol{\Lambda}_{\mathrm{P}}^{2a}\}[\sigma_x^2\mathrm{tr}\{\boldsymbol{\Lambda}_{\mathrm{P}}^{2a}\widetilde{\boldsymbol{\Lambda}}^{-2}\boldsymbol{\Lambda}\}+\sigma_u^2\mathrm{tr}\{\boldsymbol{\Lambda}_{\mathrm{P}}^{2a}\widetilde{\boldsymbol{\Lambda}}^{-2}\}]} \tag{3.247}$$

结合式（2.66）、式（2.73）、式（2.81）和式（3.247）可以得到合作接收机对 SWF-a 波形的处理增益为

$$\Delta_{\mathrm{SWF}-a}=\frac{\mathrm{SINR}_{\mathrm{o,SWF}-a}}{\mathrm{SINR}_{\mathrm{i}}}=\frac{NM(\mathrm{CNR}+1)[\mathrm{tr}\{\boldsymbol{\Lambda}_{\mathrm{P}}^{2a}\widetilde{\boldsymbol{\Lambda}}^{-1}\}]^2}{\mathrm{tr}\{\boldsymbol{\Lambda}_{\mathrm{P}}^{2a}\}[\mathrm{CNR}\cdot\mathrm{tr}\{\boldsymbol{\Lambda}_{\mathrm{P}}^{2a}\widetilde{\boldsymbol{\Lambda}}^{-2}\boldsymbol{\Lambda}\}+\mathrm{tr}\{\boldsymbol{\Lambda}_{\mathrm{P}}^{2a}\widetilde{\boldsymbol{\Lambda}}^{-2}\}]} \tag{3.248}$$

根据式（3.248）可得到不同主空间大小和不同参数 a 时合作接收机对 SWF-a 波形的处理增益，如图 3.51 所示，其中参数 a 取 0~1（步进 0.01），其他参数设置与图 3.45 相同。由图 3.51 可见，主空间较大或者参数 a 较小时，合作接收机对 SWF-a 波形的处理增益较高，通信可靠性较高；而主空间较小且 a 较大时，合作接收机对 SWF-a 波形的处理增益较低，通信可靠性较差。图 3.51 表明主空间大小不变时，通过减小参数 a 可以使合作接收机对 SWF-a 波形的处理增益增大，从而改善 SWF-a 波形的通信可靠性，特别是当主空间较小时，对于通信可靠性的改善效果更加显著。

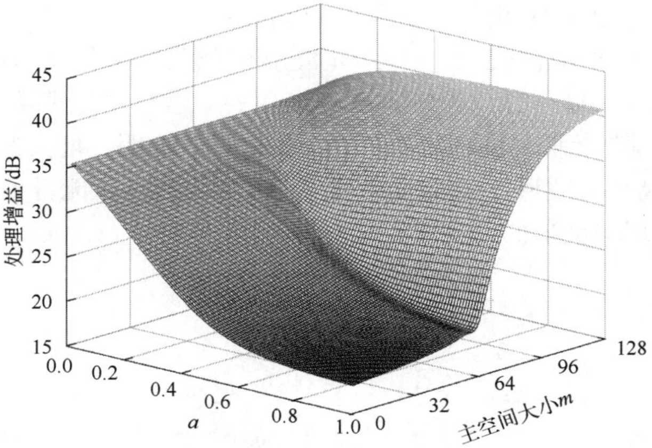

图 3.51　合作接收机对 SWF-a 波形的处理增益

3. LPI 性能分析

本节通过推导截获接收机对 SWF-a 波形的处理增益结果来分析 SWF-a 波形的 LPI 性能。对于 SWF-a 波形，可以得到截获接收机输出的 SWF-a 波形能量为

$$\begin{aligned}S_{\mathrm{ir,SWF}-a} &= E[\,|\alpha|^2 \boldsymbol{c}_{\mathrm{SWF}-a,k}^{\mathrm{H}} \boldsymbol{P}_{\mathrm{ir}} \boldsymbol{c}_{\mathrm{SWF}-a,k}] \\ &= |\alpha|^2 \beta_{\mathrm{SWF}-a} \boldsymbol{q}_k^{\mathrm{H}} \boldsymbol{\Lambda}_{\mathrm{P}}^{a} \boldsymbol{V}^{\mathrm{H}} \boldsymbol{V}_{\mathrm{ND}} \widetilde{\boldsymbol{\Lambda}}_{\mathrm{ND}}^{-1} \boldsymbol{V}_{\mathrm{ND}}^{\mathrm{H}} \boldsymbol{V} \boldsymbol{\Lambda}_{\mathrm{P}}^{a} \boldsymbol{q}_k \\ &= |\alpha|^2 \beta_{\mathrm{SWF}-a} \boldsymbol{q}_k^{\mathrm{H}} \begin{bmatrix} \boldsymbol{O} & \boldsymbol{O} \\ \boldsymbol{O} & \boldsymbol{\Lambda}_{\mathrm{ND}}^{2a} \widetilde{\boldsymbol{\Lambda}}_{\mathrm{ND}}^{-1} \end{bmatrix} \boldsymbol{q}_k \\ &= |\alpha|^2 \gamma \frac{\mathrm{tr}\{\boldsymbol{\Lambda}_{\mathrm{ND}}^{2a} \widetilde{\boldsymbol{\Lambda}}_{\mathrm{ND}}^{-1}\}}{\mathrm{tr}\{\boldsymbol{\Lambda}_{\mathrm{P}}^{2a}\}}\end{aligned} \tag{3.249}$$

由式（2.75）、式（2.77）和式（3.249）可得当雷达回波中嵌入的 REC 波形为 SWF-a 波形时，截获接收机输出的信干噪比为

$$\mathrm{SINR}_{\mathrm{ir,SWF}-a} = \frac{S_{\mathrm{ir,SWF}-a}}{R_{\mathrm{ir}} + N_{\mathrm{ir}}} = \frac{|\alpha|^2 \gamma \mathrm{tr}\{\boldsymbol{\Lambda}_{\mathrm{ND}}^{2a} \widetilde{\boldsymbol{\Lambda}}_{\mathrm{ND}}^{-1}\}}{\mathrm{tr}\{\boldsymbol{\Lambda}_{\mathrm{P}}^{2a}\}[\sigma_x^2 \mathrm{tr}\{\boldsymbol{\Lambda}_{\mathrm{ND}} \widetilde{\boldsymbol{\Lambda}}_{\mathrm{ND}}^{-1}\} + \sigma_u^2 \mathrm{tr}\{\widetilde{\boldsymbol{\Lambda}}_{\mathrm{ND}}^{-1}\}]} \tag{3.250}$$

结合式（2.73）、式（2.81）和式（3.250）可得截获接收机对 SWF-a 波形的处理增益为

$$\Delta_{\mathrm{ir,SWF}-a} = \frac{\mathrm{SINR}_{\mathrm{ir,SWF}-a}}{\mathrm{SINR}_{\mathrm{i}}} = \frac{NM(\mathrm{CNR}+1)\mathrm{tr}\{\boldsymbol{\Lambda}_{\mathrm{ND}}^{2a} \widetilde{\boldsymbol{\Lambda}}_{\mathrm{ND}}^{-1}\}}{\mathrm{tr}\{\boldsymbol{\Lambda}_{\mathrm{P}}^{2a}\}[\mathrm{CNR} \cdot \mathrm{tr}\{\boldsymbol{\Lambda}_{\mathrm{ND}} \widetilde{\boldsymbol{\Lambda}}_{\mathrm{ND}}^{-1}\} + \mathrm{tr}\{\widetilde{\boldsymbol{\Lambda}}_{\mathrm{ND}}^{-1}\}]} \tag{3.251}$$

根据式（3.251）可得到不同主空间大小和不同参数 a 时截获接收机对 SWF-a 波形的处理增益，如图 3.52 所示，其中参数 a 取 0~1（步进 0.01），

其他参数设置与图 3.48 相同。由图 3.52 可见，主空间较小时，截获接收机对 SWF-a 波形的处理增益较大，SWF-a 波形被截获风险较高，LPI 性能较差；而主空间较大且 a 较大时，截获接收机对 SWF-a 波形的处理增益较低，SWF-a 波形被截获风险较低，LPI 性能较好。图 3.52 还表明，增大参数 a 可以使截获接收机对 SWF-a 波形的处理增益降低，波形的 LPI 性能得到改善，特别是当主空间较大时对波形的 LPI 性能改善更明显。

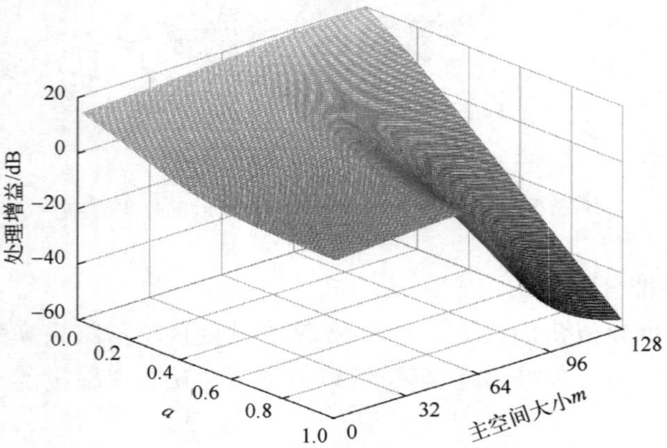

图 3.52　截获接收机对 SWF-a 波形的处理增益

4. 综合性能分析

本节通过 SWF-a 波形的增益优势来分析 SWF-a 波形的综合性能。结合式（3.248）和式（3.251）可得 SWF-a 波形的增益优势为

$$\varphi_{\mathrm{SWF}-a}=\frac{\Delta_{\mathrm{SWF}-a}}{\Delta_{\mathrm{ir,SWF}-a}}=\frac{[\mathrm{tr}\{\boldsymbol{\Lambda}_{\mathrm{P}}^{2a}\widetilde{\boldsymbol{\Lambda}}^{-1}\}]^2[\mathrm{CNR}\cdot\mathrm{tr}\{\boldsymbol{\Lambda}_{\mathrm{ND}}\widetilde{\boldsymbol{\Lambda}}_{\mathrm{ND}}^{-1}\}+\mathrm{tr}\{\widetilde{\boldsymbol{\Lambda}}_{\mathrm{ND}}^{-1}\}]}{\mathrm{tr}\{\boldsymbol{\Lambda}_{\mathrm{ND}}^{2a}\widetilde{\boldsymbol{\Lambda}}_{\mathrm{ND}}^{-1}\}[\mathrm{CNR}\cdot\mathrm{tr}\{\boldsymbol{\Lambda}_{\mathrm{P}}^{2a}\widetilde{\boldsymbol{\Lambda}}^{-2}\boldsymbol{\Lambda}\}+\mathrm{tr}\{\boldsymbol{\Lambda}_{\mathrm{P}}^{2a}\widetilde{\boldsymbol{\Lambda}}^{-2}\}]} \tag{3.252}$$

根据式（3.252）可得不同主空间大小和不同参数 a 时 SWF-a 波形的增益优势，如图 3.53 所示，参数设置与图 3.45 一致。由图 3.53 可见，主空间较小或参数 a 较小时，SWF-a 波形的增益优势较小，综合性能较差；主空间较大且参数 a 较大时，SWF-a 波形的增益优势较大，综合性能较好。图 3.53 表明，通过改变参数 a 可以使 SWF-a 波形的综合性能发生改变。具体地，当主空间较小时，改变参数 a 不能使 SWF-a 波形的综合性能产生显著改变；当主空间较大时，增大参数 a 可以显著提高 SWF-a 波形的增益优势，使综合性能得到改善。

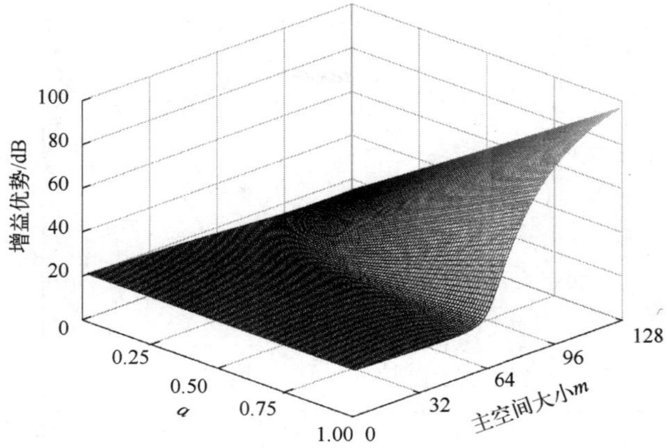

图 3.53　SWF-a 波形的增益优势

5. 仿真验证

为检验以上对 SWF-a 波形性能的理论分析结果的正确性，本节就合作接收机和截获接收机对 SWF-a 波形的检测概率和截获概率进行仿真。参数 a 取为 0.25、0.5（即 SWF 波形）和 0.75，其他仿真参数设置与图 3.43 相同。为了便于对比，图 3.54 给出了当 a 取 0.25、0.5 和 0.75 时的处理增益及增益优势结果。合作接收机和截获接收机对 SWF-0.25、SWF、SWF-0.75 波形的检测概率和截获概率结果如图 3.55 所示。

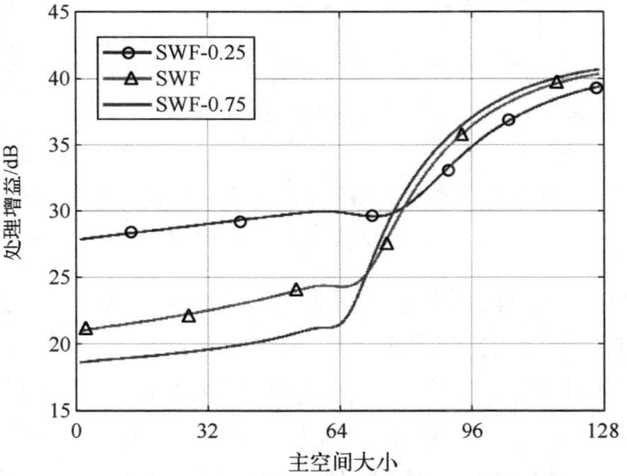

(a) 合作接收机处理增益

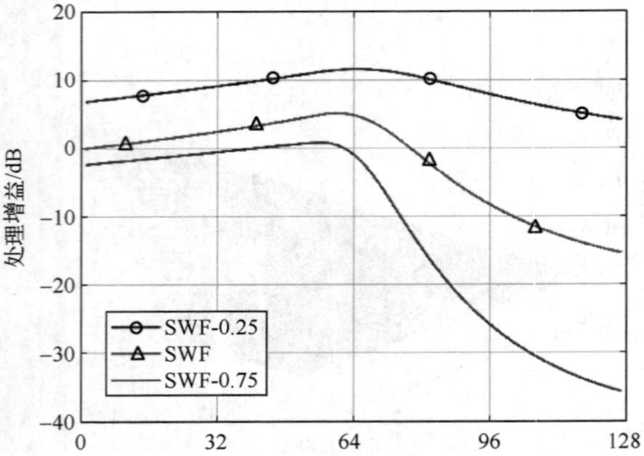

(b) 截获接收机处理增益

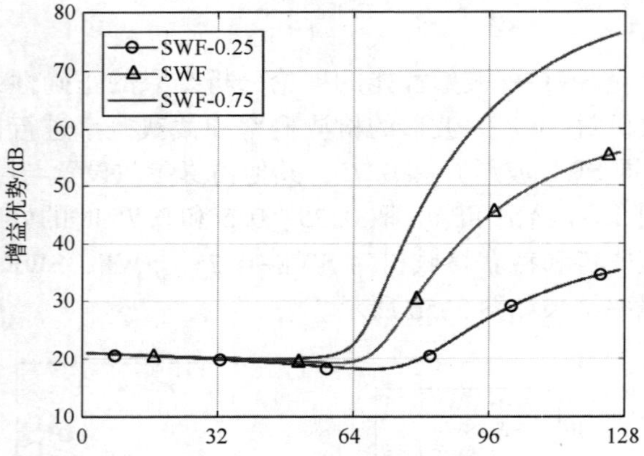

(c) 增益优势

图 3.54　合作接收机和截获接收机对 SWF-0.25、SWF、SWF-0.75 波形的处理增益和增益优势

由图 3.55（a）可得，当主空间为 $m=32$ 时，SWF-0.25、SWF、SWF-0.75 波形的 SNR1 和 SNR2 依次增大，与图 3.54（a）和图 3.54（b）中三种波形处理增益依次降低的结果吻合；此时三种波形的 ΔSNR 基本相等，都为 10dB，与图 3.54（c）中三种波形增益优势相同的结果吻合。图 3.55（b）表明，当主空间为 $m=64$ 时，三种波形的 SNR1 和 SNR2 相较于图 3.55（a）略有减小，这与图 3.54（a）和图 3.54（b）中所示 $m=64$ 时处理增益相较于 $m=32$ 略有增加的理论结果吻合；此时 SWF-0.25、SWF、SWF-0.75 波形的 ΔSNR 分别为 7dB、9dB、12dB，这与图 3.54（c）所示三种波形增益优势之间

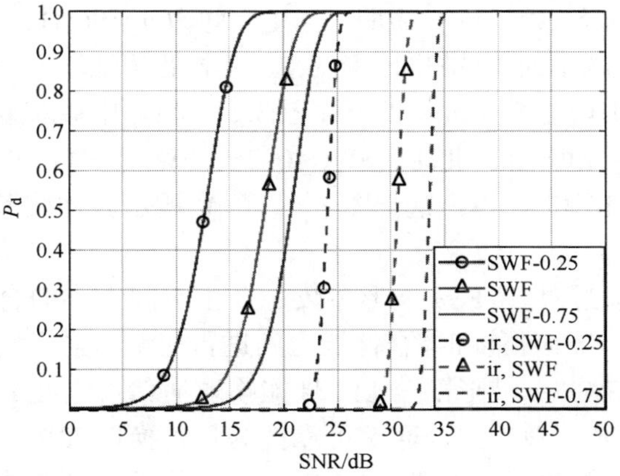

(a) m=32

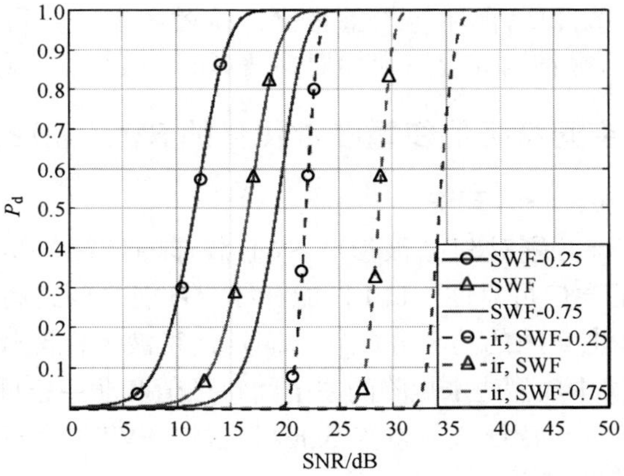

(b) m=64

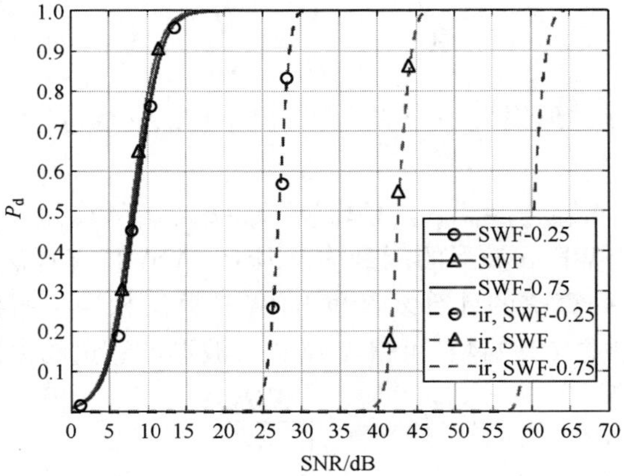

(c) m=96

图 3.55　合作接收机和截获接收机对 SWF-0.25、SWF、SWF-0.75 波形的检测概率和截获概率

的大小关系一致。图 3.55（c）表明，当主空间为 $m=96$ 时，与 $m=64$ 时相比，三种波形的 SNR1 减小到几乎相同，而 SNR2 不同程度地增大，这与图 3.54（a）中合作接收机处理增益增大至相近值而图 3.54（b）中截获接收机处理不同程度减小的理论分析相吻合；此时，SWF-0.25、SWF、SWF-0.75 波形的 ΔSNR 分别为 13dB、29dB 和 47dB，这与图 3.54（c）所示三种波形增益优势之间的大小关系一致。

综上可得，通过对 SWF-a 波形参数 a 及主空间大小的合理选择，可以在波形通信可靠性、LPI 性能和综合性能之间进行权衡。当主空间较小时，减小参数 a 可以牺牲 SWF-a 波形部分 LPI 性能换取通信可靠性的改善，而增大参数 a 能以牺牲 SWF-a 波形部分通信可靠性为代价换取 LPI 性能的提升。当主空间较大时，减小参数 a 并不能使 SWF-a 波形的通信可靠性得到提升，相反会使波形的 LPI 性能和综合性能严重恶化；而增大参数 a 可以在几乎不牺牲 SWF-a 波形通信可靠性的前提下大大提高波形的 LPI 性能和综合性能。

3.6.3 基于主空间特征值权重参数优化的 SWF 波形设计方法

1. VSWF-a 波形设计算法

3.3 节和 3.4 节分别对 SDP 波形和 SWF 波形的特征值矩阵幂指数进行优化，可以在波形的通信可靠性、LPI 性能和综合性能之间进行权衡。由于 SWF 波形在主空间和非主空间的功率分配较为固定使得波形性能较为固定，本节考虑给 SWF 波形算法中成型注水矩阵的主空间特征值和非主空间特征值赋予不同权重，提出一种主空间特征值权重参数 a 可变的 VSWF-a 波形算法，VSWF-a 波形的成型注水矩阵定义为

$$\boldsymbol{\Lambda}_{\mathrm{P},a}=\begin{bmatrix} a\boldsymbol{\Lambda}_{\mathrm{D}}^{-1} & \boldsymbol{O} \\ \boldsymbol{O} & \boldsymbol{\Lambda}_{\mathrm{ND}} \end{bmatrix} \tag{3.253}$$

假设 VSWF-a 波形集大小为 K，第 $k(k=1,2,\cdots,K)$ 个 VSWF-a 波形表示为

$$\boldsymbol{c}_{\mathrm{VSWF}-a,k}=\beta_{\mathrm{VSWF}-a}^{0.5}\boldsymbol{V}\boldsymbol{\Lambda}_{\mathrm{P},a}^{0.5}\boldsymbol{V}^{\mathrm{H}}\boldsymbol{b}_k=\beta_{\mathrm{VSWF}-a}^{0.5}\boldsymbol{V}\boldsymbol{\Lambda}_{\mathrm{P},a}^{0.5}\boldsymbol{q}_k \tag{3.254}$$

式中：$\beta_{\mathrm{VSWF}-a}$ 为 VSWF-a 波形的能量约束因子；VSWF-a 算法的波形设计自由度为 NM，VSWF-a 算法的计算复杂度与 SWF 算法相当。假设 VSWF-a 波形能量恒为 γ，类似式（3.244）可得 VSWF-a 波形的能量约束因子为

$$\beta_{\mathrm{VSWF}-a}=\frac{NM\gamma}{\mathrm{tr}\{\boldsymbol{\Lambda}_{\mathrm{P},a}\}} \tag{3.255}$$

对比式（2.25）、式（3.253）和式（3.254）可知，当参数 a 取 0 时，VSWF-0 波形即 SDP 波形。对比式（2.28）和式（3.253）可知，当参数 a 取

1 时，VSWF-1 波形即 SWF 波形，即 SDP 波形和 SWF 波形都是 VSWF-a 波形在 a 取特定值时的特殊情况。

为了观察主空间特征值权重参数 a 对 VSWF-a 波形频谱的影响，本书暂且选择参数 a 为 0（即 SDP 波形）、0.01、1（即 SWF 波形）和 100，为了观察到更真实的功率分布，对波形频谱进行 1000 次仿真并取平均结果，其他参数设置与图 3.44 相同。图 3.56 所示为 VSWF-0（SDP）、VSWF-0.01、VSWF-1（SWF）和 VSWF-100 波形的平均频谱结果，图例中 R+N 表示加噪声后的雷达散射回波。由图 3.50 可见，参数 a 变化使 VSWF-a 波形在雷达通带和雷达过渡带的能量分布发生变化。以图 3.56（b）中主空间 $m=64$ 为例，当主空间特征值权重参数增大时，VSWF-a 波形分配在雷达通带的能量增大，分配在雷达过渡带的能量减小，通信可靠性下降，LPI 性能提升；当主空间特征值权重参数减小时，VSWF-a 波形分配在雷达通带的能量减小，分配在雷达过渡带的能量增大，通信可靠性提升，LPI 性能下降。后续分析将会看到不同的 VSWF-a 波形产生不同的能量分布，使雷达回波对 VSWF-a 信号接收产生不同程度的干扰，进而使不同 VSWF-a 波形在通信可靠性、LPI 性能和综合性能上产生差异。

2. 通信可靠性分析

本节通过合作接收机对 VSWF-a 波形的处理增益来分析波形通信可靠性。对于 VSWF-a 波形，结合式（3.254）可得式（2.37）中的 LDF 滤波器函数表示为

$$\boldsymbol{w}_{\mathrm{VSWF}-a,k}=\boldsymbol{V}\widetilde{\boldsymbol{\Lambda}}^{-1}\boldsymbol{V}^{\mathrm{H}}\boldsymbol{c}_{\mathrm{VSWF}-a,k}=\beta_{\mathrm{VSWF}-a}^{0.5}\boldsymbol{V}\widetilde{\boldsymbol{\Lambda}}^{-1}\boldsymbol{V}^{\mathrm{H}}\boldsymbol{V}\boldsymbol{\Lambda}_{\mathrm{P},a}^{0.5}\boldsymbol{q}_k=\beta_{\mathrm{VSWF}-a}^{0.5}\boldsymbol{V}\widetilde{\boldsymbol{\Lambda}}^{-1}\boldsymbol{\Lambda}_{\mathrm{P},a}^{0.5}\boldsymbol{q}_k \tag{3.256}$$

由式（3.256），类似式（2.84）~式（2.86）可以得到合作接收机输出的雷达散射回波能量 $R_{\mathrm{o,VSWF}-a}$、VSWF-a 波形能量 $S_{\mathrm{o,VSWF}-a}$、噪声能量 $N_{\mathrm{o,VSWF}-a}$ 分别为

$$\begin{cases}R_{\mathrm{o,VSWF}-a}=\sigma_x^2\boldsymbol{w}_{\mathrm{VSWF}-a,k}^{\mathrm{H}}\boldsymbol{V}\boldsymbol{\Lambda}\boldsymbol{V}^{\mathrm{H}}\boldsymbol{w}_{\mathrm{VSWF}-a,k}=\sigma_x^2\gamma\dfrac{\mathrm{tr}\{\boldsymbol{\Lambda}_{\mathrm{P},a}\widetilde{\boldsymbol{\Lambda}}^{-2}\boldsymbol{\Lambda}\}}{\mathrm{tr}\{\boldsymbol{\Lambda}_{\mathrm{P},a}\}}\\ S_{\mathrm{o,VSWF}-a}=|\alpha|^2\ |\boldsymbol{w}_{\mathrm{VSWF}-a,k}^{\mathrm{H}}\boldsymbol{c}_{\mathrm{VSWF}-a,k}|^2=|\alpha|^2\gamma^2\left[\dfrac{\mathrm{tr}\{\boldsymbol{\Lambda}_{\mathrm{P},a}\widetilde{\boldsymbol{\Lambda}}^{-1}\}}{\mathrm{tr}\{\boldsymbol{\Lambda}_{\mathrm{P},a}\}}\right]^2\\ N_{\mathrm{o,VSWF}-a}=\sigma_u^2\boldsymbol{w}_{\mathrm{VSWF}-a,k}^{\mathrm{H}}\boldsymbol{w}_{\mathrm{VSWF}-a,k}=\sigma_u^2\gamma\dfrac{\mathrm{tr}\{\boldsymbol{\Lambda}_{\mathrm{P},a}\widetilde{\boldsymbol{\Lambda}}^{-2}\}}{\mathrm{tr}\{\boldsymbol{\Lambda}_{\mathrm{P},a}\}}\end{cases} \tag{3.257}$$

由式（3.257）可得雷达回波中嵌入 VSWF-a 波形时合作接收机输出信干噪比为

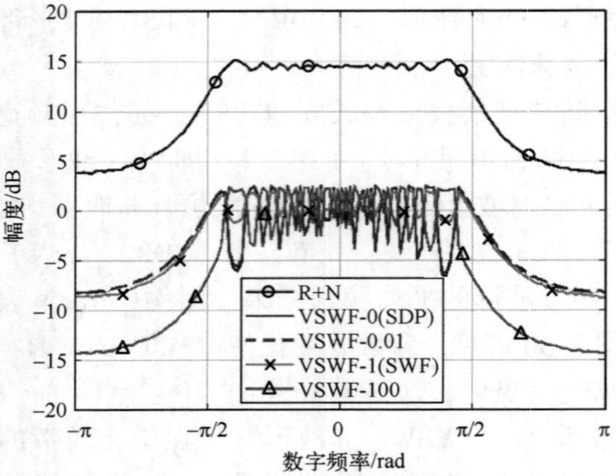

(a) m=32

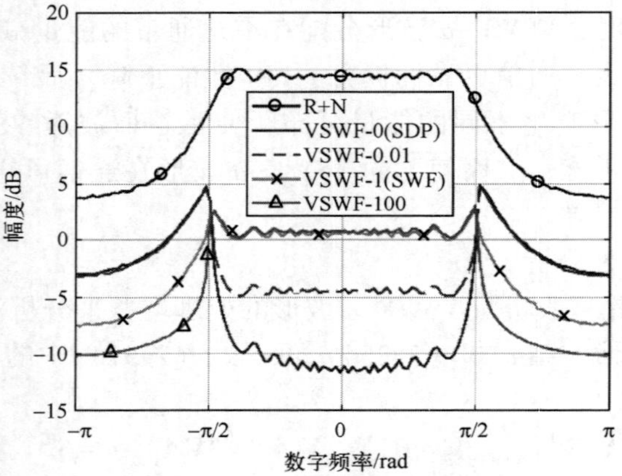

(b) m=64

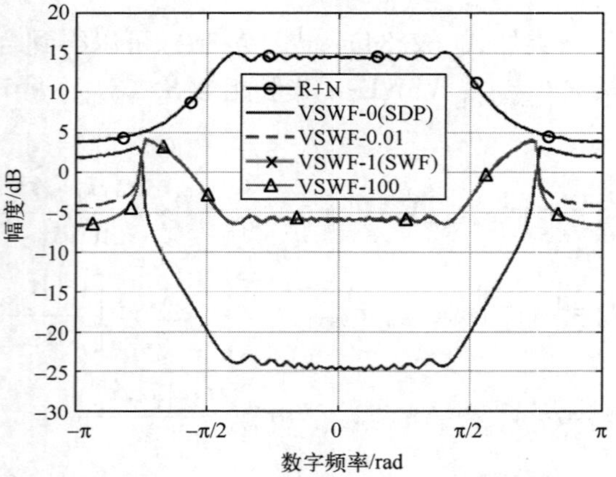

(c) m=96

图 3.56 VSWF-0（SDP）、VSWF-0.01、VSWF-1（SWF）和 VSWF-100 波形的平均频谱

$$\mathrm{SINR}_{\mathrm{o,VSWF}-a}=\frac{S_{\mathrm{o,VSWF}-a}}{R_{\mathrm{o,VSWF}-a}+N_{\mathrm{o,VSWF}-a}}=\frac{|\alpha|^2\gamma[\mathrm{tr}\{\boldsymbol{\Lambda}_{\mathrm{P},a}\widetilde{\boldsymbol{\Lambda}}^{-1}\}]^2}{\mathrm{tr}\{\boldsymbol{\Lambda}_{\mathrm{P},a}\}[\sigma_x^2\mathrm{tr}\{\boldsymbol{\Lambda}_{\mathrm{P},a}\widetilde{\boldsymbol{\Lambda}}^{-2}\boldsymbol{\Lambda}\}+\sigma_u^2\mathrm{tr}\{\boldsymbol{\Lambda}_{\mathrm{P},a}\widetilde{\boldsymbol{\Lambda}}^{-2}\}]} \tag{3.258}$$

由式（2.66）、式（2.73）、式（2.88）和式（3.258）可得合作接收机对 VSWF-a 波形的处理增益为

$$\boldsymbol{\Delta}_{\mathrm{VSWF}-a}=\frac{\mathrm{SINR}_{\mathrm{o,VSWF}-a}}{\mathrm{SINR}_{\mathrm{i}}}=\frac{NM(\mathrm{CNR}+1)[\mathrm{tr}\{\boldsymbol{\Lambda}_{\mathrm{P},a}\widetilde{\boldsymbol{\Lambda}}^{-1}\}]^2}{\mathrm{tr}\{\boldsymbol{\Lambda}_{\mathrm{P},a}\}[\mathrm{CNR}\cdot\mathrm{tr}\{\boldsymbol{\Lambda}_{\mathrm{P},a}\widetilde{\boldsymbol{\Lambda}}^{-2}\boldsymbol{\Lambda}\}+\mathrm{tr}\{\boldsymbol{\Lambda}_{\mathrm{P},a}\widetilde{\boldsymbol{\Lambda}}^{-2}\}]} \tag{3.259}$$

根据式（3.259）可得到不同主空间大小和不同参数 a 时合作接收机对 VSWF-a 波形的处理增益，如图 3.57 所示，其中参数 a 取 0.01～100，其他参数设置与图 3.45 相同。由图 3.57 可见，当主空间较大时，合作接收机对 VSWF-a 波形的处理增益较大且受参数 a 影响较小，此时波形通信可靠性较高；主空间较小时，合作接收机对 VSWF-a 波形处理增益较小且受参数 a 影响较小，此时通信可靠性较差；当主空间占特征向量空间 50%左右时，合作接收机对 VSWF-a 波形的处理增益受参数 a 影响较大，此时减小参数 a 可以使合作接收机对 VSWF-a 波形的处理增益显著增大，从而显著改善通信可靠性。

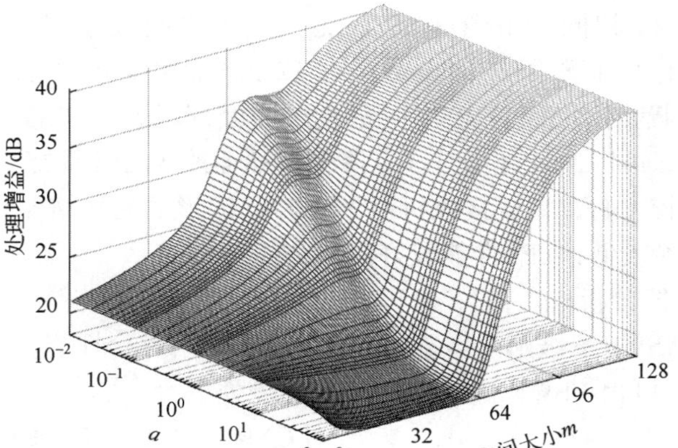

图 3.57　合作接收机对 VSWF-a 波形的处理增益

3. LPI 性能分析

本节通过截获接收机对 VSWF-a 波形的处理增益来分析波形 LPI 性能。对于 VSWF-a 波形，与式（3.249）类似，可得截获接收机输出的 VSWF-a 波

形能量为

$$\begin{aligned} S_{\mathrm{ir,VSWF}-a} &= E[\,|\alpha|^2 \boldsymbol{c}_{\mathrm{VSWF}-a,k}^{\mathrm{H}} \boldsymbol{P}_{\mathrm{ir}} \boldsymbol{c}_{\mathrm{VSWF}-a,k}\,] \\ &= |\alpha|^2 \beta_{\mathrm{VSWF}-a} \boldsymbol{q}_k^{\mathrm{H}} \boldsymbol{\Lambda}_{\mathrm{P},a}^{0.5} \boldsymbol{V}^{\mathrm{H}} V_{\mathrm{ND}} \widetilde{\boldsymbol{\Lambda}}_{\mathrm{ND}}^{-1} \boldsymbol{V}_{\mathrm{ND}}^{\mathrm{H}} \boldsymbol{V} \boldsymbol{\Lambda}_{\mathrm{P},a}^{0.5} \boldsymbol{q}_k \\ &= |\alpha|^2 \beta_{\mathrm{VSWF}-a} \boldsymbol{q}_k^{\mathrm{H}} \begin{bmatrix} \boldsymbol{O} & \boldsymbol{O} \\ \boldsymbol{O} & \boldsymbol{\Lambda}_{\mathrm{ND}} \widetilde{\boldsymbol{\Lambda}}_{\mathrm{ND}}^{-1} \end{bmatrix} \boldsymbol{q}_k \\ &= |\alpha|^2 \gamma \frac{\mathrm{tr}\{\boldsymbol{\Lambda}_{\mathrm{ND}} \widetilde{\boldsymbol{\Lambda}}_{\mathrm{ND}}^{-1}\}}{\mathrm{tr}\{\boldsymbol{\Lambda}_{\mathrm{P},a}\}} \end{aligned} \tag{3.260}$$

由式（3.241）、式（3.243）和式（3.260）可得当雷达回波中嵌入的REC波形为VSWF-a波形时，截获接收机输出的信干噪比为

$$\mathrm{SINR}_{\mathrm{ir,VSWF}-a} = \frac{S_{\mathrm{ir,VSWF}-a}}{R_{\mathrm{ir}} + N_{\mathrm{ir}}} = \frac{|\alpha|^2 \gamma \mathrm{tr}\{\boldsymbol{\Lambda}_{\mathrm{ND}} \widetilde{\boldsymbol{\Lambda}}_{\mathrm{ND}}^{-1}\}}{\mathrm{tr}\{\boldsymbol{\Lambda}_{\mathrm{P},a}\}[\sigma_x^2 \mathrm{tr}\{\boldsymbol{\Lambda}_{\mathrm{ND}} \widetilde{\boldsymbol{\Lambda}}_{\mathrm{ND}}^{-1}\} + \sigma_u^2 \mathrm{tr}\{\widetilde{\boldsymbol{\Lambda}}_{\mathrm{ND}}^{-1}\}]} \tag{3.261}$$

结合式（3.224）、式（3.234）和式（3.261）可得截获接收机对VSWF-a波形的处理增益为

$$\Delta_{\mathrm{ir,VSWF}-a} = \frac{\mathrm{SINR}_{\mathrm{ir,VSWF}-a}}{\mathrm{SINR}_{\mathrm{i}}} = \frac{NM(\mathrm{CNR}+1)\mathrm{tr}\{\boldsymbol{\Lambda}_{\mathrm{ND}} \widetilde{\boldsymbol{\Lambda}}_{\mathrm{ND}}^{-1}\}}{\mathrm{tr}\{\boldsymbol{\Lambda}_{\mathrm{P},a}\}[\mathrm{CNR} \cdot \mathrm{tr}\{\boldsymbol{\Lambda}_{\mathrm{ND}} \widetilde{\boldsymbol{\Lambda}}_{\mathrm{ND}}^{-1}\} + \mathrm{tr}\{\widetilde{\boldsymbol{\Lambda}}_{\mathrm{ND}}^{-1}\}]} \tag{3.262}$$

根据式（3.262）可得到不同主空间大小和不同参数a时截获接收机对VSWF-a波形的处理增益，如图3.58所示，其中参数a取0.01~100，其他参数设置与图3.48相同。由图3.58可见，当主空间较小时，截获接收机对VSWF-a波形的处理增益受参数a的影响较小；而主空间占特征向量空间比例超过50%时，截获接收机对VSWF-a波形的处理增益受参数a的影响较大，此时增大参数a可以使处理增益显著降低，从而改善LPI性能。总之，主空间较大且参数a较大时，截获接收机对VSWF-a波形的处理增益较低，VSWF-a波形被截获风险较低，LPI性能较好。

4. 综合性能分析

本节通过VSWF-a波形的增益优势来分析波形的综合性能。结合式（3.259）和式（3.262）可得VSWF-a波形的增益优势为

$$\varphi_{\mathrm{VSWF}-a} = \frac{\Delta_{\mathrm{VSWF}-a}}{\Delta_{\mathrm{ir,VSWF}-a}} = \frac{[\mathrm{tr}\{\boldsymbol{\Lambda}_{\mathrm{P},a} \widetilde{\boldsymbol{\Lambda}}^{-1}\}]^2 [\mathrm{CNR} \cdot \mathrm{tr}\{\boldsymbol{\Lambda}_{\mathrm{ND}} \widetilde{\boldsymbol{\Lambda}}_{\mathrm{ND}}^{-1}\} + \mathrm{tr}\{\widetilde{\boldsymbol{\Lambda}}_{\mathrm{ND}}^{-1}\}]}{\mathrm{tr}\{\boldsymbol{\Lambda}_{\mathrm{ND}} \widetilde{\boldsymbol{\Lambda}}_{\mathrm{ND}}^{-1}\}[\mathrm{CNR} \cdot \mathrm{tr}\{\boldsymbol{\Lambda}_{\mathrm{P},a} \widetilde{\boldsymbol{\Lambda}}^{-2} \boldsymbol{\Lambda}\} + \mathrm{tr}\{\boldsymbol{\Lambda}_{\mathrm{P},a} \widetilde{\boldsymbol{\Lambda}}^{-2}\}]} \tag{3.263}$$

根据式（3.263）可得不同主空间大小和不同参数a时VSWF-a波形的增益优势，如图3.59所示，参数设置与图3.48一致。图3.59表明，当主空间较小时，VSWF-a波形的增益优势较小且受参数a影响较小，此时波形综合性能较差；当主空间占特征向量空间比例超过50%时，VSWF-a波形的增益优势

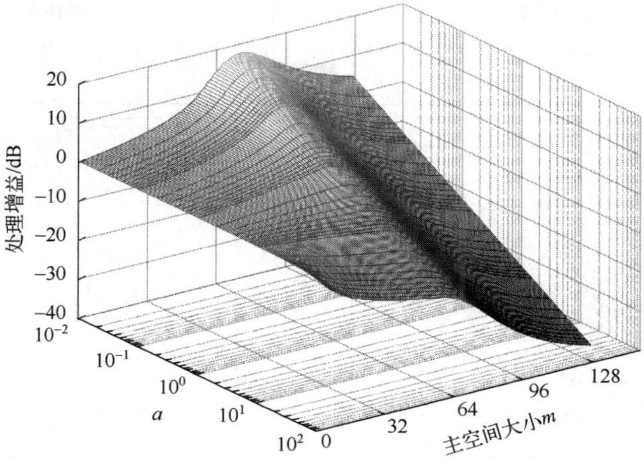

图 3.58　截获接收机对 VSWF-a 波形的处理增益

受参数 a 影响较大，此时增大参数 a 可以使波形的增益优势显著增大，从而改善波形综合性能。总之，主空间较大且参数 a 较大时，VSWF-a 波形的增益优势较大，综合性能较好。

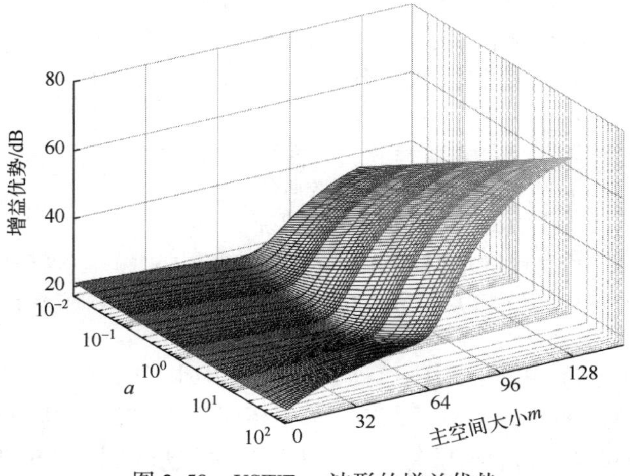

图 3.59　VSWF-a 波形的增益优势

5. 仿真验证

为检验以上对 VSWF-a 波形性能的理论推导结果的正确性，本节就合作接收机和截获接收机对 VSWF-a 波形的检测概率和截获概率进行仿真。参数 a 取为 0（即 SDP 波形）、0.01、1（即 SWF 波形）和 100，其他仿真参数设置与图 3.55 相同。为了便于对比，图 3.60 给出了 a 取 0、0.01、1 和 100 时处理增益及增益优势结果。合作接收机和截获接收机对 VSWF-0（SDP）、VSWF-0.01、VSWF-1（SWF）和 VSWF-100 波形的检测概率和截获概率结果如图 3.61 所示。

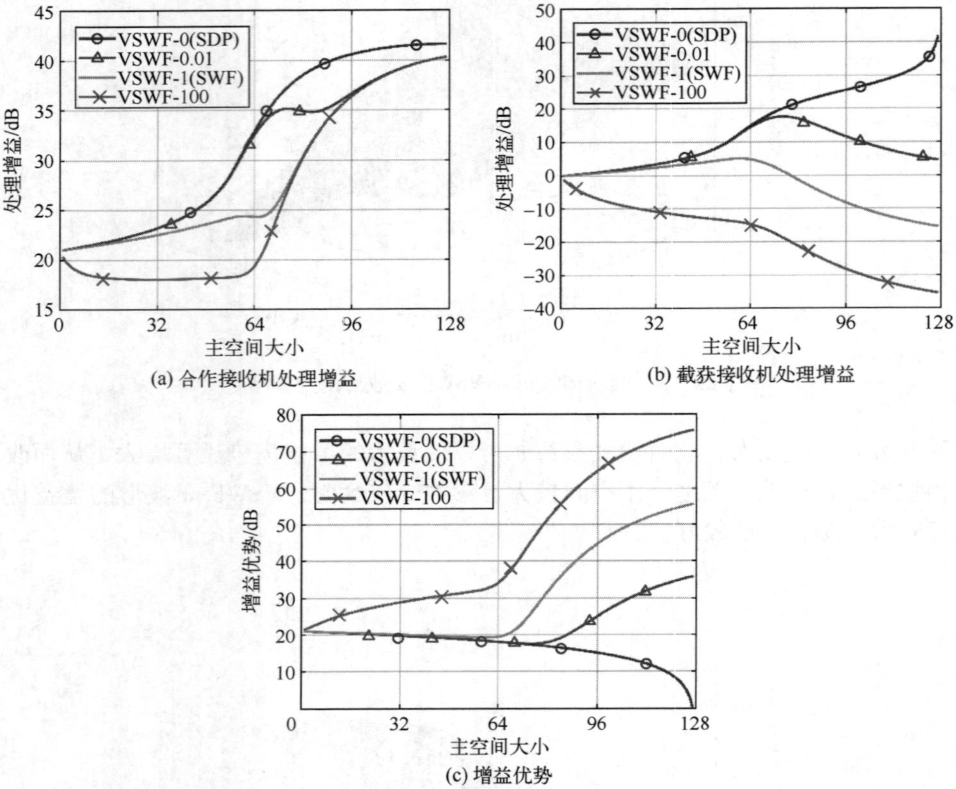

(a) 合作接收机处理增益

(b) 截获接收机处理增益

(c) 增益优势

图 3.60　合作接收机和截获接收机对 VSWF-0（SDP）、VSWF-0.01、VSWF-1（SWF）和 VSWF-100 波形的处理增益和增益优势

由图 3.61（a）可得，当主空间为 $m=32$ 时，VSWF-0、VSWF-0.01、VSWF-1 波形的 SNR1、SNR2、ΔSNR 基本相同，与图 3.60 中三种波形处理增益和增益优势基本相同的结果吻合；与上述三种波形相比，VSWF-100 波形的 SNR1、SNR2、ΔSNR 更大，这与图 3.60 中 VSWF-100 波形处理增益更小而增益优势更大的结果吻合。图 3.61（b）表明，当主空间为 $m=64$ 时，VSWF-0、VSWF-0.01、VSWF-1 波形的 SNR1、SNR2 相较于图 3.61（a）有所降低，这与图 3.60（a）和 3.22（b）中所示 $m=64$ 时处理增益相较于 $m=32$ 有所增大的理论结果吻合；此时 VSWF-100 波形的 SNR1、SNR2、ΔSNR 相较于图 3.61（a）分别不变、增大、增大，这与图 3.60 中所示 $m=64$ 时处理增

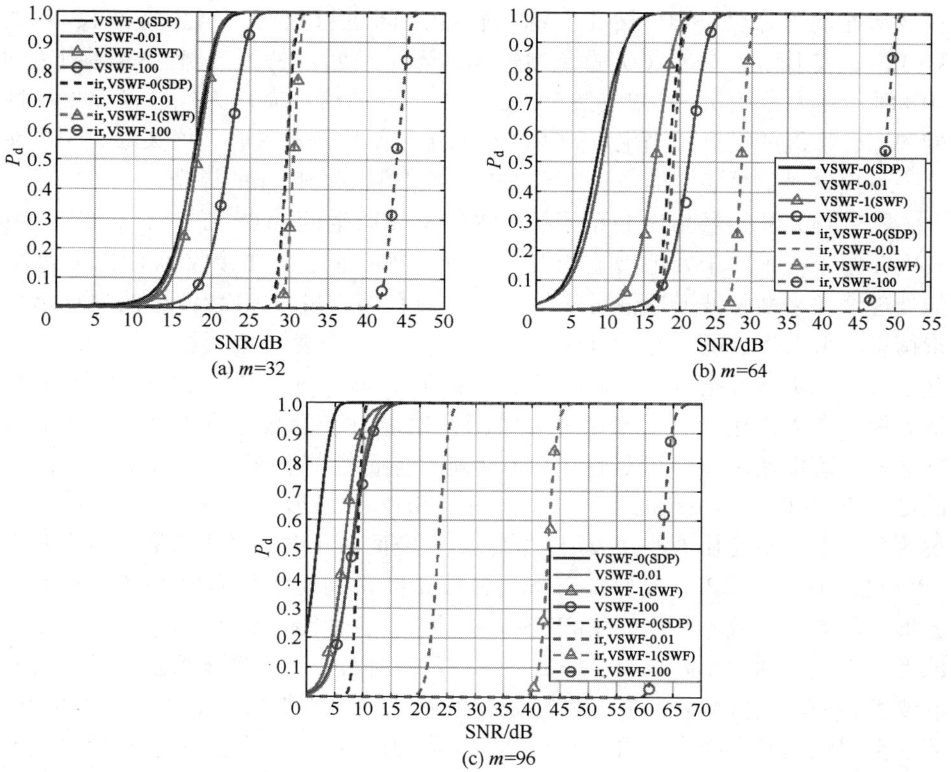

图 3.61　合作接收机和截获接收机对 VSWF-0（SDP）、VSWF-0.01、VSWF-1（SWF）和 VSWF-100 波形的检测概率和截获概率

益和增益优势相较于 $m=32$ 的变化情况相吻合；此时 VSWF-0、VSWF-0.01、VSWF-1 和 VSWF-100 波形的 ΔSNR 分别为 6dB、6dB、9dB、25dB，这与图 3.60（c）所示 4 种波形的增益优势之间的大小关系一致。图 3.61（c）表明，当主空间为 $m=96$ 时，4 种 VSWF-a 波形的 SNR1 相较于图 3.61（b）有所降低，这与图 3.60（a）中所示 $m=96$ 时处理增益相较于 $m=64$ 有所增大的理论结果吻合；此时 VSWF-0 波形的 SNR2 相较于图 3.61（b）有所降低，而 VSWF-0.01、VSWF-1 和 VSWF-100 波形的 SNR2 相较于图 3.61（b）有不同程度的提升，图 3.60（b）中所示 $m=96$ 时处理增益相较于 $m=64$ 的变化情况相吻合；此时 VSWF-0、VSWF-0.01、VSWF-1 和 VSWF-100 波形的 ΔSNR 分别为 5dB、12dB、32dB 和 52dB，这与图 3.60（c）中的 4 种波形增益优势大小关系一致。

综上可得，通过对 VSWF-a 波形参数 a 及主空间大小的合理选择，可以在波形通信可靠性、LPI 性能和综合性能之间进行权衡。当主空间较小时，VSWF-a 波形性能受参数 a 的影响较小。当主空间占特征向量空间比例达到 50%时，增大参数 a 能以牺牲 SWF-a 波形部分通信可靠性为代价换取 LPI 性能和综合性能的提升。当主空间占特征向量空间比例较大时，增大参数 a 能在几乎不损失通信可靠性的前提下带来 LPI 性能和综合性能的提升。

本节首先从能量角度介绍了 DP 波形及其衍生的 SDP 和 SWF 波形算法；其次介绍了一种基于处理增益的性能分析方法：通过合作接收机对 REC 波形的处理增益来衡量波形通信可靠性，通过截获接收机对 REC 波形的处理增益来衡量波形 LPI 性能，通过 REC 波形的增益优势来衡量波形综合性能。本章基于特征值矩阵幂指数优化提出了 SDP-a 波形和 SWF-a 波形，基于主空间特征值权重参数优化提出了 VSWF-a 波形，通过对于参数 a 或主空间大小的合理选择，可以获得通信可靠性、LPI 性能、综合性能各异的 REC 波形，从而满足对于 REC 波形性能的不同需求。对于 SDP-a 波形，当主空间较大时，通过改变参数 a 不能显著改变波形性能；当主空间较小时，增大参数 a 可以获得 LPI 性能更好的 SDP-a 波形，而减小参数 a 能得到通信可靠性更好的 SDP-a 波形，但改变参数 a 并不能使 SDP-a 波形的综合性能得到提升。对于 SWF-a 波形，当主空间较小时，减小参数 a 可以牺牲部分 LPI 性能来换取通信可靠性的改善，而增大参数 a 能以牺牲部分通信可靠性为代价换取 LPI 性能的提升；当主空间较大时，减小参数 a 并不能使波形通信可靠性得到提升，相反会使波形 LPI 性能和综合性能严重下降，而增大参数 a 可以在几乎不牺牲波形通信可靠性的情况下提高波形的 LPI 性能和综合性能。对于 VSWF-a 波形，当主空间较小时，VSWF-a 波形性能受参数 a 的影响较小；当主空间占特征向量空间比例达到 50%时，增大参数 a 能以牺牲部分通信可靠性为代价换取波形 LPI 性能和综合性能的提升；当主空间占特征向量空间比例较大时，增大参数 a 能在几乎不损失波形通信可靠性的前提下带来波形 LPI 性能和综合性能的提升。

3.7 本章小结

本章是全书的重点，主要研究了雷达嵌入式通信的波形设计技术。首先以传统特征值方法在正交性方面的改进开始研究，拓展至基于直接序列扩频的波形设计，以提升符号之间的欧氏距离；其次基于注水原理，从通信波形频谱与雷达波形频谱过渡带之间的相似性角度设计了相应波形，并且给出了注水成型波形的低复杂度设计；最后基于 SVD 思想改进传统特征值分解，并给出了在注水波形中的应用。本章的研究可为 REC 技术的进一步发展奠定重要基础。

第4章　雷达嵌入式通信接收技术

第2章针对经典的REC波形设计方法概述了几种常用的接收方法，第3章的波形设计技术中，对于可靠性的分析和仿真也是建立在几种传统的接收方法上的。本章将阐述几种有别于传统方法的特殊接收技术，包括基于干扰分离和卷积神经网络的方法，并对多径衰落信道下的REC接收方法进行了讨论，还对非合作场景下雷达波形提取这一关键问题进行了研究。

4.1　基于干扰分离的REC接收方法

对于REC通信而言，雷达回波的存在等同于一种干扰，REC通信接收解调需在干扰背景下完成对信号的正确解调。对于单一的脉内REC波形，由于仅仅需要判断在雷达回波脉冲中有无REC信号，不需要测量具体信号时间，一般采用基于相关的方法来进行检测。

对于合作接收机来说，关注的应该是REC信号，而非雷达信号。由于雷达信号具有远高于REC信号的能量，且与REC信号存在相关性，所以在接收机处会产生很强的干扰，影响接收的可靠性。如何克服这种干扰一直是REC接收机所思考的问题。传统的DF和DLD接收机去除了雷达回波与REC波形的相关性，因而获得了较好的通信可靠性。本书在此基础上，又提出了先滤波再匹配的接收策略，使得接收机性能进一步提升。

REC信号是隐藏于雷达阻带的，在通带内只分散了极少一部分能量，相比于阻带中的能量完全可以忽略不计。而雷达信号则是大部分能量集中于通带，少部分能量位于阻带。因此，先滤出接收信号的阻带再进行匹配是可行的，既可以避开高能量的雷达通带，降低雷达信号的干扰，又不会丢失REC信号的信息，影响判决。由于干扰的降低，通信的可靠性还会进一步得到提高。具体方法如下：

首先，合作接收机对接收信号$\boldsymbol{r}$进行滤波，滤除其阻带信号，记为

$$\boldsymbol{r}_{\mathrm{f}}=\boldsymbol{r}*\boldsymbol{w} \tag{4.1}$$

式中：$\boldsymbol{w}$为带通滤波器，由雷达发射的信号具体确定。

其次，进行去相关处理，过程与 DF 和 DLD 接收机一致。以 DLD 接收机为例，生成如下的去相关滤波器：

$$\boldsymbol{w}_k=(\boldsymbol{S}_b\boldsymbol{S}_b^{\mathrm{H}}+\delta\boldsymbol{I}_{NM_\mathrm{c}})^{-1}\boldsymbol{c}_k,\quad k=1,2,\cdots,K \tag{4.2}$$

最后，使用匹配滤波器进行判决：

$$\hat{k}=\arg\{\max_k\{|\boldsymbol{w}_k^{\mathrm{H}}\boldsymbol{r}_\mathrm{f}|\}\},\quad k=1,2,\cdots,K \tag{4.3}$$

处理增益分析

定义信干噪比（SINR）为 REC 信号能量比上雷达回波与环境噪声的能量之和，并且定义接收机的处理增益为

$$A_{\mathrm{PG}}=\frac{\mathrm{SINR}_a}{\mathrm{SINR}_b} \tag{4.4}$$

式中：SINR_b为接收机处理前的 SINR；SINR_a为接收机处理后的 SINR。下面以 DLD 接收机为例，分析先滤波后匹配接收策略带来的处理增益变化。

文献［39］已经证明，假设雷达回波与环境噪声不相关，且 $\mathrm{d}_k^{\mathrm{H}}\mathrm{d}_k=1$，则对于 DLD 接收机，考虑 REC 波形为 DP 波形，其处理增益为

$$A_{\mathrm{PG}}=\frac{(NM_\mathrm{c}-L)(\varepsilon_\mathrm{e}^2\cdot\mathrm{tr}(\boldsymbol{\Lambda})+\varepsilon_\mathrm{n}^2NM_\mathrm{c})}{\varepsilon_\mathrm{e}^2\cdot\mathrm{tr}(\boldsymbol{\Lambda}_{\mathrm{ND}})+\varepsilon_\mathrm{n}^2(NM_\mathrm{c}-L)} \tag{4.5}$$

式中：ε_e为雷达回波的平均功率；ε_n为环境噪声的平均功率；$\mathrm{tr}(\cdot)$表示矩阵的迹。

而对于先滤波后匹配的接收策略，在同样的假设条件下，其接收信号的能量与 DLD 接收机一致，可知先滤波后匹配接收策略的处理增益满足：

$$\begin{aligned}A'_{\mathrm{PG}}&=\frac{\mathrm{SINR}_a}{\mathrm{SINR}_b}\\&>\frac{(NM_\mathrm{c}-L)(\varepsilon_\mathrm{e}^2\cdot\mathrm{tr}(\boldsymbol{\Lambda})+\varepsilon_\mathrm{n}^2NM_\mathrm{c})}{\varepsilon_\mathrm{e}^2\cdot\mathrm{tr}(\boldsymbol{\Lambda}_{\mathrm{ND}})+\varepsilon_\mathrm{n}^2(NM_\mathrm{c}-L)}\\&=A_{\mathrm{PG}}\end{aligned} \tag{4.6}$$

也就是说，先滤波后匹配提高了接收机的处理增益，因而接收机的性能会更好。

图 4.1 和图 4.2 对先滤波后匹配的接收策略进行了性能仿真。假设雷达发射的为 LFM 信号，杂波和环境噪声服从高斯分布，SIR 设置为 -30dB，考虑 SNR 的范围为 -20 ~ 10dB，考虑接收机为 DF、DLD 两种性能较优的接收机。波形设计的参数为主空间大小取值 $L=100$，采样点数 $N=100$，过采样倍数 $M_\mathrm{c}=2$，波形数为 4。

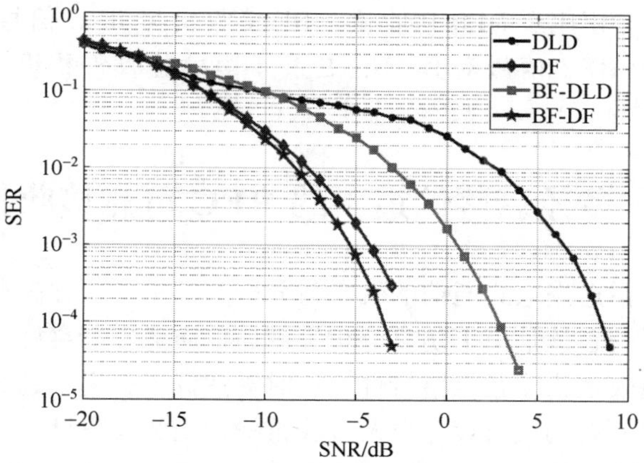

图 4.1　先滤波后匹配的性能增益（WC 策略）

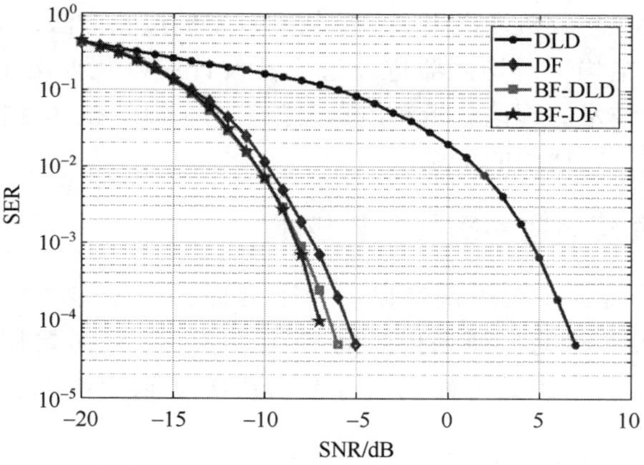

图 4.2　先滤波后匹配的性能增益（DP 策略）

图 4.1 对 WC 策略进行了仿真。从图中可以看到，对于 DLD 接收机，先滤波再匹配的方案在 SER 为 10^{-4}时会带来约 5.5dB 的增益。而对于 DF 接收机，先滤波再匹配的方案在 SER 为 10^{-4}时会带来 1dB 左右的增益。

同理，图 4.2 对 DP 策略进行了仿真，可以看到，先滤波再匹配的方案展现出更高的增益。对于 DLD 接收机，该方案在 SER 为 10^{-4}处会带来超过 12dB 的增益。而对于 DF 接收机，该方案在 SER 为 10^{-4}处会带来 1dB 左右的增益。

综合比较两图，可以发现，先滤波再匹配的方案会带来明显的可靠性提升。对于 DF 接收机，无论是 WC 策略还是 DP 策略，该方案均可带来 1dB 左右的增益。而对于 DLD 接收机，这一方案的提升则更为明显，最高可达到 12dB 的增益。相比于 DLD 接收机，DF 接收机与 REC 信号更为相关，因而滤去通带内的 REC 信号对其影响更大，其增益改善程度会低于 DLD 接收机。

4.2 多径衰落信道下的 REC 可靠接收技术

第 2 章针对雷达嵌入式通信的研究与分析，都是在加性高斯白噪声信道模型下进行的。尽管在该信道下仿真分析发现通信质量性能良好，但是在实际应用场景中，信道表现为多径衰落特性，这时雷达嵌入式通信的可靠性大大降低了，因此需要对原有的波形设计以及接收结构做出相应设计。针对雷达嵌入式通信系统在多径衰落信道下的可靠接收问题，本节研究了时间反转技术并将其应用于波形设计，该方法性能很好但普适性差，只能用于接收机处于雷达端的应用场景；随后在接收机端提出了基于均衡技术的接收方法，结合雷达嵌入式通信系统的具体结构，对均衡器进行适应性设计；以及提出了基于 RAKE 方式的去相关接收技术。理论分析和仿真实验表明，以上技术在相应场景下能够有效提高雷达嵌入式通信的可靠性。

4.2.1 多径衰落信道和时间反转技术

多径信道的特征主要表现在以下两个方面：一是多径特性将是时刻变化的，而且加入了时间扩展到传播的信号当中，为此需要用统计表征的方法来构建时变信道。研究传播的信号在信道中受到的影响，假设传播的信号为

$$S(t)=\mathrm{Re}[s_l(t)\mathrm{e}^{\mathrm{j}2\pi f_c t}] \tag{4.7}$$

由于信道中有多条传输途径，每条途径都有各自的衰落系数和传播时延。衰落系数和传播时延都将在时间上随着传播信道结构的变化而变化。这时，接收到的信号以带通形式表示为

$$x(t)=\sum_n \alpha_n(t)s[t-\tau_n(t)] \tag{4.8}$$

式中：$\tau_n(t)$表示第 n 条传输途径中传播时延；$\alpha_n(t)$表示第 n 路传输途径中接收信号的衰落系数。把式（4.7）代入式（4.8）中：

$$x(t)=\mathrm{Re}\left(\left\{\sum_n \alpha_n(t)\mathrm{e}^{-\mathrm{j}2\pi f_c\tau_n(t)}s_1[t-\tau_n(t)]\right\}\mathrm{e}^{\mathrm{j}2\pi f_c t}\right) \tag{4.9}$$

从式（4.9）可明显看出，等效低通接收信号为

$$r_1(t)=\sum_n \alpha_n(t)\mathrm{e}^{-\mathrm{j}2\pi f_c\tau_n(t)}s_1[t-\tau_n(t)] \tag{4.10}$$

等效低通信号 $s_1(t)$ 在多径衰落信道中的响应为 $r_1(t)$，所以得到多径衰落信道的时变脉冲响应表示为

$$h(\tau;t) = \sum_{n} \alpha_n(t) \mathrm{e}^{-\mathrm{j}2\pi f_c \tau_n(t)} \delta[\tau - \tau_n(t)] \tag{4.11}$$

假定在一定的距离间隔或者时间内，信道具有时不变的特性。那么可以将多径信道模型写为

$$h(\tau) = \sum_{i=0}^{N-1} a_i \mathrm{e}^{\mathrm{j}\theta} \sigma(\tau - \tau_i) \tag{4.12}$$

如果合作接收机与雷达同处一端，且假设标签与雷达之间的多径信道是静止的、相互的，那么可以利用估计信道的信息，在发射端将其加入波形设计当中，以此来抵抗多径衰落，这就是时间反转技术。假设雷达与标签之间的多径响应为 $h(t)$，将多径信道的信息应用于波形符号 $c_k(t)$ 设计当中，加入了时间反转技术的波形可表示为

$$\tilde{c}_k(t) = c_k(t) * h^*(-t) \tag{4.13}$$

式中：$\tilde{c}_k(t)$ 为标签端发射的通信信号；$h^*(-t)$ 为多径响应的时间反转且复共轭形式。因此，雷达端的接收机接收到的信号可以表示为

$$\begin{aligned} y_r(t) &= \tilde{c}_k(t) * h(t) + y_s(t) + n(t) \\ &= c_k(t) * r(t) + y_s(t) + n(t) \end{aligned} \tag{4.14}$$

式中：$r(t) = h(t) * h^*(-t)$ 为多径响应的自相关；$y_s(t)$ 表示雷达回波；$c_k(t)$ 为标签端在 K 个通信波形集中选择发送的某个波形；$n(t)$ 是加性噪声；$*$ 表示卷积。

另外，利用此方法能够在接收端由于空间聚焦效应产生增益，而在其他地点则会产生衰落失真从而增强了信号低截获性能。时间反转技术也存在一些局限。时间反转技术的实现基于对信道的完美估计，对信道估计要求较高。另外，利用时间反转技术抵抗多径瑞利衰落信道应用场景仅限于合作接收机在我方雷达端的情形，并且要求标签与雷达之间的信道为双向等同信道，使得该技术实际应用场景有限，若合作接收机不在合作方雷达端或者采用非合作雷达进行隐蔽通信，则无法使用该方法。

4.2.2　基于均衡技术的可靠接收

雷达嵌入式通信与一般的通信系统相比，不同之处在于其波形的构造，而均衡作为一般通信中补偿信道来消除符号间干扰的接收技术，其原理同样适用于雷达嵌入式通信中，但需要依据该系统波形的特殊之处在接收端做适应性改进。时域均衡器可以分两大类：一是线性均衡器，二是非线性均衡器；如果接

收机中判决结果经过反馈用于均衡器的参数调整，则为非线性结构；反之，则为线性均衡器。

1. 线性横向均衡器结构

线性均衡器可以利用 FIR 滤波器实现，这类均衡器的优点是结构简单，它将接收到的通信信号的当前值与以前的值按照一定的权重做线性叠加，最后将生成的和作为输出值，如图 4.3 所示。延时单元的周期为符号速率 T。

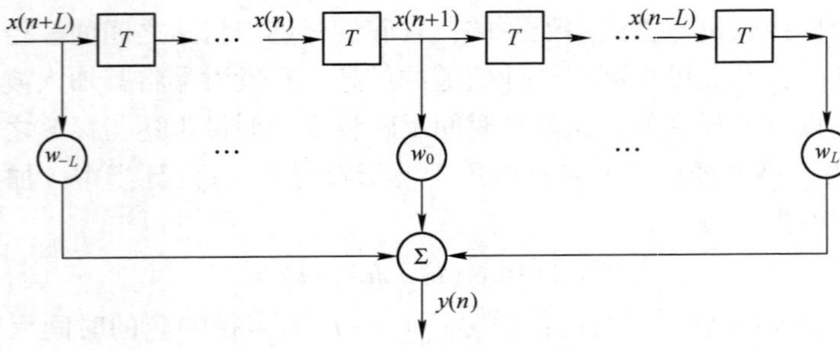

图 4.3　线性横向均衡器

其中，$\boldsymbol{w}(n)$ 表示均衡器权重向量：

$$\boldsymbol{w}(n)=[w_{-L}\ w_{1-L}(n)\ \cdots\ w_0(n)\ \cdots\ w_{L-1}(n)\ w_L(n)]^{\mathrm{T}} \tag{4.15}$$

$x(n)$ 表示输入信号的向量：

$$\boldsymbol{x}(n)=[x(n+L)\ x(n+L-1)\ \cdots\ x(n)\ \cdots\ x(n-L+1)\ x(n-L)]^{\mathrm{T}} \tag{4.16}$$

很明显，均衡器的输出是一个标量：

$$y(n)=\sum_{i=-L}^{L} w_i(n)x(n-i)=\boldsymbol{w}^{\mathrm{T}}(n)\boldsymbol{x}(n) \tag{4.17}$$

对于横向均衡器，可以证明，如果滤波器阶数为有限长，那么均衡器不能保证码间干扰为 0 的严格实现，所以，求出有限长横向滤波器的 $2N+1$ 个抽头系数，可以得到逼近奈奎斯特无码间干扰的条件[48]。

2. 自适应信道均衡

由于实际信道的特性是随时间而变的，如移动通信系统的无线信道是典型的随参信道，信道特性表现为快衰落、慢衰落和频率选择性衰落等严重畸变，信道传输函数不仅表现为快速时变，而且是非线性的。一般的滤波器不能适应在该信道中的通信系统的需求，为此可以将均衡器调节为自适应的结构。

自适应均衡器其实为一种时变的滤波器，该滤波器的权系数需要一直得到调整。该滤波器需要应用一定的自适应算法对权系数进行调整，一般情况下，自适应算法由误差序列所控制，而误差序列则由均衡器的输出 $y(n)$ 和期望输出 $d(n)$ 两者的比较得出：

$$e(n)=d(n)-y(n)=d(n)-\boldsymbol{w}^{\mathrm{T}}(n)\boldsymbol{x}(n) \tag{4.18}$$

自适应算法的实现需要依照一定的准则，通过利用误差序列 $e(n)$ 将代价函数取得极值，通过反复更新均衡器权系数迫使代价函数趋近最小，同时得到理想的输出信号。其具体的结构如图 4.4 所示。

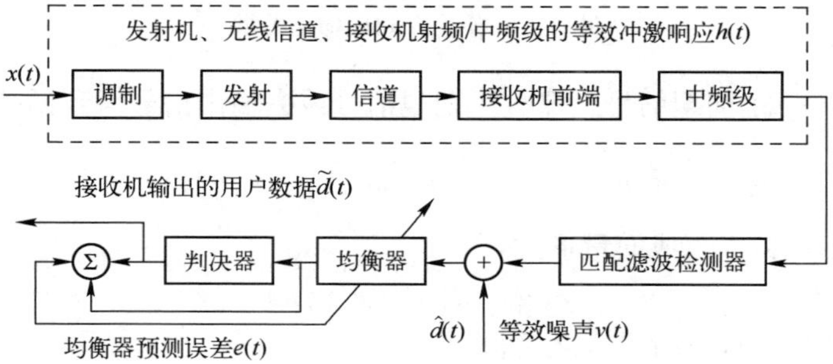

图 4.4　用户无线通信系统接收机的自适应均衡器原理

自适应算法能够实现“学习”和“跟踪”两类运作模式。发射机通过发射一段收发双方已知的、定长的训练序列，使得均衡器反复迭代更新调整至最佳设置状态，使 BER 最小。典型的训练序列包括预先设置的数据比特或者一段伪随机序列。在雷达嵌入式通信中不存在将波形符号解映射成比特级的脉冲序列，因此将会以一段波形符号代替。

常见的自适应算法中，迫零算法是针对有线信道条件开发而来的，其缺点是在折叠信道频谱中的深衰落频谱处出现极大的噪声增益。由于这类均衡器对噪声的忽略，所以在无线信道中使用较少。

应用最小均方算法（LMS）的均衡器性能比迫零均衡器更稳定，它利用了将实际信号和期望输出信号之间的均方误差最小的准则。在本节中，将主要采用最小均方算法的均衡器来实现信号接收，因为其计算简单，性能稳定。

3. 最小均方误差算法

参考图 4.5 展示的自适应 FIR 均衡器。假设 N 阶长度的均衡器权重向量表示为 $w_i(n)$，均衡器的输入信号表示为 $x(n)$，输出信号表示为 $y(n)$，那么 FIR 横向均衡器方程写为

$$y(n)=\sum_{i=0}^{N-1} w_i(n)x(n-i) \tag{4.19}$$

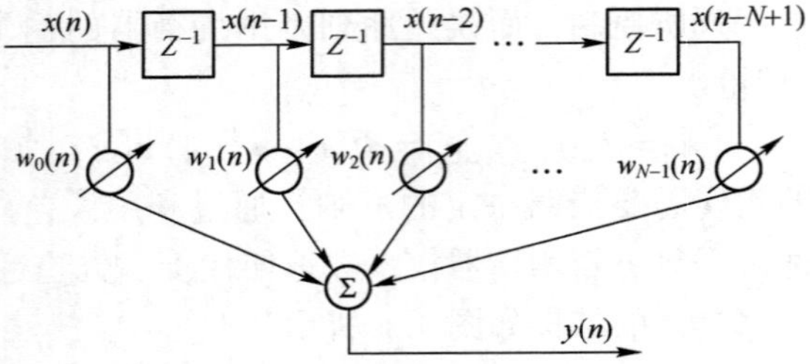

图 4.5 自适应 FIR 均衡器器

假设 $d(n)$ 是期望信号，那么用期望信号减去输出信号得到误差序列为

$$e(n)=d(n)-y(n)=d(n)-\sum_{i=0}^{N-1}w_i(n)x(n-i) \tag{4.20}$$

将式（4.20）写成向量形式：

$$e(n)=d(n)-\boldsymbol{w}^{\mathrm{T}}\boldsymbol{x}(n) \tag{4.21}$$

对式（4.21）进行平方之后得

$$e^2(n)=d^2(n)-2d(n)\boldsymbol{x}^{\mathrm{T}}(n)\boldsymbol{w}+\boldsymbol{w}^{\mathrm{T}}\boldsymbol{x}(n)\boldsymbol{x}^{\mathrm{T}}(n)\boldsymbol{w} \tag{4.22}$$

取期望计算得

$$E\{e^2(n)\}=E\{d^2(n)\}-2E\{d(n)\boldsymbol{x}^{\mathrm{T}}(n)\}w+w^{\mathrm{T}}E\{\boldsymbol{x}(n)\boldsymbol{x}^{\mathrm{T}}(n)\}\boldsymbol{w} \tag{4.23}$$

定义互相关函数向量为

$$\boldsymbol{R}_{xd}=E\{d(n)\boldsymbol{x}^{\mathrm{T}}(n)\} \tag{4.24}$$

自相关函数矩阵为

$$\boldsymbol{R}_{xx}=E\{\boldsymbol{x}(n)\boldsymbol{x}^{\mathrm{T}}(n)\} \tag{4.25}$$

将式（4.24）和式（4.25）代入式（4.23），进一步简写成向量模式为

$$E\{e^2(n)\}=E\{d^2(n)\}-2\boldsymbol{R}_{xd}\boldsymbol{w}+\boldsymbol{w}^{\mathrm{T}}\boldsymbol{R}_{xx}\boldsymbol{w} \tag{4.26}$$

令 $\nabla(n)=0$，即可求出最佳权系数向量为

$$\boldsymbol{w}_{\mathrm{opt}}=\boldsymbol{R}_{xx}^{-1}\boldsymbol{R}_{xd} \tag{4.27}$$

将 w_{opt} 代入式（4.23）得最小均方差值为

$$E\{e^2(n)\}=E\{d^2(n)\}-\boldsymbol{R}_{xd}\boldsymbol{w}_{\mathrm{opt}} \tag{4.28}$$

对于最佳系数 $\boldsymbol{w}_{\mathrm{opt}}$ 的求法，直接用矩阵求逆的解法计算量很大。在实际应用中，均方误差的最小值可以采用随机梯度算法通过递归求出。下一时刻的权系数向量 $w(n+1)$ 等于当前权系数向量 $w(n)$ 加上均方误差的梯度 $-\nabla(n)$ 乘以常数项，即

$$w(n+1)=w(n)-\frac{1}{2}\mu\nabla(n) \tag{4.29}$$

将 μ 称为步长，其是一个可以控制稳定性和约束滤波器收敛速度的常数。

$$\nabla(n) = -2e(n)x(n) \tag{4.30}$$

因此

$$w(n+1) = w(n) + \mu e(n)x(n) \tag{4.31}$$

其中，μ 取值范围为

$$0 < \mu < \frac{1}{s}, \quad s = \sum_{i=0}^{N-1} E[\,|x(n-i)|^2\,] \tag{4.32}$$

式中：$\sum_{i=0}^{N-1} E[\,|x(n-i)|^2\,] = \boldsymbol{x}^{\mathrm{T}}(n)\boldsymbol{x}(n)$。

实际中，将 LMS 算法依次实施：

(1) 设定均衡器阶数 N、步长 μ 和初始权系数向量 w_0。

(2) 计算 $y(n) = x(n) * h(n)$。

(3) 得到 $e(n) = d(n) - y(n)$。

(4) 按照式 (4.31) 更新下一时刻的权系数向量的 $w(n+1)$。

根据上述的讨论，LMS 算法并没有计算复杂的相关运算，大大减少了运算量。LMS 算法在先验信息未知情形下效果显著，并且还能应用于非平稳情况。

4. 雷达嵌入式通信中均衡器结构设计

均衡器是一种在接收端插入的可调滤波器，可以校正或补偿系统特性，所以它能有效抵抗多径效应带来的衰落以及码间串扰。在对 REC 系统加入均衡器之前，首先要分析 REC 系统与一般通信系统的差异，对均衡器结构以及参数做出相应的调整以适用于该系统，达到均衡效果。

在 REC 系统中的发射端将比特数据直接映射成通信波形符号，因而在接收端的均衡器中也采用收发端已知的比特序列对应的通信波形作为训练序列。第一种均衡器采用横向线性均衡器，结构如图 4.6 所示，图中采用最小均方误差算法（LMS）对均衡器抽头系数进行更新以适应信道的要求，其误差的计算为已知的通信波形数据减去均衡器的输出值。由于在静止信道下，直到系数收敛后保留抽头系数，由训练模式切换一般的线性均衡。

假设均衡器的输入为 $y_r(t) = c_k(t) * h(t) + y_s(t) + n(t)$ 的采样值 $y(n)$，那么经过均衡后的输出为

$$\hat{c}(n) = \sum_{i=-K}^{K} m_i y(n-i) \tag{4.33}$$

采用的 LMS 算法中，给定滤波器的长度 $2K+1$、步长 μ 和滤波器初值 M_0，通信训练符号表示为 $c(n)$，那么误差计算公式为

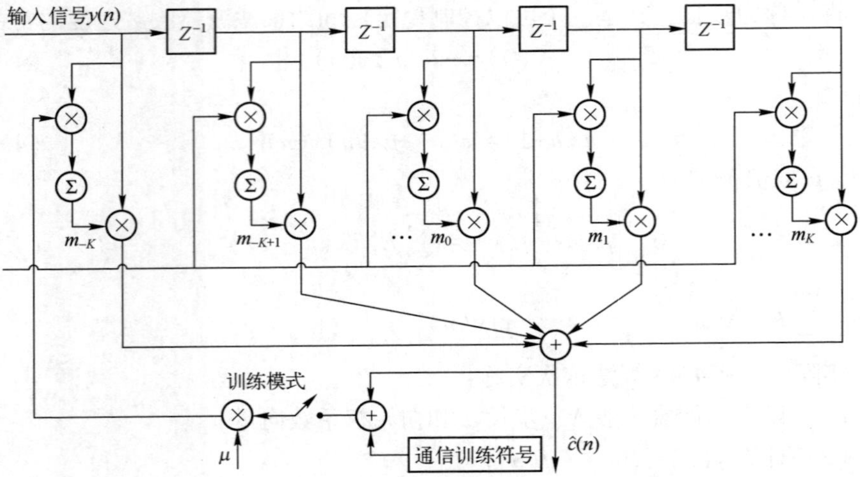

图 4.6　REC 横向线性均衡器

$$e(n)=c(n)-\hat{c}(n) \tag{4.34}$$

更新滤波器系数，得到新时刻的均衡器抽头系数为

$$M(n+1)=M(n)+\mu e(n)y(n) \tag{4.35}$$

第二种均衡器主要解决了 REC 系统自适应均衡的问题，具体的改进如图 4.7 所示。在传统的自适应均衡器中，通过对输出信号进行判决，并计算误差用以实时调整抽头系数适应信道变化。由于 REC 的接收判决以通信波形为基本单元，因此提出了以“块均衡”的方法来实现。具体实施是将去相关接收机与均衡器结合，先对输出信号进行存储，直至整个波形输出完毕再进行波形判决，再利用期望波形数据在雷达脉间的时间间隔下对均衡器进行自适应调整。

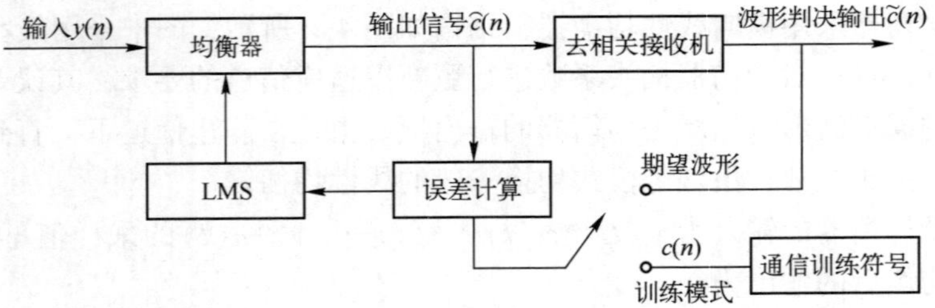

图 4.7　REC 自适应均衡器

其中，经过接收机判决的波形符号输出表示为$\tilde{c}(n)$，那么误差计算公式为

$$e(n)=\tilde{c}(n)-\hat{c}(n) \tag{4.36}$$

4.2.3 基于分集技术的可靠接收

分集接收是指接收端对它收到的多个衰落特性互相独立的信号进行特殊的处理，以提高接收信号信噪比的办法。它是一种代价相对较小但可以大幅提高无线链路系统性能的接收技术。与均衡器不同之处，分集技术不需要训练过程，因此发射机不再反复发送训练序列来更新滤波器系数，进而减少了许多消耗。

分集技术通过查找和利用自然界无线传播环境中独立的多径信号来实现，因此也可以将分集技术借鉴于雷达嵌入式通信系统中用于克服多径衰落影响。另外，在实际工程使用时，发射机并不用去考虑分集的具体情况，它的各个方面的参数都是接收机来确定的。在利用的分集技术之前，先对分集技术做出定量的描述，以更好地了解它所带来的好处。

1. 选择式合并

假定通信信号经过 M 条独立的瑞利衰落信道到达接收机，则称每条路径为一个分集支路，而且假设每条分集支路有相同的平均信噪比：

$$\mathrm{SNR}=\Gamma=\frac{E_b}{N_0}\overline{\alpha}^2 \tag{4.37}$$

式中：假设$\overline{\alpha}^2=1$。

假设第 i 条分集支路的瞬时信噪比 $\mathrm{SNR}=\gamma_i$，因为通信发生在瑞利衰落信道中，因此衰落幅度 α 起伏服从瑞利分布，衰落功率 α^2 和随之的信噪比 X 是具有两个自由度的χ^2分布。那么 γ_i对应的概率密度函数表示为

$$p(\gamma_i)=\frac{1}{\Gamma}\mathrm{e}^{\frac{-\gamma_i}{\Gamma}},\quad \gamma_i\geqslant 0 \tag{4.38}$$

式中：Γ 为信噪比的加权平均值。那么在单个分集支路中，会有单个分量的瞬时信噪比不大于某个设立的门限值 γ 的概率表示为

$$\Pr(\gamma_i\leqslant\gamma)=\int_0^{\gamma}p(\gamma_i)\mathrm{d}\gamma_i=\int_0^{\gamma}\frac{1}{\Gamma}\mathrm{e}^{\frac{-\gamma_i}{\Gamma}}\mathrm{d}\gamma_i=1-\mathrm{e}^{\frac{-\gamma}{\Gamma}} \tag{4.39}$$

那么就有联合了 M 条独立分集支路上接收信号的信噪比都不能大于某个设立的门限值的联合概率表示为

$$\Pr(\gamma_1,\cdots,\gamma_M\leqslant\gamma)=(1-\mathrm{e}^{\frac{-\gamma}{\Gamma}})^M=P_M(\gamma) \tag{4.40}$$

式中：$P_M(\gamma)$表示每条分集支路的信噪比都没有达到瞬时 $\mathrm{SNR}=\gamma$ 的概率。假设有某些支路出现 $\mathrm{SNR}>\gamma$ 的情况，可以得到至少有一条分集支路 $\mathrm{SNR}>\gamma$ 的概

率表示为

$$\Pr(\gamma_i>\gamma)=1-P_M(\gamma)=1-(1-\mathrm{e}^{\frac{-\gamma}{\Gamma}})^M \tag{4.41}$$

式（4.41）表示在使用选择性分集时，如果至少有一路通信信号的 SNR 大于设立的阈值时推出的表达式，采用分集技术接收时，要计算接收信号的平均信噪比，应该了解衰落信号具体的概率密度函数。在选择性分集中，平均信噪比可由计算 CDF$p_M(\gamma)$时引出，即

$$p_M(\gamma)=\frac{\mathrm{d}}{\mathrm{d}\gamma}P_M(\gamma)=\frac{M}{\Gamma}(1-\mathrm{e}^{-\frac{\gamma}{\Gamma}})^{M-1}\mathrm{e}^{-\frac{\gamma}{\Gamma}} \tag{4.42}$$

所以，平均 SNR $\overline{\gamma}$可以表达为

$$\overline{\gamma}=\int_0^\infty \gamma p_M(\gamma)\,\mathrm{d}\gamma=\Gamma\int_0^\infty Mx(1-\mathrm{e}^{-x})^{M-1}\mathrm{e}^{-x}\mathrm{d}x \tag{4.43}$$

式中：$x=\gamma/\Gamma$。Γ 表示单个分集支路（没有使用分集时）的平均 SNR。从式（4.43）可以得到，选择性分集提高了平均 SNR：

$$\frac{\gamma}{\Gamma}=\sum_{k=1}^{M}\frac{1}{k} \tag{4.44}$$

2. 最大比值合并

假设在有 M 条分集支路的通信链路中，第 i 条分集支路上的信号电压为 r_i，采用最大比值合并时，将会把 M 个 r_i都调整成同相信号，随后一同相关电压叠加实现最大信噪比。叠加过程中，不同的分集支路拥有相应的权值。假设不同分集支路的增益表示为 G_i，则最大比值合并输出的信号包络表示为

$$r_M=\sum_{i=1}^{M}G_i r_i \tag{4.45}$$

假定每条分集支路的平均噪声功率是 N，那么检测器输出总噪声功率表示为

$$N_{\mathrm{T}}=N\sum_{i=1}^{M}G_i^2 \tag{4.46}$$

因此设最大比值检测器的信噪比是 γ_M，那么有

$$\gamma_M=\frac{r_M^2}{2N_{\mathrm{T}}} \tag{4.47}$$

利用切比雪夫不等式，当 $G_i=r_i/N$ 时，γ_M取最大值，可得

$$\gamma_M=\frac{1}{2}\frac{\sum(r_i^2/N)^2}{N\sum(r_i^2/N^2)}=\frac{1}{2}\sum_{i=1}^{M}\frac{r_i^2}{N}=\sum_{i=1}^{M}\gamma_i \tag{4.48}$$

由式（4.48）得出：采用最大比值合并接收后，合成器输出信号的信噪比等于每条分集支路信噪比相加。

γ_i的值是$r_i/2N$，其中r_i等于$r(t)$，其定义见式（4.49），一个衰落的移动无线电信号的包络可以表示成两个独立的、均值为零、方差为σ^2的高斯随机变量T_c和T_s，即

$$\gamma_i = \frac{1}{2N} r_i^2 = \frac{1}{2N}(T_c^2 + T_s^2) \tag{4.49}$$

因而γ_M的分布是由一个$2M$个方差为$\sigma^2/(2N)=\Gamma/2$的高斯随机变量构成的γ_M分布，其中Γ由式（4.47）定义。最终γ_M的概率密度函数为

$$p(\gamma_M) = \frac{\gamma_M^{M-1} \mathrm{e}^{-\gamma_M/\Gamma}}{\Gamma^M (M-1)!}, \quad \gamma_M \geqslant 0 \tag{4.50}$$

信噪比γ_M小于某指定γ的概率为

$$\Pr\{\gamma_M \leqslant \gamma\} = \int_0^{\gamma} p(\gamma_M)\mathrm{d}\gamma_M = 1 - \mathrm{e}^{-\gamma/\Gamma} \sum_{k=1}^{M} \frac{(\gamma/\Gamma)^{k-1}}{(k-1)!} \tag{4.51}$$

式（4.51）是最大比率合并的概率分布函数。信噪比的均值$\overline{\gamma}_M$可直接由式（4.48）推出，它可以简化为每条支路中独立的$\overline{\gamma}_i$的和，即

$$\overline{\gamma}_M = \sum_{i=1}^{M} \overline{\gamma}_i = \sum_{i=1}^{M} \Gamma = M\Gamma \tag{4.52}$$

尽管在通常情况下与其他分集技术相比，使用最大合并的费用和复杂度都要高得多，但是它在分集技术的任何实际应用场合都可以采用。

3. 等增益合并

等增益合并中则不需要对信号求加权，每条分集支路信号是等增益相加的。这种方式的各种性能与最大比值合并相比，相差得不多，但从实现的角度看，尤其在加权系数的调节上，比最大比值合并方便。针对以上三种合并方式的选择应考虑实际条件，如在分集重数不多时，采用选择式合并也是可行的。

4. 雷达嵌入式通信中 RAKE 接收机结构设计

RAKE 接收机是将接收到的多径信号按照一定的准则合并成一路信号供解调用的接收机。通常使用的分集技术会将多径信号视为干扰，而 RAKE 接收机则将干扰信号变成了有利信号。受到时间分集技术已经大量地应用于扩频 CDMA 的 RAKE 接收机的启发。雷达嵌入式通信可采用 RAKE 接收机的原因有：

（1）REC 的 DP 信号的构建中的b_k是一个随机向量码，类似于 CDMA 的信号中使用的扩频码，即在接收机存在一个解扩的过程。

(2) 接收机接收到 REC 信号的若干副本（不同的副本经历了不同的多径时延）进行解调，RAKE 接收机能够及时地对这些副本进行排列，从而在接收机中对原始信号做出较好的估计，如图 4.8 所示。这点需要保证雷达嵌入式通信的码片速率远大于信道的平坦衰落带宽，使得多径信号被看作有用信号的多次传输。同时，保证随机向量之间的相关性很小，那么多径信号将被接收机当作非相关的噪声，扩频处理增益使得非相关噪声在解扩后可以忽略。

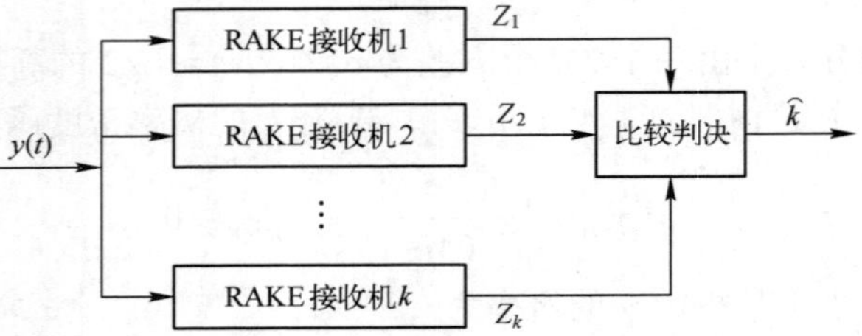

图 4.8　REC 中的 RAKE 接收机

值得注意的是，雷达嵌入式通信在接收端并不解调，而是直接将输出值进行判决。现依据结合 REC 系统的特点，将去相关接收机与 RAKE 接收机结合，从而使分集技术在该系统中的有效实现。

K 为 REC 信号符号集个数，接收信号表示为

$$y(t)=Sx+\sum_{j=1}^{M}\beta_j(t-\tau_j)c_k+n(t) \tag{4.53}$$

或

$$y_j(t)=Sx+\beta_j(t-\tau_j)c_k+n(t) \tag{4.54}$$

接收信号通过并列的 k 个 RAKE 接收机后，每个 RAKE 接收机内部结构如图 4.9 所示。单个 RAKE 接收机中的相关器是代表具有不同时延的去相关接收器，M 为多径数目，每路相关器检测一路延时信号，相关器的输出为 Z_{iM}，对应的权重为 α_{iM}，i、M 均为变量。

$$Z_{ij}=|w_i^{\mathrm{H}}y_j(t)| \tag{4.55}$$

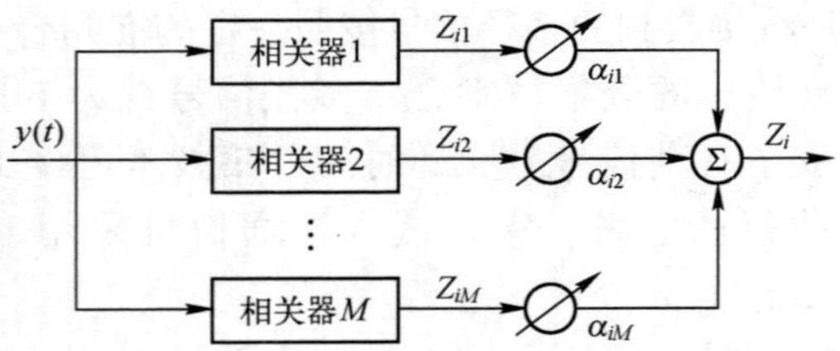

图 4.9　单个 RAKE 接收机内部结构

权重的大小是由各相关器的输出功率或 SNR 决定的。如果输出功率或 SNR 比较小，那么相应的权重就小。例如，最大比值合并方案，总的输出值为

$$Z_i = \sum_{j=1}^{M} \alpha_{ij} Z_{ij} \tag{4.56}$$

权重 α_{iM} 可用相关器的输出归一化，系数总和为单位 1。

$$\alpha_{ij} = \frac{Z_{ij}^2}{\sum_{j=1}^{M} Z_{ij}^2} \tag{4.57}$$

通过比较输出的 Z_k 值最后判决传送的是第 k 个信号。最后总的 RAKE 接收机的输出为

$$\hat{k} = \arg\{\max(|Z_i|)\} \tag{4.58}$$

在去相关接收机中提到，如果接收机波形与来波相匹配，那么会有最大响应值。而在多径衰落中，由于各路信号经过衰落后叠加使得这样的响应变得微弱，采用 RAKE 机得到了每条分集支路的响应，并通过合并再进行比较，使得判决的准确率大大提高。下面对上述各类方法进行仿真分析。

4.2.4　仿真分析

首先考虑在合作接收机与标签之间存在直射信道的情况，即信道满足多径莱斯衰落信道。选取线性调频雷达信号，脉冲宽度 $T=10\mu s$，信号带宽 $B=10MHz$，采用 DP 方式构建波形。其中，多径信道为 10 条。采用去相关接收机。均衡器抽头为 9 个，LMS 步长为 0.05。整个仿真中主空间大小取值 $L=100$，采样点数 $N=100$，$M_c=4$，SCR 取值为−25dB，波形数为 16，SNR 取值变化由−20～10dB。蒙特卡洛仿真次数为 10^6 次。

由图 4.10 可知，时间反转技术能很好抵抗多径莱斯衰落，均衡器在信噪比较低的情况下，由于产生错误判决的结果导致性能没有改善，随着信噪比逐渐增加，使用均衡技术的接收效果得到提高。相比而言，时间反转技术比均衡技术效果要好，原因是采用时间反转技术的标签估计了信道的知识，将其加入通信波形构建中，通信波形经过信道后，多径影响转化为信道的自相关，接收端利用信道估计知识去除了多径影响，提高了通信可靠性。当然如果合作接收机与雷达分置，导致时间反转无法实现，因此退而求其次，可采用均衡技术来改善通信可靠性。

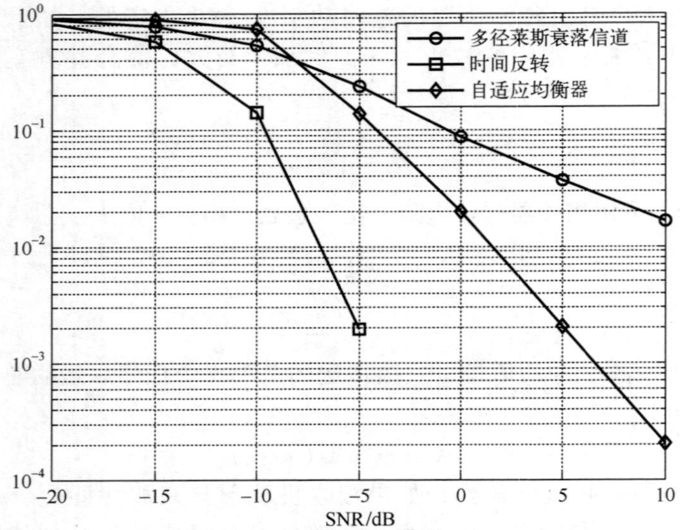

图 4.10　多径莱斯衰落信道仿真

比较两类均衡器的均衡效果。在相同多径衰落信道和信杂比下，选取线性调频雷达信号，脉冲宽度 $T=10\mu s$，信号带宽 $B=10MHz$，采用 DP 方式构建波形。采用去相关接收机，均衡器抽头为 9 个，LMS 步长为 0.05。整个仿真中主空间大小取值 $L=100$，采样点数 $N=100$，$M=4$，波形数为 16，SNR 取值变化由−20～10dB，SCR 取−20dB。蒙特卡洛仿真次数为 10^5 次。仿真结果如图 4.11 所示。

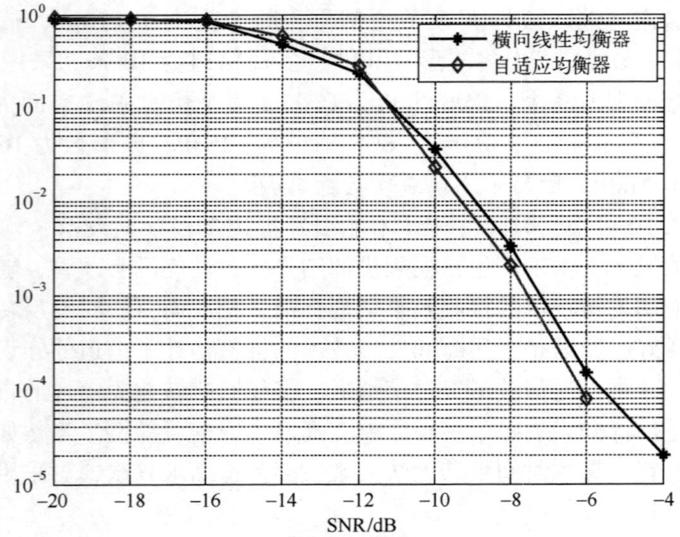

图 4.11　不同均衡器的比较

由图 4.11 可见，在低 SCR 和低 SNR 下，自适应均衡器比横向均衡器效果要差，这是由于在自适应调整中会对波形进行判决，在噪声和干扰较大时会造成错误的波形判决，用错误的波形数据对均衡器系数进行调整，造成错误传播的现象。由于自适应均衡器的抽头系数会对信道做出实时的调整，能更好地适应信道的变化，而横向均衡器仅仅在仿真最开始调整了系数，之后系数将维持不变，如果信道存在噪声抖动，则会导致性能不稳定。因此，之后的仿真均采用自适应均衡器。

其次，考虑合作接收机的位置不在我方雷达的情形。在战场环境下，利用己方或非合作方雷达的杂波进行隐蔽通信，发射机与合作接收机之间由于地形以及建筑物的阻挡，而不存在视距传播，于是用多径瑞利衰落来描述信道特性。

采用多径瑞利信道，其中多径信道为三条。选取线性调频雷达信号，脉冲宽度 $T=10\mu s$，信号带宽 $B=10MHz$，采用 DP 方式构建波形。采用去相关接收机，仿真了 REC 在多径瑞利衰落信道下是否引入均衡器对通信性能的影响。均衡器抽头为 9 个，LMS 步长为 0.05。整个仿真中主空间大小取值 $L=100$，采样点数 $N=100$，$M=4$，SCR 取值分别是−30dB、−20dB，波形数为 16，SNR 取值变化由−20~10dB。蒙特卡洛仿真次数为 10^5次。

由图 4.12 可知，在 AWGN 信道中通信性能良好，可是通过多径瑞利信道后性能急剧下滑，使用均衡器后，尽管不能恢复到 AWGN 信道的效果，但也使性能得到较大的改善。图 4.12（b）显示，在低信杂比情况下，仅仅利用去相关接收机基本无法使误符号率降低至 0.01 以下，加入均衡之后，效果有所改善。

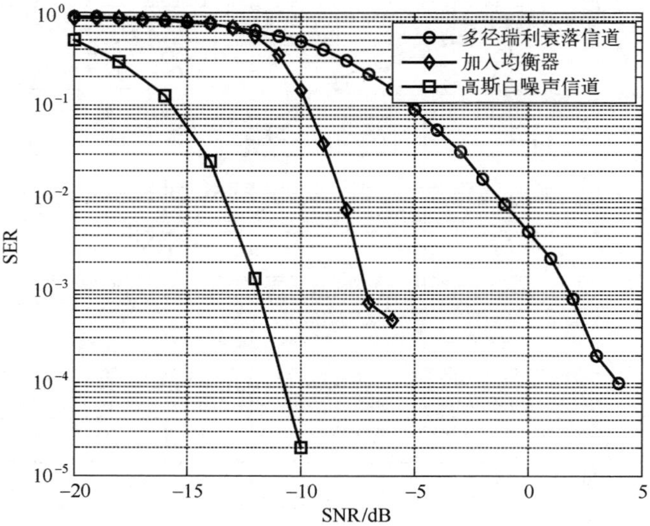

(a) SCR= −20dB

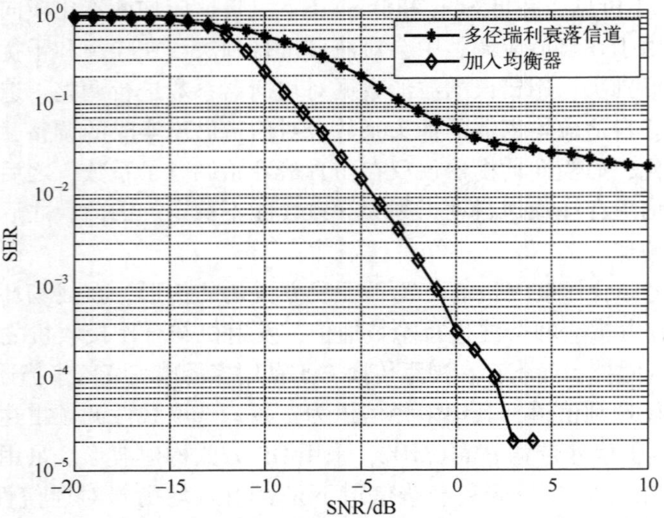

(b) SCR= −30dB

图 4.12　信道环境 SCR=−20dB 和 SCR=−30dB 的 SER 曲线

信道环境同样采用多径瑞利信道，其中多径信道为三条。选取线性调频雷达信号，脉冲宽度 $T=10\mu s$，信号带宽 $B=10MHz$，采用 DP 方式构建波形。仿真了 REC 在多径瑞利衰落信道下采用 RAKE 接收机的通信性能影响，分别采用了最大比值合并、等增益合并、选择式合并三种合并方式，如图 4.13 所示。

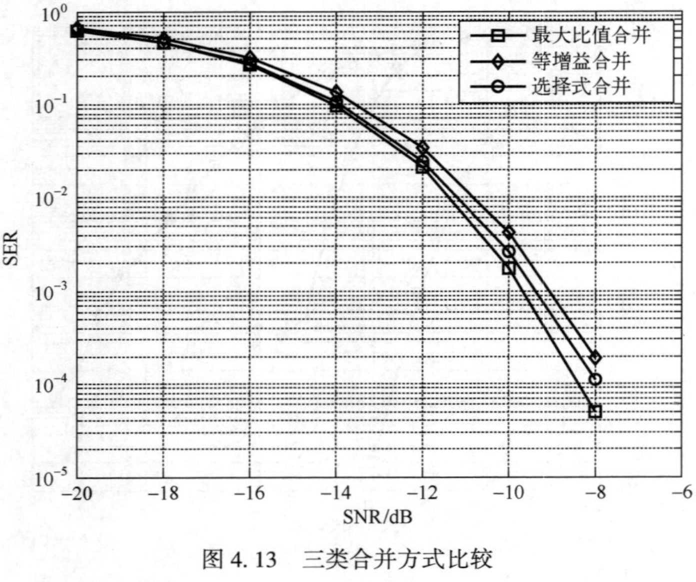

图 4.13　三类合并方式比较

波形设计的参数为主空间取值 $L=100$，采样点数 $N=100$，$M=4$，SCR 取值 -20dB，波形数为 16。蒙特卡洛仿真次数为 10^5 次。

由图 4.13 可知，最大比值合并方式性能最好，这也符合一般通信系统中的现象，同时采用时间分集技术确实能很好地抵抗多径衰落，这是由于将各径信号充分利用的结果。图 4.14 是采用最大比值合并方式的仿真结构，SCR 取值分别是-30dB、-20dB，SNR 取值变化由-20~10dB。蒙特卡洛仿真次数为 10^6 次。

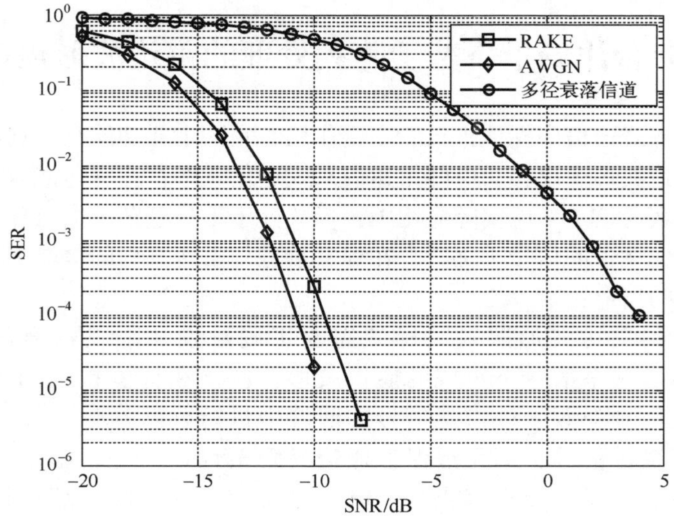

(a) SCR= –20dB

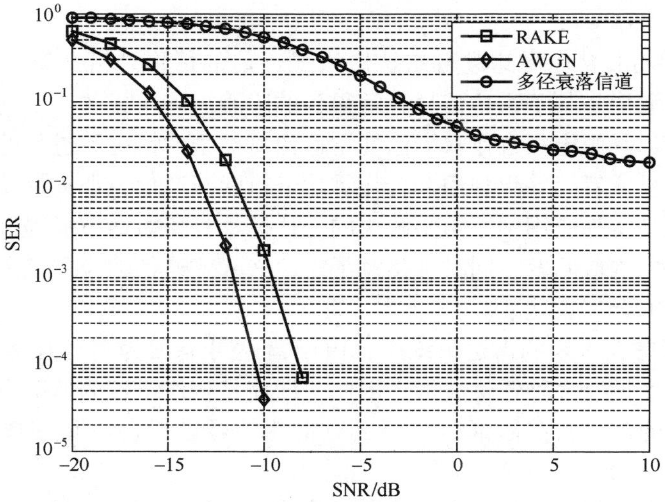

(b) SCR= –30dB

图 4.14　最大比值合并 SCR=-20dB、SCR=-30dB 的 SER 曲线

本节主要研究雷达嵌入式通信在多径衰落信道下可靠通信问题。首先对时间反转技术进行了研究，得出该方法性能优越，且能提高通信的隐蔽性，但应用场景有限；其次研究了均衡器的原理、结构以及自适应算法，并对一般的均衡器加以改进以适应雷达嵌入式系统；最后研究了分集技术的原理以及对RAKE接收机与原有的去相关接收机相结合应用于接收模块中。通过理论分析以及实验仿真发现这些方法确实能够提高通信可靠性。

4.3 非合作场景下基于阵列处理的雷达波形提取技术

雷达嵌入式通信中标签担负着主要作用，它的主要功能是：利用照射在该设备上的雷达波形生成相对应的雷达嵌入式通信波形，在雷达回波中嵌入通信波形进行隐蔽通信。考虑实际应用中，标签处于十分复杂的电磁环境中，如多径干扰、其他设备的信号干扰等。在标签端进行雷达波形的提取十分必要，考虑以下具体的情形：

（1）受到雷达波形照射时标签需要正确触发才能发送通信波形。例如，基于步进频率信号下生成的通信波形，应该在标签接收到步进频率信号时，发送信号隐藏于该雷达信号的回波中进行隐蔽通信，如果未能在该雷达回波下发送信号，则无法保证通信的隐蔽性。但是，由于雷达信号在传播过程中受到了多径衰落或其他电子设备信号等影响，那么标签接收的信号是严重失真的，需要从中对雷达波形进行正确提取后，才能触发标签发送通信波形。

（2）利用非合作雷达进行雷达嵌入式通信的情形。第2章已经知道雷达嵌入式通信波形是基于雷达信号分解得到的隐藏矩阵生成的，目前研究的雷达嵌入式通信都是假定在合作双方已知雷达信号类型的情况下进行的。如果标签未知雷达信号或者标签想利用非合作雷达进行隐蔽通信，那么标签对雷达信号的提取问题是实际应用中所需要解决的。让标签具备雷达波形提取能力既解决了通信波形的构造问题，同时也拓宽了雷达嵌入式通信的应用范围，使其不再局限于已知的合作雷达。

（3）考虑在未来的雷达系统中，由于雷达可能因为多种任务需求和环境的多样性，而拥有多种雷达波形。因此，即使是合作雷达的情况下，要想利用雷达嵌入式通信进行隐蔽通信，那么对雷达信号进行提取和分选是十分有必要的。

另外，在时间反转技术中，构造通信波形需要利用多径信道信息，按照一般的信道估计方法，在已知发射雷达波形的情况下，有很多方法可以采用，如最小均方估计法、自适应脉冲压缩法（APC）等。如果 $s(t)$ 和 $h(t)$ 均未知，估计 $\tilde{s}(t)$ 成为一个盲解卷积的问题。如果能获得雷达波形 $s(t)$，使信道估计问题转化为非盲解卷积的过程，这也是一种信道估计的有效方法，本节并不研究信道估计问题。

针对以上问题，从标签的角度出发，本节提出了基于阵列信号处理的接收技术或雷达波形提取技术。通过阵列信号处理可以针对不同角度的来波或者干扰，调节空间滤波器系数对期望的雷达信号进行有效的接收，对其他方向的干扰进行抑制，从而实现对雷达波形的正确提取。为此，本书提出以下假设：

在同时具有期望的雷达信号和其他干扰信号的情况下，不同的来波有不同的波达方向（DOA）。而在多径信道模型下，针对同一雷达信号，不同时延的多径分量对应不同的来波方向；由此在标签端利用基于阵列信号处理技术，对不同的来波做 DOA 估计，随后进行波束形成接收期望的雷达信号。

4.3.1　标签接收模型

将阵列信号处理应用于雷达嵌入式通信的标签中，通过对接收信号的一系列处理以达到增强期望的来波信号，抑制环境中噪声与干扰。具体的做法是按照一定的方式在标签端设置一组传感器组成阵列，从而共同采集空间中的信号，得到不同方向信号的空间离散观测量，进一步对接收数据进行处理，得到理想的输出。下面介绍具体的接收模型。

假设在标签端的天线阵同时接收到 K 个不同方向的信号，这些信号可能是同一雷达信号的多径信号，也可能包含其他干扰信号等，并假设来波为平面波。标签的天线阵是由 M 个全向接收的天线构成，设定好参考阵元，那么该阵元接收到的第 i 个信号表示为

$$s_i(t)=z_i(t)\mathrm{e}^{\mathrm{j}\omega_0 t},i=0,1,\cdots,K-1 \tag{4.59}$$

式中：$z_i(t)$ 表示第 i 个信号的复包络；$\mathrm{e}^{\mathrm{j}\omega_0 t}$ 表示发送信号载波。那么标签的第 m 个阵元接收写成

$$x_m(t)=\sum_{i=0}^{D-1}s_i(t-\tau_{mi})+n_m(t) \tag{4.60}$$

式中：$n_m(t)$ 表示第 m 阵元天线接收的噪声；τ_{mi} 表示标签的第 m 个阵元接收的第 i 个信号时相对于参考阵元的时延，那么得到标签端整体接收信号模型为

$$\begin{aligned}\boldsymbol{x}(t)&=\sum_{i=0}^{K-1}s_i(t)\boldsymbol{a}_i+\boldsymbol{n}(t)\\&=\boldsymbol{A}\boldsymbol{s}(t)+\boldsymbol{n}(t)\end{aligned} \tag{4.61}$$

式中：$\boldsymbol{a}_i=[\mathrm{e}^{-\mathrm{j}\omega_0\tau_{1i}},\mathrm{e}^{-\mathrm{j}\omega_0\tau_{2i}},\cdots,\mathrm{e}^{-\mathrm{j}\omega_0\tau_{Mi}}]^{\mathrm{T}}$为第 i 个来波的方向向量；$\boldsymbol{A}=[a_0,a_1,\cdots,a_{K-1}]$为方向矩阵；$\boldsymbol{s}(t)=[s_0(t),s_1(t),\cdots,s_{K-1}(t)]^{\mathrm{T}}$为信号矩阵；$\boldsymbol{n}(t)=[n_1(t),n_2(t),\cdots,n_M(t)]^{\mathrm{T}}$为加性噪声矩阵。

标签天线采用排列均匀的线阵，把 M 个阵元天线按相同长度 d 排列成一条直线。假定来波的信源距离较远，依次入射到标签时是平面波，将入射波与天线的法线的夹角 θ 称为波达方向（DOA）。

如图 4.15 所示，将 1 号阵元天线看作参考阵元，其余阵元与它的相对时延表示为

$$\tau_m=-\frac{1}{c}\sin(\theta)(m-1)d \tag{4.62}$$

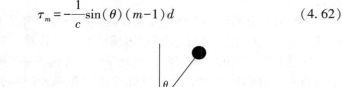

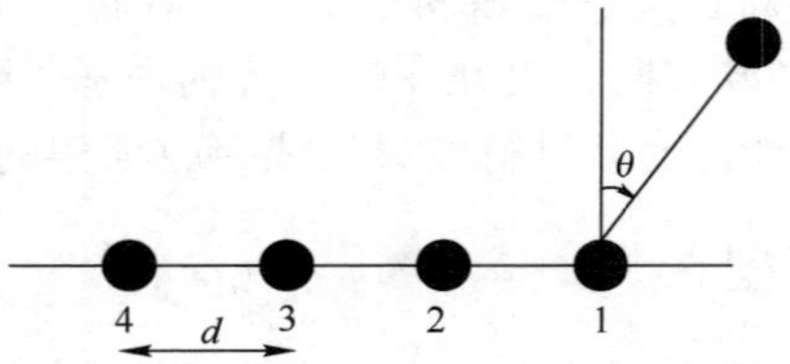

图 4.15 线性阵列

可以得到不同来波的方向向量表达式为

$$\begin{aligned}\boldsymbol{a}&=[1,\mathrm{e}^{-\mathrm{j}\frac{\omega_0}{c}d\sin(\theta)},\mathrm{e}^{-\mathrm{j}\frac{\omega_0}{c}2d\sin(\theta)},\cdots,\mathrm{e}^{-\mathrm{j}\frac{\omega_0}{c}(M-1)d\sin(\theta)}]^{\mathrm{T}}\\&=[1,\mathrm{e}^{-\mathrm{j}\frac{2\pi}{\lambda_0}d\sin(\theta)},\mathrm{e}^{-\mathrm{j}\frac{2\pi}{\lambda_0}2d\sin(\theta)},\cdots,\mathrm{e}^{-\mathrm{j}\frac{2\pi}{\lambda_0}(M-1)d\sin(\theta)}]^{\mathrm{T}}\end{aligned} \tag{4.63}$$

4.3.2 DOA 估计算法

标签接收到数据之后，将通过空域滤波来选择性输出单个方向的信号，但是这项工作需要基于对不同来波的方向估计下展开，因此本节研究 DOA 估计问题。DOA 估计的目的是对天线接收区域内的不同信号的空间位置进行识别。该领域经典的算法主要是 MUSIC 方法和 ESPRIT 方法，它们都出自特征结构的子空间方法，随后由该方法衍生出许多改进算法。如果标签同时接收到雷达信号和干扰信号，利用以上方法可以很好地对方向进行估计，但是如果出现相干信号源以及干扰信号共存，可能无法完全识别各个来波的方向，本节重点研究了解决相干信源的波达方向估计。

1. 多重信号分类算法

计算标签端整体接收信号协方差矩阵为

$$\begin{aligned}\boldsymbol{R}_{\mathrm{X}}&=E[\boldsymbol{x}(t)\boldsymbol{x}^{\mathrm{H}}(t)]\\&=\boldsymbol{A}E[\boldsymbol{s}\boldsymbol{s}^{\mathrm{H}}]\boldsymbol{A}^{\mathrm{H}}+\boldsymbol{A}E[\boldsymbol{s}\boldsymbol{n}^{\mathrm{H}}]+E[\boldsymbol{n}\boldsymbol{s}^{\mathrm{H}}]\boldsymbol{A}^{\mathrm{H}}+E[\boldsymbol{n}\boldsymbol{n}^{\mathrm{H}}]\end{aligned}\tag{4.64}$$

假设噪声是加性高斯且平稳的并与接收信号不相关，式（4.64）简化为

$$\boldsymbol{R}_{\mathrm{X}}=\boldsymbol{A}\boldsymbol{R}_{\mathrm{s}}\boldsymbol{A}^{\mathrm{H}}+\sigma_{\mathrm{N}}^{2}\boldsymbol{I}\tag{4.65}$$

式中：$\boldsymbol{R}_{\mathrm{s}}$表示信号的协方差矩阵。

假定不同来波方向的信号互不相关，所以 $\boldsymbol{R}_{\mathrm{s}}$是满秩矩阵且秩是 K。$\boldsymbol{A}$ 的秩也是 K，所以 $\boldsymbol{A}\boldsymbol{R}_{\mathrm{s}}\boldsymbol{A}^{\mathrm{H}}$的秩也是 K。假设 $\boldsymbol{A}\boldsymbol{R}_{\mathrm{s}}\boldsymbol{A}^{\mathrm{H}}$的特征值有 $\mu_0\geqslant\mu_1\geqslant\cdots\geqslant\mu_{K-1}>0$，得到 $\boldsymbol{R}_{\mathrm{X}}$中 M 个特征值分别为

$$\lambda_k=\begin{cases}\mu_k+\sigma_{\mathrm{N}}^2, & k=0,1,\cdots,K-1\\ \sigma_{\mathrm{N}}^2, & k=K,K+1,\cdots,M-1\end{cases}$$

特征向量依次是 $\boldsymbol{q}_0,\boldsymbol{q}_1,\cdots,\boldsymbol{q}_{K-1},\boldsymbol{q}_K,\cdots,\boldsymbol{q}_{M-1}$，这 M 个值中前 K 个较大，后 $M-K$ 个相对较小且相当。来波信号的个数计算公式为

$$\hat{K}=M-K\tag{4.66}$$

后 $M-K$ 个特征值有特征方程式：

$$(\boldsymbol{R}_{\mathrm{X}}-\lambda_i\boldsymbol{I})\boldsymbol{q}_i=0,\quad i=K,K+1,\cdots,M-1\tag{4.67}$$

具体为

$$\begin{aligned}(\boldsymbol{R}_{\mathrm{X}}-\sigma_{\mathrm{N}}^2\boldsymbol{I})\boldsymbol{q}_i&=(\boldsymbol{A}\boldsymbol{R}_{\mathrm{s}}\boldsymbol{A}^{\mathrm{H}}+\sigma_{\mathrm{N}}^2\boldsymbol{I}-\sigma_{\mathrm{N}}^2\boldsymbol{I})\boldsymbol{q}_i\\&=\boldsymbol{A}\boldsymbol{R}_{\mathrm{s}}\boldsymbol{A}^{\mathrm{H}}\boldsymbol{q}_i=0,\quad i=K,K+1,\cdots,M-1\end{aligned}\tag{4.68}$$

矩阵 $\boldsymbol{A}$ 是满秩的，$\boldsymbol{R}_{\mathrm{s}}$是非奇异的，所以有

$$\boldsymbol{A}^{\mathrm{H}}\boldsymbol{q}_i=0\tag{4.69}$$

也可写为

$$\begin{pmatrix}\boldsymbol{a}^{\mathrm{H}}(\theta_0)\boldsymbol{q}_i\\ \boldsymbol{a}^{\mathrm{H}}(\theta_1)\boldsymbol{q}_i\\ \vdots\\ \boldsymbol{a}^{\mathrm{H}}(\theta_{D-1})\boldsymbol{q}_i\end{pmatrix}=\begin{bmatrix}0\\0\\ \vdots\\0\end{bmatrix}\tag{4.70}$$

这说明矩阵 $\boldsymbol{A}$ 中的各个列向量与噪声子空间正交。构建 $M\times(M-K)$维的噪声子空间为

$$\boldsymbol{V}_{\mathrm{N}}=[\boldsymbol{q}_K,\boldsymbol{q}_{K+1},\cdots,\boldsymbol{q}_{M-1}]\tag{4.71}$$

根据上述关系，定义阵列空间谱函数：

$$P_{\mathrm{MUSIC}}(\theta)=\frac{a^{\mathrm{H}}(\theta)a(\theta)}{a^{\mathrm{H}}(\theta)\boldsymbol{V}_{\mathrm{N}}\boldsymbol{V}_{\mathrm{N}}^{\mathrm{H}}a(\theta)}\tag{4.72}$$

或

$$P_{\text{MUSIC}}(\theta)=\frac{1}{a^{\text{H}}(\theta)\boldsymbol{V}_{\text{N}}\boldsymbol{V}_{\text{N}}^{\text{H}}a(\theta)} \tag{4.73}$$

根据式（4.73），调整 θ 发生变化，当 θ 为来波方向时，则 $P_{\text{MUSIC}}(\theta)$ 出现波峰，估计该角为到达角。式（4.73）还可以写为

$$\theta_i=\arg_{\theta}\min\boldsymbol{a}^{\text{H}}(\theta)\boldsymbol{V}_{\text{N}}\boldsymbol{V}_{\text{N}}^{\text{H}}\boldsymbol{a}(\theta) \tag{4.74}$$

2. 相干信源 DOA 估计

1）空间平滑算法

相干信源包括多种形式，如同频干扰，而在雷达嵌入式通信中尤其是指雷达信号受多径信道影响所产生的多径传播信号。当标签接收到相干信号后，采用一般的估计算法已经不能有效分辨来波方向了。这是由于相干信号构建的协方差矩阵存在秩的亏损。可以利用对接收信号进行空间平滑预处理，使协方差的秩恢复到与信号源的个数相同。主要做法是把等距线阵划分为多个相互重叠的子阵列，然后将每个子阵列的协方差矩阵进行平均实现去相关。

如图 4.16 所示，将 M 元的等距线阵用滑动方式分成 L 个子阵，每个子阵 N 个单元，其中 $N=M-L+1$。定义第 l 个前向子阵的输出为

$$\begin{aligned}\boldsymbol{x}_l^{\text{f}}(t)&=[x_l(t),x_{l+1}(t),\cdots,x_{l+N-1}(t)]^{\text{T}}\\&=\boldsymbol{A}_M\boldsymbol{D}^{l-1}\boldsymbol{s}(t)+\boldsymbol{n}_l(t),\quad 1\leqslant l\leqslant L\end{aligned} \tag{4.75}$$

式中：$\boldsymbol{A}_M$ 为 $N\times K$ 维的方向矩阵；

$$\boldsymbol{D}=\text{diag}\left(\text{e}^{\text{j}\frac{2\pi d}{\lambda}\sin\theta_1},\text{e}^{\text{j}\frac{2\pi d}{\lambda}\sin\theta_2},\cdots,\text{e}^{\text{j}\frac{2\pi d}{\lambda}\sin\theta_k}\right) \tag{4.76}$$

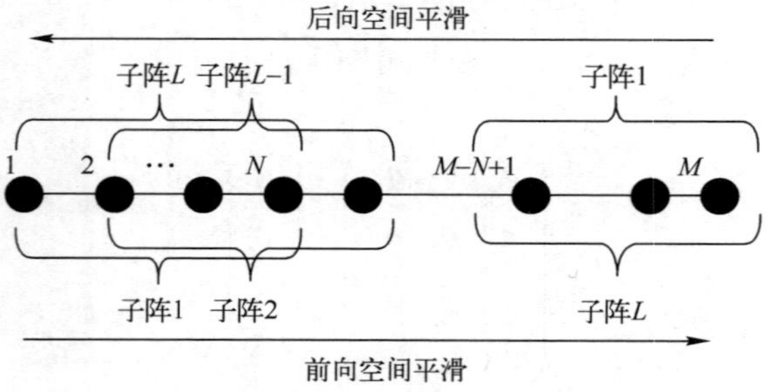

图 4.16　空间平滑示意图

所以第 l 个前子阵的协方差矩阵为

$$\boldsymbol{R}_l^{\text{f}}=E[\boldsymbol{x}_l^{\text{f}}(t)\boldsymbol{x}_l^{\text{f}}(t)^{\text{H}}]=\boldsymbol{A}_M\boldsymbol{D}^{l-1}\boldsymbol{R}_{\text{s}}(\boldsymbol{D}^{l-1})^{\text{H}}\boldsymbol{A}_M^{\text{H}}+\sigma^2\boldsymbol{I} \tag{4.77}$$

定义前向及后向空间平滑方差矩阵为

$$\boldsymbol{R}_{\text{f}}=\frac{1}{L}\sum_{l=1}^{L}\boldsymbol{R}_l^{\text{f}},\quad \boldsymbol{R}_{\text{b}}=\frac{1}{L}\sum_{l=1}^{L}\boldsymbol{R}_l^{\text{b}} \tag{4.78}$$

因此，定义前后向平滑协方差矩阵为

$$\widetilde{\boldsymbol{R}}=1/2(\boldsymbol{R}_{\mathrm{f}}+\boldsymbol{R}_{\mathrm{b}}) \tag{4.79}$$

随后将$\widetilde{\boldsymbol{R}}$替代 MUSIC 算法中 $\boldsymbol{R}_{\mathrm{X}}$，按照原有算法对$\widetilde{\boldsymbol{R}}$进行特征值分解，构建噪声子空间与空间谱函数，同样使用搜索峰值的办法估计波达方向。

2）RISR 算法

RISR 算法是基于最小均方误差（MMSE）框架发展而来的一种新的空间方向估计方法。与许多传统 DOA 估计器不同，MMSE 方法不采用空间样本协方差信息，因此不会因为空间分离的信源在时间上相关，而显著降低 DOA 估计效果。相反，RISR 是基于由可能的空间导向向量集合组成的结构化信号协方差矩阵的递归算法，每个可能的空间导向向量由前一次迭代的相关联的功率估计加权。此外，RISR 可以自然地适应关于空间有色噪声的先验信息的情况，不需要已知信源数量，并且还可以非连贯的方式利用多个时间样本来提高性能。对于较少或一般多时间的快拍数时，RISR 可提供优于 MUSIC 和空间平滑 MUSIC 的超分辨率性能。

整个天线阵接收到的信号为

$$\begin{aligned}\boldsymbol{x}(t)&=\sum_{i=0}^{K-1}s_i(t)a_i+\boldsymbol{n}(t)\\&=\boldsymbol{Hs}(t)+\boldsymbol{n}(t)\end{aligned} \tag{4.80}$$

基于接收到的信号 $\boldsymbol{x}(t)$，目标为确定第 t 个时间采样中的每 K 个同时入射信号的波达方向。定义了一个 $M\times N$ 的 $\boldsymbol{H}$ 矩阵，它将用于下一步关于 $\boldsymbol{s}(t)$ 的估计。

$$\begin{aligned}\boldsymbol{H}&=[\boldsymbol{h}(0)\ \boldsymbol{h}(\theta_{\Delta})\ \cdots\ \boldsymbol{h}((N-1)\theta_{\Delta})]\\&=\begin{bmatrix}1&1&\cdots&1\\1&\mathrm{e}^{\mathrm{j}\Delta\theta}&\cdots&\mathrm{e}^{\mathrm{j}(N-1)\Delta\theta}\\1&\cdots&\cdots&\cdots\\1&\mathrm{e}^{\mathrm{j}\Delta\theta(M-1)}&\cdots&\mathrm{e}^{\mathrm{j}(N-1)\Delta\theta(M-1)}\end{bmatrix}\end{aligned} \tag{4.81}$$

空间角度的跨度为 2π，角度增量为 $\Delta\theta=2\pi/M$，通常 $M\gg N$。如果 M 足够大，那么 $\boldsymbol{H}$ 中某 M 个导向向量将包含 $\boldsymbol{x}(t)$ 中原有的 k 个导向向量。下面推导，通过估计 $\boldsymbol{s}(t)$ 然后确定峰值的位置（在角度空间中），可以解决 DOA 估计的问题。此外，在这样估计 $\boldsymbol{s}(t)$ 中，直接结果是估计每个入射接收信号的复振幅。

RISR 算法基于最小均方误差（MMSE）估计，使用式（4.80）中定义的接收信号模型来确定 MMSE 函数的自适应滤波器组 $\boldsymbol{w}(t)$。代价函数如下：

$$J(\boldsymbol{w})=E\{\|\boldsymbol{s}(t)-\boldsymbol{w}^{\mathrm{H}}(t)\boldsymbol{x}(t)\|^2\} \tag{4.82}$$

代价函数为信号的阵列输出与该信号在该时刻的期望形式之间的平方误差的数学期望值。其中，$\{\cdot\}^{\mathrm{H}}$是共轭转置，然而，通常 $\boldsymbol{s}(t)$ 是未知的，使得需要交替的递归过程来确定 $\boldsymbol{w}(t)$ 和 $\boldsymbol{s}(t)$ 两者。计算期望 $E\{\cdot\}$ 应该假设在不同空间角度入射的信号之间不存在相干。这是由于事件信号之间的时间相关性一般不是先验知道的。该算法基本上是基于单个时间快照进行应用，其结果基于在估计器内非相干的方式产生的。实验发现，当信号源实际上存在时间相关时，该假设仅产生微小的影响。

式（4.82）可展开为

$$J(\boldsymbol{w})=\boldsymbol{w}^{\mathrm{H}}E[\boldsymbol{x}(t)\boldsymbol{x}^{\mathrm{H}}(t)]\boldsymbol{w}-E[\boldsymbol{s}(t)\boldsymbol{x}^{\mathrm{H}}(t)]\boldsymbol{w}-\boldsymbol{w}^{\mathrm{H}}E[\boldsymbol{x}(t)\boldsymbol{s}^{\mathrm{H}}(t)]+E[\boldsymbol{s}(t)\boldsymbol{x}^{\mathrm{H}}(t)]$$

对上式求导可求得

$$\frac{\partial}{\partial \boldsymbol{w}}J(\boldsymbol{w})=2E[\boldsymbol{x}(t)\boldsymbol{x}^{\mathrm{H}}(t)]\boldsymbol{w}-2E[\boldsymbol{x}(t)\boldsymbol{s}^{\mathrm{H}}(t)] \tag{4.83}$$

令$\frac{\partial}{\partial \boldsymbol{w}}J(\boldsymbol{w})=0$，求得上面代价函数的解为

$$\boldsymbol{w}(t)=(E\{\boldsymbol{x}(t)\boldsymbol{x}^{\mathrm{H}}(t)\})^{-1}(E\{\boldsymbol{x}(t)\boldsymbol{s}^{\mathrm{H}}(t)\}) \tag{4.84}$$

将式（4.80）代入式（4.84）中，并假定 K 路信号与噪声是不相关的，得到 MMSE 的系数为

$$\boldsymbol{w}(t)=(\boldsymbol{HP}(t)\boldsymbol{H}^{\mathrm{H}}+\boldsymbol{R})^{-1}\boldsymbol{HP}(t) \tag{4.85}$$

式中：$\boldsymbol{R}$ 为噪声协方差矩阵；$\boldsymbol{P}(t)=E\{\boldsymbol{s}(t)\boldsymbol{s}^{\mathrm{H}}(t)\}$。给定滤波器的系数 $\boldsymbol{w}(t)$ 后，则 $\boldsymbol{s}(t)$ 的 MMSE 估计为

$$\hat{\boldsymbol{s}}(t)=\boldsymbol{w}^{\mathrm{H}}(t)\boldsymbol{x}(t) \tag{4.86}$$

时间上不相关的信源的假设导致 $\boldsymbol{P}(t)$ 是对角矩阵，其中对角线元素即空间能量的估计是波达方向 θ 的函数，由于 $\boldsymbol{P}(t)$ 的先验知识通常不可用，因此需要递归实现。

$\boldsymbol{P}(t)$ 的初始估计值可通过使用匹配滤波的方法得到，即

$$\hat{\boldsymbol{s}}_0(t)=\boldsymbol{H}^{\mathrm{H}}\boldsymbol{x}(t) \tag{4.87}$$

最开始的初始值$\hat{\boldsymbol{P}}_0(t)$随后计算得

$$\hat{\boldsymbol{P}}_0(t)=E[\hat{\boldsymbol{s}}_0(t)\hat{\boldsymbol{s}}_0^{\mathrm{H}}(t)]\odot\boldsymbol{I}_{N\times N} \tag{4.88}$$

式中：$\odot$为 Hadamard 计算；$\boldsymbol{I}_{N\times N}$为 $N\times N$ 的单位矩阵，用来进一步提高信源的时间不相关性。通常，之前的估计$\hat{\boldsymbol{P}}_{m-1}(t)$将用于新的 MMSE 滤波器 $\boldsymbol{w}_m(t)$ 的估计，而新的 $\boldsymbol{w}_m(t)$ 将用来估计新的 $\boldsymbol{s}(t)$ 以计算新的空间能量分布$\hat{\boldsymbol{P}}_m(t)$。对于某些预定的小值 ε，或者在某些预先确定的递归次数之后，当

$\|\boldsymbol{s}_m(t)-\boldsymbol{s}_{m-1}(t)\|^2<\varepsilon$ 时，递归可停止。

以上 RISR 仅用到单个快拍数，它也可用于多个时间样本的情况下。假定接收到 L 个时间采样，那么接收信号矩阵为 $\boldsymbol{X}=[\boldsymbol{x}(t)\ \boldsymbol{x}(t+1)\ \cdots\ \boldsymbol{x}(t+L-1)]$，假定由此得到的空间滤波器的系数为$\overline{\boldsymbol{w}}$。那么

$$\hat{\boldsymbol{s}}=\overline{\boldsymbol{w}}^{\mathrm{H}}\boldsymbol{X} \tag{4.89}$$

式中：$\hat{\boldsymbol{s}}=[\boldsymbol{s}(t)\ \boldsymbol{s}(t+1)\ \cdots\ \boldsymbol{s}(t+L-1)]$是一个 $N\times L$ 的矩阵，该矩阵包含了对 L 个时间采样的估计。平均能量估计表示为

$$\overline{\boldsymbol{P}}=\left[\frac{1}{L}\sum_{\tau=0}^{L-1}\hat{\boldsymbol{s}}(t+\tau)\hat{\boldsymbol{s}}^{\mathrm{H}}(t+\tau)\right]\odot\boldsymbol{I}_{N\times N} \tag{4.90}$$

平均能量估计$\overline{\boldsymbol{P}}$将代替 $\boldsymbol{P}(t)$ 用于计算 MMSE 空间滤波器的系数$\overline{\boldsymbol{w}}$。

将 RISR 算法的步骤总结如下：

首先进行初始化，接收到快拍数为 L 的信号 $\boldsymbol{X}=[\boldsymbol{x}(t)\ \boldsymbol{x}(t+1)\ \cdots\ \boldsymbol{x}(t+L-1)]$，计算初始复幅度分布$\hat{\boldsymbol{s}}_0=\boldsymbol{H}^{\mathrm{H}}\boldsymbol{X}$。

其次，计算初始平均空间能量分布估计 $\overline{\boldsymbol{P}}_0=\left[\frac{1}{L}\sum_{\tau=0}^{L-1}\boldsymbol{s}_0(t+\tau)\boldsymbol{s}_0^{\mathrm{H}}(t+\tau)\right]\odot\boldsymbol{I}_{N\times N}$，以及估计噪声协方差矩阵 $\boldsymbol{R}$。

最后进行以下步骤的迭代，直至循环结束，其中 $m=1,2,\cdots$。

（1）计算 MMSE 空间滤波器的系数$\overline{\boldsymbol{w}}_m(t)=(\boldsymbol{H}\overline{\boldsymbol{P}}_{m-1}(t)\boldsymbol{H}^{\mathrm{H}}+\boldsymbol{R})^{-1}\boldsymbol{H}\overline{\boldsymbol{P}}_{m-1}(t)$。

（2）计算空间复幅度估计$\hat{\boldsymbol{s}}_m=\overline{\boldsymbol{w}}_m^{\mathrm{H}}\boldsymbol{X}$。

（3）计算平均空间能量分布 $\overline{\boldsymbol{P}}_m=\left[\frac{1}{L}\sum_{\tau=0}^{L-1}\hat{\boldsymbol{s}}_m(t+\tau)\hat{\boldsymbol{s}}_m^{\mathrm{H}}(t+\tau)\right]\odot\boldsymbol{I}_{N\times N}$。

3. 改进的 RISR 算法

RISR 算法是以 MMSE 为代价函数，从而估计出空间滤波器系数$\overline{\boldsymbol{w}}$，而后通过反复迭代更新系数，不断更新滤波器的输出，寻找输出值的空间能量分布分值得到 DOA 估计。以此为启发，同样可以利用最小二乘（LS）的方法的代价函数的解来计算空间滤波器的系数。假定有 L 个快拍的数据向量 $\boldsymbol{s}(t)$，$t=1,2,\cdots,L$，定义代价函数为

$$J(\boldsymbol{w})=\left|\sum_{t=1}^{L}[\boldsymbol{w}^{\mathrm{H}}(t)\boldsymbol{x}(t)-\boldsymbol{s}(t)]\right|^2 \tag{4.91}$$

则求出其梯度为

$$\nabla J(\boldsymbol{w})=\frac{\partial}{\partial\boldsymbol{w}}J(\boldsymbol{w})=2\sum_{m=1}^{L}\sum_{n=1}^{L}\boldsymbol{x}(m)\boldsymbol{x}^{\mathrm{H}}(n)\boldsymbol{w}-2\sum_{m=1}^{L}\sum_{n=1}^{L}\boldsymbol{x}(m)\boldsymbol{s}^{\mathrm{H}}(m)$$

令梯度为零，易得

$$\boldsymbol{w}=(\boldsymbol{X}^{\mathrm{H}}\boldsymbol{X})^{-1}\boldsymbol{X}\boldsymbol{s}^{\mathrm{T}} \tag{4.92}$$

这就是最小二乘意义下的最佳权向量，式中 $\boldsymbol{X}^{\mathrm{H}}=[\boldsymbol{x}(1)\ \boldsymbol{x}(2)\ \cdots\ \boldsymbol{x}(L)]$为接收信号矩阵数据，$\boldsymbol{s}=[s(1),s(2),\cdots,s(L)]$是期望信号向量。假定接收信号为 $\boldsymbol{x}_1(t)=\boldsymbol{A}\boldsymbol{s}(t)+\boldsymbol{v}(t)$，注意到 RISR 中接收信号设定为 $\boldsymbol{x}(t)=\boldsymbol{H}\boldsymbol{s}(t)+\boldsymbol{n}(t)$，在应用中 $\boldsymbol{P}(t)=E\{\boldsymbol{s}(t)\boldsymbol{s}^{\mathrm{H}}(t)\}$的计算，用$\hat{\boldsymbol{s}}_0(t)=\boldsymbol{H}^{\mathrm{H}}\boldsymbol{x}_1(t)$以及$\hat{\boldsymbol{s}}_m(t)=\boldsymbol{w}_m^{\mathrm{H}}(t)\boldsymbol{x}_1(t)$代替了 $\boldsymbol{s}(t)$，即 $\boldsymbol{x}(t)$的实际代入的形式如下：

$$\begin{aligned}\boldsymbol{x}(t)&=\boldsymbol{H}\hat{\boldsymbol{s}}_0(t)+\boldsymbol{n}(t)\\&=\boldsymbol{H}\boldsymbol{H}^{\mathrm{H}}(\boldsymbol{A}\boldsymbol{s}(t)+\boldsymbol{v}(t))+\boldsymbol{n}(t)\end{aligned}\tag{4.93}$$

以及

$$\begin{aligned}\boldsymbol{x}(t)&=\boldsymbol{H}\hat{\boldsymbol{s}}_m(t)+\boldsymbol{n}(t)\\&=\boldsymbol{H}\boldsymbol{w}^{\mathrm{H}}(\boldsymbol{A}\boldsymbol{s}(t)+\boldsymbol{v}(t))+\boldsymbol{n}(t)\end{aligned}\tag{4.94}$$

注意到实际接收信号的 $\boldsymbol{x}_1(t)$本身已经含有噪声 $\boldsymbol{v}$，所以现在修正接收的信号模型如下：

$$\boldsymbol{x}(t)=\boldsymbol{H}\boldsymbol{s}(t)\tag{4.95}$$

将式（4.95）代入式（4.92）中，从而得到 LS 空间滤波器的系数为

$$\boldsymbol{w}(t)=(\boldsymbol{H}\boldsymbol{Q}(t)\boldsymbol{H}^{\mathrm{H}})^{-1}\boldsymbol{H}\boldsymbol{Q}(t)\tag{4.96}$$

式中：$Q=\left[\sum_{\tau=0}^{L-1}\boldsymbol{s}(t+\tau)\boldsymbol{s}^{\mathrm{H}}(t+\tau)\right]\odot\boldsymbol{I}_{N\times N}$，由此可见通过用 LS 推导出来的 RISR 算法减少了运算量，同时去除了多余噪声的影响。将 RISR 算法的步骤总结如下：

初始化，接收到快拍数为 L 的信号 $\boldsymbol{X}=[\boldsymbol{x}(t)\ \boldsymbol{x}(t+1)\ \cdots\ \boldsymbol{x}(t+L-1)]$，计算初始复幅度分布$\hat{\boldsymbol{s}}_0=\boldsymbol{H}^{\mathrm{H}}\boldsymbol{X}$。计算初始平均空间能量分布 $\overline{\boldsymbol{Q}}_0=\left[\sum_{\tau=0}^{L-1}\boldsymbol{s}_0(t+\tau)\boldsymbol{s}_0^{\mathrm{H}}(t+\tau)\right]\odot\boldsymbol{I}_{N\times N}$。

最后进行以下步骤的迭代，直至循环结束，其中 $m=1,2,\cdots$。

（1）计算 MMSE 空间滤波器的系数$\overline{\boldsymbol{w}}_m(t)=(\boldsymbol{H}\overline{\boldsymbol{Q}}_{m-1}(t)\boldsymbol{H}^{\mathrm{H}})^{-1}\boldsymbol{H}\overline{\boldsymbol{Q}}_{m-1}$。

（2）计算空间复幅度估计$\hat{\boldsymbol{s}}_m=\overline{\boldsymbol{w}}_m^{\mathrm{H}}\boldsymbol{X}$。

（3）计算平均空间能量分布 $\overline{\boldsymbol{Q}}_m=\left[\sum_{\tau=0}^{L-1}\hat{\boldsymbol{s}}_m(t+\tau)\hat{\boldsymbol{s}}_m^{\mathrm{H}}(t+\tau)\right]\odot\boldsymbol{I}_{N\times N}$。

4.3.3 波束形成技术

标签在对不同方向的来波进行方向估计之后，将采用波束形成的方式对感兴趣的雷达信号进行提取。如果考虑用相干叠加的方式得到输出，那么这种方式的条件很严格，需要来波垂直于阵列平面才能在输出端产生同相叠加，在接收方向图上

的主瓣有极大值。为了达到这样的效果，天线需要能够转动，为了更为方便实现接收，从而产生了相控天线法，也称常规波束形成法。该方式在每个阵列设定适当的权系数抵消阵元位置不同带来的时延，确使对某一方向上信号同相叠加，即阵列方向图在此方向上展现出主瓣波束，而对其他方向响应较小。

1. 波束形成原理

波束形成的本质是在给每个阵元赋予了一定的权系数后进行空域滤波，从而对期望信号进行加强、对噪声和干扰进行抑制；另外，自适应波束成形方式可以依照一定的准则随着信号所处环境的改变自动更新阵元的权系数。尽管标签端的阵元天线都是全向接收的，通过加权后可以形成一个“波束”实现对某个方向的接收，这就是波束形成的基本思想。

假设标签端采用 M 元等距线阵，如图 4.17 所示。

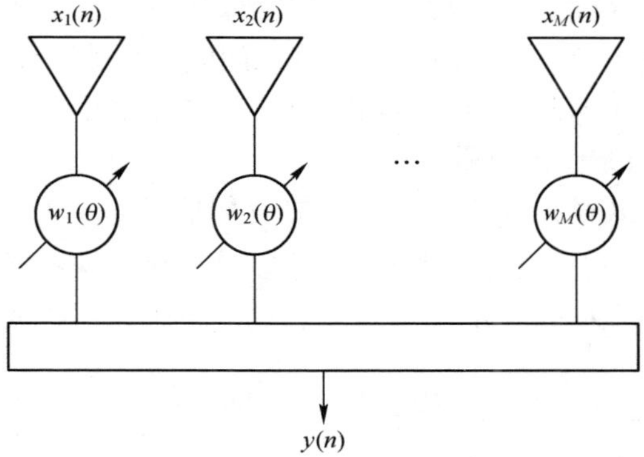

图 4.17　波束形成结构

标签的整体输出写为

$$y(t)=\sum_{i=1}^{M} w_i^*(\theta)x_i(t) \tag{4.97}$$

用向量代表式（4.97）的表达。

$$\boldsymbol{x}(t)=[x_1(t)\ x_2(t)\ \cdots\ x_M(t)]^{\mathrm{T}},\quad \boldsymbol{w}(\theta)=[w_1(\theta)\ w_2(\theta)\ \cdots\ w_M(\theta)]^{\mathrm{T}}$$

则有

$$y(t)=\boldsymbol{w}^{\mathrm{H}}(\theta)\boldsymbol{x}(t) \tag{4.98}$$

为了达到补偿时延在单一方向形成同相叠加，在期望来波的方向上设定以下加权向量：

$$\boldsymbol{w}(\theta)=[1\ \mathrm{e}^{-\mathrm{j}w\tau}\cdots\ \mathrm{e}^{-\mathrm{j}(M-1)w\tau}]^{\mathrm{T}}$$

对于常规的波束形成器，为了接受某个角度为 θ 的信号，那么权系数向量可以与方向向量 $\boldsymbol{a}(\theta)$ 具有相同的表示形式。

$$y(t)=\boldsymbol{w}^{\mathrm{H}}(\theta)\boldsymbol{x}(t)=\boldsymbol{a}^{\mathrm{H}}(\theta)\boldsymbol{x}(t) \tag{4.99}$$

输出功率为

$$P_{\mathrm{CBF}}(\theta)=E[y(t)^2]=\boldsymbol{w}^{\mathrm{H}}(\theta)\boldsymbol{R}\boldsymbol{w}(\theta)=\boldsymbol{a}^{\mathrm{H}}(\theta)\boldsymbol{R}\boldsymbol{a}(\theta) \tag{4.100}$$

$\boldsymbol{R}$ 表示接收信号 $\boldsymbol{x}(t)$ 的协方差矩阵，也就是 $\boldsymbol{R}=E[\boldsymbol{x}(t)\boldsymbol{x}^{\mathrm{H}}(t)]$。

设定不同方向的权系数向量，式（4.99）就会出现不同的响应，形成不同的波束图。容易得到，当空间仅考虑一个来自方向 θ_k 的来波时，方向向量是 $\boldsymbol{a}(\theta_k)$，那么权系数设为 $\boldsymbol{a}(\theta_k)$ 时，输出 $y(n)=\boldsymbol{a}^{\mathrm{H}}(\theta_k)\boldsymbol{a}(\theta_k)=M$ 最大，实现导向定位作用。

以上讨论的波束形成法存在角分辨率的问题，当来波的方向之间的间隔过小，都存在于主瓣波束宽度之中时，那么波束形成会对这些信号都进行接收，从而信号之间会造成干扰影响标签的正常工作。对于来波信号，仅当它们之间的角度分离大于阵元间隔的倒数时，它们才可分辨开，称为瑞利准则。在工程中如果要设法提高角分辨率，就要增加阵元间隔或增加阵元个数，这在工程中不切实际。下面介绍抑制其他方向响应的权系数设计方法。

2. 波束形成的最佳权向量

如果空间远场既存在波达方向为 θ_{d} 的有用信号 $d(t)$，又有 J 个干扰信号 $i_j(t),j=1,2,\cdots,J$（其波达方向为 θ_{ij}）。假设阵元接收的噪声为 $n_k(t)$，且是高斯加性的，那么则有相同方差 σ^2。于是，第 k 个阵元接收的信号为

$$x_k(t)=a_k(\theta_{\mathrm{d}})d(t)+\sum_{i=1}^{J}a_k(\theta_{ij})i_j(t)+n_k(t) \tag{4.101}$$

用矩阵表示整个阵列接收：

$$\boldsymbol{x}(t)=\boldsymbol{A}\boldsymbol{s}(t)+\boldsymbol{n}(t)=\boldsymbol{a}(\theta_{\mathrm{d}})d(t)+\sum_{j=1}^{J}\boldsymbol{a}(\theta_{ij})i_j(t)+\boldsymbol{n}(t) \tag{4.102}$$

N 个快拍数的输出表示为 $y(t)=\boldsymbol{w}^{\mathrm{H}}\boldsymbol{x}(t)\,(t=1,2,\cdots,N)$。不计不同来波的相互影响，当 $N\to\infty$ 时，平均功率可写为

$$P(w)=E[|y(t)|^2]=\boldsymbol{w}^{\mathrm{H}}E[\boldsymbol{x}(t)\boldsymbol{x}^{\mathrm{H}}(t)]\boldsymbol{w}=\boldsymbol{w}^{\mathrm{H}}\boldsymbol{R}\boldsymbol{w} \tag{4.103}$$

另外，式（4.103）还能表示为

$$P(w)=E[|d(t)|^2]|\boldsymbol{w}^{\mathrm{H}}\boldsymbol{a}(\theta_{\mathrm{d}})|^2+\sum_{j=1}^{J}E[|i_j(t)|^2]|\boldsymbol{w}^{\mathrm{H}}\boldsymbol{a}(\theta_{ij})|+\sigma_{\mathrm{n}}^2\|\boldsymbol{w}\|^2 \tag{4.104}$$

如果只对方向 θ_{d} 的来波信号进行接收，还要压制其他方向来波的影响，通过式（4.104）得到约束条件为

$$\boldsymbol{w}^{\mathrm{H}}\boldsymbol{a}(\theta_{\mathrm{d}})=1,\quad \boldsymbol{w}^{\mathrm{H}}\boldsymbol{a}(\theta_{ij})=0 \tag{4.105}$$

为了提高干噪比，因此要最小化干扰噪声，在满足上面约束式的情况下，

求解达到下式要求的权系数 $\boldsymbol{w}$。

$$\min_{\boldsymbol{w}} E[\,|y(t)|^2\,]=\min_{\boldsymbol{w}}\{\boldsymbol{w}^{\mathrm{H}}\hat{\boldsymbol{R}}\boldsymbol{w}\} \tag{4.106}$$

通过拉格朗日乘子法求解。目标函数写为

$$L(\boldsymbol{w})=\boldsymbol{w}^{\mathrm{H}}\hat{\boldsymbol{R}}\boldsymbol{w}+\lambda[\boldsymbol{w}^{\mathrm{H}}\boldsymbol{a}(\theta_{\mathrm{d}})-1] \tag{4.107}$$

根据线性代数的有关知识，函数 $f(\boldsymbol{w})$ 对复向量 $\boldsymbol{w}=[w_0,w_1,\cdots,w_{M-1}]^{\mathrm{T}}$（$w_i=a_i+\mathrm{j}b_i$）的偏导数定义为

$$\frac{\partial}{\partial \boldsymbol{w}}f(\boldsymbol{w})=\begin{bmatrix}\dfrac{\partial}{\partial a_0}f(\boldsymbol{w})\\ \cdots \\ \dfrac{\partial}{\partial a_{M-1}}f(\boldsymbol{w})\end{bmatrix}+\begin{bmatrix}\dfrac{\partial}{\partial b_0}f(\boldsymbol{w})\\ \cdots \\ \dfrac{\partial}{\partial b_{M-1}}f(\boldsymbol{w})\end{bmatrix}$$

因而有

$$\frac{\partial(\boldsymbol{w}^{\mathrm{H}}\boldsymbol{A}\boldsymbol{w})}{\partial \boldsymbol{w}}=2\boldsymbol{A}\boldsymbol{w},\quad \frac{\partial(\boldsymbol{w}^{\mathrm{H}}\boldsymbol{c})}{\partial \boldsymbol{w}}=\boldsymbol{c}$$

令 $\partial L(\boldsymbol{w})/\partial \boldsymbol{w}=0$，求得 $2\boldsymbol{R}\boldsymbol{w}+\lambda\boldsymbol{a}(\theta_{\mathrm{d}})=0$，求得接收角度 θ_{d} 的期望信号的最佳权系数向量表示为

$$\boldsymbol{w}_{\mathrm{op}}=\mu\boldsymbol{R}^{-1}\boldsymbol{a}(\theta_{\mathrm{d}}) \tag{4.108}$$

μ 是一比例常数；这样得到的最佳权向量只接收来自方向 θ_{d} 的信号，并抑制所有来自其他波达方向的信号。

如式（4.108）所示，$\boldsymbol{w}$ 取决于来波信号的方向向量 $\boldsymbol{a}(\theta_k)$，这基于在波束形成前的 DOA 估计。对于最佳权向量波束形成器需要预先知道雷达信号波形先验信息，在雷达嵌入式通信中，对于合作雷达之间的通信，这种方法用于触发标签收发信号是不错的应用选择，以及基于已知信号类型的自适应波束形成器都能发挥很好作用，这里不做详细讨论。

3. 盲波束形成

对于最佳权向量波束形成器需要预先知道雷达信号波形先验信息，在雷达嵌入式通信中，这与标签接收非合作雷达信号的情景假设相矛盾，使得该方法以及相对应的一系列自适应波形算法应用场景受限。当然，如果一部雷达可能因为多种任务需求和环境的多样性，而拥有多种雷达波形的情形，为了提供这一期望响应，就必须周期性发送对发射机和标签二者皆为已知的训练序列。训练序列占用了宝贵的频谱资源，这是自适应波束形成的主要缺陷，因此在此不再深入研究讨论。本节寻求将盲波束形成方法用于雷达波形的提取。

1）随机梯度恒模算法

雷达信号一般为恒模信号，在经历多径衰落、噪声干扰，以及一系列不利

影响后，会失去信号的恒模性质，采用恒模空间滤波的方法可以最大程度地修复信号。恒模盲波束形成结构如图 4.18 所示。

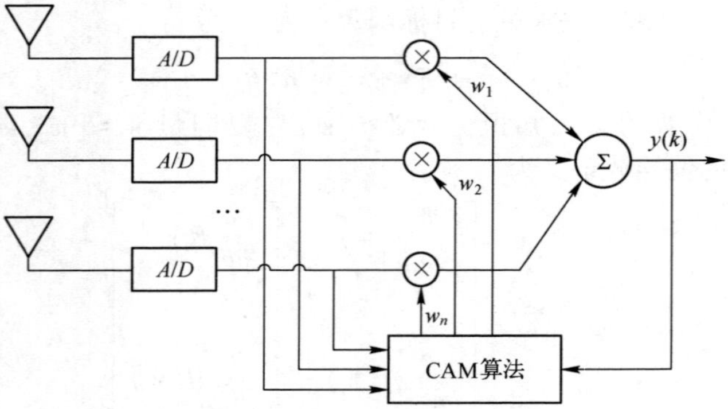

图 4.18　恒模盲波束形成结构

定义代价函数为

$$J(\boldsymbol{w}(k))=E[\,|\,|\boldsymbol{y}(k)|^p-|\alpha|^p\,|^q\,]$$

式中：p 和 q 为正整数，在实际应用中常取 1 或 2，记作 CMA_{p-q}；α 为阵列期望输出信号的幅值。上式采用迭代方法求解，即

$$\boldsymbol{w}(k+1)=w(k)-\mu x(k)e^*(k) \tag{4.109}$$

其中，CMA_{1-1} 的 $e(k)=\dfrac{y(k)}{\|y(k)\|}\mathrm{sgn}(\|y(k)\|-1)$，$\mathrm{CMA}_{2-1}$ 的 $e(k)=2y(k)\,\mathrm{sgn}(\|y(k)\|^2-1)$，$\mathrm{CMA}_{1-2}$ 的 $e(k)=2\dfrac{y(k)}{\|y(k)\|}\mathrm{sgn}(\|y(k)\|-1)$，$\mathrm{CMA}_{2-1}$ 的 $e(k)=4y(k)\,\mathrm{sgn}(\|y(k)\|^2-1)$，$\mu$ 为步长。以 CMA_{1-1} 和 CMA_{2-2} 常用，其收敛性取决于初值和步长。

2）RISR 算法盲波束形成

关于 RISR 算法拥有以下突出特点：对于时间相干信号有良好的鲁棒性；不需要已知入射雷达波形的先验信息；其算法的本质是在估计一个空间滤波器的权系数 w，随后将用于标签中接收来波，从而分离来自不同方向的时间信号。换言之，在进行 DOA 估计时，对应的角度可以分离出对应不同多径分量的时间信号的估计。

4.3.4　仿真分析

首先仿真分雷达嵌入式通信系统中，标签端利用经典的 MUSIC 算法以及改进的平滑 MUSIC 算法在 DOA 估计方面的性能。雷达波形为二相编码信号，假定来波数量为 3，入射角度为 0°、8°、60°。其中，图 4.19（a）和（c）所示为非相干信源情况，图 4.19（c）和（d）所示为存在相干信源情况。线性阵列天线的阵元数为 7 个，阵元距离取 0.5。每条多径的 SNR 取值为 20dB，快拍数为 20 个点。

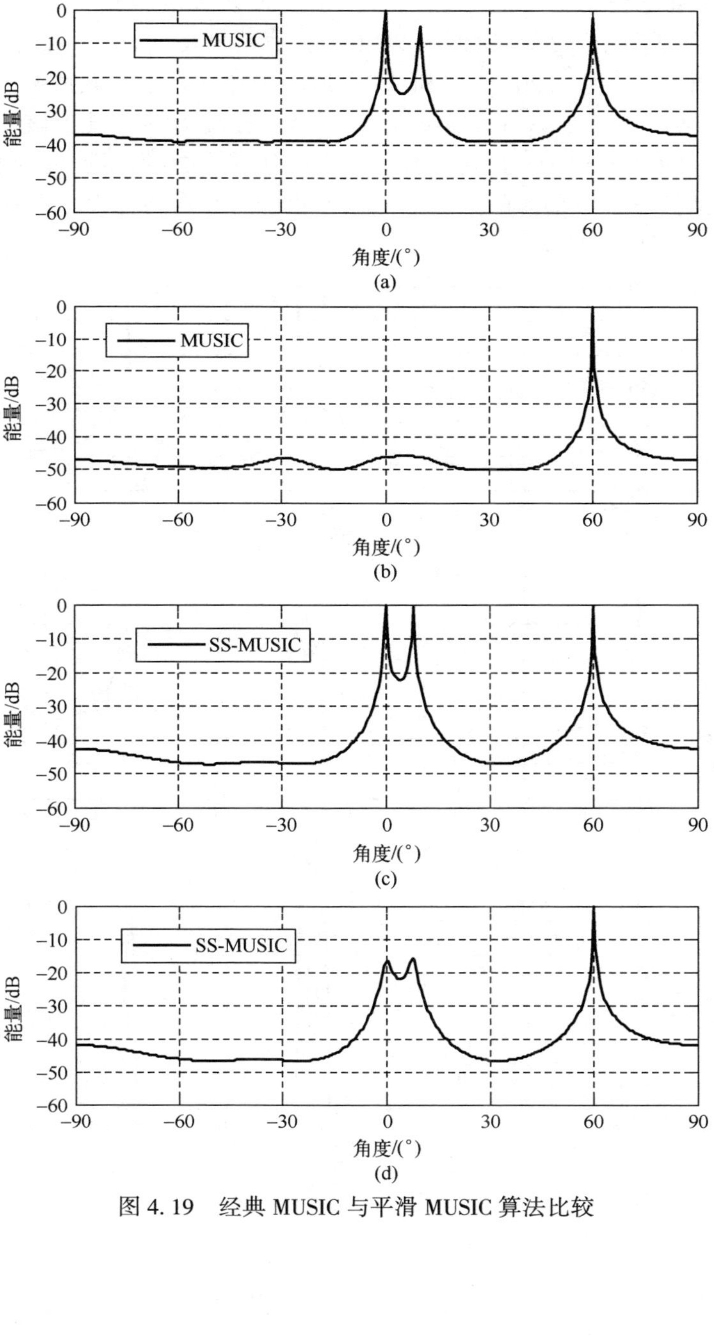

图 4.19　经典 MUSIC 与平滑 MUSIC 算法比较

通过对比发现，在非相干信源中，MUSIC 能够区分相邻的两个来波角度；而当两个来波是相干信源时，由于信源协方差的秩亏欠，导致无法区分相邻两个角度。通过平滑算法能够勉强分离出两个角度。

同样，雷达波形为二相编码信号，假定来波数量为 3，入射角度为 0°、8°、60°，每条多径的 SNR 取值为 20dB。其中，图 4.20（a）和（c）所示为非相干信源情况，图 4.20（b）和（d）所示为存在相干信源情况。线性阵列天线的阵元数为 7 个，阵元距离取 0.5。使用 RISR 算法，其中该算法的参数分别为 $M=360\times4=1440$，迭代次数为 8 次。如图 4.20 所示，发现 RISR 算法能很清晰地区分 3 个信源的来波方向，但也同时存在估计误差存在偏差的问

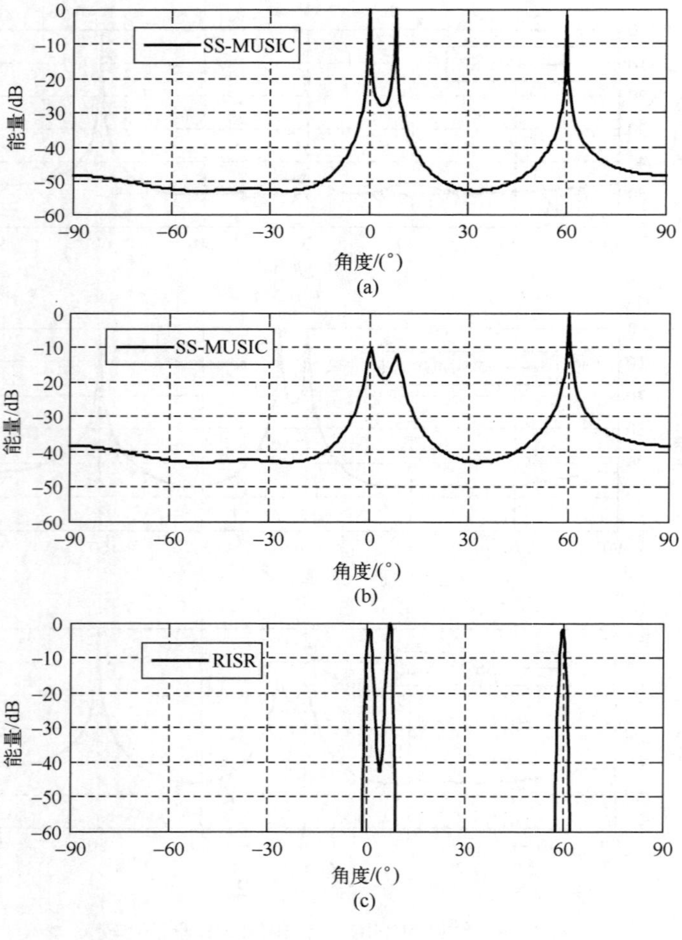

(a)
(b)
(c)

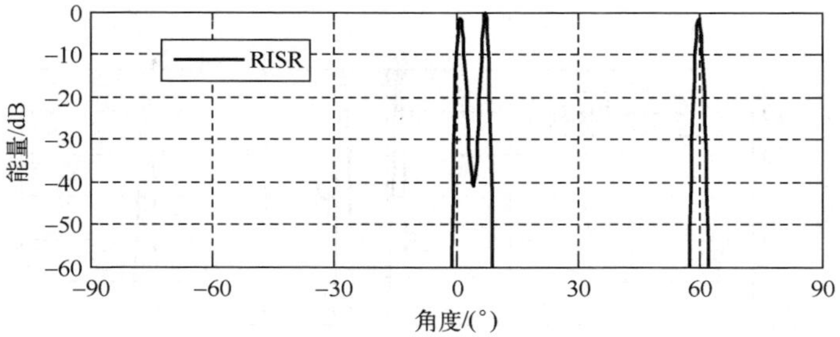

(d)

图 4.20　平滑 MUSIC 与 RISR 算法比较

题，改为可以通过增加阵列阵元数或者通过后来对该算法的改进得到一定的解决。

同样假定来波数量为 3，入射角度为 0°、8°、60°，每条多径的 SNR 取值为 20dB。选取线性调频雷达信号，其中图 4.21（a）和（c）所示为非相干信源情况，图 4.21（b）和（d）所示为存在相干信源情况。对比 RISR 算法和改进后的 RISR 算法，其中算法的参数分别为 $M=360\times4=1440$，迭代次数依然为 8 次。发现两种算法能很清晰地区分 3 个信源的来波方向，同时改进后的 RISR 算法能在同样的迭代次数下，无论是否具有相关信源，都能拥有更为准确的方向估计，并且收敛更快，分辨率更高。通过仿真可见，利用 LS 模型推导的 RISR 算法能够在简化运算量的情况下，尽管减少的运算量不多，但由于消除了噪声的影响，从而能够提高估计的精度。

同样假定来波数量为 3，入射角度为 0°、8°、60°，但各条多径的 SNR 为 15dB。选取二相编码信号，在存在相干信源情况下，对比 RISR 算法和改进后的 RISR 算法的性能，其中算法的参数分别为 $M=360\times4=1440$，迭代次数依然为 8 次。如图 4.22 所示，可以发现，在信噪比降低的情况下，RISR 算法分辨率开始出现模糊，并不能区分 0°和 8°的来波方向，而改进的 RISR 算法由于去除了多余噪声的干扰，依旧能够识别出各个来波方向。

在能准确估计来波方向之后，尤其是对于多径信道中的相干信源干扰得到了很好的解决，接下来为正确接收期望方向的期望信号。首先假定雷达信号为二相编码信号情况下，经过多径衰落后，在标签端接收。假设多径数为 3，来波方向假设为 0°、10°、30°。SNR 为 20dB，阵元个数为 10 个，采用常规的波束形成器。例如，假设接收 0°的雷达来波，图 4.23 所示为波束形成器的波束。

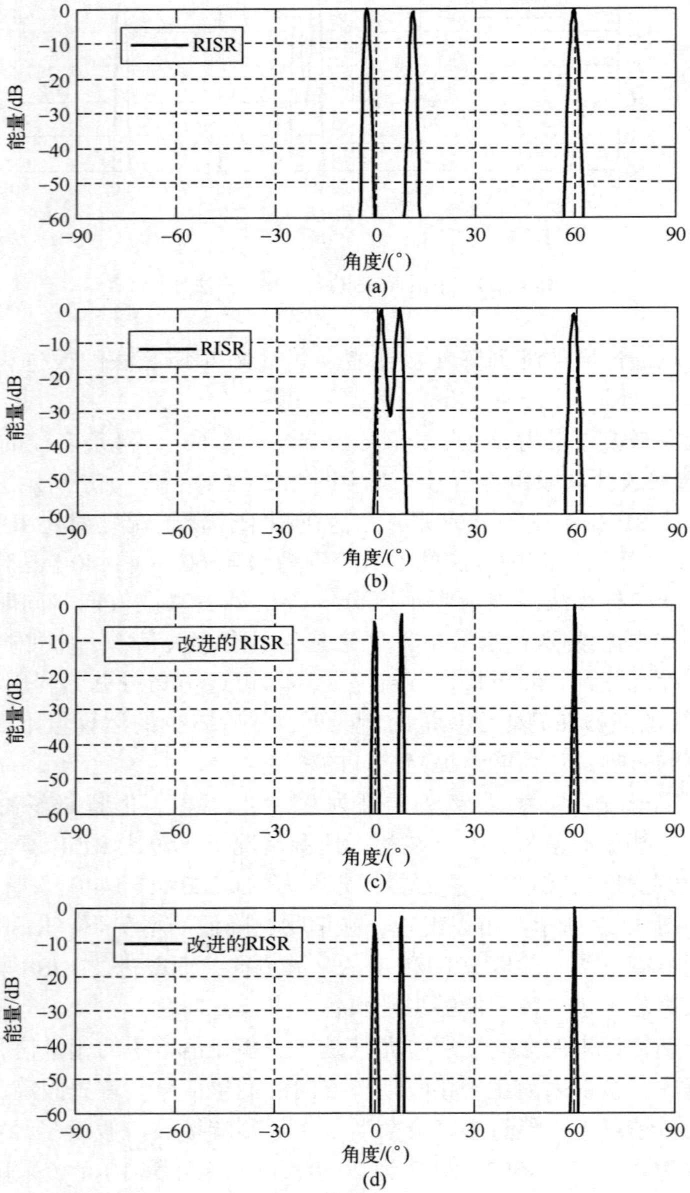

图 4. 21　改进的 RISR 效果

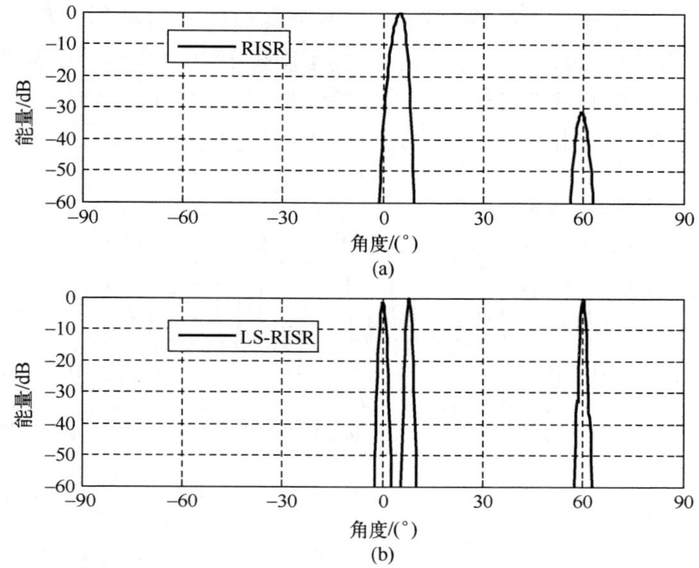

图 4.22　相干信源下 RISR 算法与改进后算法的性能对比

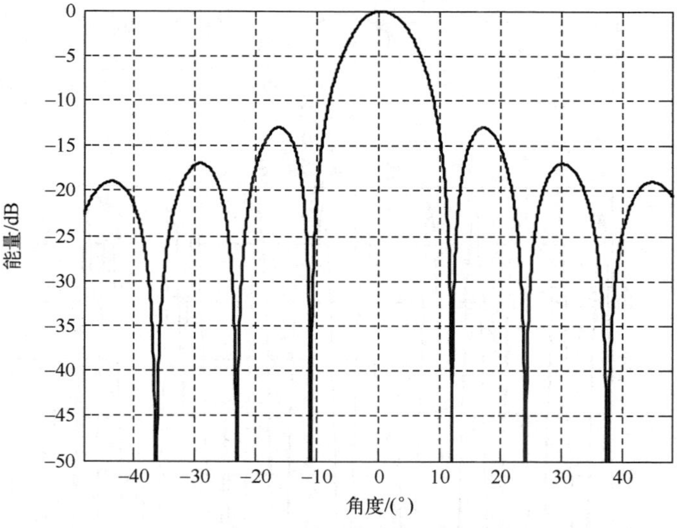

图 4.23　波束形成器的波束

由图 4.23 可见，由于选择的是角度 0°的来波方向，所以波束在 0°左右位置的响应最高。图 4.24 是标签接收的信号接收仿真，图 4.24（a）和（b）显示在直接采用全向天线接收的波形由于多径衰落和噪声的影响已经发生严重畸变，这对未知雷达信号形式的标签端而言，以至于无法开展后续的工作，如通过该雷达信号波形分解得到隐藏矩阵，或通过利用雷达波形对信道进行估计等。在通过阵列天线的空间滤波后能有效正确接收雷达波形。尽管波形幅度有一定的衰落，但并不影响雷达嵌入式通信波形设计和时间反转技术的应用。输出波形的幅度变大是由于采用阵列天线接收的增益结果。

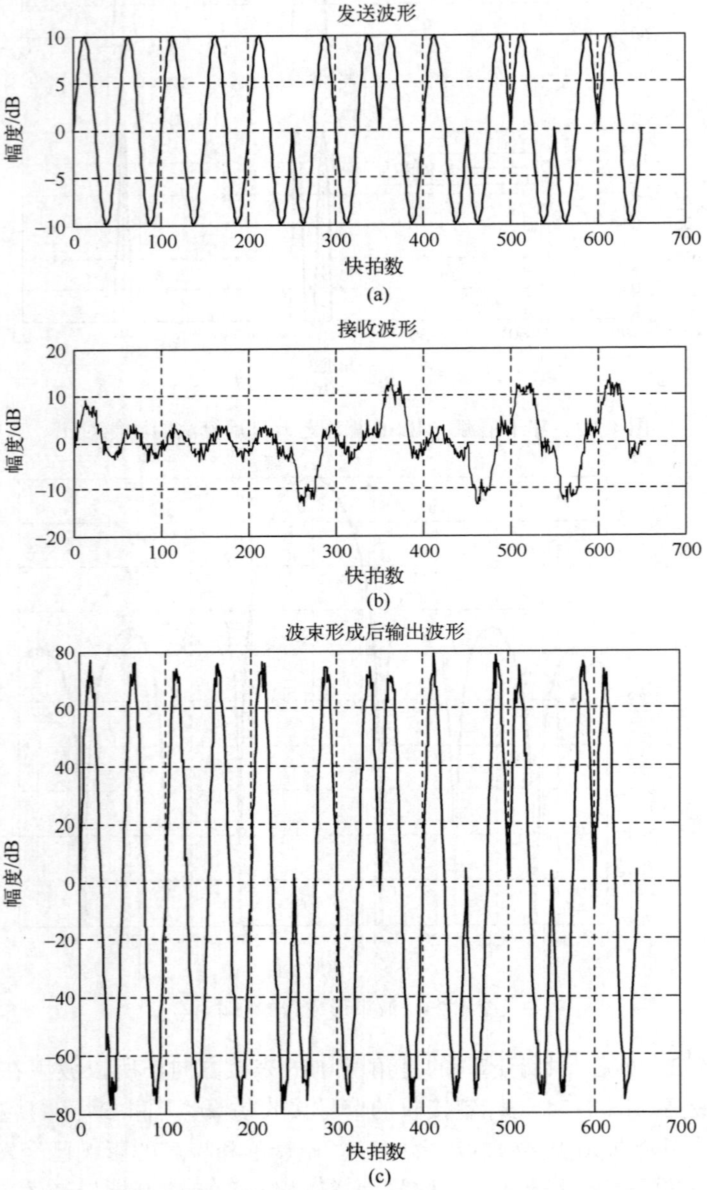

图 4.24　二相编码雷达信号的提取

目前，雷达嵌入式通信波形设计有基于线性调频雷达、步进频率雷达等。以下是对线性调频信号的接收仿真。同样假定经过 3 条多径衰落信道后，入射角度为 0°、10°、30°。这里采用了最佳权向量设计，由于接收端未知雷达信号，所以将目标函数中的信号和噪声一并做了约束。同时，$w^{\mathrm{H}}a(\theta_{\mathrm{d}})=1$，因此图 4.25 输出波形的增益为 1。

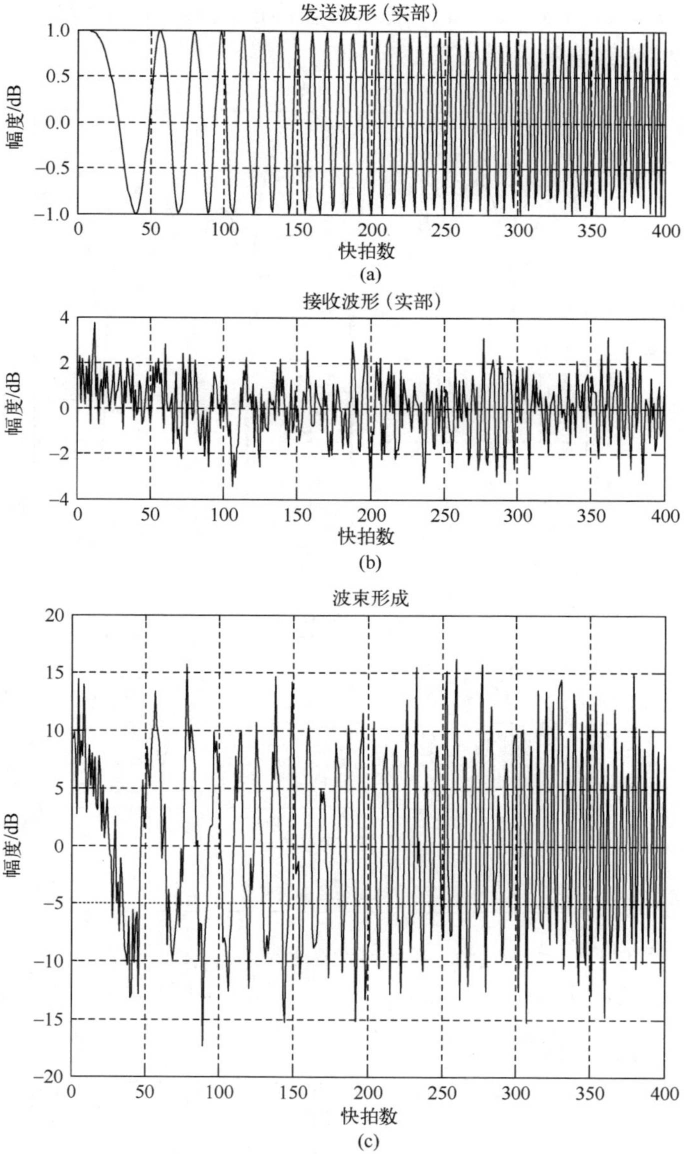

图 4.25　线性调频雷达信号的提取

利用以上方法接收在复杂的环境中正确获取雷达信号，或者对雷达信号准确分类的前提是要能够准确估计来波信号的方向，否则将会把期望信号当作干扰抑制掉。前面已经阐述利用 RISR 算法做 DOA 估计时，其实同时也在构造空间滤波器的权系数。以二相编码雷达信号为例，基于相同的环境对其进行了仿真分析。图 4.26（a）所示为 RISR 算法在 0°左右的峰值所对应的权系数所形成的波束；图 4.26（b）和（c）所示为输出的波形，由于多次迭代效果幅度减小很多，但能够清晰分辨出雷达信号。

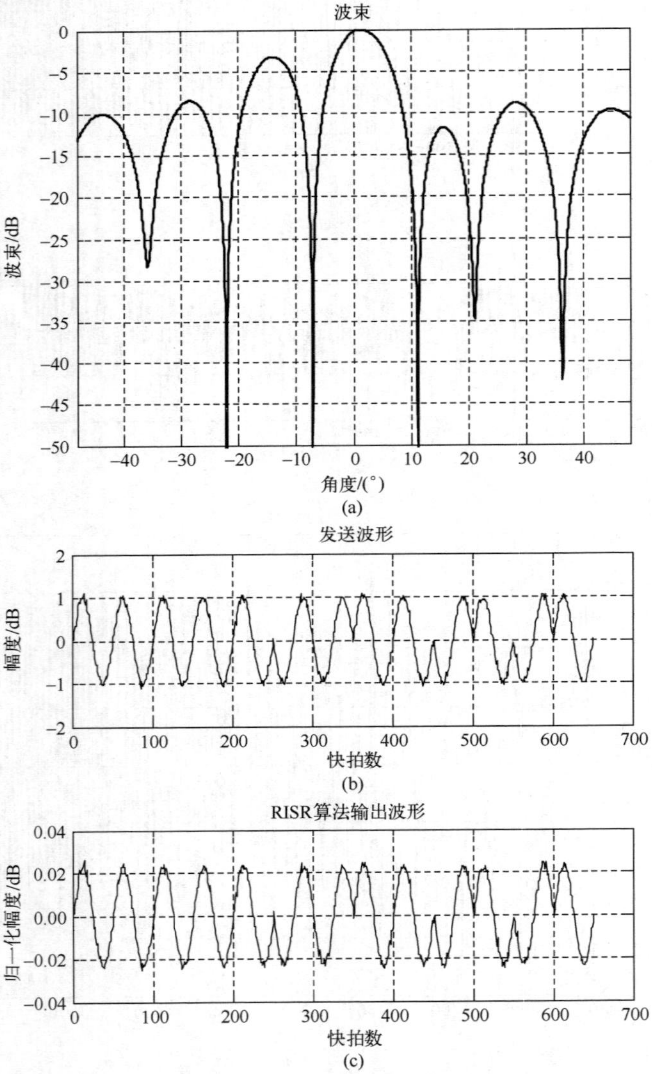

图 4.26　RISR 算法盲波束形成

本节针对实际应用场景中标签如何被有效触发和非合作情况下如何实现雷达嵌入式通信等问题，提出了基于阵列处理的雷达波形提取技术。由于传播环境的复杂性，本节研究了多径传播信号下的相干信源 DOA 估计算法，以及重点研究了平滑 MUSIC 算法和基于 MMSE 的 RISR 算法，并将 RISR 算法应用于盲波束形成中，提出了基于 LS 模型的 RISR 改进算法，简化了算法运算量、提高了方向估计的精度。最后，本节还对基于阵列处理的雷达波形提取技术做出了仿真分析。

4.4　基于卷积神经网络的 REC 接收方法

第 3 章的工作主要集中于 REC 通信信号发射端，同样，REC 信号接收也是 REC 技术中至关重要的环节，本节将着眼于对 REC 信号的解调进行研究，旨在提高 REC 合作接收机的性能。在 2.3 节中，传统 REC 合作接收机利用门限检测法进行通信信号的检测和判决，这就导致 REC 合作接收机仅仅利用了某个时间点的信息进行硬判决，而忽略了输出波形的其他软信息。为了使 REC 合作接收机能够利用到接收信号的更多信息而进行信号的软判决，本节将深度学习技术应用于 REC 的信号解调，提出了一种基于 CNN 结构的 REC 合作接收机。为了方便起见，将基于 CNN 结构的 REC 合作接收机直接命名为 CNN 接收机。

4.4.1　深度学习概述

深度学习是机器学习研究中的一个新的领域，其通过对大量带有标签的数据不断迭代训练提取得到数据的表征特征，已经在光学图像识别领域获得了巨大的成功[86-92]。神经网络是深度学习的核心内容，可以分为 CNN[93-94]、循环神经网络（Recurrent Neural Networks，RNN）[95]、长短期记忆网络（Long-Short Term Memory，LSTM）[96]、对抗神经网络（Generative Adversarial Networks，GAN）[97]、强化学习网络（Reinforcement Learning Networks，RLN）[98]等。虽然深度学习是基于大数据而进行的遍历寻优技术，计算量大，硬件要求高，但是随着计算机硬件技术的突破，深度学习所需的算力得到满足，深度学习成为各界学者研究的重点方向或重要手段。其中，将深度学习技术应用进信号识别领域，正成为信号领域研究的重点方向[99]，如文献［100］中首次应用 CNN 神经网络进行调制方式识别，在低信噪比下取得了良好的效果；文献［101］应用深度学习进行雷达目标的检测，具有比传统方式更好的检测率；文献［102］将深度学习技术应用于复杂多径信道下的信号 DOA 估计，提高了估计精度。

目前，CNN 已经成为深度学习中最主流的网络结构，得到了最广泛的研究和应用，如近期的 GoogLeNet 模型[88]、VGG－19 模型[87]、Incepetion V4 模型[103]等，都是不同种类的 CNN 结构模型。CNN 模型由 6 个基本层级组成：输入层（Input Layer）、卷积层（Convolution Layer）、非线性激活层（Non－linear Activation Layer）、池化层（Pooling Layer）、全连接层（Full Connected Layer）和输出层（Output Layer）。其中，中间 4 层是 CNN 结构的算法核心，下面对这 4 层结构进行简要介绍。

1. 卷积层

卷积层是 CNN 模型的核心结构，具体操作为将代表数据特征的卷积核（Convolution Kernel）与输入数据进行卷积运算，以此来提取数据特征。神经网络的训练过程则是对卷积核的获取过程，训练过程除了借助大量的带有标签的数据，为了使误差快速减小，还需要借助反向传播（Back Propagation，BP）算法[104]，通过对卷积核的不断修正，来使误差函数梯度快速下降。图 4.27 所示为卷积核与输入数据进行卷积的示意图，输入数据为 5×5 矩阵，卷积核为 3×3 矩阵，卷积步长设为 1。卷积核在输入矩阵上以卷积步长为单元进行滑动卷积，则输出数据为 3×3 矩阵，输出数据每一位数据都是由输入数据局部与卷积核矩阵点乘相加的结果，输出数据又称为特征图。可以将图卷积层输出表示为

$$\boldsymbol{X}_m = \boldsymbol{B}_m + \sum_{k=0}^{C_m} \boldsymbol{W}_m * \boldsymbol{X}_{m-1} \tag{4.110}$$

式中：$\boldsymbol{X}_m$表示第 m 次卷积运算输出特征图，输入为上一层运算结果 $\boldsymbol{X}_{m-1}$；$\boldsymbol{W}_m$表示卷积核参数；$\boldsymbol{B}_m$为卷积运算的偏置。图 4.27 中，$\boldsymbol{B}_m = \boldsymbol{0}$。

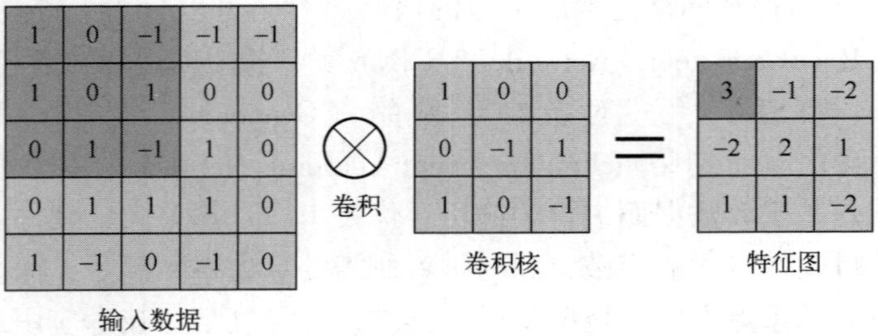

图 4.27　卷积运算示意图

通常，神经网络需要多个卷积核和多重卷积运算来获取更全面的特征和更高阶的特征图，而卷积核的大小、卷积步长和数量则可以根据输入数据进行

调整。

2. 非线性激活层

为了使神经网络能够描述非线性函数，需要引入非线性激活层对卷积层输出进行操作来加入非线性因素。在神经网络中最常用的非线性激活函数是 Relu 函数，其直接将特征图中不相关的数据进行舍弃，只保留相关数据。Relu 函数可定义为

$$f(x)=\max(0,x) \tag{4.111}$$

Relu 函数看似简单，却必不可少，它可以破坏卷积运算中的线性操作而引入非线性操作，可以避免多层网络等效于单层线性函数，使神经网络获得更加强大的学习和拟合能力。Relu 对特征图的操作运算示意如图 4.28 所示。

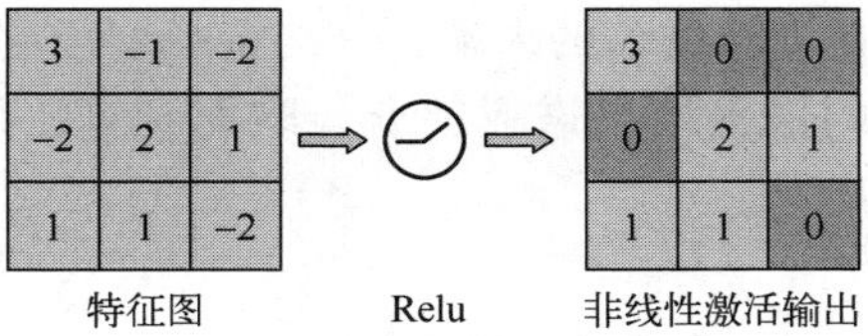

图 4.28　Relu 操作示意图

3. 池化层

在实际中，虽然在对输入数据进行卷积操作后，数据量已经有一定减少，但数据还是过于庞大，因此神经网络引入池化层对卷积层后的特征图进行池化操作来进一步压缩数据。定义 Pool(·) 为池化操作函数，则池化层输出可以表示为

$$X_{m+1}=\mathrm{Pool}_{\mathrm{ksize}}(X_m) \tag{4.112}$$

式中：$\boldsymbol{X}_m$为卷积层输出，作为池化层输入数据；$\boldsymbol{X}_{m+1}$为池化层输出数据，ksize 为池化窗口大小，为池化操作的区域范围。常见的池化操作有最大池化（max polling)、最小池化（min polling）和平均池化（meam polling）三种，其中最大池化操作最常用，图 4.29 所示为最大池化操作示意图，操作中首先在输入数据中选取 ksize 为 2×2，然后选择 ksize 中的数据进行保留，再执行下一个窗口。

可见，最大池化操作保留池化区域内最大值，既保留了最大匹配值，又可以成倍缩减数据量。此外，池化操作还可以在一定程度上防止神经网络过拟合，加快训练过程。对于最小池化和平均池化，只需要将最大池化中的取最大值操作改为取最小值和平均值，这里不再赘述。

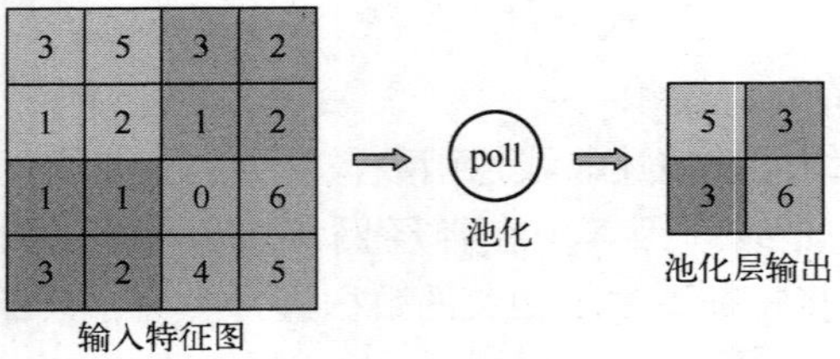

图 4.29　最大池化操作示意图

在池化操作中，ksize 可以是固定的，也可以是不固定的。有一种特殊的池化层——自适应池化层，其可以根据输入矩阵大小动态调整 ksize 的大小，不论输入矩阵的维度大小如何，其输出矩阵的维度始终为恒定值。

4. 全连接层

全连接层一般处在神经网络的末端，其与前一层或前两层所有神经元都相连接，并将前述层级的输出结果进行整合，映射到输出所需的长度。图 4.30 所示为全连接层的示意图。

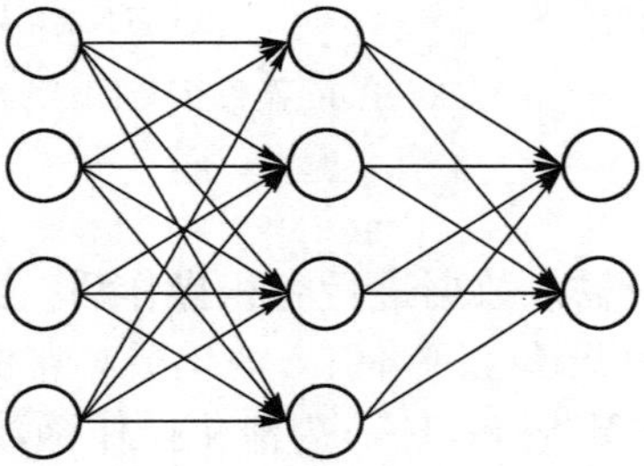

图 4.30　全连接层的示意图

卷积层着眼于输入数据的局部特征，对局部特征进行提取，而全连接层则负责将卷积层提取的局部特征进行整合，最终形成输出层所需的判决数据，输出层则可以直接将全连接层输出的数据进行比对产生判决结果。

除了上述基本结构，在神经网络进行训练和运算过程中还需要加入一些特殊的操作，如数据的补齐操作（Padding）、数据的批归一化（Batch Normalization，BN）操作、Flatten 操作以及 Dropout 操作等。

其中，Padding 操作旨在增加数据的维度大小，使神经网络在训练时不会由于原始数据维度不匹配而造成信息的舍弃。

BN 操作是神经网络一个训练的技巧，由 Google 公司于 2015 年提出[105]，其不仅可以加快模型的收敛速度，而且更重要的是在一定程度缓解了深层网络中“梯度弥散”的问题，从而使得训练深层网络模型更加容易和稳定。表 4.1 所示为 BN 操作的算法流程，其可以用在神经网络任意一层进行数据的归一化处理，通过改变数据方差和均值，使得新的分布更切合真实分布，保证模型的非线性表达能力。

表 4.1　BN 操作的算法流程

输入：批处理数据（mini-batch）$x=\{x_1, x_2, \cdots, x_m\}$ 输出：规范化后的网络响应
（1）计算批处理数据均值：$\{y_i=\mathrm{BN}_{\gamma,\beta}(x_i)\}$。 （2）计算批处理数据方差：$\sigma_x^2=\frac{1}{m}\sum_{i=1}^{m}(x_i-\mu_x)^2$。 （3）归一化数据：$\hat{x}_i=\frac{x_i-\mu_x}{\sqrt{\sigma_x^2+\varepsilon}}$。 （4）尺度变换与偏移：$y_i=\gamma\hat{x}_i+\beta=\mathrm{BN}_{\gamma,\beta}(x_i)$。 （5）Return 学习的参数 γ 和 β。

Flatten 操作是介于卷积层和全连接层之间的过渡操作，旨在将多维数据进行展平一维化，方便全连接层进行运算。

Dropout 操作的目的是防止神经网络过拟合的情况出现。过拟合常出现在训练样本过少、模型参数过多的情况，表现为神经网络模型在训练集上的损失函数较小，预测准确率较高，而对测试集却预测较差，损失函数较高，这样的网络结构泛化能力较差，几乎不能使用。图 4.31 所示为 Dropout 操作的示意图，其将神经网络在训练过程中的一些隐藏节点进行随机删除，减小神经元之间复杂的共适应关系，使神经网络不会局限于局部特征，迫使神经网络学习更加鲁棒的特征，从而提高网络泛化能力，防止过拟合的情况出现。

4.4.2　数据预处理

数据预处理是机器学习非常重要的环节，数据预处理的一个重要目的是使原始数据的特征进一步突出，从而为神经网络进行特征提取创造更加优异的条件。基于神经网络的 REC 接收机进行训练的数据可以有三个选择：第一个是将 AD 采样器后的 IQ 两路数据输入神经网络进行训练，但是考虑实际 REC 通信过程中通信信号低于雷达信号 20dB 以上，通信信号在时域将完全淹没在雷达信号中，特征将难以体现；第二个是将 AD 采样后的 IQ 信号变换到频域再输入神经网络进行训练，但是这种方式只能将主空间较大时的信号特征凸显出来，而对于主空间较小时通信信号与雷达信号频谱重合度高，将不利于进行特征提取；第三个是将传统 REC 接收算法滤波处理后的信号输入神经网络进行训练，经过分析，这种方式可以很好地将通信信号的特征进行提取，并且不受主空间大小的影响。

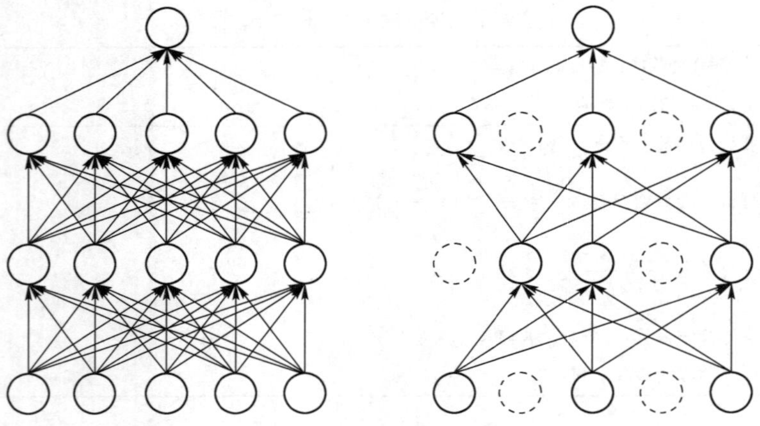

(a) 原神经网络　　(b) Dropout后神经网络

图 4. 31　Dropout 操作的示意图

图 4. 32 所示分别为 SNR = −5dB、0dB、5dB 和 10dB 条件下合作接收机对采用 DP 波形的 REC 混合信号的匹配情况，合作接收机采用 LDF 滤波器对接收信号进行匹配处理，雷达脉宽为 64μs，带宽为 1kHz，采样点数为 $N = 64$，过采样因子为 $M = 2$，主空间大小选择为 $m = 64$，CNR = 30dB。由图可知，随着 SNR 降低，LDF 滤波器对嵌入 DP 通信波形的混合信号匹配度逐渐降低，在 SNR = −5dB 时，基于 LDF 滤波器将会把波形 1 判决为波形 4，从而产生误判。

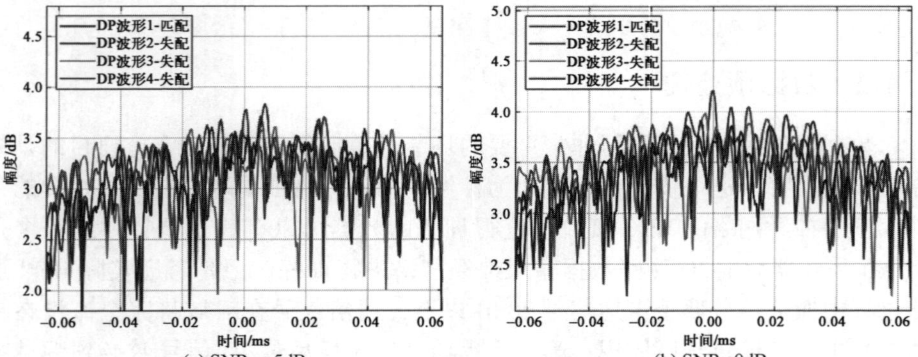

(a) SNR=−5dB　　(b) SNR=0dB

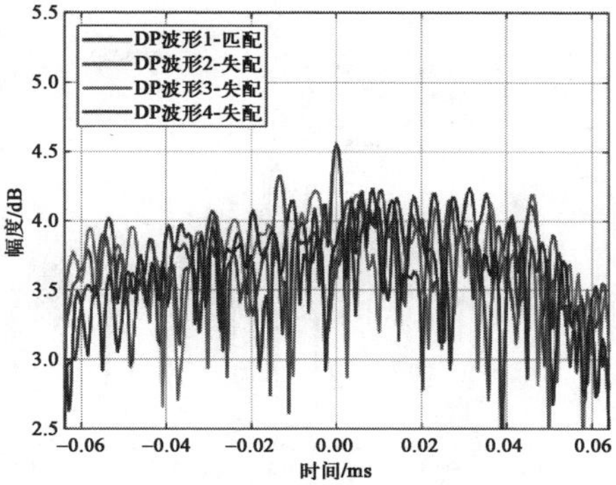

(c) SNR=5dB

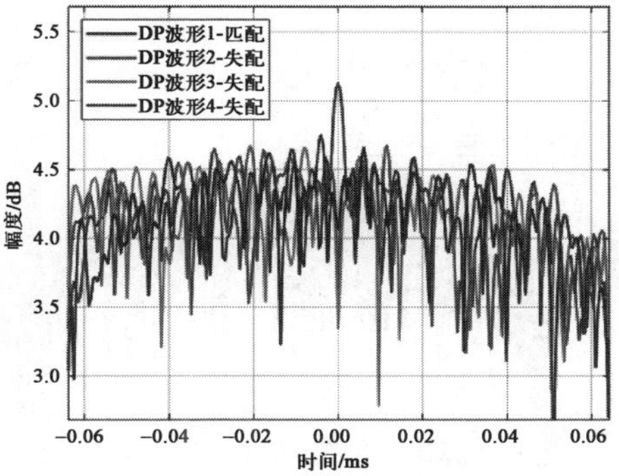

(d) SNR=10dB

图 4.32　LDF 滤波器对 DP 波形匹配输出

但可以注意到，图 4.32（a）中在 $t=0$ 时已经出现了波形 1 的匹配特征，且匹配主瓣更窄，传统 LDF 接收机采用门限检测法，只将匹配滤波后的最大输出值作为判决条件，而忽略了匹配主瓣形状等信息。基于深度学习的 REC 接收方法可以通过训练对滤波器输出的波形特征进行学习，从而有可能为接收机提供更多的判决条件，达到更好的判决性能。

图 4.33 所示分别为 SNR=0dB、5dB、10dB、15dB 条件下合作接收机对采用 SDP 波形的 REC 混合信号的匹配结果，其他参数设置与 DP 波形一致。可以看到，在 SNR=0dB 时，在滤波时间内失配波形 3 的匹配峰值要高于匹配波形 1 的匹配峰值，这会导致错误的判决输出。但是可以看到，SDP 波形的匹配波形主瓣明显区别于旁瓣，这在传统基于门限判别法的接收方式是没有考虑的，而基于机器学习的 REC 接收方式将可以学习到主瓣或其他潜在的信号特征，从而为接收机判决输出提供更多的参考。

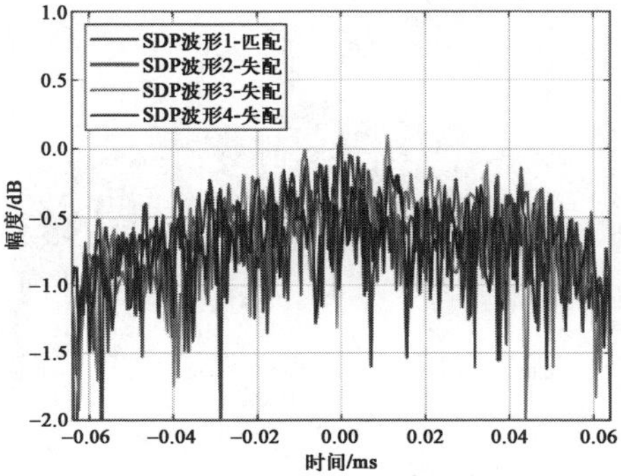

(a) SNR=0dB

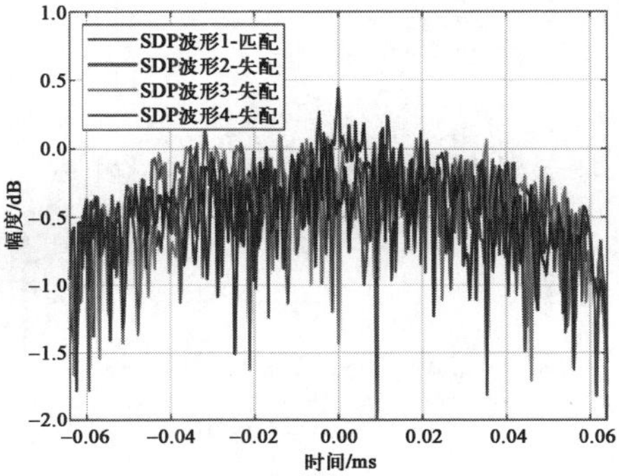

(b) SNR=5dB

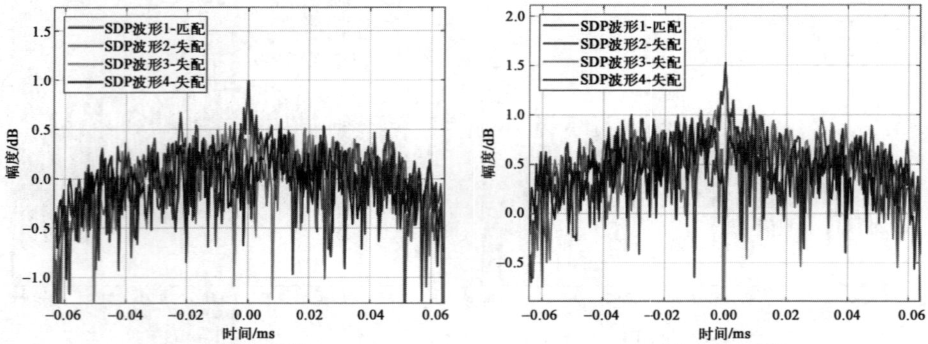

(c) SNR=10dB　　(d) SNR=15dB

图 4.33　LDF 滤波器对 SDP 波形匹配输出

同样，图 4.34 和图 4.35 分别绘制了在 SNR = 5dB、10dB、15dB 和 20dB

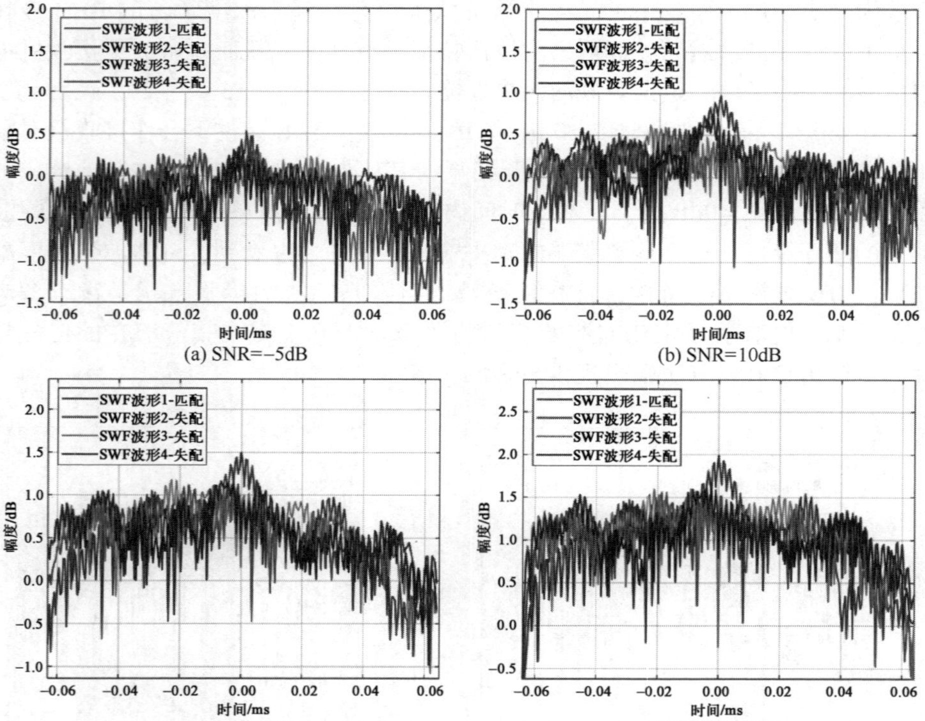

(a) SNR=-5dB　　(b) SNR=10dB

(c) SNR=15dB　　(d) SNR=20dB

图 4.34　LDF 滤波器对 SWF 波形匹配输出

条件下合作接收机对采用 SWF 和 ESWF 波形时 REC 混合信号的匹配结果，主空间大小选择为 $m=32$，其他参数选择不变。由图可见，SWF 波形和 ESWF 波形的匹配特征更加明显，这更有利神经网络对匹配特征的学习，基于机器学习的 REC 接收方式将可能有更加优异的性能。

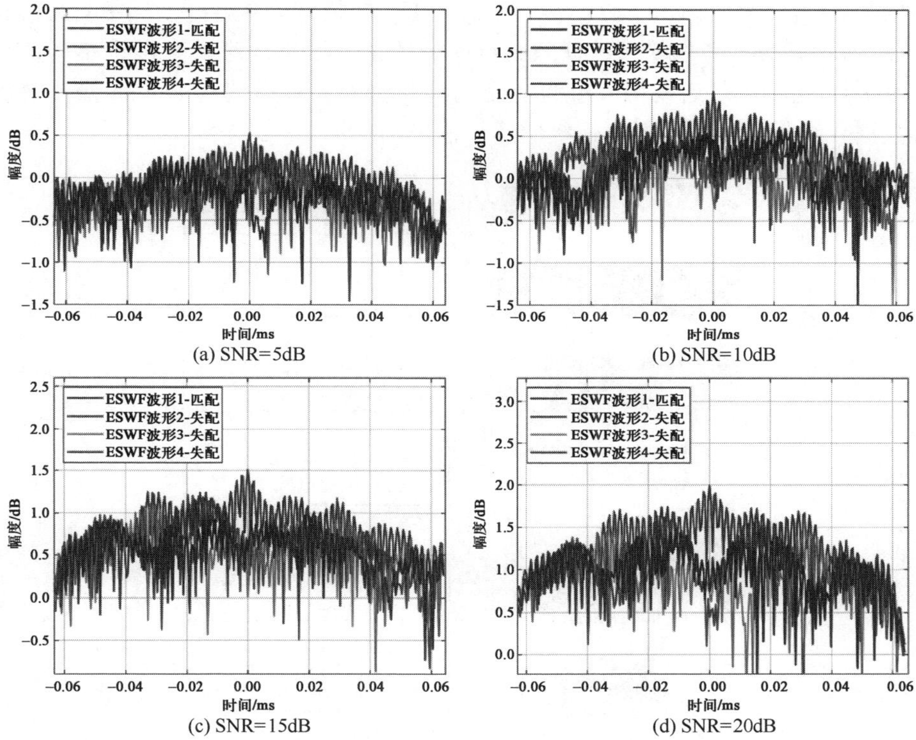

(a) SNR=5dB　(b) SNR=10dB

(c) SNR=15dB　(d) SNR=20dB

图 4. 35　LDF 滤波器对 ESWF 波形匹配输出

以上是可通过肉眼直接观察到的不同 REC 通信波形的匹配特征，对于神经网络而言，还有可能学习到一些潜在的不可直接观测的特征，这些潜在的特征都将转化为 REC 合作接收机的判决参考，从而提供更加优异的检测性能。

4. 4. 3　基于 CNN 的合作接收机

1. CNN 网络结构

基于 4. 4. 1 节 CNN 的基本结构，本节搭建适应于 REC 合作接收机的 CNN 结构如图 4. 36 所示。CNN 结构共包括 1 个输入层、5 个卷积层、9 个非线性激活层、4 个最大池化层、1 个自适应最大池化层、4 个全连接层以及 1 个输出层，中间两层卷积层、非线性激活层和最大池化层省略画出。输入数据为4×255数组，综合考虑训练时间和提取特征深度，选用5个卷积层来提取数据特征，第1层卷积使用2×7维度的卷积核，通道数为32，卷积步进为1，充分提取原始数据的相互关联特征，第2~5层均使用1×3大小的卷积核，通道数量分别为64、128、256和512，卷积步进为1。在卷积运算后均使用BN操作和ReLU激活函数。考虑输入数据原始特征的保留及维度大小，本网络结构选择在第2~4层卷积层后使用大小为1×2的池化操作。最后使用Flatten操作将多维数据一维化，经过4层全连接层后，输出判决结果。

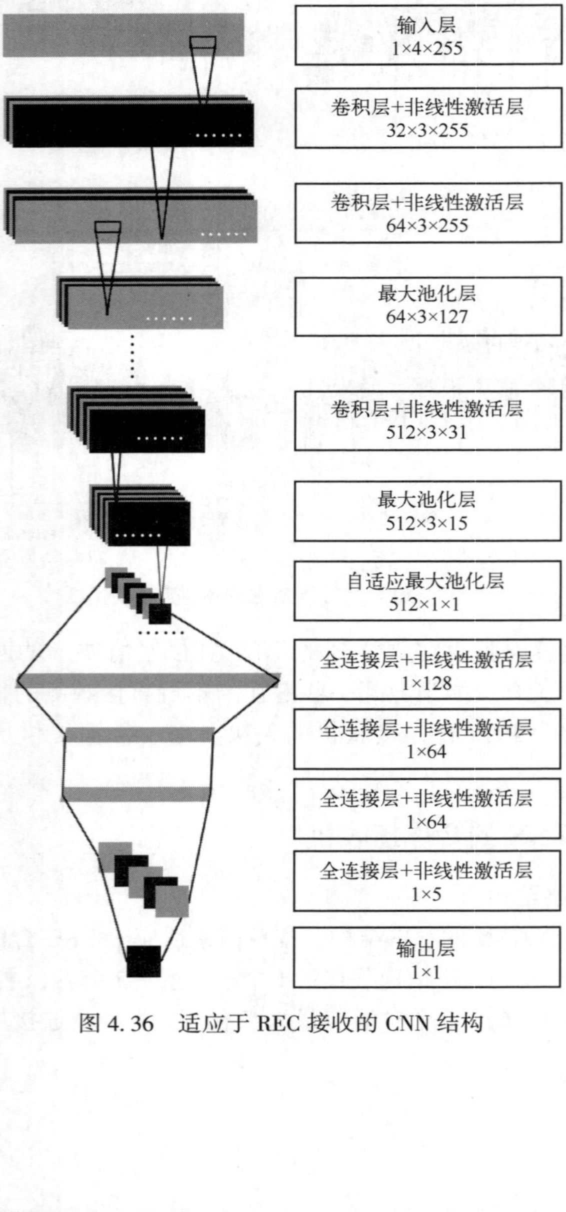

图4.36　适应于REC接收的CNN结构

此外，CNN 结构还包括 Padding、BN、Flatten 以及 Dropout 操作等，表 4.2 所示为本 CNN 结构运算操作的详细步骤。同时，表 4.2 还给出了当输入数据维度为 4×255，即通信波形数量为 4 时，本 CNN 结构各层级运算后数据的维度变化情况。最终全连接层输出维度为 5，对应判决输出的 5 种情况，即嵌入通信波形 1、嵌入通信波形 2、嵌入通信波形 3、嵌入通信波形 4 和不存在通信波形。

表 4.2　CNN 结构运算操作详细步骤

CNN 网结构流程	输出维度
输入	1×4×255
补齐运算	1×4×261
卷积运算（卷积核：32×2×7）+批归一化+非线性激活	32×3×255
补齐运算	32×3×257
卷积运算（卷积核：64×1×3）+批归一化+非线性激活	64×3×255
最大池化（1，2）	64×3×127
补齐运算	128×3×129
卷积运算（卷积核：128×1×3）+批归一化+非线性激活	128×3×127
最大池化（1，2）	128×3×63
补齐运算	128×3×65
卷积运算（卷积核：256×1×3）+批归一化+非线性激活	256×3×63
最大池化（1，2）	256×3×31
补齐运算	256×3×33
卷积运算（卷积核：512×1×3）+批归一化+非线性激活	512×3×31
最大池化（1，2）	512×3×15
自适应池化（1×1）	512×1×1
Flatten 操作	512
全链接（512，128）+批归一化+非线性激活+Dropout	128
全链接（128，64）+非线性激活+Dropout	64
全链接（64，64）+非线性激活+Dropout	64
全链接（64，5）	5
输出	1

2. CNN 接收机结构

基于上节构建的适应于 REC 接收的 CNN 网络结构，图 4.37 所示为 CNN 接收机的结构。CNN 接收机主要由数据预处理部分和信号解调部分组成，数据预处理部分将接收信号采用特定的接收滤波器进行滤波，凸显数据特征，然后送入 CNN 结构进行运算输出，最终输出判决结果。

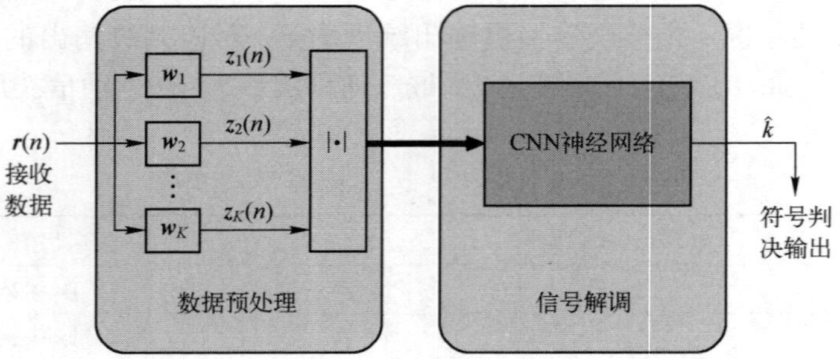

图 4.37 CNN 接收机结构

将图 4.37 的 CNN 接收机与图 2.8 传统 NP 接收机进行比较，可见 CNN 接收机是将传统 NP 接收机匹配滤波后的 CAFR 检测模块替换为 CNN 神经网络进行分类识别，以此来实现信号解调。因此，CNN 接收机并不能控制恒定的虚警概率，这是 CNN 接收机相较于传统 REC 接收机一个不足的地方。若要使 CNN 接收机具有 CFAR 特性，可以考虑将传统 NP 接收机和 CNN 接收机进行结合，在输入神经网络进行信号解调时先与阈值进行比较，再考虑将数据送入 CNN 神经网络，但这会进一步增加运算量，本书暂不予考虑，仅仅论证 CNN 接收机相对于传统 REC 接收机的性能提升。

4.4.4 仿真与分析

1. 数据集构建及仿真参数设置

本节针对 DP、SDP、SWF 和 ESWF 4 种 REC 通信波形，使用 4.4.3 节中构建的 CNN 接收机进行通信可靠性能测试。训练集与测试集信号均采用仿真软件仿真生成。其中，雷达信号采用脉宽为 64μs、带宽为 1kHz 的 LFM 信号，采样点数为 $N=128$，过采样因子为 $M=2$，主空间大小分别选择为 $m=32$、64 和 96，干噪比设置为 CNR = 30dB，信噪比根据通信波形不同设置为 -15 ~ 30dB，REC 通信波形数量一律采用 $K=4$。训练集采用经过 LDF 滤波器后的滤波信号，数量设为 128000 组，每组由 4×255 的 LDF 滤波器输出信号组成；测试集设置方法与训练集一致，但为了提高效率，采用阶梯数量设置，不同 SNR 下设置不同测试数量，总数为 349500 组，每组由 4×255 长度的 LDF 滤波器输出信号组成。表 4.3 对测试所需的参数进行了整理。

表 4.3　性能测试参数设置

信号参数	具体数值
LFM 雷达信号脉宽	64μs
信号带宽	1kHz
采样点数	128
过采样因子	2
通信波形类别	DP、SDP、SWF、ESWF
主空间大小	32、64、96
通信波形数量	4
干噪比	30dB
信噪比	-15 : 2 : 30dB
训练集维度	128000×4×255
测试集维度	349500×4×255
迭代次数	500

2. CNN 接收机可靠性能仿真与对比、DP 波形仿真结果及对比

如图 4.38～图 4.40 所示为不同信噪比下对于 DP 波形，主空间大小分别为 $m=32$、$m=64$ 和 $m=96$ 时，采用 CNN 接收机的混淆矩阵。可以看到，对于 $m=32$，在信噪比较低为 -4dB 时，由于信号功率极低，CNN 接收机基本不能识别出通信波形；随着 SNR 的提高，CNN 接收机的接收性能逐渐提高，在信噪比为 4dB 时，已经能够达到 93%的识别率；在信噪比为 12dB 时，CNN 接收机已经可以达到 100%的识别率。同样，对于 $m=64$，随着信噪比的提高，CNN 接收机识别率逐渐提高，并在 SNR = 8dB 时已经达到 100%的识别率。对于 $m=96$，CNN 接收机在 SNR = -2dB 时达到 79%的识别率，在 SNR = 6dB 时达到 100%的识别率。

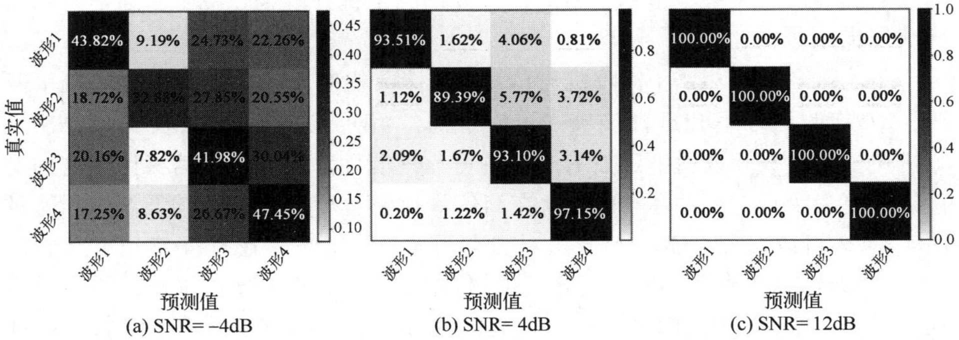

(a) SNR= −4dB　(b) SNR= 4dB　(c) SNR= 12dB

图 4.38　CNN 接收机对 DP 波形混淆矩阵，$m=32$

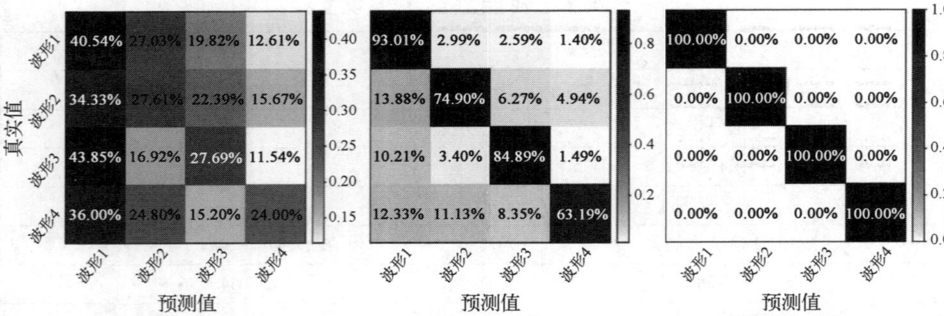

(a) SNR=−8dB (b) SNR=0dB (c) SNR=8dB

图 4.39 CNN 接收机对 DP 波形混淆矩阵，$m=64$

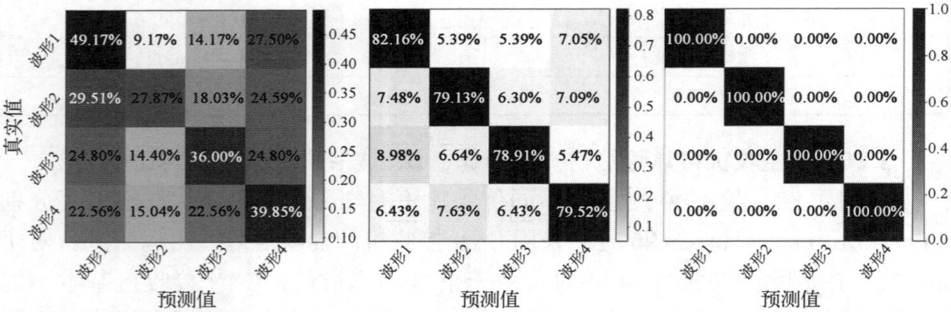

(a) SNR=−10dB (b) SNR=−2dB (c) SNR=6dB

图 4.40 CNN 接收机对 DP 波形混淆矩阵，$m=96$

通过对比图 4.38~图 4.40 的混淆矩阵可以发现，m 越大，CNN 接收机达到一定识别率所需的信噪比越小，则 CNN 接收的接收性能越好，这与传统 LDF 接收机对 m 的敏感程度一致，原因在于随着 m 的增大，通信波形与雷达信号的混叠逐渐减轻，雷达信号对通信波形的干扰程度也在减少，通信可靠性逐渐变优。

图 4.41 所示为 CNN 接收机与传统 NP 接收机对于 DP 波形的检测概率曲线，NP 接收机采用 LDF 滤波器。可以看到，相对于传统 NP 接收机，CNN 接收机在三种主空间取值下都具有一定的可靠性能优势，且在低信噪比时这种增益优势更为明显，大约在 5dB；而在高信噪比时，增益优势大约在 3dB；通过图 4.41 还可以发现，CNN 接收机对主空间大小对 m 的敏感程度与 LDF 接收机一致，随着 m 的提高，CNN 接收机的可靠性能也随之提升；此外，还可以看到，当 $m=32$ 时，CNN 接收机的接收性能要优于当 $m=96$ 时传统 NP 接收机性能，通信可靠性能提升十分显著。

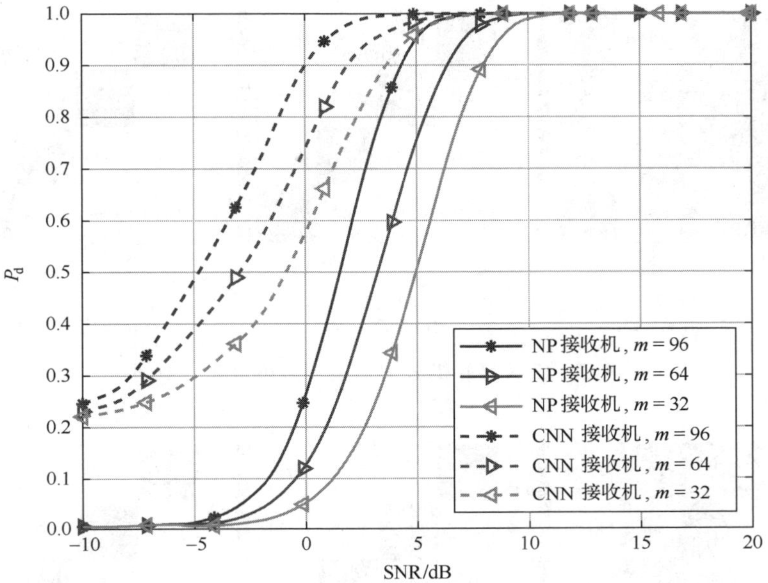

图 4.41　NP 接收机、CNN 接收机对 DP 波形检测概率曲线对比

3. SDP 波形仿真结果及对比

图 4.42～图 4.44 所示为主空间大小同样为 $m=32$、$m=64$ 和 $m=96$ 时，不同信噪比下对于 SDP 波形，采用 CNN 接收机进行合作接收机接收时的混淆矩阵。从图 4.42 可以看到，当 $m=32$ 时，CNN 接收机接收性能随着 SNR 增加逐渐改善，并在 SNR = 28dB 时达到 100%的识别率。同样，图 4.43 和图 4.44 中，当 $m=64$ 时和 $m=96$ 时，CNN 识别率随 SNR 增加不断增加，分别在 SNR = 14dB 和 SNR = 7dB 时达到 100%识别率。

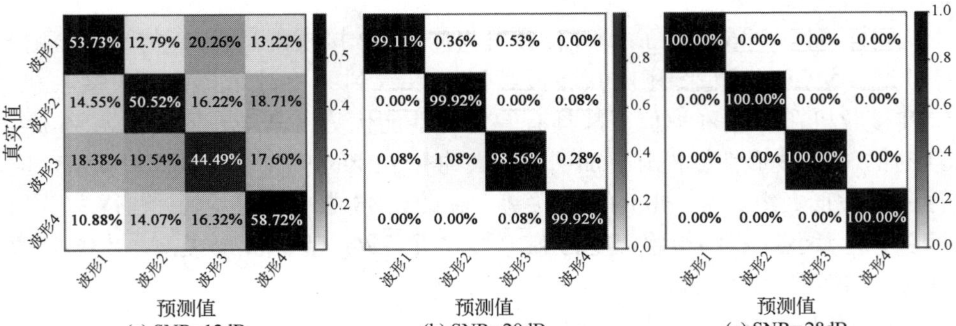

(a) SNR=12dB　(b) SNR=20dB　(c) SNR=28dB

图 4.42　CNN 接收机对 SDP 波形混淆矩阵，$m=32$

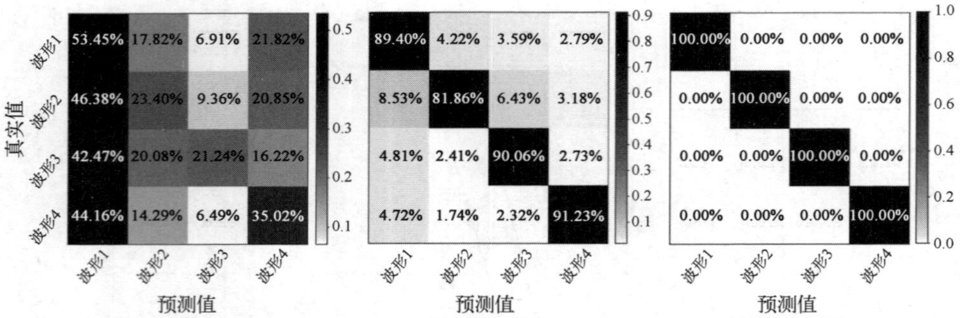

(a) SNR= −2dB　(b) SNR=6dB　(c) SNR=14dB

图 4. 43　CNN 接收机对 SDP 波形混淆矩阵，$m=64$

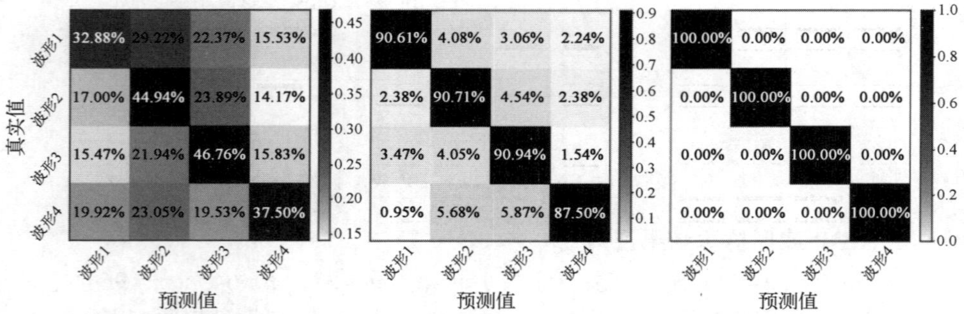

(a) SNR= −9dB　(b) SNR= −1dB　(c) SNR=7dB

图 4. 44　CNN 接收机对 SDP 波形混淆矩阵，$m=96$

此外，通过对比图 4. 42 ~ 图 4. 44 的混淆矩阵可以发现，不同 m 取值下，CNN 接收机对 SDP 波形的接收性能也不相同。m 越大，CNN 接收机对 SDP 波形的检测性能越好。

同样，图 4. 45 画出了 CNN 接收机与传统 NP 接收机对 SDP 波形的检测概率曲线，NP 接收机采用 LDF 滤波器。可以看到，相对于传统 NP 接收机，CNN 接收机在三种 m 取值下都具有一定的性能优势，其中在对 $m=96$ 和 $m=64$ 时的 SDP 波形性能提升更加明显，大约有 5dB 的 SNR 增益，而对 $m=32$ 时的 SDP 波形大约具有 3dB 的增益优势。在图 4. 45 中也可以看到，CNN 接收机对主空间大小对 m 的敏感程度与 LDF 接收机一致，随着 m 的提高，CNN 接收机的可靠性能也随之提升。

4. SWF 波形仿真结果及对比

图 4. 46 ~ 图 4. 48 分别为 CNN 接收机对 SWF 通信波形的接收混淆矩阵。

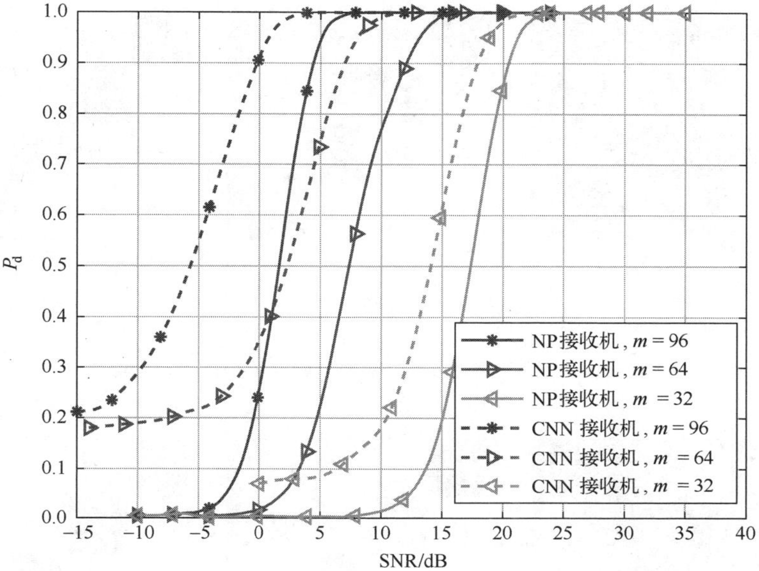

图 4.45　NP 接收机、CNN 接收机对 SDP 波形检测概率曲线对比

同样可以看到，CNN 接收机的接收性能随着 SNR 的增加会不断改善，并在一定 SNR 下达到 100%的识别率。具体地，当 $m=32$ 时，CNN 接收机在 SNR=30dB 时达到 100%识别率；当 $m=64$ 时，CNN 接收机在 SNR=24dB 时达到 100%识别率；当 $m=96$ 时，CNN 接收机在 SNR=10dB 时达到 100%识别率。可以看到，在不同 m 参数下 CNN 接收机达到 100%识别率所需的信噪比不相同，m 越大，所需的 SNR 越低，这与传统 NP 接收机对参数 m 的敏感度一致，进一步证明 m 是影响 REC 通信波形性能的一个关键参数。

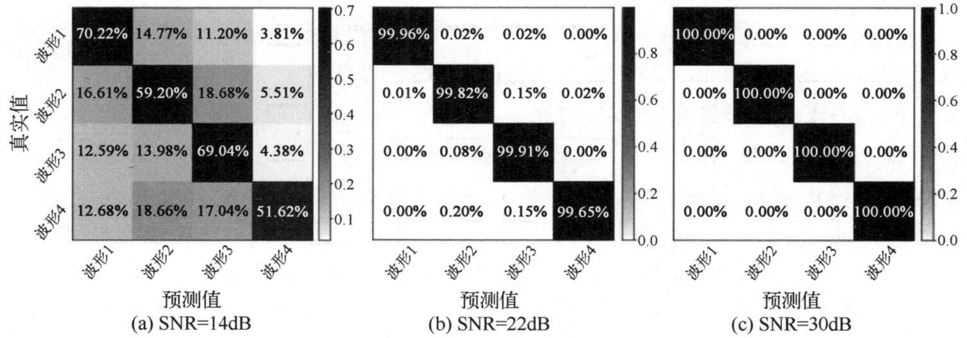

图 4.46　CNN 接收机对 SWF 波形混淆矩阵，$m=32$

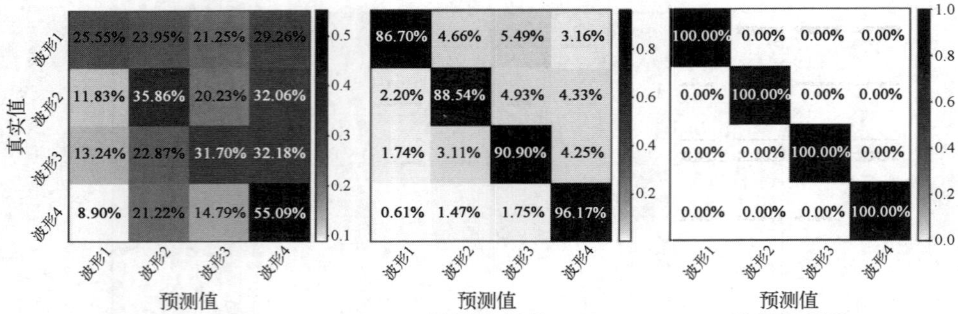

(a) SNR=8dB　(b) SNR=16dB　(c) SNR=24dB

图 4.47　CNN 接收机对 SWF 波形混淆矩阵，$m=64$

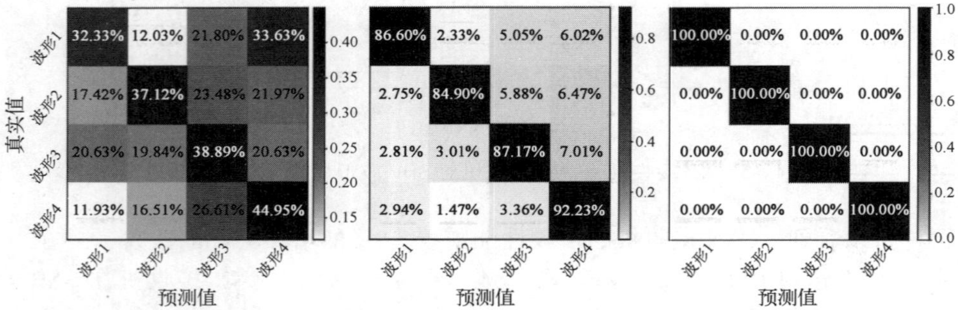

(a) SNR=−6dB　(b) SNR=2dB　(c) SNR=10dB

图 4.48　CNN 接收机对 SWF 波形混淆矩阵，$m=96$

图 4.49 所示为 CNN 接收机与传统 NP 接收机对于 SWF 波形的检测概率曲线，其和图 4.46~图 4.48 中 CNN 接收机接收混淆矩阵的分析结果相一致。从图 4.49 可以看到，三种 m 取值下 CNN 接收机对 SWF 的通信可靠性均有提升，在 $m=96$ 时性能提升最明显，高信噪比性能提升可以达到 5dB，低信噪比可达 8dB，而在 $m=64$ 和 $m=32$ 时性能提升在 3dB 左右。

5. ESWF 波形仿真结果及对比

如图 4.50~图 4.52 所示为 CNN 接收机对 m 取值分别为 32、64 和 96 下 ESWF 波形的接收混淆矩阵。当 $m=32$ 时，CNN 接收机在 SNR=24dB 时达到 100%识别率；当 $m=64$ 时，CNN 接收机在 SNR=23dB 时达到 100%识别率；当 $m=96$ 时，CNN 接收机在 SNR=12dB 时达到 100%识别率。因此，CNN 接收机对 ESWF 波形的检测规律与传统三种 REC 通信波形一致，都随着主空间大小 m 的增加，接收机接收性能提高。

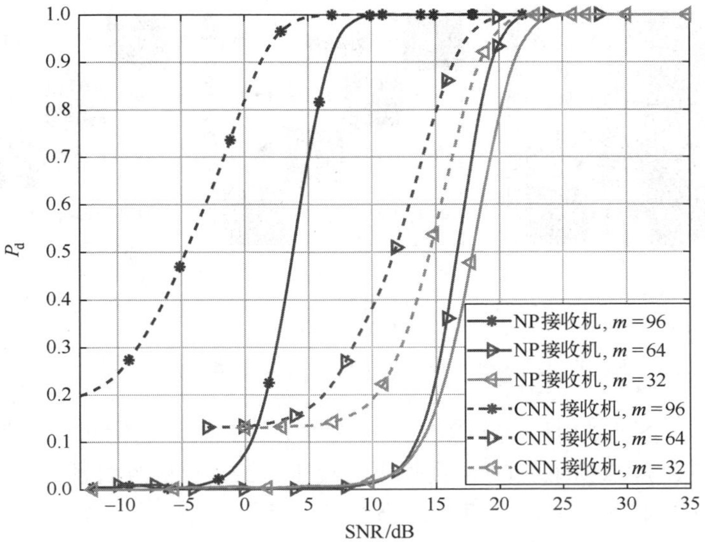

图 4.49　NP 接收机、CNN 接收机对 SWF 波形检测概率曲线对比

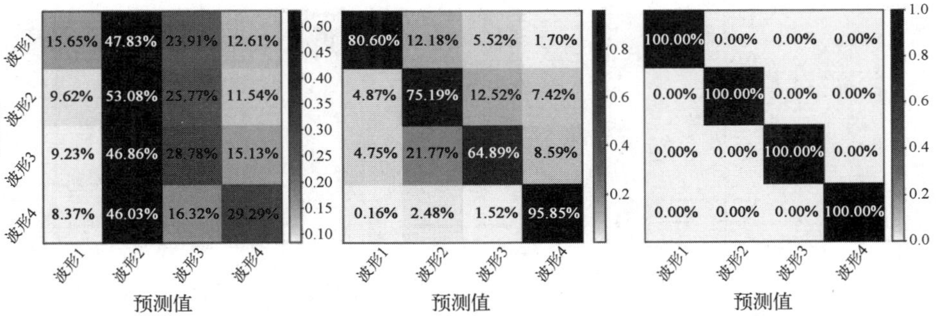

(a) SNR=8dB　(b) SNR=16dB　(c) SNR=24dB

图 4.50　CNN 接收机对 ESWF 波形混淆矩阵，$m=32$

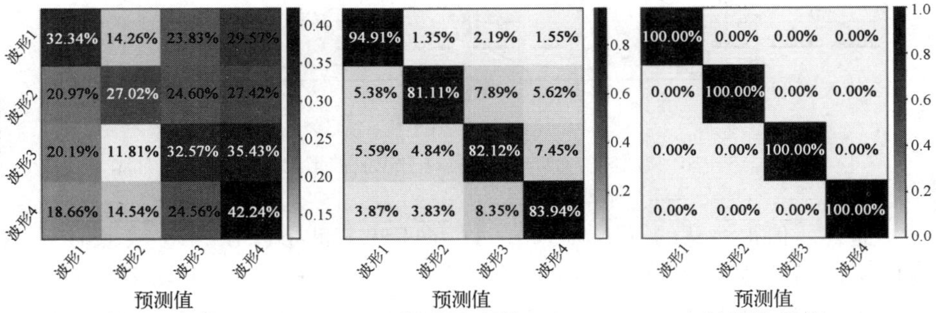

(a) SNR=7dB　(b) SNR=15dB　(c) SNR=23dB

图 4.51　CNN 接收机对 ESWF 波形混淆矩阵，$m=64$

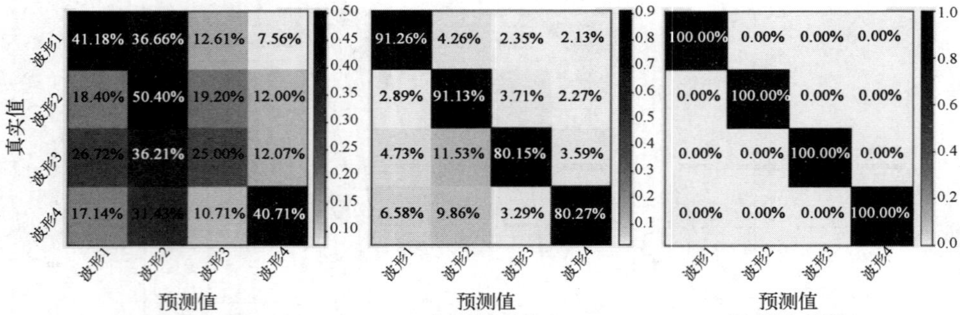

(a) SNR=−4dB　(b) SNR=4dB　(c) SNR=12dB

图 4.52　CNN 接收机对 ESWF 波形混淆矩阵，$m=96$

进一步，图 4.53 所示为 CNN 接收机对 ESWF 波形的检测概率曲线，可以看到，在三种 m 取值下，CNN 接收机相较于传统 NP 接收机性能都有所提高，但对 $m=96$ 时的 ESWF 波形性能提升较小，大约为 3dB，对 $m=32$ 和 $m=64$ 时的 ESWF 波形性能提升较大，性能增益在 6dB 左右。

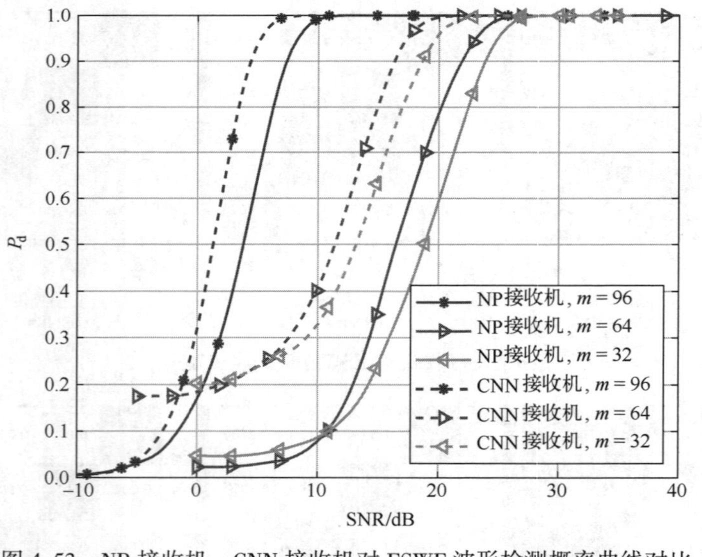

图 4.53　NP 接收机、CNN 接收机对 ESWF 波形检测概率曲线对比

此外，值得注意的是，对于 $m=96$ 的 ESWF 波形，在 SNR 较低时，CNN 接收机对通信波形的检测概率接近零，这意味着由于通信波形功率较小，CNN 接收机会直接判定接收波形中不存在通信波形。当 SNR 趋向 0，即接收波形中不存在 ESWF 波形时，CNN 接收机的检测概率也将接近 0，因此采用 $m=96$ 参

数下 ESWF 波形对应的 CNN 接收机将会有较小的虚警概率。而通过对图 4.41、图 4.45 和图 4.49 其他三种通信波形检测性能的观察，对于较小 SNR，CNN 接收机均不能达到接近 0 的检测概率，即 CNN 接收机在 SNR 较小时将会随机判决，因此也就不能始终保持低的虚警概率。

6. 综合性能仿真与分析、检测概率性能仿真与分析

分别采用 4.4.3 节 CNN 合作接收机和 2.4 节中基于能量检测的截获接收机，如图 4.54～图 4.57 所示分别为 DP、SDP、SWF、ESWF 4 种通信波形的检测概率曲线。由图 4.54 可以看出，对于 DP 波形，选择主空间大小为 $m=32$ 时具有最好的增益优势，优势在 20～25dB；而对于 SDP 波形，三种主空间取值对应的增益优势基本相同，大约为 15dB，但选择 $m=96$ 时通信可靠性最高，选择 $m=32$ 时 LPI 性能最好；对于 SWF 波形，当 $m=96$ 时具有最高的增益优势，为 20dB 左右，且通信可靠性能最好；同样对于 ESWF 波形，当 $m=96$ 时 ESWF 波形具有最高的增益优势，大约为 40dB，且通信可靠性和 LPI 性能都最佳。

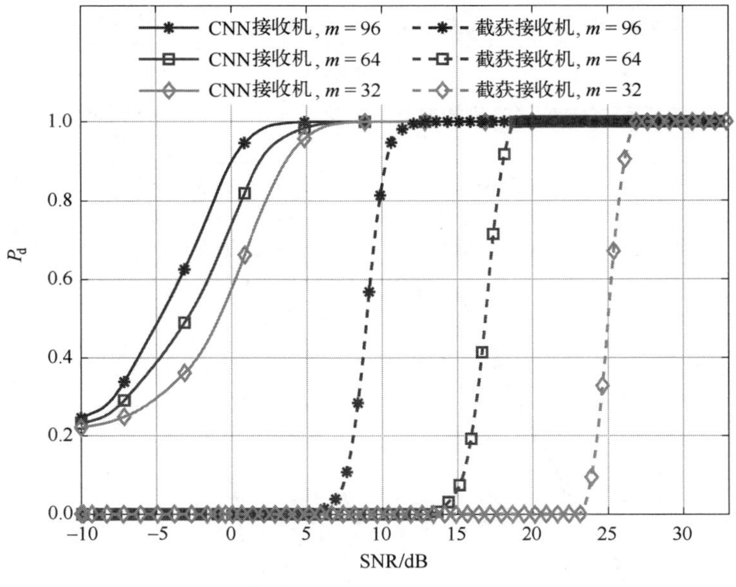

图 4.54　CNN 接收机和截获接收机对 DP 波形检测概率曲线

7. 误码率性能仿真与分析

与 2.7 节类似，若优先考虑通信可靠性，则选择 CNN 接收机对 4 种波形在 $m=96$ 参数的误码率性能进行仿真，如图 4.58 所示。可以看到，$m=96$ 参数的 DP 波形和 SDP 波形误码率性能相当，在优先考虑通信可靠性能时，都可以选择。

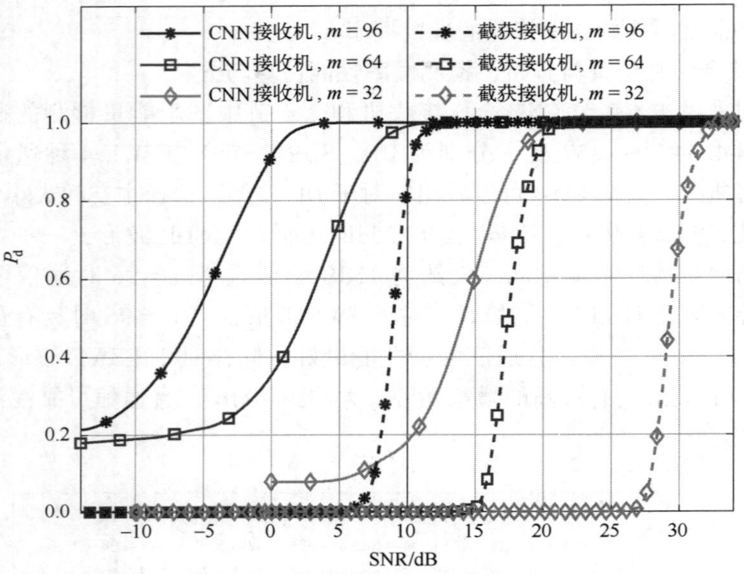

图 4.55　CNN 接收机和截获接收机对 SDP 波形检测概率曲线

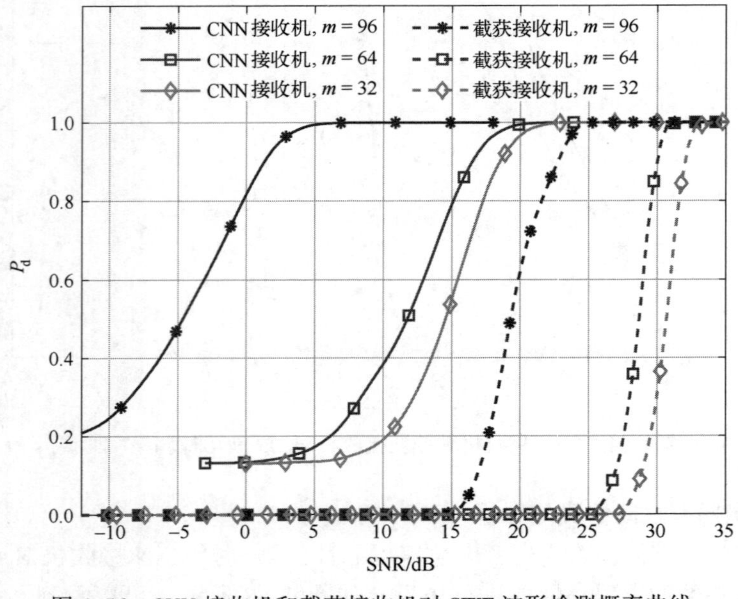

图 4.56　CNN 接收机和截获接收机对 SWF 波形检测概率曲线

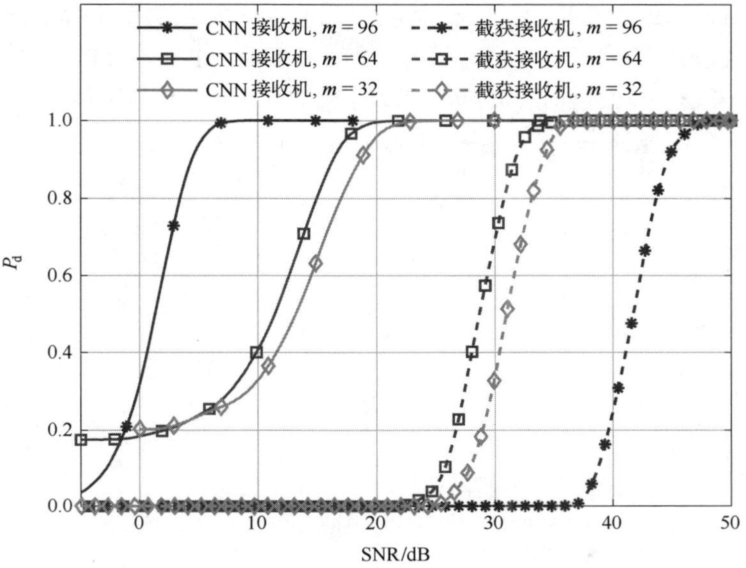

图 4.57　CNN 接收机和截获接收机对 ESWF 波形检测概率曲线

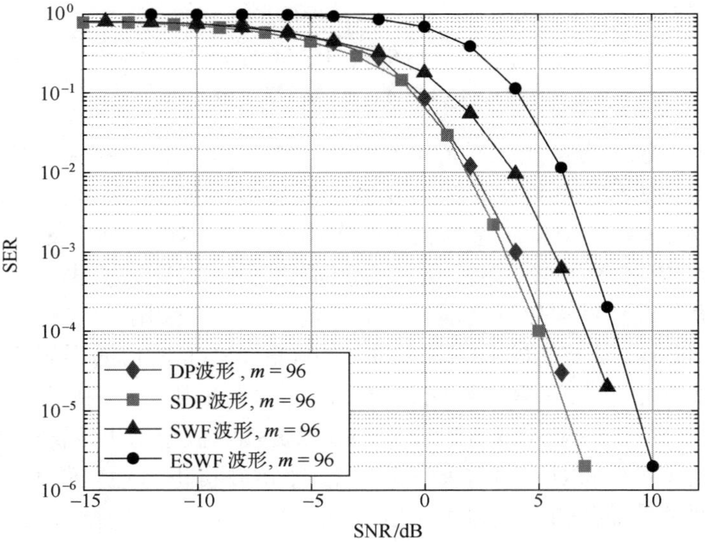

图 4.58　CNN 接收机对 DP、SDP、SWF、ESWF
波形误码率性能，优先考虑通信可靠性能

若优先考虑 LPI 性能，通信可靠性能次之，则选择 CNN 接收机对 DP、SDP、SWF 波形在 $m=32$ 参数的误码率性能和 ESWF 波形在 $m=96$ 参数的误码率性能进行仿真，如图 4.59 所示，可以看到，$m=96$ 参数的 ESWF 波形和 $m=32$ 的 DP 波形具有最佳的误码率性能，但 $m=32$ 的 DP 波形 LPI 性能较差，因此在优先考虑 LPI 性能时，$m=96$ 参数的 ESWF 波形是最佳选择。

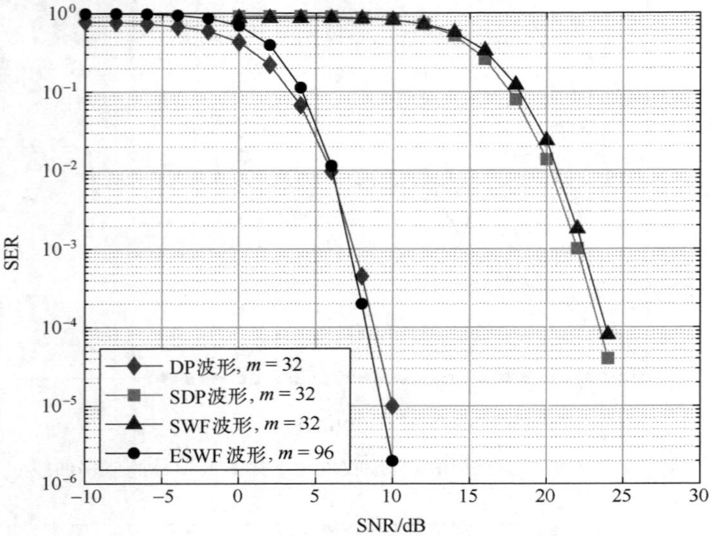

图 4.59　CNN 接收机对 DP、SDP、SWF、ESWF 波形误码率性能，优先考虑 LPI 性能

若优先考虑综合性能，通信可靠性能次之，则选择 CNN 接收机对 4 种波形在最佳增益优势下的误码率进行仿真。具体地，对于 DP 波形和 SDP 波形，由图 4.54 和图 4.55 可知，选择主空间大小 $m=32$；对于 SWF 波形和 ESWF 波形，由图 4.56 和图 4.57 可知，选择主空间大小 m 均为 96。图 4.60 所示为所选参数下通信波形的误码率性能曲线。由此可见，当采用 CNN 接收机时，$m=96$ 的 SWF 波形、$m=32$ 的 DP 波形和 $m=96$ 的 ESWF 波形的误码率性能相近，而 $m=32$ 的 SDP 波形误码率性能较差。因此，当采用 CNN 接收机时，$m=32$ 的 DP 波形、$m=96$ 的 SWF 波形和 $m=96$ 的 ESWF 波形都可以优先进行考虑。

如表 4.4 所示，对不同需求下采用 CNN 接收机进行通信信号解调、采用能量检测器进行通信信号截获的 REC 通信波形选择方案进行了总结，若优先考虑通信可靠性，$m=96$ 参数的 DP 波形和 SDP 波形误码率性能相当，都可以进行选择；若优先考虑 LPI 性能，$m=96$ 的 ESWF 波形和 $m=32$ 的 DP 波形都可以选择；若优先考虑综合性能，$m=96$ 的 ESWF 波形依然具有最高的增益优势，但对于各种波形在增益优势最大的参数下，$m=96$ 的 SDP 波形具有最好的误码率性能，因此，$m=96$ 的 SDP 波形可以优先选择。

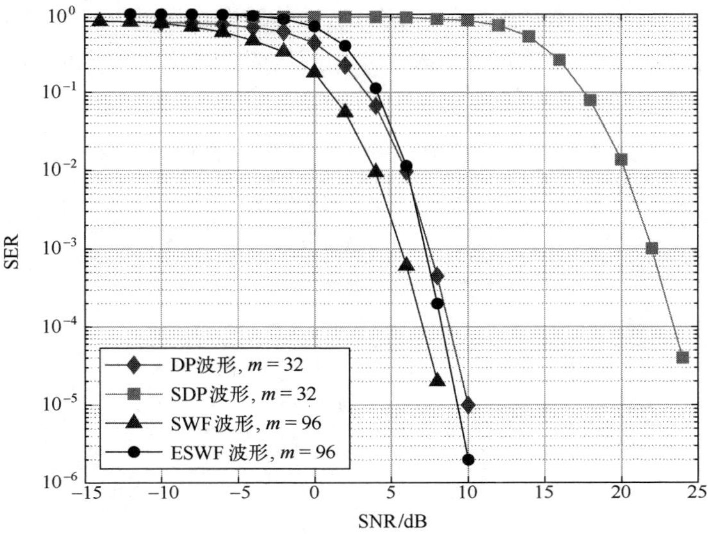

图 4.60　CNN 接收机对 DP、SDP、SWF、ESWF 波形误码率性能，优先考虑综合性能

表 4.4　REC 通信波形的选择方案

优先考虑因素	波形选择类型	m 参数选择
通信可靠性	DP 波形；SDP 波形	$m=96$；$m=96$
LPI 性能，通信可靠性能	ESWF 波形	$m=96$
综合性能，通信可靠性能	ESWF 波形；SWF 波形；DP 波形	$m=96$；$m=96$；$m=32$

4.4.5　性能总结

同样，表 4.4 是对通信可靠性作为第一考虑因素和其他性能指标作为第一考虑因素、通信可靠性作为第二考虑因素下通信波形的选择方案。为了对通信波形的选用提供更加全面的选择依据，根据 4.4.4 节的分析结果，表 4.5 进一步对 DP、SDP、SWF 和 ESWF 4 种通信波形在不同主空间大小下的运算复杂度、通信可靠性能、LPI 性能和综合性能进行了整理和比较，合作接收机选用 CNN 接收机，截获接收机选择能量检测器。按照不同需求，可以直接根据表 4.5 的性能总结来筛选可用的 REC 通信波形。同样，可以发现，表 4.4 的通信波形选择方案可直接由表 4.5 得到，如将 LPI 性能作为第一考虑因素，由表 4.5，$m=32$ 的 SDP 波形、$m=32$ 的 SWF 波形以及 $m=32$、64 和 96 的 ESWF 波形都可以选择；若需要进一步将通信可靠性能作为次要考虑因素，进一步可

得，只有 $m=96$ 的 ESWF 波形的通信可靠性能较好，因此 $m=96$ 的 ESWF 波形将会优先选择，这个选择方案与表 4.4 中的优先考虑 LPI 性能时给出的波形选择方案相一致。

表 4.5　DP、SDP、SWF、ESWF 波形性能对比

波形种类	主空间选择	复杂度优势	通信可靠性能	LPI 性能	综合性能
DP	32	★★★	★★★★	★★★	★★★★
	64		★★★★	★★	★★
	96		★★★★★	★	★
SDP	32	★★	★	★★★★	★★
	64		★★★	★★	★★
	96		★★★★★	★	★
SWF	32	★	★	★★★★	★★
	64		★★	★★★	★★
	96		★★★★	★★	★★★
ESWF	32	★★★★★	★	★★★★	★★
	64		★	★★★★	★★
	96		★★★★	★★★★★	★★★★★

注：合作接收机采用 CNN 接收机，截获接收机采用能量检测器。

本节将深度学习技术应用于 REC 技术中合作接收机的信号解调，提出了一种基于 CNN 结构的 REC 合作接收机——CNN 接收机。本节首先对深度学习技术进行了介绍，并着重阐述了 CNN 结构的基本组成部分以及神经网络进行训练和计算的一些必备操作；其次，从 REC 体制出发，对 REC 接收信号的特征进行了分析，选择传统 LDF 滤波器对 REC 接收信号进行信号预处理的操作来凸显信号特征；再次，基于 CNN 基本结构，搭建适应于 REC 信号接收的 CNN 接收机；最后，对 DP、SDP、SWF 和 ESWF 4 种波形在 CNN 接收机下的通信可靠性能进行了实验仿真。仿真结果表明，对于不同 m 取值下的 4 种波形，CNN 接收机均有一定的可靠性能提升。此外，当采用 CNN 接收机进行通信信号接收时，若优先考虑通信可靠性能，$m=96$ 参数的 DP 波形和 SDP 波形可以进行选择；若优先考虑 LPI 性能，通信可靠性次之，$m=96$ 的 ESWF 波形可以优先选择；若优先考虑综合性能，$m=96$ 的 ESWF 波形、$m=96$ 的 SWF 波形和 $m=32$ 的 DP 波形可以优先选择。最后，本节对采用 CNN 接收机时 DP、SDP、SWF、ESWF 4 种通信波形的性能进行了全面总结，形成了性能对照表，REC 系统可以直接根据优先考虑因素，参照性能对照表在 4 种通信波形中选

择合适的通信波形方案。

4.5 本章小结

本章对 REC 的接收技术进行讨论，目的是提升 REC 接收的可靠性，达到较好的通信性能。本章分别研究了基于干扰分离的 REC 接收方法、多径衰落信道下的 REC 可靠接收技术、非合作场景下基于阵列处理的雷达波形提取技术以及基于卷积神经网络的 REC 接收方法，为 REC 体制的接收技术提供了新的参考。

第 5 章　雷达嵌入式通信技术实现及应用

雷达嵌入式通信的相关理论自 2003 年左右开始提出以来，国际上的研究主要集中于波形设计、评价指标以及接收方法等方面，技术的实现和应用方面少有报道，作者团队在这方面开展了先期研究，基于软件无线电平台开展了实际系统搭建和性能测试工作，同时，对于在步进频率波形雷达场景下的应用也进行了探索。

5.1　基于软件无线电平台的 REC 验证系统

尽管 REC 的概念早已诞生，但目前对 REC 的研究主要还停留在理论环节，一些对 REC 工程应用问题的探索也仅仅是通过仿真软件进行仿真，并没有将 REC 技术真正搭载在硬件设备上进行验证实验。由于实际信道与仿真信道的差异性以及其他设备误差的存在，REC 的可靠性能将会发生退化，因此 REC 技术的工程可行性还需要得到更加充分的研究。SDR 设备广泛应用于通信行业新技术的验证试验[106-108]，为了推动 REC 技术尽快从理论走向现实，本节采用 SDR 设备配合计算机设计并实现了一套 REC 通信验证平台，对 REC 技术在真实信道下的可靠性能和隐蔽性能进行测试，并与理论性能进行对比，从而对 REC 的可实现性进行试验验证，推动 REC 技术尽快从理论走向现实。

5.1.1　系统构建

基于 SDR 开发平台，采用三台 SDR 设备和三台上位机实现 REC 通信验证系统。系统的硬件实现原理如图 5.1 所示。

REC 系统采用 LFM 脉冲信号为工作雷达信号，将通信信号隐藏在 LFM 脉冲信号后向散射回波中实现隐蔽通信。REC 系统由友方目标发送端、合作接收机和截获接收机三部分组成。在本系统中，雷达信号照射到友方目标上产生后向散射回波信号，友方目标受到雷达信号触发将通信信号嵌入雷达后向散射回波中。受到 SDR 平台功率限制，本系统采用模拟散射回波的方法，基于式中的雷达后向散射信号模型，通过 SDR1 中 TX0 模拟产生雷达后向散射回波，TX1 则嵌入通信信号。合作接收机通过接收算法对通信信号进行实时检测，并通过上位机将检测结果实时显示。截获接收机则对雷达信号进行实时监测，对

REC 系统的隐蔽性能进行测试。

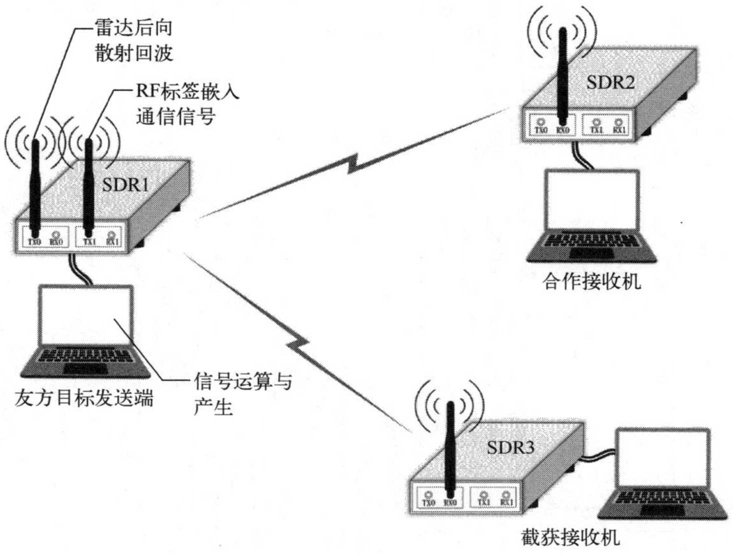

图 5.1　REC 系统硬件实现原理

5.1.2　系统设计

图 5.2 所示为系统的功能实现框图，与图 5.1 系统硬件实现原理图相对应，系统由友方目标发送端、合作接收机和截获接收机三部分组成。系统中所有基带信号处理和功能实现模块都在上位机上完成，USRP 则主要负责将数据上载波发送出去。在系统各组成部分中，又由各个子模块组成，下面分别对系统各个部分进行介绍。

1. 友方目标发送端

友方目标发送端主要包含两个功能：一是产生模拟的雷达回波信号；二是可以根据用户实时反馈，将待传输的文本信息或图像信息以 REC 的模式进行隐蔽传输。图 5.2 中，友方目标发送端由 SDR1 发送程序组成，发送程序由雷达回波产生模块和通信发射模块两大模块组成，其中雷达回波产生模块按照设定参数产生模拟的雷达回波脉冲信号，并通过 SDR1 中 TX1 持续发送；通信发射模块又包括文本编码模块、图像编码模块、通信波形生成模块等，文本编码模块和图像编码模块分别将文本信息和图像信息转换成 K 进制比特流，并添加帧头形成发送数据包，然后转换成 REC 波形，通过 SDR1 中 TX0 嵌入雷达后向散射回波中进行传输。图 5.3 对发送程序进行了展示，可以对雷达信号参数、通信信号参数以及 CNR 等参数进行设置。

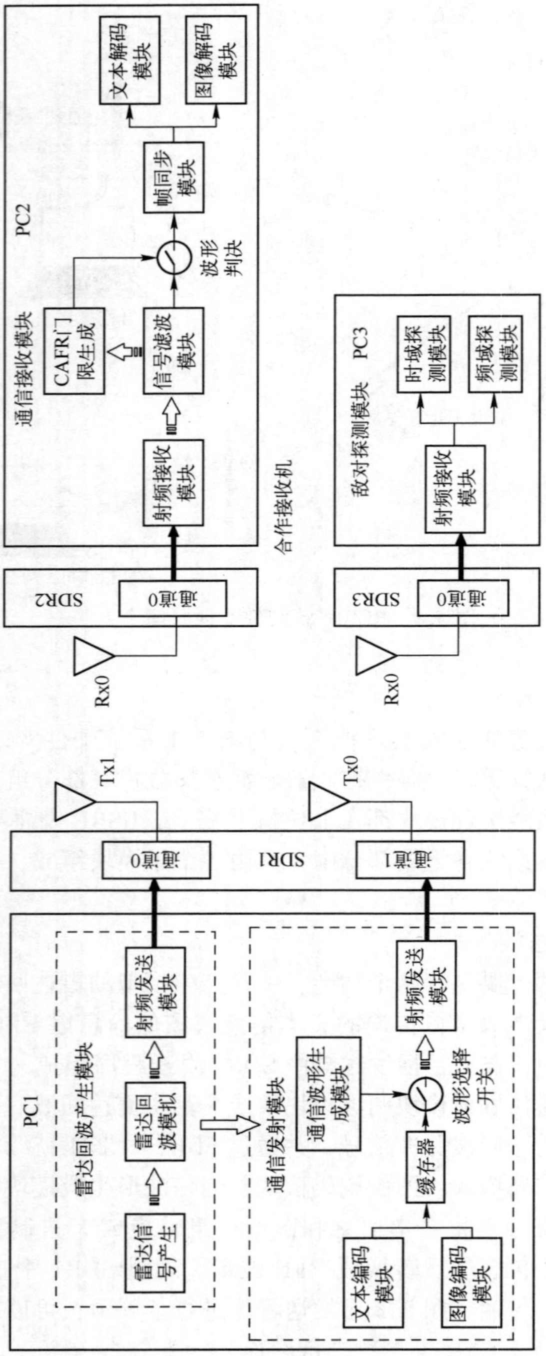

图 5.2 雷达嵌入式验证系统功能实现框图

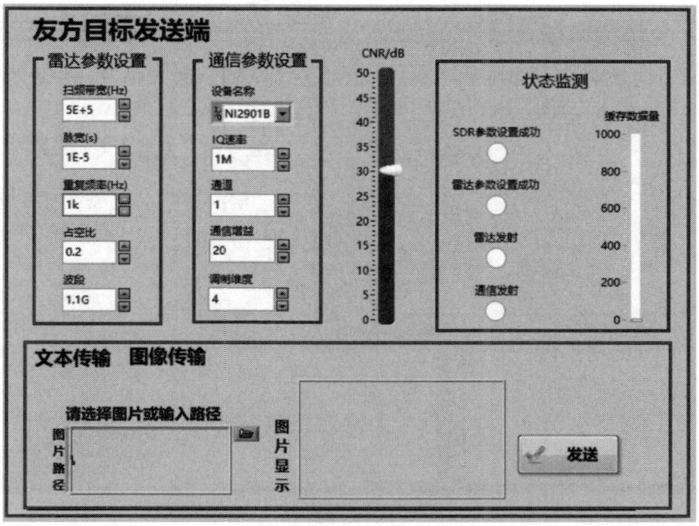

图 5.3　友方目标发送端程序

2. 合作接收机

如图 5.2 所示，合作接收机由 SDR2 和接收程序组成，接收程序由通信接收模块组成，通信接收模块又可以分为射频接收模块、信号滤波模块、CAFR 门限生成模块、帧同步模块、文本解码模块和图像解码模块。射频接收模块可以对 SDR 参数进行配置，将射频信号转换为有效数据，送入后续模块进行处理。信号滤波模块采用 LDF 滤波器对接收数据进行滤波处理。CAFR 门限生成模块则利用滤波后的数据自适应生成判决门限，并与滤波数据进行比较判决，若滤波数据超过判决门限则判定存在有效信息，并进行波形判决，存储判决信息。帧同步模块则将对判决信息进行帧头检测和同步，提取有效的数据包，并对数据包进行识别和分类，选择送入后续文本解码模块或图像解码模块进行解码。文本解码模块和图像解码模块各自对文本类数据和图像类数据进行解码。并实时显示解调信息。图 5.4 所示为合作接收机接收程序。

3. 截获接收机

如图 5.2 所示，截获接收机由 SDR3 和截获接收程序组成。截获接收程序主要由时域探测模块和频域探测模块组成，对目标频段范围的雷达信号从时域和频域进行实时动态检测，并查看其是否存在异常信号，检测系统的隐蔽性能。截获接收机程序如图 5.5 所示。需要指出的是，本系统在进行截获接收机设计时，并没有采用 2.4 节所述的基于能量检测的检测方式，而是通过直接对雷达信号进行时域和频域的观察来评价系统的隐蔽性能，原因在于基于能量检

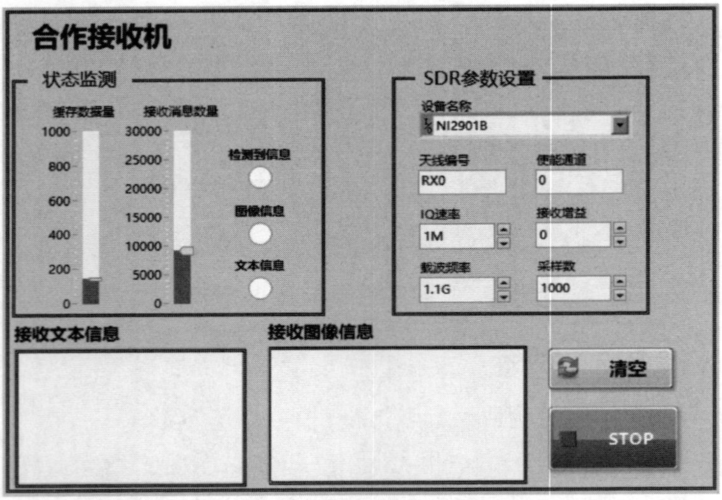

图 5.4　合作接收机程序

测的截获接收机实现的前提是截获接收机已知 REC 的设计原理、通信波形的设计参数及雷达参数，这样的条件实际上是比较苛刻的，而采用直接观测法（其实是对系统的 LPD 性能进行衡量）也可以用来评价隐蔽性能，且在实际中截获接收机也更具备实现的条件，实现起来也较为简单直观，因此本系统就通过直接对雷达波段信号进行时域和频域观测来衡量系统隐蔽性能。

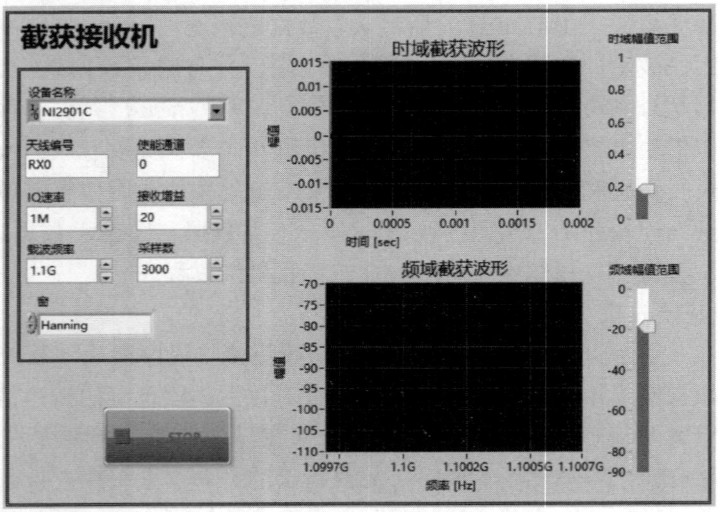

图 5.5　截获接收机程序

5.1.3　性能测试

1. 测试环境

本系统的测试指标包括通信可靠性指标和隐蔽性能指标。通信可靠性指标测试具体方法为固定 CNR，测试不同 SNR 下系统的误符号率。隐蔽性能指标测试方法为固定 SIR 和 SNR，测试有无通信信号嵌入情况下截获接收机截获的雷达信号在频域和时域的改变情况。

系统测试平台如图 5.6 所示，在测试时使用 SMA 同轴线对发射端天线和接收端天线进行短接处理，采用人工加入高斯白噪声并控制噪声功率大小的方法，对系统通信可靠性和隐蔽性能进行测试。

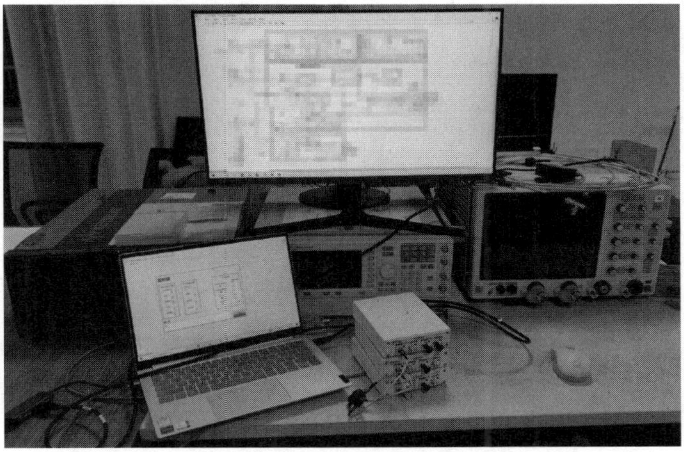

图 5.6　系统测试平台

本节测试所使用的雷达信号为 LFM 脉冲信号，脉冲宽度为 10μs，PRF 为 1kHz，带宽为 500kHz，载波频率为 1.1GHz。CNR 固定为 30dB，合作接收机采用 LDF 接收机进行通信接收，通信波形选择表 3.1 推荐的通信波形，这里选择 $m=96$ 参数下的 DP 波形、SDP 波形、SWF 波形和 ESWF 波形来作为系统的测试波形。

2. 可靠性能测试

图 5.7 所示为 CNR=30dB 条件下采用上述 4 种通信波形时本系统的 SER 和 SNR 关系曲线。可见，相对于仿真结果，本系统采用 4 种通信波形所构建 REC 系统都具有一定的性能损失。以误码率为 10^{-5} 时通信波形所需的信噪比情况来量化性能损失大小，具体地，当系统采用 $m=96$ 的 DP 波形时，性能损失了 7dB 左右；当系统采用 $m=96$ 的 SDP 波形时，性能损失为 6dB 左右；当

系统采用 $m=96$ 的 SWF 波形时，性能损失也为 6dB 左右；当系统采用 $m=96$ 的 ESWF 波形时，性能损失值最小为 5dB 左右。因此，采用 4 种通信波形构建的 REC 系统性能损失在 5~7dB，而采用 $m=96$ 的 ESWF 时性能损失最小，采用 $m=96$ 的 DP 波形时性能损失最大，虽然 $m=96$ 的 SWF 波形仿真性能优于 ESWF 波形，但实际测量中 $m=96$ 的 ESWF 波形可靠性能要优于 SWF 波形。

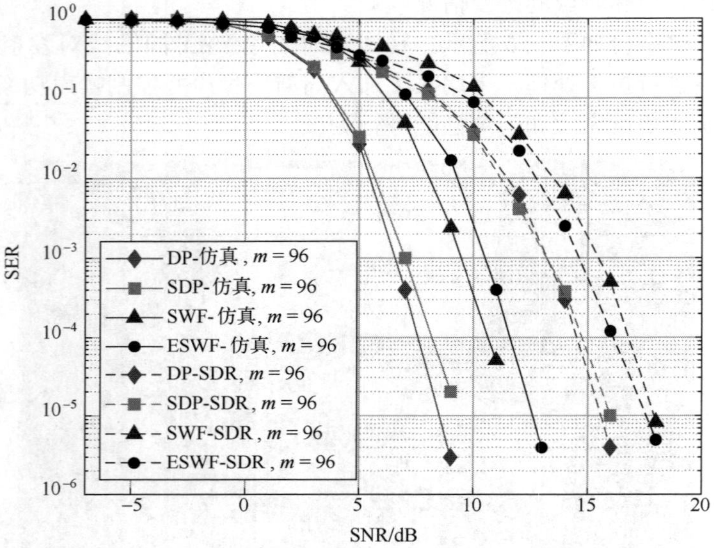

图 5.7　系统误码率性能，CNR=30dB

SDR 设备接收端噪声系数为 4~7dB，这意味着 REC 系统相较于理论性能会有 4~7dB 的性能损失，这与本系统测试结果相吻合。

3. 隐蔽性能测试

本节通过截获接收机对雷达信号的截获情况来衡量系统的隐蔽性能，具体方法为观测一定信噪比下有无通信信号嵌入情况下雷达信号的时域和频域波形变化情况。选择当 $\text{SER}=10^{-5}$ 时每个通信波形对应的信噪比来进行测试，具体地，由图 5.7，对于 $m=96$ 的 DP 波形，选择 SNR=15.5dB；对于 $m=96$ 的 SDP 波形，选择 SNR=16dB；对于 $m=96$ 的 SWF 波形，选择 SNR=17.5dB；对于 $m=96$ 的 ESWF 波形，选择 SNR=17dB。测试时 CNR 固定为 30dB，如图 5.8 和图 5.9 分别为 REC 系统在无通信波形嵌入和嵌入 4 种通信波形时截获接收机的时域和频域截获信号。首先，由图 5.8 可见，相对于无通信波形嵌入，嵌入 4 种通信波形时截获接收机截获信号在时域上均无明显改变，在时域

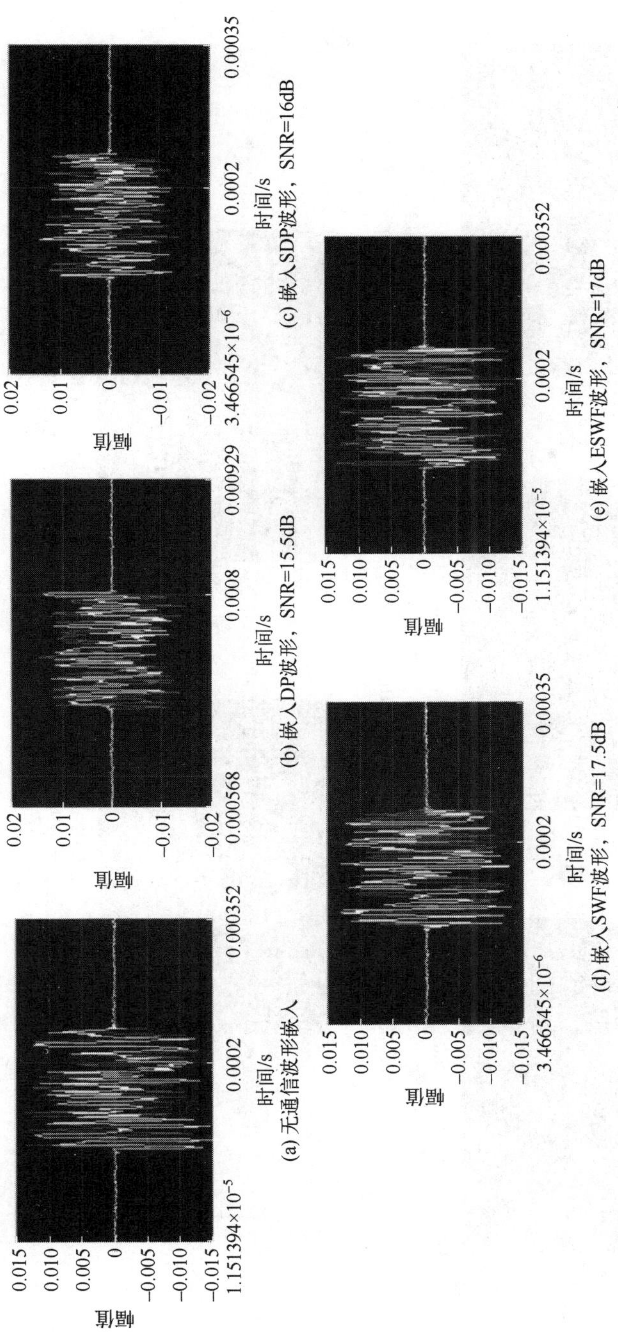

(a) 无通信波形嵌入

(b) 嵌入DP波形，SNR=15.5dB

(c) 嵌入SDP波形，SNR=16dB

(d) 嵌入SWF波形，SNR=17.5dB

(e) 嵌入ESWF波形，SNR=17dB

图 5.8　截获接收机时域截获波形

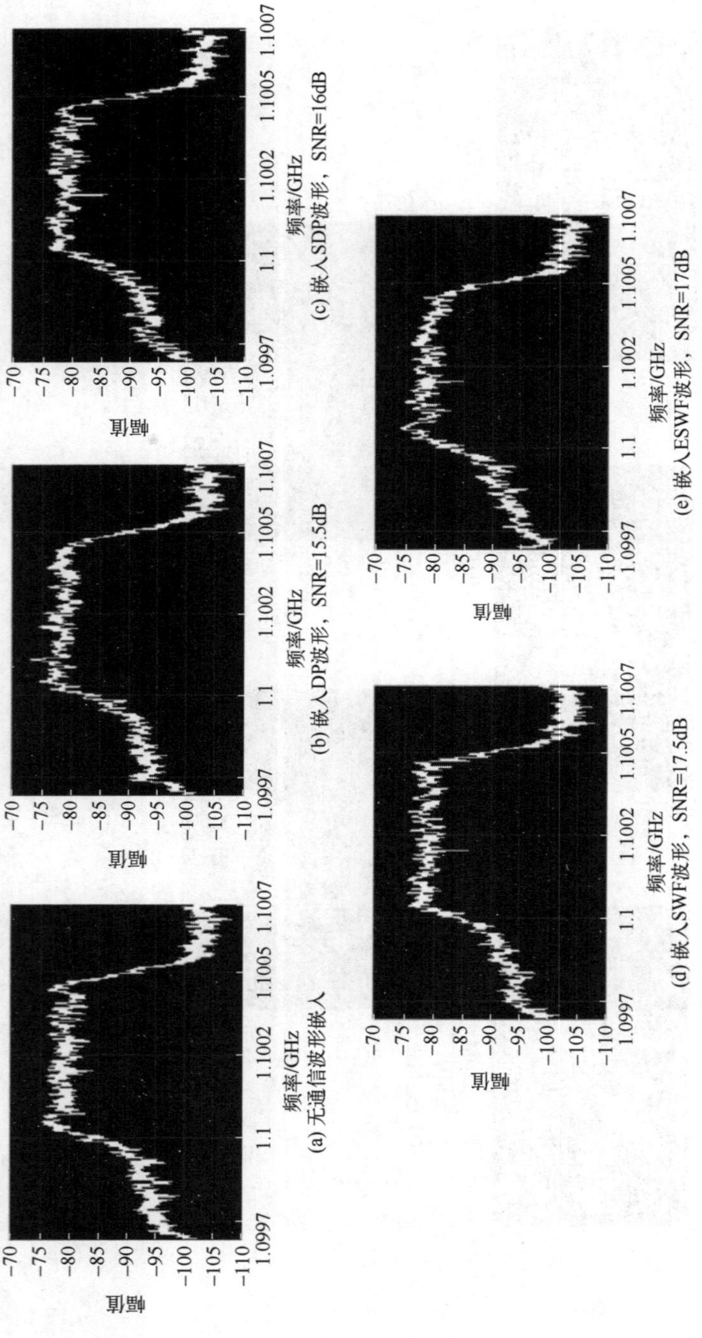

图 5.9 截获接收机频域截获波形

上 REC 系统具有很好的隐蔽性能；而由图 5.9 可见，相对于无通信波形嵌入，当嵌入 $m=96$ 的 DP 和 SDP 波形时，截获接收机截获信号在频域过渡带上有略微抬升，而嵌入 $m=96$ 的 SWF 和 ESWF 波形则无明显变化，这是由于图 2.7（c）中 $m=96$ 的 DP 和 SDP 波形在雷达回波过渡带频谱功率分配相对较多导致的，而图 2.7（c）和图 3.23 中 $m=96$ 的 SWF 和 ESWF 波形在雷达回波频谱过渡带功率分配与雷达回波频谱过渡带滚降趋势一致，因此也更有利于频域隐藏，隐蔽效果也更好。但总体而言，4 种通信波形在保持一定通信可靠性的前提下，都基本达到了在时域和频域上隐蔽通信的效果，初步证明 REC 技术是一种可行的隐蔽通信方式。

本节基于 SDR 设备搭建了一套 REC 试验系统，初步验证了 REC 的可行性，为进一步对 REC 的研究提供了可靠依据和实验平台。本系统以常见的 LFM 脉冲雷达信号为隐藏背景信号，友方目标发送端选用 $m=96$ 的 DP、SDP、SWF 和 ESWF 波形，合作接收机采用 NP 接收机，对系统的通信可靠性能和隐蔽性能进行了测试。测试结果表明，对于通信可靠性能，由于 SDR 设备噪声系数的存在，相对于仿真结果，4 种通信波形都具有一定的通信可靠性能损失，性能损失在 5～7dB；对于隐蔽性能，当系统分别采用 4 种通信波形时，在保证一定误码率的前提下，截获接收机时域截获信号均不能发现通信信号的存在，而当系统采用 DP 和 SDP 波形时，截获接收机频域截获信号过渡带有略微抬升，但不明显，当系统采用 SWF 和 ESWF 波形时，截获接收机频域截获信号无明显改变，具有较好的隐蔽特性。总体而言，本系统在确保通信可靠性的同时可以保证通信信号在时域和频域上的隐蔽特性，这初步验证了 REC 技术的可行性，本系统可以用作 REC 技术的试验平台，为后续 REC 技术进一步论证奠定基础。

5.2　基于步进频率体制的雷达嵌入式通信分析

本节针对雷达嵌入式通信的特征与性质，提出一种雷达嵌入式通信的实际应用环境，并对适合该应用环境的机载步进频率雷达信号进行研究，以步进频率信号为基础，设计雷达嵌入式通信波形，验证雷达嵌入式通信应用于步进频率雷达的可行性。

5.2.1　雷达嵌入式通信应用场景

1. 基于无人机的雷达嵌入式通信场景

雷达嵌入式通信是美国堪萨斯大学的香农教授带领的团队提出的隐蔽通信

的一种方式，由于其研究过程与美国军方合作，关于雷达嵌入式通信的具体应用场景一直没有公开过。

近年来，以美军为代表，各国军方为建设信息化部队，提高武器装备总体作战能力，对无人机技术进行了广泛的研究。无人机技术由于具有灵活机动、高隐蔽性能、高效费比、零人员伤亡等特点，可以利用各种手段支援作战部队，直接协助并参与火力打击，同时作为侦察卫星以及载人侦察机的重要补充，起到了重要作用，被各国军方作为情报侦察系统中的重要组成部分。作为一种隐蔽通信手段，将雷达嵌入式通信应用于无人机侦察过程，借助无人机机载雷达探测波形，实现地面探测目标标签（tag）向无人机或其他地面合作接收机进行隐蔽通信的过程。

如图 5.10 所示，无人机雷达发送探测波形，探测到地面上的标签，标签将调制生成的雷达嵌入式通信波形发送给无人机载雷达接收机或地面上的合作接收机，同时雷达探测波形具有探测到地面环境中的物体反射回雷达回波，对无人机以及合作接收机接收到的雷达嵌入式通信波形产生干扰。根据提出的无人机雷达嵌入式通信过程，下行链路的通信信道分为两种：一种为标签向无人机发送通信信号的空地信道；另一种为标签向合作接收机发送通信信号的地面信道。

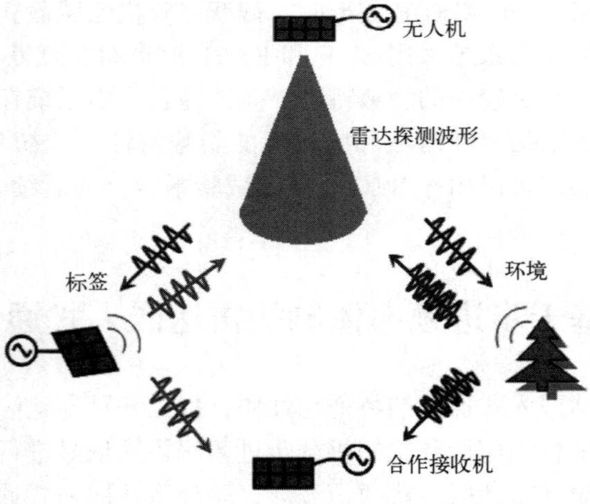

图 5.10　无人机雷达嵌入式通信过程

现代雷达的主要用途是目标探测，通过雷达波形的发收过程，获取探测目标的距离、方位、速度等信息，为下一步举措提供信息。随着应用场景的不断拓展，对雷达探测相应的技术提出了更多的要求，如更远的探测距离、更多的目标数目、更大的环境干扰等。

2. 步进频率雷达发展应用状况

在上文中提出的雷达嵌入式通信场景中，由于无人机需要做到小型化，对机载雷达硬件系统复杂度提出了较高的要求。同时，无人机机载雷达在对地面目标探测的过程中，需要具有足够远的探测距离、足够高的距离分辨率、多目标跟踪和高分辨成像能力。在机载雷达系统中采用高距离分辨率雷达信号具有很多优点，如提高雷达的跟踪精度、减少雷达杂波影响、提高目标命中精度等。根据雷达信号理论，在雷达系统中，雷达的距离分辨率满足公式 $r=c/2B$，其中 B 为雷达系统的带宽，c 为光速。所以雷达的距离分辨率与雷达信号的频带宽度有关，为了获得足够小的距离分辨率，必须发射宽带雷达信号，这与无人机载雷达系统低复杂度相违背。具有合成带宽、瞬时窄带的优点的频率步进（Stepped-Frequency）雷达在保证雷达探测能力的前提下，降低了发射机和接收机的瞬时带宽，从而降低了信号处理对硬件平台的要求，近年来获得了广泛的关注。所以步进频率雷达十分适合机载雷达选取。

早在 20 世纪 70 年代，美国海军在弹道雷达 Tradex 改造升级的过程中，首次使用 S 波段的步进频率波形代替原有 UHF 波段的线性调频信号进行高距离分辨率的探测任务，解决了带宽过大对信号处理系统的高要求。开发高分辨率合成孔径雷达（SAR）和逆合成孔径雷达（ISAR）也是当前频率步进雷达的重要发展方向。国内学者对频率步进雷达的研究从 20 世纪 90 年代开始，航天部二十五所与北京理工大学合作完成了毫米波频段步进雷达导引头样机的研制；中国电子科技集团公司第十四所在“十五”期间，开展研究了 X 频段的相控阵雷达中，加装了频率步进模块，在低频重复工作的模式下，用于雷达的使用；目前频率步进信号处理技术由于其突出的优点，已广泛应用到各个体制雷达系统中，在新体制雷达研究中发挥了重要作用。

5.2.2　步进频率雷达信号分析

目前雷达嵌入式通信波形都是选取 LFM 信号作为波形设计参考雷达信号的，为了进一步满足雷达嵌入式通信在机载雷达实际环境中的应用，本节对步进频率信号进行分析，并给基于步进频率信号的雷达嵌入式通信波形设计方式。

1. 步进频率信号处理流程

步进频率信号的基本原理为，发射一串长度为 N_{sf}的窄带脉冲，宽度为 τ，每个脉冲的载频是均匀步进的，步进量为 Δf，脉冲重复周期为 T_{sf}。步进频率雷达信号可以表示为

$$x(t)=\sum_{i=0}^{N_{sf}-1}\operatorname{rect}\left(\frac{t-\mathrm{i}T_{sf}-\tau/2}{\tau}\right)\exp(-2\mathrm{j}\pi(f_0+i\Delta f)t) \tag{5.1}$$

式中：

$$\mathrm{rect}(\tau/t)=\begin{cases}1, & -\tau/2\leqslant t\leqslant\tau/2\\0, & \text{其他}\end{cases} \tag{5.2}$$

图 5.11 所示为步进频率信号脉冲波形。

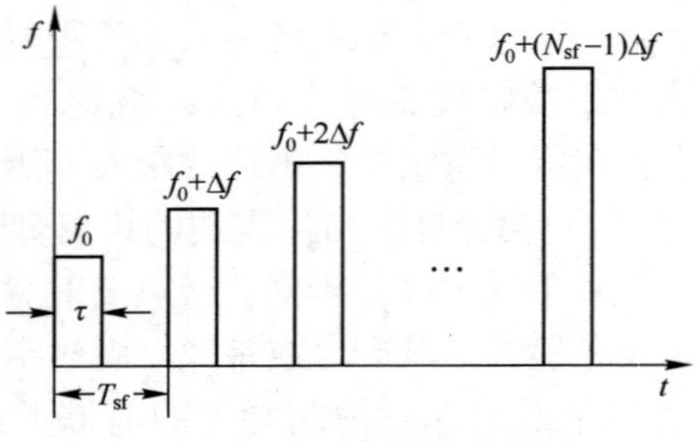

图 5.11　步进频率信号波形

距离为 R 的目标回波信号为

$$y(t)=\sum_{i=0}^{N_{sf}-1}\mathrm{rect}\left(\frac{t-iT_{sf}-\tau/2-2R/c}{\tau}\right)\exp(-2\mathrm{j}\pi(f_0+i\Delta f)(t-2R/c)) \tag{5.3}$$

本振信号为

$$\mathrm{Local}(t)=\sum_{i=0}^{N_{sf}-1}\mathrm{rect}\left(\frac{t-iT_{sf}-T_{sf}/2}{\tau}\right)\exp(-2\mathrm{j}\pi(f_0+i\Delta f)t) \tag{5.4}$$

在接收过程中，接收机对脉冲串构成的回波信号用与之相应的本振信号进行混频，混频后的信号可表示为

$$\bar{y}(t)=\sum_{i=0}^{N_{sf}-1}\mathrm{rect}\left(\frac{t-iT_{sf}-\tau/2-2R/c}{\tau}\right)\exp(-2\mathrm{j}\pi(f_0+i\Delta f)(2R/c)) \tag{5.5}$$

经过混频后的信号在回波脉冲处采样得

$$r_i(t)=A_i\exp(-2\mathrm{j}\pi(f_0+i\Delta f)(2R/c)),\quad i=0,1,\cdots,N_{sf}-1 \tag{5.6}$$

式中：A_i 为第 i 个脉冲回波信号混频后的幅度。

接收机利用离散傅里叶逆变换（IDFT）来实现步进频率回波信号的合成处理，对式（5.6）做 IFFT 处理后的归一化脉冲输出为

$$\begin{aligned}H_l&=\frac{1}{N_{sf}}\sum_{i=0}^{N_{sf}-1}\exp(-2\mathrm{j}\pi(f_0+\mathrm{i}\Delta f)\tau)\exp\left(\mathrm{j}\frac{2\pi}{N}l\cdot\mathrm{i}\right)\\&=\frac{1}{N_{sf}}\exp\left(-2\mathrm{j}\pi f_0\frac{2R}{c}\right)\exp\left(\mathrm{j}\frac{N_{sf}}{2}\frac{2\pi}{N}\left(l-\frac{2RN_{sf}\Delta f}{c}\right)\right)\frac{\sin\pi\left(l-\dfrac{2N_{sf}R\Delta f}{c}\right)}{\sin\dfrac{\pi}{N_{sf}}\left(l-\dfrac{2N_{sf}R\Delta f}{c}\right)}\end{aligned} \tag{5.7}$$

取模

$$|H_l|=\left|\frac{\sin\pi\left(l-\dfrac{2N_{sf}R\Delta f}{c}\right)}{N_{sf}\sin\dfrac{\pi}{N_{sf}}\left(l-\dfrac{2N_{sf}\Delta f}{c}\right)}\right|,\quad l=0,1,\cdots,N_{sf}-1 \tag{5.8}$$

脉冲综合后，峰值位置为

$$l_k=\frac{2N_{sf}R\Delta f}{c}\pm kN_{sf} \tag{5.9}$$

令 $l_0=\dfrac{2N_{sf}R\Delta f}{c}$，对应的峰值距离分别为

$$R=\frac{cl_0}{2N_{sf}\Delta f},\frac{c(l_0\pm N_{sf})}{2N_{sf}\Delta f},\frac{c(l_0\pm 2N_{sf})}{2N_{sf}\Delta f},\cdots \tag{5.10}$$

由式（5.10）可以看出，整合后的脉冲探测目标回波处出现一个主瓣宽度为 $1/N_{sf}\Delta f$ 的 sinc 函数窄脉冲，与单个脉冲测量的主瓣宽度 $1/\Delta f$ 相比小 N_{sf} 倍，步进频率信号多脉冲的目标距离分辨率是单个脉冲测量时的 N_{sf} 倍。步进频率雷达通过 N_{sf} 个频率步进为 Δf 的脉冲获得 $N_{sf}\Delta f$ 的总信号带宽，所以步进频率雷达可以达到分米甚至厘米级的高距离分辨率。

同时，接收机对每个脉冲回波分别采样进行相干接收，接收机带宽为单个脉冲的带宽 $1/(N_{sf}\cdot T_{sf})$，大幅度降低后续采集和处理复杂度，接收机通过对 N_{sf} 个脉冲回波的综合处理，能够获得等效大带宽脉冲的高距离分辨率，这是脉冲步进雷达的最大优势。一般步进频率雷达工作在低脉冲重复频率方式，目标回波将在下一脉冲发射前返回。

为了对步进频率信号进行离散域的处理，需要对步进频率信号进行离散采样，单个频点脉冲的采样点数 $N=100$，过采样率 $M=2$，Δ 为频率步进率，N_{sf} 为脉冲串长度，则第 m 单个频点的步进频率信号可表示为

$$\boldsymbol{s}_{sf,m}=[s_1,s_2,s_3\cdots,s_{NM_c}] \tag{5.11}$$

式中：$s_n=e^{j\frac{2\pi(m-1)\Delta}{NM_c}n}$。

雷达嵌入式通信作为隐蔽通信的一种手段，需要保证发送波形具有一定的抗截获性能，即不被截获方截获。雷达嵌入式通信波形在设计的过程中，其主要的信号能量要尽量分布在雷达信号的阻带内，小部分能量落在雷达信号通带内，且尽量近似于噪声分布。为了实现上述要求，需要利用特征值分解的方法对雷达信号进行处理，得到与雷达信号相关性较低的非主空间特征向量，设计通信波形。

步进频率信号是由频率步进的一组脉冲串构成的，每个脉冲为定频窄带信号，由多个脉冲串等效成宽带信号。雷达接收机在接收到定频单个脉冲的雷达回波后，再发送下一个频点的定频单个脉冲雷达信号。因此，特征值分解的目标分为单频点一个脉冲信号和多频点的一组脉冲串信号。

2. 单频点信号

当雷达发送单个频点信号时，即设定脉冲串长度 $N_{sf}=1$，此时信号 $\boldsymbol{s}_{sf,m}$ 为定频余弦信号。

$$\boldsymbol{s}_{sf,m}=[s_1,s_2,s_3\cdots,s_{NM_c}] \tag{5.12}$$

式中：$s_n=e^{j\frac{2\pi}{NM_c}n}$。从图 5.12 可以看出，单频余弦信号作为雷达波形，具有较窄的雷达通带。

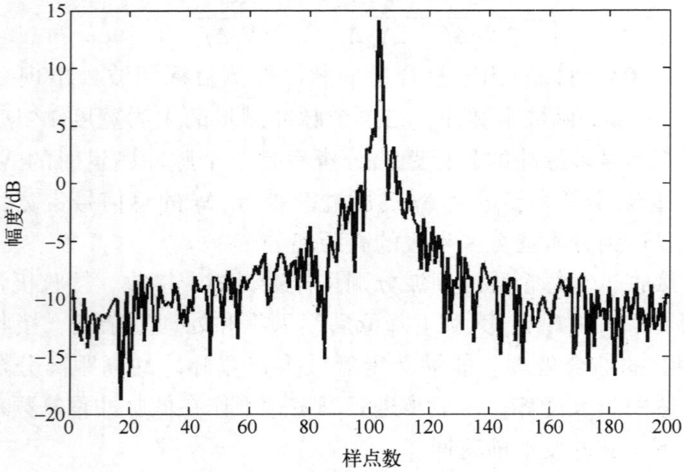

图 5.12　单频点脉冲频谱

对单个频点信号进行特征值分解，构造托普利茨矩阵：

$$\boldsymbol{S}_{sf}=\begin{bmatrix} s_{NM_c} & s_{NM_c-1} & \cdots & s_1 & \cdots & 0 \\ 0 & s_{NM_c} & \cdots & s_2 & \cdots & 0 \\ \vdots & \vdots & & \vdots & \cdots & 0 \\ 0 & 0 & \cdots & s_{NM_c} & \cdots & s_1 \end{bmatrix} \tag{5.13}$$

特征值分解过程中采样点数 $N=100$，过采样率 $M=2$，由图 5.13 可以看出，单频点信号具有极窄的主空间。这是因为单个频点信号具有窄带宽、雷达信号能量小、与之相对应的主空间特征向量少等特点。同时，由于非主空间相对较大，这给雷达嵌入式通信波形设计提供了较多的可利用的非主空间特征向量。

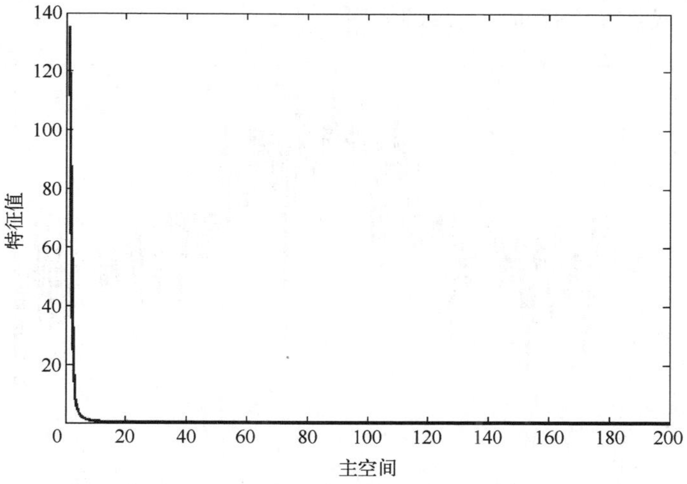

图 5.13　单频点脉冲特征值曲线

由于雷达接收机在接收到单频单个脉冲的雷达回波后，再发送下一个频点的定频单个脉冲雷达信号。如果采用单频点脉冲信号进行雷达嵌入式通信波形设计和通信，需要对一组雷达脉冲串中的每个单频点脉冲进行与之相对应的通信波形设计，这会大大增加标签以及接收机需要存储和处理的波形集数量，增加了雷达嵌入式通信系统的复杂性。

3. 多频点信号

为了解决以单频点步进频率信号为雷达信号的雷达嵌入式通信波形集数目过多、增加系统复杂性的问题。在雷达信号的选取阶段，对一组频率步进脉冲串内的所有脉冲进行整合，针对整个脉冲串设计一种雷达嵌入式通信波形，而不是对每个单频点脉冲都设计与之对应的通信波形。

当雷达发送多个频点信号时，将多个脉冲串的雷达信号频率信息整合在一起，整合方式分为两种：一种是将脉冲串的每个单频信号频率信息叠加在一起，生成包含所有频率信息且时域连续的频率步进信号$\hat{\boldsymbol{s}}_{\mathrm{sf},m}$；另一种是利用带宽与步进频率信号等效带宽 $B=N_{\mathrm{sf}}\Delta$ 一致的线性调频信号 LFM 进行等效替代，这与前文中 LFM 雷达信号的雷达嵌入式通信波形设计方法一致，暂时不考虑。此处采取第一种整合方式，得到步进频率雷达信号加噪后的等效频谱，如图 5.14 所示。

对整合后的步进频率雷达信号$\hat{\boldsymbol{s}}_{\mathrm{sf},m}$进行特征值分解，构造雷达嵌入式通信波形，能够令通信波形大部分频谱分量都分布在整合后的等效频谱阻带内。通过这种方式，可以保证每个单频点脉冲信号的通带内均有较小的通信信号频率分量，降低截获方截获通信信息的概率。

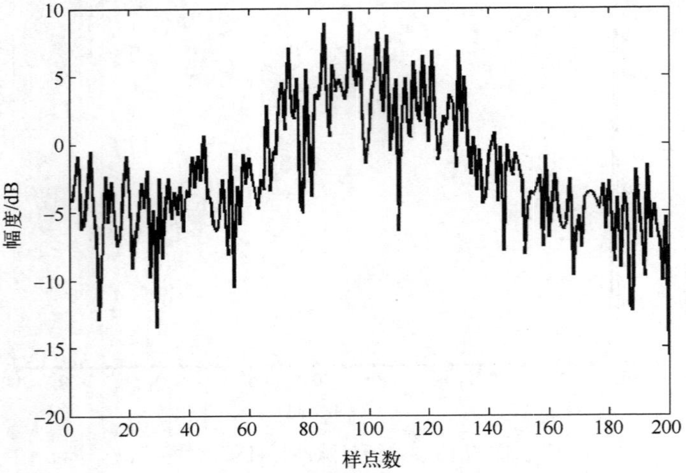

图 5.14　多频点脉冲频谱，$K=10$，$\Delta=2$

对多频点信号进行特征值分解，特征值分解过程中采样点数 $N=100$，过采样率 $M=2$。如图 5.15 所示，不同的脉冲串长度 N_{sf} 和频率步进率 Δ，会产生不同的特征值曲线。脉冲串长度 N_{sf} 越大，特征值分解后的主空间越大；频率步进率 Δ 越大，特征值曲线变化越平缓。这是因为多频点信号 $\hat{\boldsymbol{s}}_{sf,m}$ 的等效带宽为 $B=N_{sf}\Delta$。等效带宽越大，雷达信号通带越宽，在一定的频率区间内，具有的能量越强。通过观察特征值曲线，还会发现在左侧特征值较大与右侧特征值较小之间，有一部分特征值恒定不变的小区间，这是因为在单频点采样时由于采样点数受限，存在过渡点，在频率整合后仍然保留。在波形设计的过程中，将过渡点视为主空间进行处理。

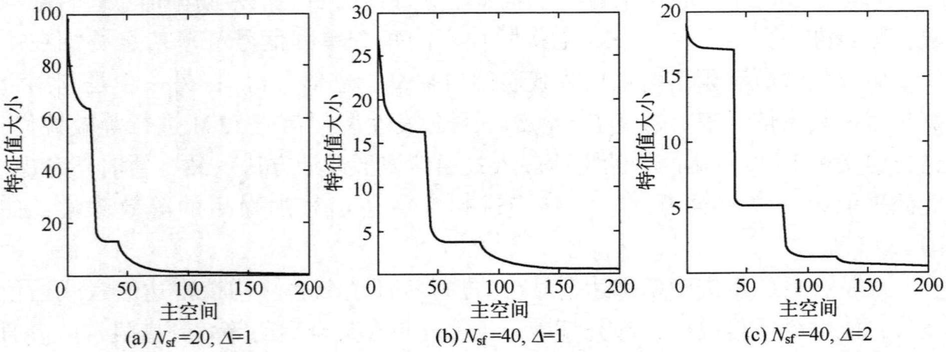

图 5.15　多频点特征值曲线

4. 波形构造方法及接收原理

为了证明基于特征值分解的雷达嵌入式通信波形设计方式可以应用于步进频率雷达信号，在波形构造阶段，以整合后的步进频率雷达信号为例，参考现有的 DP 波形设计方式，进行雷达嵌入式通信波形设计。

设计过程中，主空间大小由步进频率信号脉冲串长度 N_{sf} 和频率步进率 Δ 决定，首先构造隐藏矩阵 $\boldsymbol{P}_1=\boldsymbol{V}_{\mathrm{ND}}\boldsymbol{V}_{\mathrm{ND}}^{\mathrm{H}}$，其中 $\boldsymbol{I}$ 为 $NM_c\times NM_c$ 的单位矩阵。利用隐藏矩阵 $\boldsymbol{P}_1$ 与收发端已知的随机列向量 $\boldsymbol{d}_1$ 构成通信波形 $\boldsymbol{c}_1$，即

$$\boldsymbol{c}_1=\boldsymbol{P}_1\boldsymbol{d}_1 \tag{5.14}$$

利用生成的通信波形 $\boldsymbol{c}_1$ 与原有托普利茨矩阵 $\boldsymbol{S}$ 结合为新的托普利茨矩阵 $\boldsymbol{S}_{P1}=[\boldsymbol{S}\,|\,\boldsymbol{c}_1]$ 替换原有 $\boldsymbol{S}$ 矩阵，再次进行特征值分解，生成新的非主空间特征向量，构造新的隐藏矩阵 $\boldsymbol{P}_2$，依次构造第二个通信波形 $\boldsymbol{c}_2$。按照此种迭代的方法，生成 K 个波形集中所有的通信波形 $\boldsymbol{c}_k$，其中 $k=1,2,\cdots,K$。

接收机可以采用匹配滤波器和去相关滤波器对接收信号进行处理。接收机接收到的信号 $\boldsymbol{r}_{\mathrm{sf}}=\boldsymbol{S}_{\mathrm{sf}}\boldsymbol{x}+\alpha\boldsymbol{c}_k+\mathbf{noise}$。由于步进频率雷达接收到单频点雷达信号回波后才会发送下一个频率的雷达信号，所以接收机接收到的信号 $\boldsymbol{r}_{\mathrm{sf}}$ 中 $\boldsymbol{S}_{\mathrm{sf}}$ 为单频点雷达信号对应的托普利茨矩阵。值得注意的是，不同的脉冲串长度 N_{sf} 和频率步进率 Δ 的雷达信号特征值分解后会生成不同的特征向量和特征值，这会影响由此构成的雷达嵌入式通信的通信性能。

5.2.3　通信性能仿真分析

1. 通信可靠性

在基于线性调频雷达信号的雷达嵌入式通信波形 SER 性能分析中，主要针对环境的信噪比、信杂比以及主空间大小的变化，分析其对通信波形 SER 曲线的影响，在分析基于步进频率雷达信号的雷达嵌入式通信波形 SER 性能时，还需要考虑脉冲串长度 N_{sf} 和频率步进率 Δ 对通信波形 SER 曲线的影响。通过仿真在相同的信噪比与信杂比条件下和基于线性调频的雷达嵌入式通信波形 SER 曲线对比，验证其应用的可行性。

在仿真过程中，采样点数为 $N=100$，过采样率 $M=2$，主空间 $L=100$，以 DP 波形为通信波形，去相关滤波器为接收机；信杂比 SCR 分别取 −30dB、−35dB，信噪比 SNR 取值区间为 −20～0dB，脉冲串长度 N_{sf} 分别取值为 20、30、40，频率步进率 Δ 分别取值为 1、2。

如图 5.16 所示，当定 $\Delta=1$ 时，在 SCR=−30dB 和 SCR=−35dB 的情况下，不同的 N_{sf} 对应不同的 SER 曲线，$N_{\mathrm{sf}}=30$ 的 SER 比 $N_{\mathrm{sf}}=20$ 和 $N_{\mathrm{sf}}=40$ 的 SER 低，对应更好的 SER 性能；基于线性调频的 DP 波形的 SER 整体高于基于步

进频率的 DP 波形的 SER，说明就通信可靠性而言，基于步进频率雷达信号的雷达嵌入式通信波形具有通信可行性且优于原有基于线性调频雷达信号的雷达嵌入式通信波形。

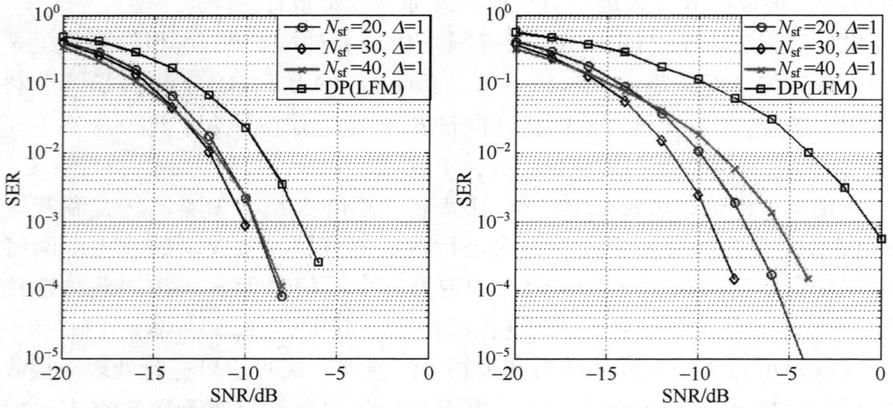

(a) SER曲线SCR= −30dB　(b) SER曲线SCR= −35dB

图 5.16　$\Delta=1$ 的 SER 曲线

如图 5.17 所示，当定 $\Delta=2$ 时，在 SCR=−30dB 和 SCR=−35dB 的情况下，不同的 N_{sf}对应不同的 SER 曲线，$N_{sf}=20$ 的 SER 要比 $N_{sf}=30$ 和 $N_{sf}=40$ 的 SER 低，对应更好的 SER 性能；除了 $N_{sf}=40$ 时，基于线性调频的 DP 波形的 SER 整体高于基于步进频率的 DP 波形的 SER。经过仿真可以看出，步进频率雷达嵌入式波形的 SER 性能与 N_{sf}和 Δ 有关，但不是简单的线性关系。仿真结果中除 $N_{sf}=40$、$\Delta=2$ 的通信波形以外，在不同信噪比（SNR）与不同信杂比

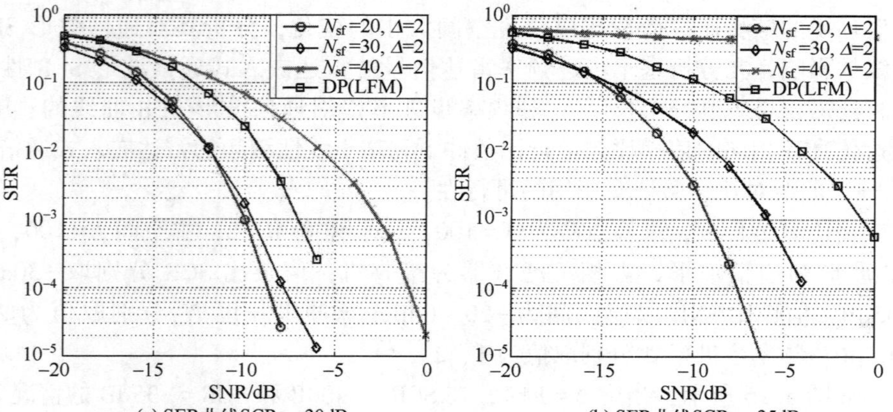

(a) SER曲线SCR= −30dB　(b) SER曲线SCR= −35dB

图 5.17　$\Delta=2$ 的 SER 曲线

(SCR) 的条件下，其他通信波形的 SER 性能均比基于线性调频的雷达嵌入式通信波形的 SER 性能要好，这是由于合作接收机接收到的波形 $\boldsymbol{r}$ 中的雷达回波 $\boldsymbol{S}_{sf}\boldsymbol{x}$ 为单个频点的雷达回波，窄带频率步进单个脉冲雷达信号对通信波形的干扰相比宽带线性调频雷达信号对通信波形的干扰小，合作接收机更容易判决出正确的通信波形。

2. 通信隐蔽性

在基于线性调频雷达信号的雷达嵌入式通信波形 LPI 性能分析时，接收机接收信号 $\boldsymbol{r}$ 中的雷达回波干扰为线性调频雷达信号的干扰，而在基于步进频率雷达信号的雷达嵌入式通信接收机接收的信号 $\boldsymbol{r}$ 中的雷达回波干扰为单频信号的干扰。利用相关系数 corr 来衡量 LPI 性能时，截获方将会根据雷达信号的信息构造预测隐藏矩阵 $\boldsymbol{P}_{eve}$，若以单频点雷达信号作为参考，构造的隐藏矩阵必定与实际隐藏矩阵具有很大的差别，由此通信波形将具有很低的 corr，即 LPI 性能很高。

首先以单频点信号构造隐藏矩阵，分析通信波形 LPI 性能。仿真中以 $N_{sf}=30$ 和 $\Delta=1$ 波形为例，SCR = −35dB，SNR = −5dB，其他仿真参数不变。

参考图 3.45 和图 5.18 可以看出，利用单频点雷达信号构造的预测隐藏矩阵进行截获，相关系数 corr 峰值为 0.03，比基于线性调频雷达信号的雷达嵌入式 DP 通信波形的 LPI 相关系数 corr 峰值小很多；LPI 相关系数曲线在主空间变化区间内变化平缓，且整体取值比较小，截获方很难通过预测隐藏矩阵找

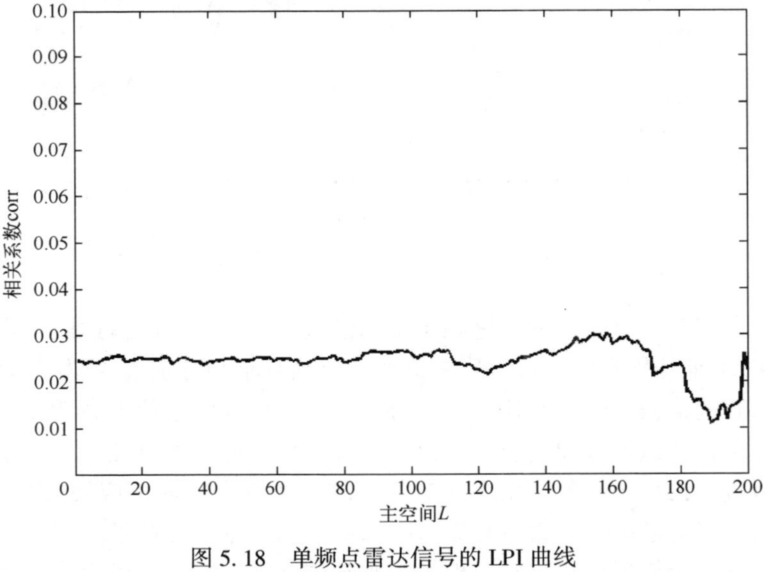

图 5.18　单频点雷达信号的 LPI 曲线

到对应的主空间值，单频点步进频率雷达信号对应的通信波形具有良好的隐蔽性能，但利用单频点的通信波形需要根据脉冲串长度增加通信波形集的大小，这对标签和合作接收机的硬件复杂度提出了较高的要求。

为了获取基于步进频率的雷达嵌入式通信波形的临界抗截获能力，假定截获方最大限度地获取通信先验信息，因此，以整合后的雷达波形为参考构造预测隐藏矩阵 $\boldsymbol{P}_{\text{eve}}$。仿真中以 $N_{\text{sf}}=30$ 和 $\Delta=1$ 波形为例，SCR = -35dB，SNR = -5dB，其他仿真参数不变。由图 5.19 可以看出，由整合后的步进频率雷达信号构造的通信波形对应的 LPI 曲线比单频点的 LPI 曲线整体偏大，但相对于线性调频的 LPI 曲线整体偏小，且在 $L=100$ 处没有明显的峰值。在全部主空间估计值位置，相关系数趋于平缓，增加了截获方估计主空间大小的能力。以整合后的步进频率雷达信号为参考信号的雷达嵌入式通信波形具有更加良好的通信隐蔽性。

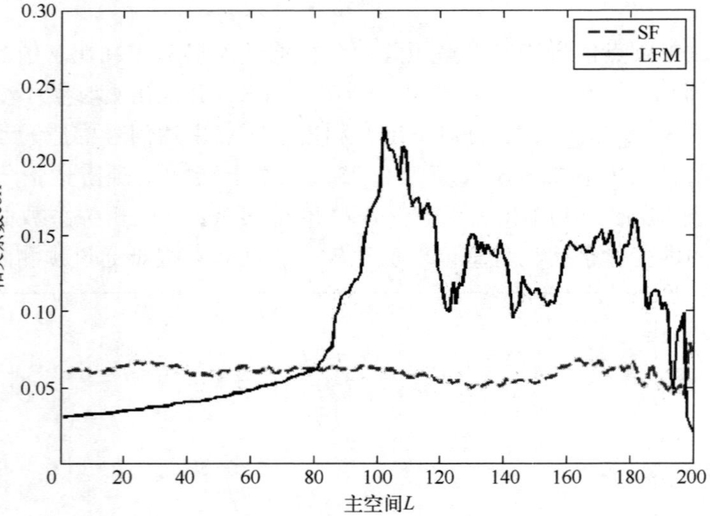

图 5.19　整合雷达波形的 LPI 曲线

通过上述对以整合后的步进频率雷达信号为参考信号的雷达嵌入式通信波形的 SER 性能以及 LPI 性能的分析，并与以线性调频雷达信号为参考信号的雷达嵌入式通信波形性能对比，可以得到其具有良好的通信可靠性和通信隐蔽性，验证了雷达嵌入式通信应用于机载步进频率雷达的可行性。

本节首先提出了一种利用无人机侦察的雷达嵌入式通信应用场景；其次，由此引出了步进频率机载雷达在无人机系统中的应用，介绍了步进频率雷达信号处理流程，分析了以步进频率信号为基础进行雷达嵌入式通信波形设计的可行性；最后，通过仿真，分析了基于步进频率信号的雷达嵌入式通信波形设计的性能。

5.3 本章小结

本章基于软件无线电平台搭建了一套 REC 试验系统，为进一步对 REC 的研究提供了可靠依据和实验平台。试验系统在确保通信可靠性的同时可以保证通信信号在时域和频域上的隐蔽特性，验证了 REC 技术的可行性，为后续 REC 技术进一步论证奠定了基础。同时，对于在步进频率波形雷达场景下的应用也进行了探索，实践表明，建立在特征值分解框架下的 REC 技术对于雷达体制具有较强的适应性。

第 6 章　研究展望

本书主要从雷达嵌入式通信基本原理和性能指标评价、发射端波形设计、接收端高性能接收机和技术验证方面对雷达嵌入式通信技术进行了研究，结合本领域最新研究方向与本书所做工作，下一步可研究方向如下：

1. 通信速率的提升

按照现有 REC 理论框架，REC 的通信速率将严重受限于雷达的开机时间及工作模式，通信速率较低。可以考虑将现有 REC 方案与脉冲位置调制（Position Modulation，LPPM）技术结合，引入时间维度调制，提高通信速率。

2. REC 进一步验证

本书构建的基于软件无线电的 REC 验证系统受到实验条件限制，采用模拟的雷达回波信号进行实验。下一步可以考虑搭建更贴近真实场景的 REC 技术验证平台，推动 REC 从理论走向现实。

3. 在线深度学习的 REC 接收技术研究

本书对深度学习技术在 REC 中的离线解调进行了研究，取得了不错的效果。但随着信道条件的改变，固定模式的神经网络可能不能适应实际需求，下一步可以考虑利用在线深度学习技术来设计 REC 接收机，提高接收鲁棒性。

4. 复杂信道模型下 REC 技术研究

目前，在包括本书在内的研究中，主要是针对 AWGN 信道下 REC 技术来进行研究和分析，但在实际中，信道将可能是复杂的，因此开展复杂信道模型下 REC 相关技术的研究很有必要，下一步可以考虑对更为复杂的信道模型下的 REC 技术进行研究。

参 考 文 献

[1] ADAMY D L. EW103：通信电子战 [M]. 楼才义，等译. 北京：电子工业出版社，2010.

[2] 陈婉迎. 基于移动通信信号的“低慢小”目标检测与定位技术 [D]. 南京：南京航空航天大学，2019.

[3] YUN S J，YAO Z，LU M Q. Variable update rate carrier tracking loop for time-hopping DSSS signals [J]. IET Radar，Sonar Navigation，2019，13(6)：961-968.

[4] LEE K G，OH S J. Detection of fast frequency-hopping signals using dirty template in the frequency domain [J]. IEEE Wireless Communications Letters，2019，8(1)：281-284.

[5] FLETCHER A S，HAMILTON S A，MOORES J D. Undersea laser communication with narrow beams [J]. IEEE Communications Magazine，2015，53(11)：49-55.

[6] 曾小东. 直扩通信信号低截获性能分析 [J]. 无线电工程，2020，50(11)：917-920.

[7] LIU S Z，QIAO G，ISMAIL A，et al. Covert underwater acoustic communication using whale noise masking on DSSS signal [C]//OCEANS 2013 MTS/IEEE Bergen：The Challenges of the Northern Dimension. Bergen，Norway：IEEE Computer Society，2013：1-6.

[8] HWANG S O，KIM I，LEE W K. Modern cryptography with proof techniques and implementations [M]. Boca Raton：CRC Press，2023.

[9] 丁国如，孙佳琛，王海超，等. 复杂电磁环境下频谱智能管控技术探讨 [J]. 航空学报，2021，42(4)：200-212.

[10] LIU F，MASOUROS C，PETROPULU A P，et al. Joint radar and communication design：Applications，state-of-the-art，and the road ahead [J]. IEEE Transactions on Communications，2020，68(6)：3834-3862.

[11] 刘凡，袁伟杰，原进宏，等. 雷达通信频谱共享及一体化：综述与展望 [J]. 雷达学报，2021，10(3)：467-484.

[12] 张令浩，张剑云，周青松. 雷达与通信共享频谱波形优化算法研究 [J]. 信号处理，2019，35(11)：1861-1870.

[13] METCALF J G，SAHIN C，BLUNT S D. Impact of adjacent/overlapping communication waveform design within a radar spectrum sharing context [C]//Proceedings of the 2020 IEEE International Radar Conference (RADAR). Washington. DC，USA：IEEE，2020：472-477.

[14] 戴跃伟，刘光杰，曹鹏程，等. 无线隐蔽通信研究综述 [J]. 南京信息工程大学学报

(自然科学版), 2020, 12(1): 45-56.

[15] DIAMANT R, LAMPE L, GAMROTH E. Bounds for low probability of detection for underwater acoustic communication [J]. IEEE Journal of Oceanic Engineering, 2017, 42(1): 143-155.

[16] 王碧雯. 低截获直扩信号检测方法研究 [D]. 成都: 电子科技大学, 2016.

[17] 孟凡玮. 数据链中直扩信号检测与参数估计 [D]. 沈阳: 沈阳理工大学, 2014.

[18] 朱照阳, 高勇. 基于正交特性的短码直扩信号伪码序列盲估计 [J]. 系统工程与电子技术, 2017, 39(9): 2125-2131.

[19] SOFWAN A, BARKAT M, ALQAHTANI S A. PN code acquisition using smart antennas and adaptive thresholding for spread spectrum communications [J]. Wireless Networks, 2016, 22(1): 223-234

[20] TANG P, WANG S, LI X M, et al. A low-complexity algorithm for fast acquisition of weak DSSS signal in high dynamic environment [J]. GPS Solutions, 2017, 21(4): 1427-1441.

[21] BLUNT S D, YATHAM P, STILES J. Intrapulse radar-embedded communications [J]. IEEE Transactions on Aerospace and Electronic Systems, 2010, 46(3): 1185-1200.

[22] AUBRY A, DE MAIO A, PIEZZO M, et al. Radar waveform design in a spectrally crowded environment via nonconvex quadratic optimization [J]. IEEE Transactions on Aerospace and Electronic Systems, 2014, 50(2): 1138-1152.

[23] AUBRY A, CAROTENUTO V, DE MAIO A. Forcing multiple spectral compatibility constraints in radar waveforms [J]. IEEE Signal Processing Letters, 2016, 23(4): 483-487.

[24] 刘松涛, 雷震烁, 温镇铭, 等. 认知电子战研究进展 [J]. 探测与控制学报, 2020, 42(05): 1-15.

[25] HOUNAM D, WAGEL K H. A technique for the identification and localization of SAR targets using encoding transponders [J]. IEEE Transactions on Geoscience and Remote Sensing, 2001, 39(1): 3-7.

[26] PATRICK B. The shannon channel capacity of a radar system [C]//Proceedings of the Conference Record of the 36th Asilomar Conference on Signals, Systems and Computers. Pacific Grove, CA, USA: IEEE, 2002, 1: 113-117.

[27] AXILINE R M. Transponder data processing method and system: US 6577266 B1 [P]. 2003-06-10.

[28] MACLELLAN J A, SHOBER A R, VANNUCCI G, et al. QPSK modulated backscatter system: US 6456668. B1 [P]. 1996-12-31.

[29] SHOBER A R, PIDWERBETSKY A. Modulated backscatter sensor system: US 6084530 [P]. 1996-12-30.

[30] AXLINE R M, SLOAN G R, SPALDING R E, et al. Radar transponder apparatus and signal processing technique: US 5486830 [P]. 1996-01-01.

[31] RICHARDSON D L, STRATMOEN S A, BENDOR G A, et al. Tag communication protocol

and systems: US 6329944 [P]. 2001-12-11.

[32] BLUNT S D, YANTHAM P. Waveform design for radar embedded communications [C]// Proceedings of the International Waveform Diversity and Design Conference. 2007: 214-218.

[33] BLUNT S D, STILES J, ALLEN C, et al. Diversity aspects of radar-embedded communications [C]// Proc. of Intl. Conf. on Electromagnetics in Advanced Applications. 2007: 439-442.

[34] BLUNT S D, BIGGS C R. Practical considerations for intra-pulse radar-embedded communications [C]//Proceedings of the 2009 International Waveform Diversity and Design Conference. Kissimmee, FL, USA: IEEE, 2009: 244-248.

[35] BLUNT S D, METCALF J G. Estimating temporal multipath via spatial selectivity: Building environmental knowledge into waveform design for radar-embedded communications [C]// Proceedings of the 2009 International Conference on Electromagnetics in Advanced Applications. Turin, Italy: IEEE, 2009: 513-516.

[36] BLUNT S D, METCALF J G. Using time reversal of multipath for intra-pulse radar-embedded communications [C]//Proceedings of the 2010 International Waveform Diversity and Design Conference. Niagara Falls, ON, Canada: IEEE, 2010: 155-158.

[37] BLUNT S D, YATHAM P, STILES J. Intra-pulse radar-embedded communications [J]. IEEE Trans. Aerosp. Electron. Syst, 2010, 46(3): 1185-1200.

[38] BLUNT S D, COOK M R, STILES J. Embedding information into radar emissions via waveform implementation [C]//Proceedings of the 2010 International Waveform Diversity and Design Conference. Niagara Falls, ON, Canada: IEEE, 2010: 195-199.

[39] METCALF J, BLUNT S, PERRINS E. Detector design and intercept metrics for intra-pulse radar-embedded communications [C]//Proceedings of the 2011-MILCOM 2011 Military Communications Conference. Baltimore, MD, USA: IEEE, 2011: 188-192.

[40] BLUNT S D, METCALF J G, BIGGS C R, et al. Performance characteristics and metrics for intra-pulse radar-embedded communications [J]. IEEE Journal of Selected Areas of Communications, 2011, 29(10): 2057-2066.

[41] BLUNT S D, CHAN T, GERLACH K. Robust DOA estimation: The reiterative super resolution (RISR) algorithm [J]. IEEE Transactions on Aerospace and Electronic Systems, 2011, 47(1): 332-346.

[42] SCHMIDT R O. Multiple emitter location and signal parameter estimation [J]. IEEE Transactions on Antennas and Propagation, 1986, AP-34(3): 276-280.

[43] CIUONZO D, DE MAIO A, FOGLIA G, et al. Pareto-theory for enabling covert intrapulse radar-embedded communications [C]//Proceedings of the IEEE International Radar Conference. Arlington, VA, 2015: 292-297

[44] CIUONZO D, DE MAIO A, FOGLIA G, et al. Intra pulse radar-embedded communications

via multiobjective optimization [J]. IEEE Transactions on Aerospace and Electronic Systems, 2015, 51(4): 2960-2974.

[45] LI B G, LEI J, CAO W, et al. Waveform design for radar-embedded communications exploiting spread spectrum technology [J]. IET Communications, 2016, 10 (13): 1631-1639.

[46] 牟禹衡，雷菁，李保国．基于直接序列扩频的雷达嵌入式通信波形设计 [C]//国防科学技术大学研究生学术活动节．长沙：国防科学技术大学，2015：105-107.

[47] 牟禹衡，雷达嵌入式通信波形研究与设计 [D]. 长沙：国防科学技术大学，2015.

[48] MAI C Y, SUN J P, ZHOU R, et al. Sparse frequency waveform design for radar-embedded communication [J]. Mathematical Problems in Engineering, 2016: 1-7.

[49] 姚永康，雷菁，李保国，等．雷达嵌入式通信中抵抗多径衰落技术的研究 [J]. 通信技术，2017，50(6)：1138-1143.

[50] 姚永康．雷达嵌入式通信的接收技术研究 [D]. 长沙：国防科技大学，2017.

[51] 何山，李保国，雷菁．基于注水原理的雷达嵌入式通信波形设计方案 [C]//国防科技大学研究生学术活动节．长沙：国防科技大学，2018.

[52] HE S, LI B G, LEI J, et al. A New shaped waveform design scheme for radar embedded communication [C]// ISAEECE 2018. Hangzhou, China: EDP Science, 2018: 173.

[53] 何山．雷达嵌入式通信波形设计与改进 [D]. 长沙：国防科技大学，2018.

[54] XU J Q, LI B G, HUANG Z T, et al. Waveform design for radar-embedded communications based on weighted-combining [C]//Proceedings of the 2019 2nd International Conference on Mechanical Engineering, Industrial Materials and Industrial Electronics. Dalian, China: IEEE, 2019: 380-387.

[55] XU J Q, LI B G, HUANG Z T, et al. Orthogonal waveform design for radar-embedded communications [J]. Electronics, 2019, 8(10): 1107.

[56] XU J Q, LI B G. A new radar-embedded communication waveform based on singular value decomposition [C]//Proceedings of the 2019 IEEE 2nd International Conference on Computer and Communication Engineering Technology. Beijing, China: IEEE, 2019: 234-238.

[57] 徐建秋．雷达嵌入式通信波形优化技术研究 [D]. 长沙：国防科技大学，2019.

[58] SAHIN C, METCALF J G, BLUNT S D. Filter design to address range sidelobe modulation in transmit-encoded radar-embedded communications [C]//Proceedings of the 2017 IEEE Radar Conference (RadarConf). IEEE, 2017: 1509-1514.

[59] SAHIN C, JAKABOSKY J, MCCORMICK P M, et al. A novel approach for embedding communication symbols into physical radar waveforms [C]//Proceedings of the 2017 IEEE Radar Conference (RadarConf). IEEE, 2017: 1498-1503.

[60] SAHIN C, METCALF J G, BLUNT S D. Characterization of range sidelobe modulation arising from radar-embedded communications [C]//Proceedings of the 2017 International

Conference on Radar Systems. IEEE, 2017: 1-6.

[61] SAHIN C, METCALF J G, HIMED B. Reduced complexity maximum SINR receiver processing for transmit-encoded radar-embedded communications [C]//Proceedings of the 2018 IEEE Radar Conference (RadarConf 18). IEEE, 2018: 1317-1322.

[62] NUSENU S Y, SHAO H Z, WANG W Q, et al. Directional radar-embedded communications based on hybrid MIMO and frequency diverse arrays [C]//Proceedings of the 2019 IEEE Radar Conference (RadarConf 19). Boston, MA, USA: IEEE, 2019: 1610-1614.

[63] AL-SALEHI A R, QURESHI I M, MALIK A N, et al. Throughput enhancement for dual-function radar-embedded communications using two generalized sidelobe cancellers [J]. IEEE Access, 2019, 7: 91390-91398.

[64] LI B G, ZHANG C G, XU J Q, et al. Practical receiving strategy and radar waveform extraction technology in radar-embedded communications [J]. IEEE Canadian Journal of Electrical and Computer Engineering, 2021, 44(4): 516-528.

[65] 李保国，张澄安，徐建秋．基于 SVD 的雷达嵌入式通信波形设计方法研究 [J]．航空学报，2022(7)：296-307.

[66] 张澄安，李保国，王翔，等．低复杂度雷达嵌入式通信波形设计方法研究 [J]．航空学报，2023(1)，279-291.

[67] ZHANG C A, LI B G, DU Z Y. A new radar-embedded communication waveform with low computational complexity [C]//Proceedings of the 2021 14th International Conference on Computer and Electrical Engineering. Beijing, China: IOP Science, 2021.

[68] 张澄安．雷达嵌入式通信波形设计与接收技术研究 [D]．长沙：国防科技大学，2021.

[69] 张澄安，李保国，杜志毅，等．基于软件无线电的雷达嵌入式通信验证系统 [J]．信号处理，2021，37(11)：2041-2053.

[70] 樊昌信，张甫翊，徐炳祥，等．通信原理 [M]．5 版．北京：国防工业出版社，2001.

[71] METCALF J G, SAHIN C, BLUNT S D, et al. Analysis of symbol-design strategies for intrapulse radar-embedded communications [J]. IEEE Transactions on Aerospace and Electronic Systems, 2015, 51 (4): 2914-2931.

[72] 丁鹭飞，耿富录，陈建春．雷达原理 [M]．5 版．北京：电子工业出版社，2014.

[73] METCALF J G, BLUNT S D, PERRINS E. Detector design and intercept metrics for intrapulse radar-embedded communications [C]//Proceedings of the 2010 Military Communications Conference. Baltimore, MD, USA: IEEE, 2011: 188-192.

[74] DILLARD G M, DILLARD R A. A metric for defining low probability of detection based on gain differences [C]//Proceedings of the 35th Asilomar Conference on Signals, Systems and Computers. Pacific Grove, CA, USA: IEEE, 2001: 1098-1102.

[75] WU P H. On sensitivity analysis of low probability of intercept (LPI) capability [C]//Pro-

ceedings of the 2005 IEEE Military Communications Conference (MILCOM). Atlantic City, NJ, USA: IEEE, 2005: 2889-2895.

[76] MILLS R F, PRESCOTT G E. Detectability models for multiple access lowprobability-of-intercept networks [J]. IEEE Transactions on Aerospace and Electronic Systems, 2000, 36(3): 848-858.

[77] HU X N, SONG Y Y, SUN Y Z, et al. Derivative constrained gram-schmidt orthogonalization beamforming method with widened nulls [C]//Proceedings of the IET International Radar Conference 2015. Hangzhou: IEEE, 2015, 677: 2547-2551.

[78] VAN DEN BERG P M, GHIJSEN W J. A spectral iterative technique with gram-schmidt orthogonalization [J]. IEEE Transactions on Microwave Theory and Techniques, 1988, 36(4): 769-772.

[79] 蒋留兵, 杨昌昱, 李卓伟, 等. 基于注水原理的快速功率和比特分配算法 [J]. 微电子学与计算机, 2014(3): 86-88, 93.

[80] 杨小龙. 基于注水算法的认知无线电功率分配研究 [D]. 哈尔滨: 哈尔滨工业大学, 2012.

[81] PRABHU R S, DANESHRAD B. An energy-efficient water-filling algorithm for OFDM systems [C]//Proceedings of the 2010 IEEE International Conference on Communications. IEEE, 2010: 1-5.

[82] MEAGER G, ROMERO R A, STAPLES Z. Estimation and cancellation of high powered radar interference for communication signal collection [C]//Proceedings of the 2016 Radar Conference. IEEE, 2016: 1-4.

[83] GOHARY R H, HUANG Y, LUO Z Q, et al. A Generalized iterative water-filling algorithm for distributed power control in the presence of a jammer [J]. IEEE Transactions on Signal Processing, 2009, 57(7): 2660-2674.

[84] SKAUG R, HJELMSTAD J F. Introduction to spread spectrum communications [M]// Spread Spectrum in Communication. IET Digital Library, 1985: xiii-xviii.

[85] TEDESSO T W, ROMERO R, STAPLES Z. Analysis of a covert communication method utilizing non-coherent DPSK masked by pulsed radar interference [C]//Proceedings of the 2017 IEEE International Conference on Acoustics, Speech and Signal Processing. IEEE, 2017: 2082-2086.

[86] KRIZHEVSKY A, SUTSKEVER I, HINTON G. ImageNet classification with deep convolutional neural networks [C]//Proceedings of the 2012 26th Annual Conference on Neural Information Processing Systems 2012. Lake Tahoe, NV, United states: IEEE, 2012: 1097-1105.

[87] SIMONYAN K, ZISSERMAN A. Very deep convolutional networks for large-scale image recognition [C]//Proceedings of the 3rd International Conference on Learning Representations. San Diego, CA, United states: International Conference on Learning Representations,

IEEE, 2015.

[88] SZEGEDY C, LIU W, JIA Y Q, et al. Going deeper with convolutions [C]//Proceedings of the 2015 IEEE Conference on Computer Vision and Pattern Recognition. Boston, MA, United States: IEEE, 2015: 1-9.

[89] HE K M, ZHANG X Y, REN S Q, et al. Deep residual learning for image recognition [C]//Proceedings of th 29th IEEE Conference on Computer Vision and Pattern Recognition. Las Vegas, NV, United states: IEEE, 2016: 770-778.

[90] CHOLLET F. Xception: Deep learning with depthwise separable convolutions [C]//Proceedings of the 30th IEEE Conference on Computer Vision and Pattern Recognition. Honolulu, HI, United states: IEEE, 2017: 1800-1807.

[91] HOWARD A G, CHEN B, KALENICHENKO D, et al. Efficient convolutional neural networks and techniques to reduce associated computational costs: US 16524410 [P]. 2019-07-29.

[92] TAN M X, LE Q V. EfficientNet: Rethinking model scaling for convolutional neural networks [C]//Proceedings of the 36th International Conference on Machine Learning. Long Beach, CA, United states: IEEE, 2019: 10691-10700.

[93] LECUN Y, BOTTOU L, BENGIO Y, et al. Gradient-based learning applied to document recognition [J]. Proceedings of the IEEE, 1998, 86(11): 2278-2324.

[94] CUN Y L, BOSER B, DENKER J S, et al. Handwritten digit recognition with a back-propagation network [C]//Proceedings of the 2nd International Conference on Neural Information Processing Systems. Morgan Kaufmann: IEEE, 1989: 396-404.

[95] SCHUSTER M, PALIWAL K K. Bidirectional recurrent neural networks [J]. IEEE Transactions on Signal Processing, 1997, 45(11): 2673-2681.

[96] HOCHREITER S, SCHMIDHUBER J. Long short-term memory [J]. Neural Computation, 1997, 9(8): 1735-1780.

[97] TANG H, SEBE N. Layout-to-Image translation with double pooling generative adversarial networks [J]. IEEE Transactions on Image Processing, 2021, 30: 7903-7931.

[98] MNIH V , KAVUKCUOGLU K , SILVER D , et al. Human-level control through deep reinforcement learning [J]. Nature, 2015, 518(7540): 529-533.

[99] 袁冰清，王岩松，郑柳刚．深度学习在无线电信号调制识别中的应用综述 [J]. 电子技术应用，2019，45(5)：1-4.

[100] O'SHEA T J, CORGAN J, CLANCY T C. Convolutional radio modulation recognition networks [C]//Proceedings of the 17th International Conference on Engineering Applications of Neural Networks. Aberdeen, United kingdom: Springer Verlag, 2016, 629: 213-226.

[101] WANG L, TANG J, LIAO Q M. A study on radar target detection based on deep neural networks [J]. IEEE Sensors Letters, 2019, 3(3): 7000504.

[102] XIANG H H, CHEN B X, YANG T, et al. Improved de-multipath neural network models

with self-paced feature-to-feature learning for DOA estimation in multipath environment [J]. IEEE Transactions on Vehicular Technology, 2020, 69(5): 5068-5078.

[103] SZEGEDY C, VANHOUCKE V, IOFFE S, et al. Rethinking the inception architecture for computer vision [C]//Proceedings of the 29th IEEE Conference on Computer Vision and Pattern Recognition (CVPR). Las Vegas, NV, United States: IEEE Computer Society, 2016: 2818-2826.

[104] BERSHAD N J, IBNKAHLA M, CASTANIE F. Statistical analysis of a two-layer back-propagation algorithm used for modeling nonlinear memoryless channels: the single neuron case [J]. IEEE Transactions on Signal Processing, 1997, 45(3): 747-756.

[105] IOFFE S, SZEGEDY C. Batch normalization: accelerating deep network training by reducing internal covariate shift [C]//Proceedings of the 32nd International Conference on Machine Learning. Lile, France: International Machine Learning Society, IEEE, 2015: 448-456.

[106] 邢鑫, 赵慧. 基于 LabVIEW 和 USRP 的软件无线电通信实验平台设计 [J]. 实验技术与管理, 2016, 33(5): 160-164.

[107] JOSHI H, DARAK S J, ALAEE-KERAHROODI M, et al. Reconfigurable and intelligent ultrawideband angular sensing: Prototype design and validation [J]. IEEE Transactions on Instrumentation and Measurement, 2021, 70: 5501415.

[108] MURADI V S, PAITHANE R K, AHMED A, et al. Spectrum sensing in cognitive radio using labview and NI USRP [C]//Proceedings of the 2nd International Conference on Inventive Systems and Control (ICISC). Coimbatore, India: IEEE, 2018: 1316-1319.